가축개량을 위한 번식기법

-인공수정과 수정란이식-

월드사이언스
www.worldscience.co.kr

가축개량을 위한 번식기법-인공수정과 수정란이식-

2008년 12월 10일 인쇄
2008년 12월 20일 발행

저 자 김시동, 김인철, 류일선, 박영식, 손동수, 조광현
북디자인 김 영 욱
편 집 이 은 경
발 행 인 박 선 진
발 행 처 도서출판 월드사이언스
서울특별시 서초구 방배4동 864-31 월드빌딩 3층
등록일자 1987년 12월 14일
등록번호 3-136
TEL (02) 581-5811~3
FAX (02) 521-6418
E-mail: worldscience@hanmail.net
URL : http://www.worldscience.co.kr

정가 15,000원

ISBN 978-89-5881-124-4

이 도서의 국립중앙도서관 출판시도서목록(CIP)은 e-CIP 홈페이지
(http://www.nl.go.kr/cip.php)에서 이용하실 수 있습니다.(CIP제어번호: CIP2008003754)」

목 차

서문

제 1절 가축개량과 방법

제 1장 가축개량의 현황, 개량 체계 및 향후 방안 / 1
제 2장 한우의 개량목표 및 유전능력 평가방법 / 19
제 3장 젖소의 개량목표 및 유전능력 평가방법 / 33
제 4장 한우 및 젖소의 교배시 올바른 정액 선정방법 / 57

제 2절 가축 번식생리와 번식장애

제 5장 소 생식기의 구조와 기능 / 67
제 6장 소 성성숙과 수정적기 / 79
제 7장 소, 돼지의 번식장애 및 예방대책 / 89

제 3절 계획번식, 인공수정과 수정란이식

제 8장 계획번식: 소 발정 및 배란 동기화 방법 / 131
제 9장 소 인공수정과 효율화 방안 / 149
제 10장 돼지 인공수정과 발전 방안 / 205
제 11장 소 수정란이식의 현황과 수태율 증진방안 / 249

참고문헌 / 267
부록 I. 새로운 돼지 인공수정 기술 / 302
부록 II. KPN 유전능력 / 317
찾아보기 / 333

서문

경제동물의 증식과 개량은 인류의 번영과 건강을 위해 요구되는 주요 수단으로 이러한 요구에 따라 인공수정과 수정란이식이라는 번식기법이 개발되어왔습니다. 주지하시는 바와 같이 인공수정은 경제형질이 우수한 수컷으로부터 정액을 회수하고 이를 우수한 암컷을 선발하여 수정함으로서 우수한 산자를 다수 생산하는 기술이며, 수정란이식은 인공수정에 의해 생산된 수정란을 회수하여 다른 암컷에 이식함으로서 우수한 산자를 동시에 얻을 수 있는 기술로서 가축의 개량기간을 획기적으로 단축시킬 수 있는 장점을 가지고 있습니다.

가축에 적용되는 번식기법은 최근 50년 사이에 크게 발달하였습니다. 즉 인공수정과 관련하여 1780년 Spallanzani가 개 인공수정으로 강아지를 분만한 이래 많은 연구에 힘입어 다양한 기술이 개발되었으며, 특히 1952년 Polge와 Rowson에 의한 소 정액의 동결 및 수정후 송아지 생산은 인공수정의 의의와 용도를 한층 높이는 계기가 되었습니다. 한편 수정란 이식의 경우 1981년 Heap이 수정란이식으로 자토를 생산한 이래 많은 연구가 거듭되면서 1971년 Whittingham이 흰쥐 수정란을 동결 이식하여 새끼를 얻었다고 보고한 이래 가축에서는 1980년대에 기술이 급속히 발달하였습니다. 즉, 정액과 수정란의 인위적 주입과 이식기술의 개발과 더불어 동결보존에 관한 기술이 개발되면서 번식기법은 실제 축산업을 포함한 다양한 산업 적용에 널리 적용되게 되었습니다.

본 서는 번식기법을 개발하고 산업현장에 적용해야하는 육종적 의의와 번식기술에 대해 다루고 있습니다. 즉 가축개량의 의의와 방법, 경제형질에 따른 육종목표와 평가방법을 살펴보고 나아가 개량에 합목적적으로 요구되는 정액과 수정란의 생산 방법 및 이들의 처리와 주입방법에 대해 정리하였습니다. 특히 소와 돼지를 중심으로 가축 개량의 효율성을 높이기 위한 인공수정 및 수정란이식 기술에 대해 기술하면서, 인공수정과 수정란이식 나아가 발생공학 및 생명공학에 관심이 있는 대학생 및 대학원생을 비롯하여 현장에서 동분야에 종사하고 계신 전문 가축 인공수정사 및 수정란이식사 나아가 수의사에게 도움이 될 수 있기를 기대합니다.

원고를 마무리하면서 원하지 않는 오류를 걱정합니다. 이 분야의 선후배, 동료 및 독자 여러분의 지적을 겸허히 수용하여 미비한 내용을 보완하려고 합니다. 넓으신 사랑으로 지적과 지도를 부탁드립니다.

2008년 12월

대표저자

농학박사 박영식

제 1절 가축개량과 방법

제 1 장

가축개량의 현황, 개량 체계 및 향후 방안

Ⅰ 서 론

Ⅱ 본 론

1. 종축선발의 의의
2. 축종별 개량체계
3. 개량성과
4. 문제점 및 향후계획

Ⅲ 결 론

Ⅰ 서 론

우리나라의 가축개량사업은 제1차 경제개발 5개년계획 수립시부터 시작되었다 할 수 있다. 또한 본 사업은 농가 주도형으로 가축개량을 수행하는 유럽과는 달리 국가주도형으로 수행되어 왔다. 이러한 이유로 인하여 개량사업에 참여하는 농가에 대하여 사료비 등을 지원해주어 농가로 하여금 개량사업에 참여할 수 있도록 독려해 왔다. 정부의 이러한 노력을 바탕으로 혈통기록이나 산유능력기록이 80년 대 이후부터 축적되기 시작하였고 이를 토대로 우수 가축을 선발하여 농가에 공급할 수 있는 체계를 갖추었다. 그러나 개량에 대한 관심이 크지 않은 농가를 소위 "당근"을 주어 개량사업에 참여토록 한 부작용으로 농가에서는 기록 관리와 능력검정에 대한 관심이 거의 없어 부실한 자료가 생성되었고 이에 따라 그 동안 축적한 자료의 실질적 효용성에 대한 논란이 일고 있다. 이제는 이러한 문제를 해결하고 개량사업에 참여하는 농가가 정부가 주는 "당근"이 아닌 개량사업 자체의 열매를 수확하여 축산업을 이끌어 나갈 수 있도록 개량체계와 시책 등을 개선해 나아가야 할 것이다. 본 글에서는 그동안 정부에서 추진하여 온 축종별 개량체계를 살펴보고 개량성과와 문제점 그리고 향후계획에 대해 살펴보고자 한다.

Ⅱ 본 론

1. 종축선발의 의의

우수한 가축을 선발하여 그 정액이나 수정란을 농가에 공급하는 것은 작물에 있어서는 신품종을 개발하여 그 씨앗을 농가에 공급하는 것과 같다. 품질좋은 농산물을 생산하기 위하여 좋은 종묘를 구입하듯 우수한 가축을 생산하기 위해서는 우수한 가축의 정액이나 수정란을 구입하여야 한다(그림 1). 이렇게 우수한 유전자원을 공급하는 방법 중 수정란보다는 정액을 주로 사용하여 왔다. 이는 암소가 공급할 수 있는 수정란의 개수가 한정되어 있는데 반하여 정액은 많은 양을 생산하여 공급할 수 있기 때문에 암가축보다는 주로 수가축에 대하여 그 능력을 측정하고 그중 우수한 것을 씨가축으로 선발하여 그 정액을 채취하고 공급하여 온 것이다. 이것이 바로 1980년대부터 중점적으로 가축개량을 위해 국가가 중점적으로 추진해온 사업이다. 그러나 여기서 한 가지 가축이 작물과 다른 것은 작물은 100% 씨앗에 의존하지만 가축

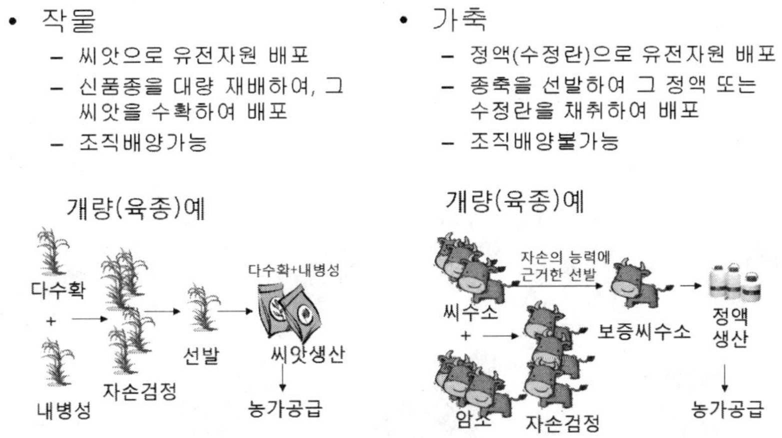

그림 1. 보증씨수소 선발과 작물의 신품종 개발비교, 가축개량을 위한 정액생산 및 공급은 작물개량을 위한 채종 및 종자보급과 동일한 성격을 갖고 있다

은 50%만 의존한다는 것이다. 다르게 이야기 하면 암소나 암퇘지는 농가에 있고 나머지 수가축만 의존하고 있다는 것이다. 그러므로 그동안 국가가 추진해온 가축개량사업의 성과를 더욱 크게 하고자 한다면 농가에서도 우수한 암가축을 선발하고 활용하는 지혜가 더해져야 할 것이고 이것이 바로 농가차원에서의 개량사업 참여이다.

2. 축종별 개량체계

2.1 한우

1979년 전국 8개도에 1개소씩 한우개량단지를 설립하고 순수 한우계통번식사업을 시작하고, 1982년 구 축협중앙회 한우개량사업소를 설립하여 보증씨수소 선발사업을 시작하면서부터 우리나라의 본격적인 한우개량사업이 시작하였다고 할 수 있다(표 1).

이리하여 당대 및 후대검정을 거친 씨수소에 대하여 1987년 처음으로 20두를 한우보증씨수소로 선발하기 시작한 이래 2005년까지 총 887두의 한우보증씨수소를 선발하고 이의 정액을 농가에 공급하여 우리나라 한우개량을 이끌어 왔다. 기술적인 측면에서 볼 때, 한우보증씨수소의 선발을 표현형에 근거하여 선발을 1987년부터 1991년까지 하여 오다가 1992년 처음으로 유전능력평가를 통하여 추정한 육종가를 근거로 보증씨수소를 선발하였고 1995년 축산연구소가 가축개량총괄기관으로 지정되면서부터 국가기관인 국립축산과학원에서 국가단위 한우

유전능력평가를 실시하고 이의 결과를 토대로 한우보증씨수소를 선발하는 현재의 틀을 갖추게 되었다.

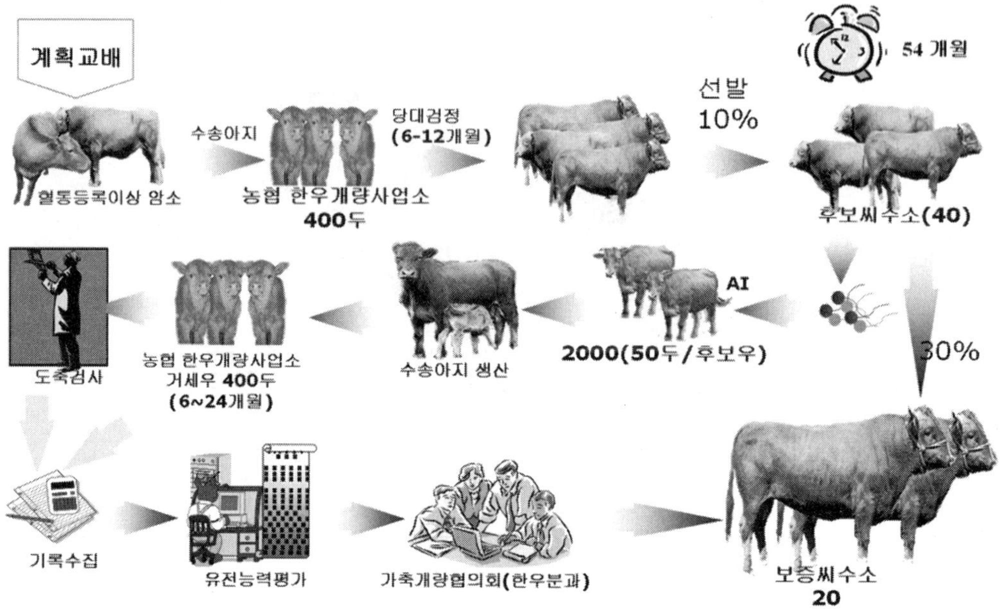

그림 2. 한우개량체계(개량농가기반)

그림 2에서 보는 바와 같이 보증씨수소를 생산하는데 54개월이란 시간이 소요되며 그간이의 능력검정을 통해 또한 많은 자금이 투입된다. 현재 그림 2 체계는 서서히 그림 3의 체계로 전환하고 있는 중이다. 이는 그간 개량농가에서 암소에 대한 능력검정이 이루어지지 않아 한우개량에 대한 기여도가 낮고 실질적으로 개량농가 중 당대검정이나 후대검정에 참여하고 있는 농가가 적어 이에 대한 실효성 논란이 있었기 때문이다. 따라서 보유 가축에 대한 혈통기록관리와 능력검정을 약속받고 씨가축 생산에 문제가 되는 질병이 없는 농장을 집중육성하여 이들로 하여금 한우 보증씨수소의 생산을 담당시키는 "한우육종농가"체계로 전환하게 되었다(그림 3).

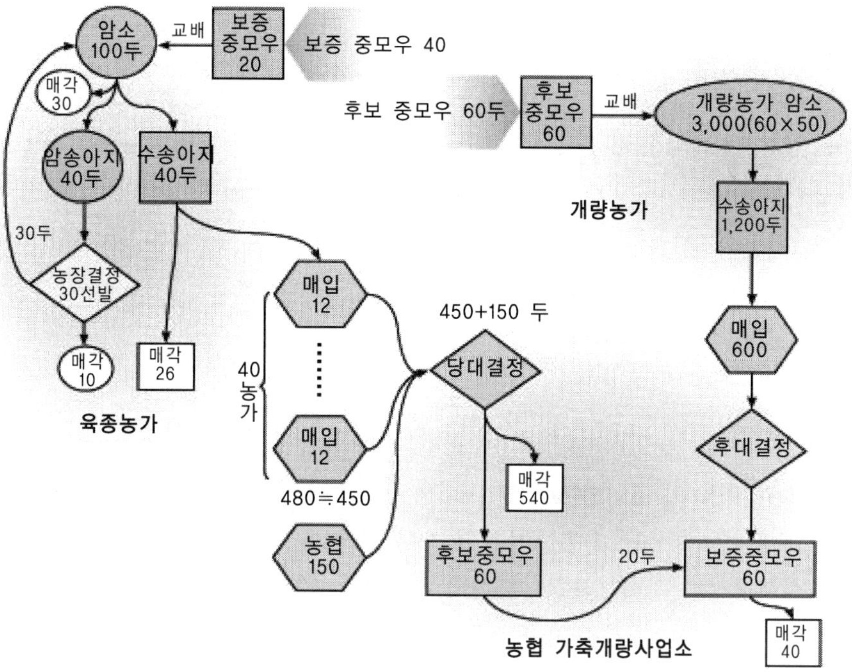

그림 3. 한우개량체계(육종농가기반)

한우의 당대검정과 후대검정이란?

당대검정(Performance test)

당대검정이란 개체 자신의 능력을 측정하는 것을 말한다.

한우의 당대검정은 1997년 이전에는 각 도종축장에서 실시하였고, 이 후에는 농협중앙회 가축개량사업소에서 실시하여 오고 있다. 검정은 6개월에서 12개월까지 실시하며 체중, 일당증체량, 사료요구율, 외모 등을 측정하여 1996년까지는 년 간 200두를 검정하여 40두를 선발하였고 그 이후에는 400두에서 약 40두를 선발하는 체계로 변화되어 왔다. 당대검정완료 후 선발은 현재 일당증체량과 12개월령체중(보정후)을 1:1의 비중을 두어 산출한 선발지수에 근거하여 하고 있다.

후대검정(Progeny test)

후대검정이란 개체 자신의 능력을 측정하기 어려운 도체형질이나 산유형질을 측정하기 위하여 그 자손의 능력을 측정하는 것을 말한다.

후대검정은 40두의 후보씨수소에 대해 총 2,400두의 혈통등록이상의 암소를 교배하여 태어난 수송아지를 매입하고 거세하여 24개월령까지 비육시킨 후 비육성적과 도축성적을 조사한 다음 이를 토대로 후보씨수소의 유전능력을 평가하여 도체중:등심단면적:근내지방도에 각각 1:1:2의 가중치를 준 선발지수를 산출하여 이를 토대로 보증씨수소를 선발한다. 검정기간은 1998년 이전에는 22개월령이었으나 그 이후에는 24개월령으로 변경하여 농가의 사육형태와 유사하도록 하였고 1997년 검정분부터 거세비육으로 변경하여 1998년 하반기부터는 거세우의 도체형질에 대한 평가로 전환하였다.

2.2 젖소

1979년 9월 젖소산유능력검정에 착수한 이래, 이를 바탕으로 젖소보증씨수소 선발사업에 착수하여 1995년 젖소보증씨수소를 선발하였다. 개체의 능력검정을 실시할 수 있는 한우와는 달리 젖소는 계획교배하여 생산한 수송아지를 외모심사하여 그중 우수한 소를 후보우로 선발하고 부족분을 외국에서 도입하여 일년에 15두의 후보우를 검정하는 것으로 검정체계를 설정하였다(그림 4). 그러나 소해면상뇌증 발병 등으로 인하여 2000년대 이후에는 외국에서 수송아지를 도입하기가 어려워지면서 후보씨수소 확보에 어려움이 발생하였다.

국내 생산축은 높은 질병발생률을 나타냄으로써 선발한 후보우가 도중에 탈락하는 비율이 너무 높아 수송아지 도입중단과 더불어 젖소개량사업을 더욱 어렵게 하는 이유가 되고 있다.

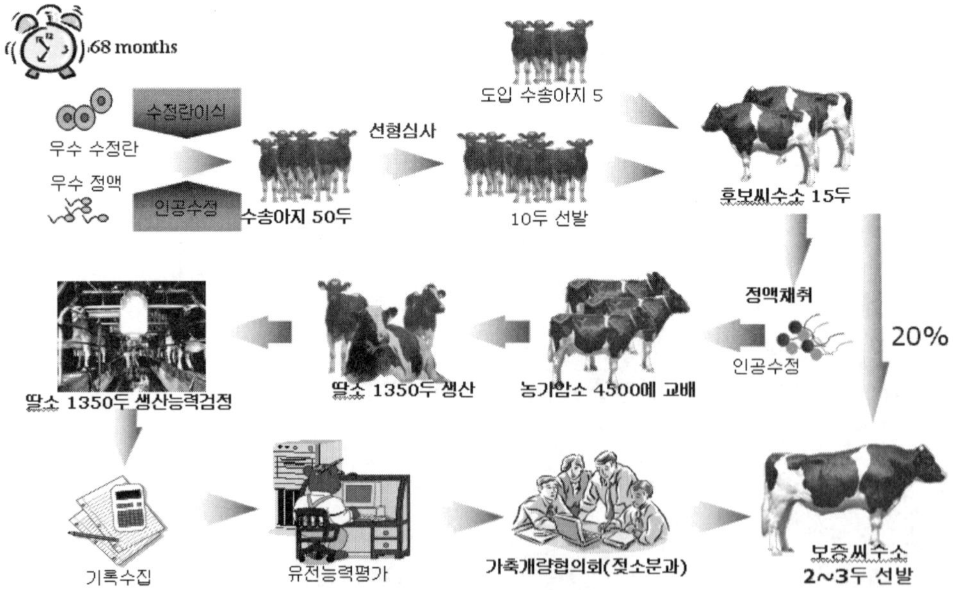

그림 4. 젖소개량체계

2.3 돼지

국가차원에서 돼지의 개량사업을 추진한 것은 2005년 "전문종돈업육성사업"을 시작하면서 부터다. 핵심 원종돈장과 계열 종돈장에 대하여 대규모 자금을 융자하여 우리나라 종돈의 자급율을 획기적으로 끌어올리기 위하여 본 사업을 수행하였다. 이에 따라 5개 전문종돈업체가 선정되어 이의 지원을 받아 현재에 이르고 있다. 그러나 한우나 젖소와는 달리 국가차원의 유전능력평가체계가 구축되지 않아 농장간 비교분석 및 성적공표가 되지 못하고 있어 양돈장에서 돼지를 선발할 때 필요한 유전적인 정보를 제공받지 못하고 있는 것이 사실이다. 하지만 이는 기술적인 문제보다는 종돈장간의 이해관계가 복잡하게 연관된 것으로 종돈장간의 합의가 있거나 양돈장의 결집이 있다면 단기간에 유전능력평가를 통한 돼지개량체계를 구축할 수 있을 것이다.

현재의 돼지개량은 한국종축개량협회의 농장검정과 대한양돈협회의 종돈능력검정에 크게 의존하고 있으며 그 체계는 그림 5와 같다.

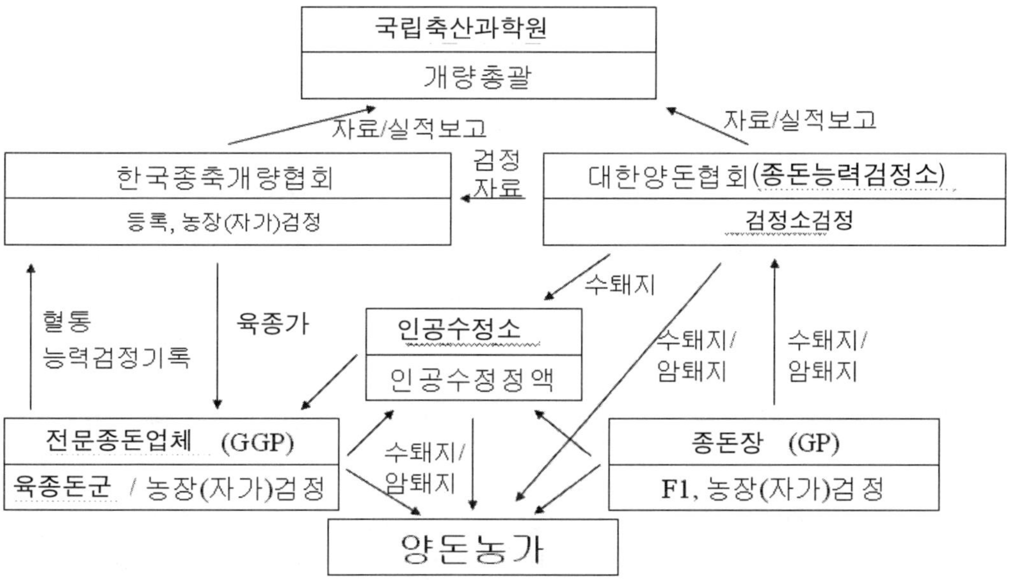

그림 5. 돼지개량체계

3. 개량성과

정부에서 가축개량사업을 추진해 오면서 그간 많은 성과를 거두었다. 그간 사양기술의 발달에 힘입은 바도 크겠으나 90후반이후부터는 사양기술이 어느 정도 평준화되어 그 이후에 나타나는 성과는 개량에 의한 성과라해도 큰 무리는 없을 것으로 추측된다. 각 축종별로 개량정도를 살펴보면 다음과 같다.

3.1 한우

한우의 개량성적을 살펴보고자 농협 한우개량사업소에서 수행한 능력검정결과를 조사하였다. 비거세우의 경우 12개월 체중이 1996년 328.9kg이었던 것이 2006년 375.5kg으로 대폭 증가하였고 거세우의 경우 24개월령 체중이 1998년 533.8kg에서 2006년 622.9kg으로 역시 대폭 증가하였음을 알 수 있다(표 1).

또한 검정성적으로 사양관리가 거의 동일한 것으로 볼 수 있으므로 본 개량양은 실질적으로 개량사업에 의한 성과로 볼 수 있을 것이다.

표 1. 한우개량추세

구분	대상 형질	'96	'97	'98	'99	'00	'01	'02	'03	'04	'05	'06
비거세우	6개월령 체중	156.3	159.4	151.0	147.6	167.4	173.1	178.3	178.1	182.4	178.1	176.1
	12개월령 체중	328.9	377.0	310.2	298.9	330.4	352.4	358.3	368.7	366.8	379.8	375.5
거세우	6개월령 체중	128.7	140.3	185.1	164.9	170.9	162.2	166.9	179.6	174.4	179.6	-
	12개월령 체중		278.8	269.9	259.4	287.4	292.7	288.9	274.8	322.8	328.3	334.2
	24개월령체중			533.8	544.2	544.7	570.2	560.6	572.7	591.7	622.6	622.9
	도체중			298.9	295.4	293.1	311.6	313.6	307.3	324.7	352.2	356.1
	근내지방도			3.47	3.28	2.76	2.78	2.89	2.22	1.92	3.55	3.21

(검정성적기준, 출처: 2006가축개량관련자료)

주 1. 작성기준 : 당해연도 조사된 성적 ,*자료출처 : 농협 당.후대 검정 성적
2. 계산방법(비거세우) : 산출근거 : 한우당대능력검정자료, 산출방법 : 6개월(또는 개시) 측정자료 및 12개월령 측정자료를 바탕으로 6개월령은 182.5일령으로, 12개월령은 365일령으로 보정. 기준년도 : 송아지 출생년을 기준으로 6개월령은 출생년과 같은 해로, 12개월령은 그다음 해로 집계
3. 계산방법(거세우) : 산출근거 : 한우후대능력검정자료, 산출방법 : 6개월(또는 개시) 측정자료 및 12개월령 측정자료를 바탕으로 6개월령은 182.5일령으로, 12개월령은 365일령으로, 기준년도 : 송아지 출생년을 기준으로 6개월령은 출생년과 같은 해로, 12, 18개월령은 그 다음해로, 24개월령은 2년후로 집계
4. 근내지방도 : 1-7등급(2004까지), 1-9등급(2005이후)

한편, 농협의 추세조사성적과 축산물등급판정결과에 따르면 거세우의 경우 1996년 도체중이 331kg에서 2006년 388kg으로 증가하였고 근내지방도 역시 1996년 3.8점에서 2004년 4.4로 증가하여, 개량사업의 성과가 있음을 알 수 있다(표 2).

표 2. 한우개량추세

구분	대상 형질	'95	'96	'97	'98	'99	'00	'01	'02	'03	'04	'05	'06
거세우	도체중	329	331	322	319	320	336	347	361	370	383	380	388
	배장근단면적	74.9	78.2	77.9	75.4	78.0	80.5	80.5	81.6	82.9	83.5	80.8	82.0
	근내지방도	3.9	3.8	3.7	3.5	3.7	3.6	3.5	3.7	4.1	4.4	5.0	5.1
암소	6개월령 체중	144.9	-	-	138.4	-	-	142.2	-	-	151.7	-	-
	12개월령 체중	246.9	-	-	240.1	-	-	247.8	-	-	257.2	-	-
	18개월령 체중	314.2	-	-	315.3	-	-	338.0	-	-	352.6	-	-
	24개월령 체중	404.4	-	-	396.6	-	-	424.2	-	-	438.2	-	-

(출처: 축산물등급판정 및 농협한우추세조사 결과)

주 1. 작성기준 : 당해연도 조사된 성적

2. 자료출처

- 비거세우 18 및 24개월령 체중 : 축산물 등급판정자료 중 생년월일 파악이 가능한 15개월령과 27개월령까지 생체중에 대한 회귀식을 산출하여 계산
- 거세우 24개월령 체중 : 축산물 등급 판정 자료 중 생년월일 파악이 가능한 21개월령과 27개월령까지 생체중에 대한 회귀식을 산출하여 계산
- 비거세우 도체중, 배장근단면적 및 근내지방도는 축산물등급판정 거세우 성적 활용
- 암소 체중 : 농협중앙회 한우 추세조사 성적

3.2 젖소

젖소의 경우 쿼터제 도입 등으로 인하여 생산량 증가에 대한 압박을 받고 있음에도 불구하고 표 3에서 보는 것과 같이 1산차 305일 유량이 1996년 6629kg에서 2006년 8362kg로 대폭 증가하였다. 반면 무지고형분율은 그대로 유지하고 있어 유성분을 어느 정도 유지하면서 우유 생산량이 대폭 개량되었음을 알 수 있다.

표 3. 젖소개량성과

구분	대상 형질	'96	'97	'98	'99	'00	'01	'02	'03	'04	'05	'06
1산차	305일 산유량,Kg	6,629	6,752	6,694	7,032	7,445	7,688	7,962	8,032	8,019	8,142	8,362
	유지율,%	3.63	3.63	3.60	3.60	3.70	3.77	3.79	3.80	3.80	3.80	3.79
	단백질율,%	3.25	3.21	3.13	3.20	3.17	3.18	3.21	3.18	3.14	3.10	3.09
	무지고형분율,%	8.74	8.68	8.56	8.60	8.59	8.67	8.84	8.87	8.79	8.75	8.76
	최종점수	74.9	74.5	74.4	73.5	73.7	74.1	73.9	73.7	73.9	74.2	74.3
	유방점수	51.9	52.3	53.3	52.9	52.2	52.4	51.6	51.5	51.1	51.3	53.0
전체	305일 산유량	7,038	7,171	7,252	7,629	8,086	8,364	8,761	8,899	8,935	9,014	9,271
	유지율,%	3.61	3.61	3.57	3.51	3.69	3.74	3.77	3.78	3.77	3.78	3.78
	단백질율,%	3.25	3.20	3.12	3.15	3.15	3.10	3.19	3.16	3.12	3.08	3.08
	무지고형분율	8.65	8.57	8.45	8.50	8.49	8.56	8.73	8.76	8.69	8.66	8.68
	최종점수	75.2	74.4	74.4	73.7	74.0	74.4	74.4	74.3	74.5	74.9	75.1
	유방점수	49.5	49.9	50.8	50.5	50.3	50.7	49.9	49.7	49.3	49.5	50.8

(출처: 농협 산유능력검정성적)

주. 작성기준 : 당해연도 조사된 성적 , 자료출처 : 농협 유우군 검정 성적

3.3 돼지

돼지의 개량성과는 실질적으로 판단하기 어려우나 양돈협회의 검정소 검정결과와 종축개량협회의 농장검정 성적을 토대로 살펴보면 표 4, 표 5와 같다.

검정소 성적을 토대로 살펴볼 때, 90kg도달일령은 모계인 요크셔와 랜드레이스에서는 약간 감소하는 추세로 개량되는 것을 볼 수 있는 반면 듀록은 90kg도달일령이 짧아짐을 알 수 있다. 그러나 이는 출품성적에 근거한 것으로써 이를 바탕으로 농장에 있는 돼지의 개량정도를 예측하기는 실질적으로 어렵다 할 수 있다.

농장의 실질적인 개량정도를 파악하기 위해서는 농장검정 성적을 살펴볼 필요가 있다.

농장검정성적으로 보면 모계인 요크셔와 랜드레이스는 90kg도달일령이 오히려 늘어나고 있고 부계인 듀록 역시 90kg도달일령이 늘어나고 있어 개량성과가 없는 것으로 나타났다. 종돈을 출품하는 검정소검정성적은 개선되는데 농장검정성적이 떨어지는 원인은 그간 만연한 만성소모성질병 등과의 연관관계가 있을 것으로 사료되며 앞으로 이에 대한 보다 정밀분석이 필요하다.

표 4. 돼지의 검정소검정성적

품종	대상 형질	'96	'97	'98	'99	'00	'01	'02	'03	'04	'05	'06
요크셔	등지방두께	1.33	1.32	1.30	1.31	1.30	1.22	1.34	1.28	1.38	1.39	1.36
	일당증체량	892	907	917	971	962	939	1,002	1,035	1,033	997	985
	사료요구율	2.38	2.39	2.38	2.36	2.29	2.35	2.17	2.17	2.26	2.33	2.41
	90Kg도달일령	144	146	145	138	143	142	139	137	138	142	142
랜드레이스	등지방두께	1.30	1.32	1.28	1.31	1.31	1.25	1.33	1.37	1.42	1.41	1.45
	일당증체량	890	925	917	951	959	954	988	1,035	1,030	1,007	978
	사료요구율	2.43	2.42	2.44	2.47	2.35	2.39	2.22	2.18	2.27	2.33	2.41
	90Kg도달일령	143	143	141	137	141	140	138	135	136	139	141
듀록	등지방두께	1.55	1.56	1.52	1.48	1.43	1.38	1.43	1.34	1.40	1.32	1.32
	일당증체량	938	948	964	983	987	1,006	1,044	1,077	1,077	1,086	1,049
	사료요구율	2.36	2.37	2.32	2.37	2.25	2.25	2.14	2.14	2.22	2.25	2.29
	90Kg도달일령	140	141	140	137	139	136	134	134	135	134	137

주. 작성기준 : 당해연도 조사된 성적 , 자료출처 : 대한양돈협회 검정 성적

표 5. 돼지의 농장검정성적

품종	대상 형질	'96	'97	'98	'99	'00	'01	'02	'03	'04	'05	'06
요크셔	등지방두께	1.36	1.41	1.30	1.36	1.36	1.39	1.34	1.31	1.36	1.31	1.31
	일당증체량	621	619	609	633	663	638	631	621	609	615	621
	90Kg도달일령	145	146	149	144	147	147	149	149	153	152	153
랜드레이스	등지방두께	1.23	1.32	1.24	1.23	1.28	1.29	1.28	1.24	1.25	1.20	1.22
	일당증체량	609	616	623	643	625	614	615	610	596	597	596
	90Kg도달일령	148	147	147	143	146	147	148	148	152	150	149
듀록	등지방두께	1.53	1.49	1.43	1.37	1.34	1.28	1.20	1.19	1.19	1.19	1.17
	일당증체량	630	609	604	649	698	671	658	651	643	640	640
	90Kg도달일령	143	148	150	142	142	145	144	145	146	146	146

주 1. 작성기준 : 당해연도 조사된 성적,
2. 자료출처 : '96-'99 성적(한국종축개량협회), '00-' 06 성적(대한양돈협회, 한국종축개량협회 통합자료)

4. 문제점 및 향후계획

4.1 축산발전기금의 축소 및 질병방역비 등의 지출 증가 대책 필요

지금까지 개량사업은 축산발전기금을 투입하여 수행해 왔다. 그러나 2000년대 들어 이 기금의 주요수입원인 마사회의 수익감소, 저금리 등으로 인하여 기금의 조성액 규모가 2003년 2,660억원에서 2004년 1,889억원, 2005년 1,476억원으로 감소하고 있고 자본액 역시 2000년 26,976억원이었던 것이 2005년 21,180억원으로 감소하고 있다 (표 6).

기금 사업장의 수익증대, 결손축소 요구가 심화되고 있고, 신규보조사업의 억제는 물론 기존 보조사업의 현상유지조차도 어려운 상황에 처해 있다. 또한 하향식(Topdown) 예산배정으로 인한 성과평가 등을 토대로 유사사업의 통폐합, 실적이나 실효성이 낮거나 사업목적이 달성된 사업은 축소 또는 중단을 시키고 있다. 따라서 현재까지 구조적 문제로 인한 성과는 있으되 가시적인 성과를 보여주기 어려운 가축개량사업에 대한 예산확보가 상당히 어려운 처지에 놓여 있다.

표 6. 축산발전기금 조성액 현황 (단위 : 억원, %)

	'74~'79	'80~'89	'90~'99	'00~'05	합 계
정부출연금	10 (1)	400 (6)	-	500 (4)	910 (2)
대체초지조성비	-	-	91	101 (1)	192
마사회납입금	5	88 (1)	3,146(10)	6,608(51)	9,847(18)
축산물수입이익금	812(58)	3,317(48)	20,885(64)	111 (1)	25,125(47)
기금운용수익금	131 (9)	1,915(28)	8,637(26)	5,547(43)	16,230(30)
기 타	448(32)	1,146(17)	-	-	1,594 (3)
계	1,406(100)	6,866(100)	32,759(100)	12,867(100)	53,898(100)

※ 기 타 : 사료원료 수입가격 차액 납입금, 수입가축 국내 가격 차액 납입금
축산물 인수 납입금으로 1986년부터 폐지됨

2000년대 들어 가축전염병 발생 등에 따른 질병방제와 예방 등을 위한 예산이 대폭증가하여 상대적으로 가축개량에 투입하는 예산규모가 줄어들고 있는 실정이다(표 7).

따라서 이러한 사정을 감안하여 가축개량에 투입할 수 있는 예산을 증가시키려면 예산당국을 설득할 수 있는 논리의 개발과 가시적인 성과를 내고 이를 효과적으로 홍보해야 한다. 또한 농가의 자부담을 늘리거나 지자체 예산을 투입할 수 있도록 현 농림부 주도 사업을 지자체 주도 사업으로 이관하는 것이 필요하다.

표 7. 축산연구 업무 관련 사업별 기금 집행액 (단위 : 백만원)

	2000	2001	2002	2003	2004	2005
가축개량	*40,351*	*34,499*	*29,340*	*28,818*	*21,644*	*21,687*
학교우유급식	9,522	12,196	12,719	13,005	14,733	16,054
축산물등급판정	9,614	13,713	14,878	8,081	7,785	8,788
쇠고기 이력추적	-	-	-	-	1,392	382
조사료 생산	18,262	20,341	18,636	18,868	14,282	18,919
품질고급화장려금	15,701	50,167	56,546	57,117	8,002	11,680
유기축산시범	-	-	-	339	276	80
가축질병근절	10,436	35,219	24,968	19,736	20,854	22,892
축산자조금	1,154	1,652	1,879	1,329	3,525	7,874
브랜드육 육성	16,973	17,603	14,729	7,538	-	-

4.2 인기위주 사업수행 지양

가축개량사업은 이론적으로 계산한 결과를 크게 벗어나는 일이 없는 가장 과학적이며 현실적인 사업이다. 그러나 이러한 가축개량은 우리 조상부터 대대로 수 천 년 수행해 온 전혀 새로울 것이 없는 사업으로 여겨 왔으며 새로운 것, 신기한 것, 가시적인 것을 좋아하는 언론과 대중의 이목을 끌기에는 적합하지 않다.

예를 들어 새로운 도라지 품종 개발하는 것이 보증씨수소 한 마리 선발하는 것보다 더 언론의 주목을 받게 된다. 그러나 실질적으로 도라지나 벼의 신품종 개발하는 것과 한우보증씨수소 한 마리 선발하는 것은 우수한 유전자원을 농가에 공급한다는 의미에서는 모두 중요하다.

다만 벼나 도라지는 씨앗으로 농가에 공급을 하고 한우는 동결정액으로 공급한다는 차이가 있을 뿐이다. 그러나 언론에서는 신품종 벼나 도라지는 실어줄지언정 이리 봐도 한우 저리 봐도 한우인 별반 다를 것이 없는 한우보증씨수소에는 무관심 하였다.

예산을 심의하는 담당자는 이러한 사실을 모르고 신문에 나온 벼나 도라지 신품종개발사업에는 예산을 올려줄 수 있어도 신문에 오르지 않는 한우개량사업은 그저 돈 먹는 하마일 뿐 예산을 올려줄 필요성을 느끼지 못했던 것이다.

오히려 가축개량과는 상관도 없는 "한우복제소 생산사업"에 관심을 가지게 되었다.

궁극적으로 이러한 문제를 해소하려면 가축개량에 대하여 언론매체를 통하여 꾸준히 홍보하고, 기자들을 설득하여 "한우보증씨수소"선발도 기사화해 줄 수 있도록 하는 노력이 필요하다.

또한, 정책입안을 하는 사람들은 언론에 보도된 자료를 액면 그대로 믿지 말고 관련 전문가의 의견을 다양하게 청취하여 올바른 정책을 수립할 수 있도록 하는 노력을 해야 한다. 그리고 정책입안자들이 2년 이내에 새로운 사람으로 교체되는 점을 감안하여 관련 업무에 대한 기술 자료집 등을 작성하여 새로운 사람이 발령을 받았을 때 이를 제공하는 등 개량사업 종사자들의 다각적인 노력이 요구된다.

4.3 개량농가육성사업의 지방정부 참여

가축개량사업에 있어 개량농가의 참여가 저조하고 암소에 대한 능력검정 등이 이루어지지 않는 등의 문제점이 노출되어 농림부에서는 이를 개선하기 위하여 새로운 개념인 "육종농가"를 한우개량사업에 도입하였다. 육종농가는 암소의 검정을 의무적으로 수행하여야 하며, 기록관리 또한 철저히 하도록 하고 있다. 농림부는 "한우육종농가"를 한우보증씨수소를 생산하는 생산기지로 사용할 계획을 가지고 있다. 현재 이러한 일을 수행하고 있던 "개량농가"는 점차 이 기능을 상실하고 후대검정에 참여 하는 정도로 그 역할이 축소된다.

이에 따라 개량농가에 참여하였던 농가는 실질적으로 관리에서 벗어나는 결과가 예상된다. 그러나 이들이 지역 브랜드의 번식기반 역할을 하고 있으므로 이를 그대로 버려두기 보다는 현재까지 축산발전기금에 의존하던 개량농가사업을 지방정부도 일부분 예산을 투입하도록 변경하고 각 지방정부별로 개량농가사업을 발전시켜 나가야 한다.

예를 들어 지방정부에서 소요 예산의 50%를 부담하고 축산발전기금에서 나머지 50%를 매칭펀드 형태로 지원하는 방식이다. 이렇게 현재의 개량농가육성사업을 개선할 경우 지방정부는 그간 정액구입비, 등록비 등으로 지방정부의 예산을 지출하던 것을 도별 개량농가육성사업으로 일원화하여 계획적으로 예산을 투입할 수 있고, 지방정부에서 추구하는 광역 브랜드 등을 위한 한우 암소기반을 확보할 수 있으며 지역조합(축협, 한우협회 등)을 통해 지자체 나름의 가축개량사업을 추진할 수 있다.

또한 도 축산과, 축산연구기관 등은 목적이 뚜렷한 업무를 개발하거나 부여 받아 기관을 활력 있게 운영하고 더 나아가 기구의 확대 등도 기대할 수 있다. 중앙정부차원에서는 축산발전기금의 지출규모를 대폭 줄일 수 있음은 물론 지방정부와 중앙정부가 공동의 업무를 수행하게 됨에 따라 현재보다 업무를 수월하게 운영할 수 있음은 물론 여러 사람이 같은 업무를 하게 되어 새로운 사업이나 정책을 구상하고 현실화 하는데 큰 도움이 될 것이다. 이뿐만 아니라 개량농가지원규모 축소에 대한 민원도 자연스럽게 해소하고 시장상황의 급격한 변화에도 안정적인 암소번식기반을 확보하는 일석삼조의 효과를 얻을 수 있다. 이처럼 타 축종에서도 지자체가 적극적으로 개량사업에 참여할 수 있도록 개량사업을 다각화하고 관리권한 등을 지자체 등에 넘겨주는 발상의 전환이 필요하다.

4.4 농가지원방법의 개선

현재까지 가축개량사업의 보조금 지급방식은 관리를 하는 개체가 몇 두인지, 해당 기록이 입력되는지에 초점을 맞추었다. 때문에 농가가 자료를 기록하건 말건 상관이 없었으며, 검정원(조합직원)은 농장주와는 상관없이 자료를 기록하고 입력하였다.

검정원(조합직원) 1인이 관리해야할 두수가 워낙 많은데다 조사해야 할 항목도 만만치 않았기 때문에 농가 자가 기록 및 관리방식으로 변경을 해야 한다.

우선 농가에 농장주가 개체별 기록을 관리할 수 있도록 개체기록지를 나누어 주고 해당 기록지에 농가가 기록 할 경우에 한해서 보조금 등을 지급하도록 제도를 바꾸어 농가가 스스로 기록을 관리할 수 있도록 유도하고 현재의 어미소위주, 농가위주 관리체계를 철저한 개체위주의 관리체계로 바꾸어 가축개량의 기본인 능력검정과 축산물생산이력제를 준비하며 입력한 기록의 정확성, 완전성, 무결성을 수시로 점검하여 통과한 경우에만 검정원(조합직원)의 인건비 등을 지급하도록 하여야 한다.

또한 선별적으로 검정이 되지 않도록 하기 위해서 농가단위로 사업참여 미참여를 구분한다. 검정참여 농가는 농장의 모든 개체에 대해 기록관리와 검정 등을 수행하여야 하고 만약 원하는 소만 하고자 할 경우에는 아예 사업에서 제외를 시키도록 하여야 선별적인 검정참여 등에 따르는 문제점을 방지할 수 있다.

농가에서도 자신의 자료를 직접 열람하고 입력/수정/보고서작성 등의 업무를 할 수 있도록 전산시스템을 개발·운영하여 검정원(조합직원)의 업무를 농가가 감독하고 농가의 기록관리 사항 등은 조합직원이 감독할 수 있는 체계를 구축하여 자료의 오류를 감소시킴은 물론 농가로 하여금 기록을 관리함으로써 여러 가지 혜택을 받을 수 있도록 해야 한다. 이러한 혜택의 예로는 개체별 번식, 사양관리 등은 물론 농가의 개량목표에 따른 각 암소별 적절한 씨수소의 자동 교배계획을 작성해 주는 것 등을 들 수 있다. 이의 구체적인 예를 들어 보면, 그림 6에서와 같이 능력을 모르는 암소에 대하여 혈통을 이용한 교배계획을 작성해 주는 것이다.

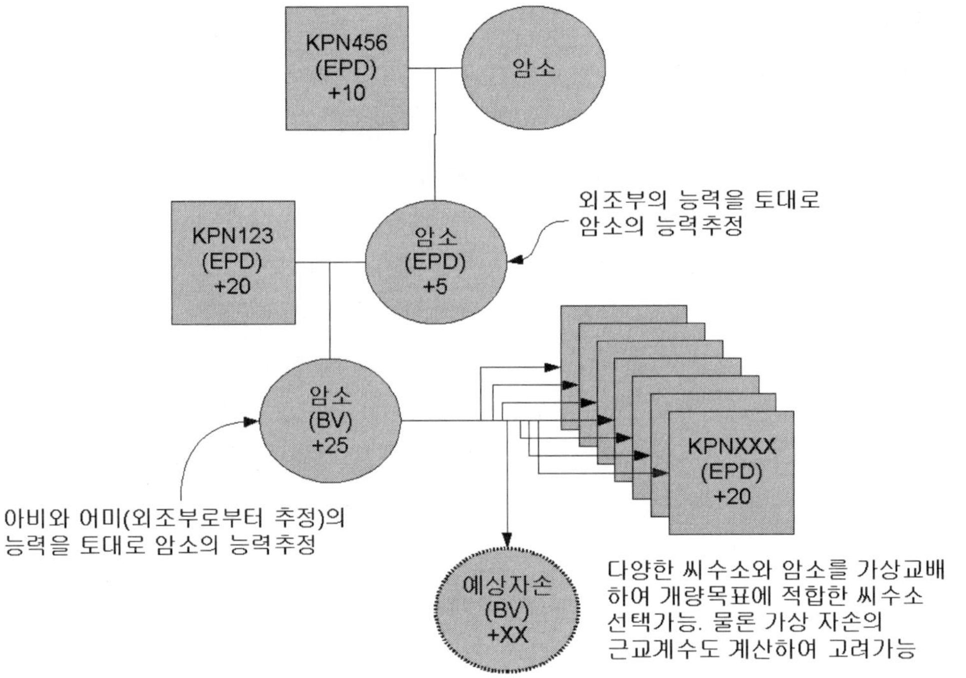

그림 6. 부 및 외조부의 유전능력을 이용한 암소의 교배계획(예)

이는 신뢰도에서는 제한적일 수밖에 없는 방법이기는 하지만 현재 우리나라의 상황에서는 이러한 서비스를 실시하여 농가가 기록관리의 필요성과 효용을 느낄 수 있도록 하는 한 가지 방법이 될 수 있다.

4.5 농가의 자발적 참여 유도

가축개량은 혈통관리와 능력검정 없이는 이루기 어렵다. 수소의 경우에는 국가에서 어느 정도 개량을 수행할 수 있으나, 절반 개량에 그치는 것으로 암소에 대한 개량을 수행하여야 효과적이고 신속한 개량의 결과를 얻을 수 있다. 가축은 작물과는 달리 여러 개인 농장에서 보유한 가축을 대상으로 개량사업을 추진해야 하기 때문에 농가에서 자발적으로 가축을 관리하고 능력을 검정하는 등의 작업을 해 주지 않으면 농가보유 가축을 개량하기는 사실상 불가능하다.

우리나라의 가축개량사업은 농가가 가축개량이 무엇인지 알지도 못하는 와중에 정부주도로 수행되었다. 검정원이 방문을 하여도 농가는 관심도 없을뿐더러 제대로 기록을 했는지조차 주의를 기울이지 않던 상황은 1980년대 초부터 현재까지 20여년이 흐르는 동안에도 별로 개선된 것이 없다.

최근 들어 몇몇 선도농가에서 기록관리나 가축개량에 관심을 보일 뿐 대부분의 농가는 아직도 무관심하다. 다만, "어느 정액이 좋다더라"라는 데에만 귀가 뜨여 그 정액을 구하기에 급급한 실정이다.

이제는 정부가 앞장서서 농가를 끌고 가는 정책에서, 농가가 필요로 하는 사항을 도와주는 방향으로 그 정책방향을 바꾸어야 할 때이다. 무엇을 줄 테니 참여해 달라고 애원하는 것이 아니라 서로 주고받는 계약 형태로 개량사업을 이끌어야 한다.

한 예가 2005년부터 시작한 한우육종농가사업이라 할 수 있다. 본 사업에 참여하는 농가는 기존의 개량농가에 비해 금전적으로는 큰 혜택이 없다. 다만 개량전문가, 수의사 등이 1달에 적어도 1회 이상은 농가를 방문하여 맞춤형 자문을 해 주고 계획교배와 능력검정을 도와주는 대신에 농가는 모든 개체의 질병검사와, 혈통관리와 능력검정을 수행하여야 하는 의무사항이 있다.

다만 해당 농가에서 태어난 수송아지가 보증씨수소가 될 경우에는 해당농가에서 정한 이름을 보증씨수소에 붙여주고 정액판매대금의 10%정도를 인센티브로 지급하는 혜택이 있는데 이는 단순히 금전적인 지원이 아닌 해당 농가 보유 가축의 우수성을 외부에 널리 홍보하는데 더 큰 목적이 있다.

즉 우수한 능력의 가축을 보유한 농가로 홍보가 되면 해당 농가의 가축의 가치가 상승하도록 하여 가축개량으로부터 돈을 벌 수 있다는 인식을 심어주고 스스로 개량을 수행해 나갈 수 있도록 해 주고, 해당농가에서 정한 이름을 보증씨수소에 붙여주고 있다. 그리고 정액판매대금의 10%정도를 인센티브로 지급하고 있다.

Ⅲ 결 론

지금까지 우리나라 가축개량사업과 그 성과와 문제점, 향후 개선방안에 대해 간략히 살펴보았다. 필자가 간과하거나 지적하지 못한 부분도 많을 것이다. 그러나 확실한 것은 이제는 정부주도의 개량사업에서 민간주도, 지자체 주도의 개량사업으로 변화해야할 시기라는 것이다. FTA등으로 인한 경쟁가속화와 사료값 인상 등에 대한 대책중 하나는 경제적인 축산을 하는 것이고 이는 우수한 가축을 확보함으로써 달성할 수 있다. 이제 농가, 지자체 및 정부가 모두 힘을 합쳐 앞으로 다가올 여러 문제를 함께 해결해야 한다.

제 2 장

한우의 개량 목표 및 유전능력 평가방법

Ⅰ 서 론

Ⅱ 본 론

1. 한우개량목표
2. 기록관리
3. 유전능력평가

Ⅲ 결 론

Ⅰ 서 론

한우개량은 농가차원에서의 노력도 있었겠지만 정부차원에서의 노력에 의해 주도적으로 이루어져 왔다.. 한우개량은 1960년 4월 농림부 주관으로 축산시험장 화산지장에서 농촌진흥청 관계자, 대학교수, 한우개량관련기관을 중심으로 제 1차 한우개량협의회를 개최하여 한우개량방법, 한우의 심사표준 및 측정방법, 사양표준 등을 제정할 것을 결의하면서 부터 시작되었다.

1962년 경제개발 5개년 계획에 축산진흥을 위한 지원사업이 포함되기시작하면서 우리나라 축산업 발전에 대한 투자가 이루어지고 이에 따라 축산업의 발전이 시작되었다. 1960~1970년대 초에는 한우보다는 주로 낙농산업의 발전을 위하여 정부가 꾸준히 투자를 하였고 1970년대 중반에 추진한 제3차 경제개발 5개년계획에서 한우 및 젖소의 사육두수 및 생산성 증가 및 수급조절에 초점을 맞추어 축산진흥사업을 추진하기에 이르렀다.

또한 축산발전기금을 1976년 설정하면서 축산발전을 위한 자금원을 확보하게 되었다. 한편 70년대까지 한우에 대한 투자가 미미한 것은 이때까지는 주로 한우가 고기를 생산하는 “육우”라기 보다는 농사일을 위한 “역우”로서의 성격이 강했기 때문으로 70년대 중반이후부터 국가경제의 규모가 커지고 소비자의 구매력이 커지면서 고기소비량 증가 등에 따라 한우를 육우로 개량할 필요성이 서서히 대두되고 있었다.

현재 한우개량에 있어 중요한 역할을 하고 있는 “한우개량농가사업"은 1979년 한우순수계통번식을 위해 한우개량단지 8개소, 3,967두의 암소를 지정하면서 시작하였다. 본 사업에서는 암소의 혈통을 관리하고 근친교배가 일어나지 않도록 적절한 씨수소정액을 지역별로 선정하여 교배에 이용할 수 있도록 하였다.

한우개량단지는 1995년 총 250여개소, 17만 9천여 두의 암소를 관리하게 될 때까지 꾸준히 증가하였다. 그러나 제한된 관리인원으로 증가한 농가와 두수를 제대로 관리하고 기록을 수집하는 것이 현실적으로 한계에 부딪혔고 자료의 질에 대한 문제점이 부각되기 시작하면서 한우개량단지사업은 1999년 한우개량농가사업으로 전환되어 관리단위를 지역에서 농가단위로 변경하게 된다.

이 역시 증가한 두수를 제대로 관리하지 못하는 문제점은 그대로 가지고 있었다. 한편, 한우의 개량을 위해 우수한 씨수소를 선발하고 이의 정액을 농가에 공급하기 위한 사업은 1969 시작되었다.

이 사업을 통해 1969년부터 1986년까지 경진대회를 통해 선발한 한우 씨수소의 정액을 공급하여 한우개량을 이끌어 나왔다. 그러나 경진대회를 통한 씨수소의 선발은 순전히 표현형에 의존하였을 뿐만 아니라 혈통을 전혀 고려하지 않았기 때문에 선발의 정확성이 현저히 떨어지는 문제점을 안고 있었다.

농림부에서는 이를 해결하기 위하여 1983년부터 구 국립종축원(현 축산과학원), 구 각도 종축장 및 농협으로 하여금 한우당대 및 후대검정사업을 수행하도록 하여 1987년 비로소 우리나라 최초로 체계적인 검정을 거치고 혈통을 검증받은 보증씨수소를 선발하고 이의 정액을 공급하기 시작하였다.

본 사업에서 한우개량단지사업으로 관리하고 있던 암소축군을 이용하여 당대검정용 수송아지, 후대검정용 수송아지를 생산하게 됨으로써 한우개량단지가 "한우개량사업"의 일부분을 담당하게 되었다. 그러나 한우개량단지의 역할은 능력검정 등을 실시하지 않았기 때문에 혈통이 있는 암소를 제공하는 것 이외에는 별다른 기여를 하지 못하는 한계를 가지고 있어 2005년 "한우육종농가사업"을 시작하는 계기가 되었다. 한우육종농가사업에 참여한 농가는 혈통관리는 물론 암소의 능력검정 등의 의무를 가지고 있는 것이 기존의 한우개량단지 또는 개량농가사업에 참여한 농가와는 그 역할과 성격이 확연히 구분이 되며 진정으로 한우개량사업에 참여하는 농가가 비로소 탄생하게 된 것이다.

2005년 시작한 본 사업은 총 40호의 농가, 4,000두 이상의 암소를 관리하고 능력검정하는 것을 목표로 하여 2008년 까지 매년 10여 농가씩 선발할 계획이다. 또한 본 사업의 특징은 이미 선정된 농가에 대해서도 매년 농가가 혈통관리, 능력검정 등을 성실히 수행하는지를 평가하여 선정을 취소하는 등 이전 사업에서 볼 수 없었던 확실한 농가관리와 이에 준하는 지원 즉, 계획교배지원, 질병검진지원, 능력검정기술 지원 등의 컨설팅을 제공하는 것이다.

우수한 보증씨수소를 선발하고 이의 정액을 공급하는 사업은 당대 및 후대검정을 통하여 1987년 첫 보증씨수소를 선발한 이후 1994년까지는 표현형에 근거하여 선발을 하였다.

이는 능력검정과정을 거치지 않고 한우경진대회를 통해 씨수소를 그대로 선발사용하였던 1987년 이전보다는 선발의 정확성이 향상되긴 하였으나 여전히 표현형에 근거한 선발이라는 문제를 안고 있었다.

한편, 구 국립종축원이 현 축산연구소로 개편되고 가축개량총괄업무를 수행하게 되면서 국립축산과학원에서 "한우 국가단위 유전능력평가"를 실시하게 되면서 1995년부터는 개체별 "육종가"에 근거한 선발을 하게 되어 선발을 정확도를 크게 향상시켜 오늘에 이르고 있다.

본 글에서는 한우의 개량목표가 어떠한지를 살펴보고 이를 달성하기 위하여 실시하고 있는 국가단위 유전능력평가에 대해 간략히 살펴보고자 한다.

II 본 론

1. 한우개량목표

한우개량목표를 설정하기 전에 먼저 짚어보아야 할 것이 있다. 미인대회에서 미인을 뽑는다고 하면 어떤 사람이 미인인가에 대한 기준이 있어야 한다. 한우를 선발할 때 역시 어떤 한우가 우수한 것인가에 대한 기준이 있어야 한다.

사람을 고를 때 개인적인 취향이 있듯이 가축을 고를 때에도 농장의 사정과 소비자의 소비성향, 시장의 요구 등에 따라 서로 다를 것이다.

한우를 개량하고자 한다면 개량은 우수한 가축의 선발과 이들의 교배를 통해 이룩할 수 있다.

그런데 우수한 가축에 대한 기준이 없다면 선발을 할 수가 없다. 현재 우리나라에서는 일본과 함께 근내지방함량이 높은 한우를 우수한 한우로 꼽고 있다. 이는 비육우에서의 이야기이다. 반면 암소라면 어떨것인가?

암소는 송아지를 생산하는 것이 기본임으로 1년에 1두씩 송아지를 잘 생산하고 사료를 상대적으로 덜 먹으며 생산한 송아지가 잘 크고 좋은 등급을 받을 수 있으면 좋은 암소이다. 즉 암소에서는 근내지방도가 높은 것이 우수한 것이 아닌 번식성적이 우수한 것이 우수성을 판단하는 기준이 된다.

따라서 정액을 선택하거나 비육 또는 번식용 밑소를 고를 때에는 그 기준이 명확해야 하고 이것이 서로 같을 수 없다는 것을 이해하여야 한우개량을 제대로 할 수 있다.

한우의 개량목표는 우리나라의 전반적인 개량목표를 설정한 것으로 개별 농가의 개량목표와는 다를 수 있다. 본 목표는 수입쇠고기와의 차별화를 얻을 수 있는 방법을 기준으로 하여 설정되어 육량과 육질(근내지방도)을 동시에 고려한 형태로 되어 있다.

앞에서 언급한 것과 같이 개량목표는 농장별 또는 브랜드별로 서로 다를 수 있기 때문에 국가가 가축개량목표를 설정해야 할 필요성이 있는지에 대한 논란이 있는 것이 사실이다. 그러나 본 개량목표는 정부가 국민에게 하는 약속의 성격으로 한우개량을 위해 정부가 자금을 투입할 근거로 활용하고 있기 때문에 이에 대한 이해가 필요하다.

따라서 개별 브랜드나 농가에서는 본 목표와는 상이한 나름대로의 목표를 세워 개량을 추진해 나아감이 좋을 것이다. 그러나 본 개량목표가 육량과 육질을 동시에 고려하고 있기 때문에 브랜드별로 추구하는 목표와 상반되게 가는 가능성은 낮을 것으로 기대한다. 다만 아쉬운 것은 암소에 대한 번식형질을 조사하지 못하여 암소에 대한 개량목표 등을 제시할 수 없다는 것이다. 이는 시급히 개선되어야 할 문제이나 농가의 적극적 도움없이는 불가능한 것으로 농가차원의 기록관리가 절실히 필요하다.

표 1은 한우 수소 기준으로 2015년까지의 개량목표를 제시하여 놓았다.

표 1. 한우개량목표

구 분		체중(kg)				도체(24개월령 기준)			
		6개월령	12개월령	18개월령	24개월령	도체중(kg)	등지방두께(cm)	등심면적(㎠)	근내지방점수
비거세우	2005	186	362	565	657	381	0.70	88	1.4
	2010	192	373	590	684	397	0.70	92	1.6
	2015	197	384	615	711	412	0.70	95	1.8
	연간 개량량	1.10	2.20	5.00	5.40	3.10	-	0.70	0.04
거세우	2005	169	317	-	627	370	1.00	81	3.4
	2010	178	328	-	642	381	1.00	82	4.1
	2015	187	339	-	656	393	1.00	84	4.8
	연간 개량량	1.80	2.20	-	2.90	2.30	-	0.30	0.14

(2005~2015, 출처: 2006 가축개량관련자료)

※ 24개월 체중은 도체중에 도체율 58% 적용하여 산출

2. 기록관리

2.1 기록관리 필요성

최근에 불국사 석가탑에서 나온 무구정광다라니경의 제작시기에 대한 논란이 일고 있다. 이 논란은 고려 때 석가탑을 중수하면서 다라니경을 넣었다는 기록은 있으되, 예전에 있던 것을 다시 넣었는지 아니면 새로 작성한 것을 넣었는지에 대한 정확한 기록이 없기 때문이다.

만약 다라니경의 제작배경이나 석가탑에 넣게 된 사연을 기록한 것이 발견된다면 현재 '중국 것을 수입한 것', '일본에서 한국으로 건너온 것'이라 주장하는 중국과 일본의 이론을 한

번에 뒤집을 수 있고 우리나라 위상을 더욱 높일 수 있을 것이다. 이렇듯 “기록”은 그 기록 대상의 가치를 판단할 수 있게 해 주는 중요한 것이다.

농가에서 키우고 있는 한우에 대한 기록 역시, 그 기록대상 개체의 가치를 가늠하게 해 주는 아주 중요한 자료인 것이다. 이렇게 개체에 대한 기록관리가 중요함에도 불구하고 지금까지 한우의 기록을 농가에서 체계적으로 관리 및 활용할 수 있도록 하기 위한 노력이 부족한 것이 사실이었다. 본 글에서는 한우개체기록관리에 대해 살펴보도록 하겠다.

2.1.1 무엇을 기록할 것인가?

본 양식지는 한우를 효과적으로 관리하고 개량하는데 있어 필요한 사항을 농가에서 편리하게 기록하고 관리할 수 있도록 여러 농장의 기록관리상황과 가축개량에 필요한 기록관리 사항을 종합적으로 고려하여 가능한 공동으로 사용할 수 있는 사항을 선별하여 축산과학원에서 양식지로 제작한 것이다.

2.1.2 필수항목

개체관리에 있어 반드시 관리해야 할 항목이며, 이를 누락하게 되면 기본적인 분석조차 할 수 없다.

① 개체식별, 혈통(부,모) 및 일반정보 부분은 꼭 기록해야 한다(그림 1).

		개체번호(개체식별)	□-□□□-□□□-□□□
		개체생일	□□□□-□□-□□
종축등록 번 호		별 명 (명 호)	
입식일자	□□□□-□□-□□	부 번호 (바코드)	KPN- ※개체식별번호:
번식농장 (산지)	※축산업등록번호	모 번호 (바코드)	□-□□□-□□□-□□□ ※개체식별번호:
도태일 (판매일)	□□□□-□□-□□	개체특징	※흑비경(완전흑비:5점) [ ]점

그림 1. 개체기록부 예시

② 암소에 있어 번식상황은 꼭 기록해야 한다(그림 2).

번식기록 ※수정란 이식의 경우 공란우에 진짜 어미소(바코드)를 기록

산차	회수	수정일	씨수소 정액번호	공란우	분만예정일	BCS	임신 판정일	가부	분만일	송아지번호	성별	분만난이도 특이사항
1	1	06.05.30	497		07.03.10	4						
	2	06.06.22	506		07.04.22	4	06.08.15	0	07.04.24	1123456789	암	1
2	1	07.07.20	538		08.04.29	5						

그림 2. 번식기록부 예시

③ 비육우의 경우 도축상황은 꼭 기록해야 한다(그림 3).

도체등급판정 ※축산물등급판정소 등급판정 보고서의 내용을 입력

작업장	판정일	생체중	등지방두께	등심단면적	도체중	근내지방	육색	지방색	조직감	성숙도	최종등급	지육단가	경락가

그림 3. 도체판정 기록부 예시

2.1.3 권장항목

① 개량, 브랜드차원의 품질관리 등을 위해 암소, 수소(거세우)에 대해 체중, 초음파를 측정한다(그림 4).

체중·초음파측정 ※능력검정은 해당 축군의 **월령평균**이 측정 월령에 도달할 때 **축군 전체**를 측정

개체능력	생시	이유(입식)	12월령	18월령	24월령	28월령	32월령	( )월령
측 정 일								
체 중								
초음파	초음파 기기 모델							
	등심단면적							
	등지방두께							
	근내지방도							
	측 정 자							
	판 정 자							
	예상등급							

그림 4. 체중초음파 개체기록부 예시

② 체형에 대한 개량이 필요한 경우 체척치를 측정한다(그림 5). 또한 체척뿐만 아니라 종축개량협회로부터 외모심사(외모기재법)를 받아 체형이 우수한 개체를 선발한다.

체척 ※해당 축군의 **월령평균**이 측정 월령에 도달할 때 **축군 전체**를 측정

월령	측정일	측정자	체고	십자부고	체장	흉심	흉폭	흉위	고장	요각폭	곤폭	좌골폭

그림 5. 체적기록부 예시

③ 내병성 등에 대한 개량이나 HACCP적용 농장에서 진료, 예방접종 내역 등을 기록한다(그림 6).

진료·백신접종 및 도태/폐사 ※도태/폐사의 경우 원인(사유)를 명시

날짜	증상/백신명/도태사유	처치	휴약만료일	수의사	비고(경과)

그림 6. 진료기록부 예시

2.2 능력검정 필요성

대학에서 우수한 학생을 뽑기 위해 수학능력시험을 보듯이 가축도 이에 상응하는 개체별 능력을 가늠할 수 있는 무엇인가가 있어야 한다. 생시체중, 12개월령체중, 24개월령체중, 도체중, 근내지방도, 수태율 등이 모두 이러한 것이다. 능력검정이라고 하면 너무 거창한 것 같지만 실제로는 이렇게 단순하게 개체의 체중을 달거나 번식기록을 정리하거나 하면 얻을 수 있는 것이다.

다만 체중을 재는 것과 같이 동기(같은 계절에 태어나거나, 같은 시기에 출하되거나 하는 여러 마리의 개체를 말함) 그룹에 속하는 개체를 같은 날 모두 측정해야 한다. 예를 들어 3, 4, 5월에 태어난 송아지의 6개월령 체중을 잰다고 하면 3, 4, 5월에 태어난 여러마리의 개체가 평균 6개월이 되는 10월쯤 이때 태어난 모든 개체를 측정하면 된다.

이렇게 측정한 자료를 토대로 우수한 가축을 가릴 수 있게 된다. 따라서 우수한 가축을 뽑고자 한다면 능력검정은 필수이다. 만약 능력검정을 하지 않고 가축을 선발한다면 그냥 눈을

가리고 뽑는 것과 같다.

2.3 도체성적관리 필요성

대개의 경우 암소를 선발하고자 할 때 초음파를 측정한다. 그러나 만약 해당 암소에서 태어난 송아지가 여러마리 도축된 경우라면 이 송아지의 도축성적을 평균내어서 활용하면 여러 암소중 어떤 암소가 우수한지 알 수 있다.

초음파는 암소의 영양상태나 임신상태에 따라 시시때때로 변화하기 때문에 초음파자료를 활용하는 것 보다는 이렇듯 출하성적을 기반으로 하여 암소의 능력을 판단하는 것이 더 정확하다.

브랜드의 입장에서 볼 때에는 많은 두수가 출하됨으로 이 성적을 분석하면 브랜드 차원에서 어떠한 암소가 우수한지도 알 수 있을 뿐더러 브랜드의 개량목표에 적합한 보증씨수소도 검증해 볼 수 있다.

따라서 도축성적의 관리는 꼭 필요하다. 간혹 도축성적을 열심히 기록하되 혈통에는 관심이 없는 농가가 있다. 이는 어떤 암소와 수소에서 태어난 소가 어떤 성적을 가졌는지 전혀 모르는 것이 되므로 기록안하는 것과 같다.

3. 유전능력평가

3.1 개량기술의 발달

가축개량은 멘델이 유전법칙을 발견하기 훨씬 이전인 서기 500년대에 아랍에서 말에 대해 혈통과 승용능력 등을 중심으로 개량을 하였고 영국에서는 18세기 후반에 면양과 소, 말을 개량하였다는 기록이 있다.

특히 영국에서 가축개량을 수행한 “로버트 베이크웰(Robert Bakewell)”은 ″좋은 양친으로부터 좋은 자손이 생긴다″는 일반적인 원리에 근거하여 가축의 능력을 측정하는 실질적인 능력검정을 수행하고 이중 우수한 가축을 종축으로 사용하고 근친교배나 잡종교배와 같은 육종방법을 이용한 바 있다.

이와 같이 가축개량은 이미 인류가 가축을 사육하기 시작하면서 시작된 것으로 보아도 틀림이 없을 것이다.

한편, 멘델이 유전법칙을 발견하고 “피셔(R.A. Fisher)”와 “라이트(S. Wright)”, “하디(Hardy)”와 “와인버그(Weinberg)”, “할데인(J.B. S. Haldane)” 등에 의해 집단유전학과 통계학이 정립되면서 이전에 수행하여 오던 가축개량방법에 가속도가 붙기 시작하였다.

또한 1900년대 중반에 ″헤이즐(L.N. Hazel)″의 선발지수이론 개발과 ″헨더슨(C.R. Henderson)”의 최적선형불편모형이론 개발에 따라 가축의 유전적능력을 추정하는데 있어 정확도가 눈부시게 향상되었다. 특히 1980년대이후 컴퓨터의 발달과 더불어 복잡한 통계분석이 가능해짐에 따라 최적선형불편방정식을 실제 가축개량에 적용하기에 이르러 획기적인 개량성과를 거둘 수 있게 되었다.

국가간 유전자원의 교류가 증가함에 따라, 1990년대 중반이후부터는 외국에서 능력검정받은 가축과 국내에서 능력검정을 받은 가축을 상호비교할 수 있도록 해주는 "국제유전능력평가기법(MACE)"이 개발적용됨에 따라 외국 종축의 능력이 국내에 도입될 경우 어느 정도의 능력을 발휘할 지 알 수 있게 되어 농가에서 손쉽게 외국 종축과 국내종축을 비교하고 이 정보를 효율적으로 이용하여 보유 가축의 능력을 개량할 수 있게 되었다.

3.2 국가단위 한우유전능력평가

한우의 유전능력평가는 한우 당대검정이 끝나는 시점과 후대검정이 끝나는 시점에 실시하게 된다. 유전능력평가에는 개체의 능력뿐만아니라 선대의 기록, 형제 자매의 기록을 모두 활용함으로써 그 정확도를 높이고 있다.

당대검정은 3월과 9월에 종료되어 각각 200두씩 총 400두의 검정성적과 이전의 검정성적을 모두 합쳐 분석을 하게 된다. 이때 분석에는 12개월령 보정체중과 일당증체량을 분석하게 되며 후보씨수소 선발을 위하여 도체성적을 간접적으로(당대검정우는 후대가 없으므로) 얻기 위하여 가장 최근의 후대검정성적과 그 이전의 후대검정성적을 활용하여 도체형질에 대한 육종가를 계산한다.

이렇게 하여 추정한 12개월령체중의 육종가와 근내지방도 육종가를 각각 2:1로 고려하여 후보씨수소를 선발하게 된다.

후대검정은 6월과 12월에 각 200두씩 총 400두의 검정이 완료되며 이 시점의 후대검정성적을 토대로 후보씨수소의 도체형질에 대한 유전적인 능력을 추정하게 된다. 이를 토대로 육량과 육질을 고려하여 보증씨수소로 선발하게 된다.

한우유전능력평가 상세

가. 분석형질

1) 일당증체량(ADG, 당대검정형질)

○ 일당증체량은 아래와 같이 계산(보정하지 않음)

일당증체량 = (종료체중-개시체중)/(종료일-개시일)

2) 12개월령체중(WT12, 당대검정형질)

○ 12개월령체중은 검정종료시(t) 체중(W_t)과 6개월령(t-1)에 측정한 체중(W_{t-1})으로 선형보정하여 계산

$$12개월령보정체중 = \frac{(W_t - W_{t-1})}{(t - (t-1))} \times (365 - (t-1)) + W_{t-1}$$

3) 도체중(CW, 후대검정형질)

○ 도축장에서 측정한 것으로 별도의 보정은 하지 않음

4) 등심단면적(EMA, 후대검정형질)

○ 도축장에서 측정한 것으로 별도의 보정은 하지 않음

5) 등지방두께(BF, 후대검정형질)

○ 도축장에서 측정한 것으로 별도의 보정은 하지 않음

6) 근내지방도(MS, 후대검정형질)

○ 도축장에서 측정한 것으로 별도의 보정은 하지 않음

○ 2004년까지(즉 35차까지) 근내지방도를 1~7등급으로 측정(MS7)

○ 2005년부터는(즉, 36차이후) 근내지방도를 1~9(10)등급으로 측정(MS9)

나. 분석모형

○ 당대검정: 단형질 개체 모형

- 12개월령체중, 일당증체량

、모형 : 관측치 = 차수 + 출생지 + 검정지 + 우사 + β 개시체중 + 개체 + 오차

- 도체형질 혈통지수 산출

、모 형: 도체형질 = 차수-검정지 + β 도축일령 + 개체 + 오차

○ 후대검정

- 단형질 : 도체중, 등심단면적, 등지방두께

- 다형질 : 근내지방도(MS7, MS9)

- 모형: 관측치 = 차수검정지 + β 도축일령 + 개체 + 오차

○ 후대검정(체척)

- 모형:

- 관측치 = 차수 + 출생지 + 검정지 + b측정일령 + 개체 + 오차

(단형질 개체모형, 측정일령:공변량, 차수/출생지/검정지:고정효과)

다. 분석시 적용 유전모수

ㅇ 당대검정

- 12개월령체중: 54%, 일당증체량: 45%, 형질간 유전/오차상관: 0.0

ㅇ 후대검정

- 유전력: 도체중(0.36), 등심단면적(0.38), 등지방두께(0.36), 근내지방도(0.5)
- 유전상관: 근내지방도7 및 근내지방도9 = 0.95
- 오차상관: 근내지방도7 및 근내지방도9 = 0.00

ㅇ 후대검정(체척, 18개월령)

- 유전력

체 고:0.43, 십자부고:0.37, 체 장:0.30, 흉 심:0.16, 흉 폭:0.16
요각폭:0.59, 곤 폭:0.21, 좌골폭:0.22, 고 장:0.18, 흉 위:0.26

3.3 국제유전능력평가

국가별로 나타낸 성적은 그 나라의 성적이지 결코 우리나라의 성적이 아니다. 다르게 이야기하면 미국에서 1등하는 개체를 수입해왔을 때 우리나라에서도 그러한 능력을 똑같이 나타내지 못한다는 것이다.

이는 환경과 유전과의 상관때문인데 쉽게 설명하면 추운데에서 잘 자라는 나무가 열대에서 자라지 못하는 것과 같다. 따라서 이러한 문제를 하기 위하여 젖소에서는 국제유전평가를 1994년부터 시작하였는데 여러나라의 유전평가 성적을 토대로 해당 국가에서 여러 나라의 유전자원이 어떤 성적을 나타내는지를 계산할 수 있다.

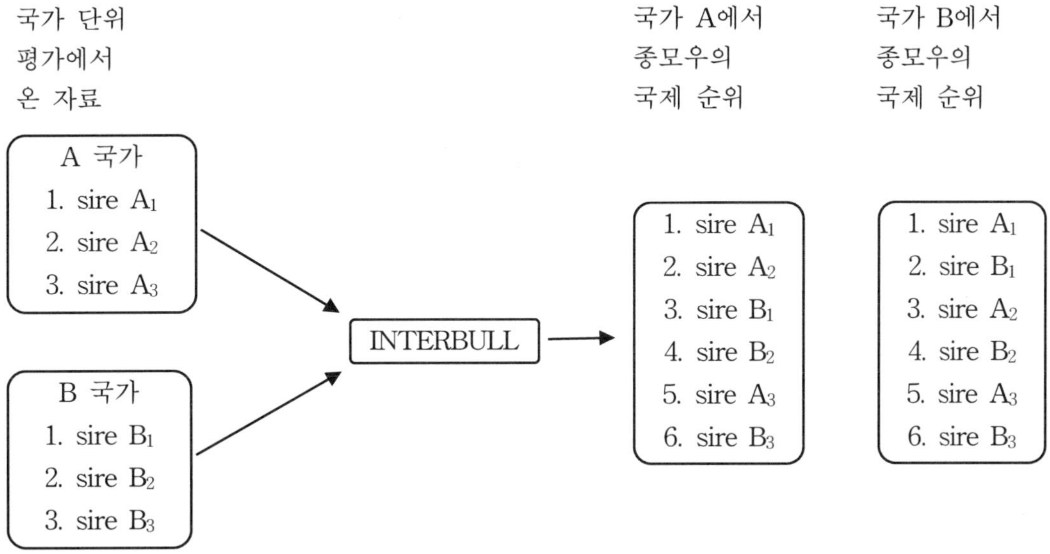

그림 7. 종모우간 육종가 순위 모식도

Interbull 평가 과정에서 투입되는 자료는 회원국에서 추정한 종모우의 육종가이다(간단한 예를 들면 종모우 A1, A2, A3은 A 국가에서, 종모우 B1, B2, B3은 B 국가에서 추정한 육종가이다). 그림 7의 결과는 각국의 국제적 순위이다. A국가의 종모우의 국제적 순위과 B국가의 국제적 순위와 차이가 있다. 이러한 순위의 차이는 국가간의 유전 상관(상관은 1.0보다 작으므로) 에서 기인된다.

이러한 이유로 일반적으로 종모우는 자국의 것이 외국의 것보다 더 좋게 측정이 된다. 즉, 이러한 예에서 종모우 B2가 B 국가에서 더 높은 순위에 있는 반면에 종모우 A2는 A 국가에서 더 좋게 나타난다. 국가간 유전 상관이 1이라면 때 종모우의 순위는 동일하게 나타난다.

Ⅲ 결론

지금까지 한우의 개량목표 및 유전능력 평가방법에 대하여 살펴보았다. 너무 기술적인 내용은 되도록 언급하지 않으려 노력하였다. 한우의 개량은 정확한 능력검정과 이의 기록관리, 그리고 기록의 정확한 분석과 이를 활용한 선발과 교배를 통해 이루어진다. 따라서 이 어느 하나 그냥 흘려서는 안 될 것이다. 특히 구슬이 서말이어도 꿰어야 보배이든 아무리 열심히 능력검정을 한다고 해도 기록관리가 부실하면 아니한 것보다 못하게 된다. 이제는 기록관리에 정성을 들여야 할 때이다.

제 3 장

젖소의 개량 목표 및 유전능력 평가방법

I 서 론

II 본 론

1. 젖소의 개량목표

2. 유전과 개량

3. 유전능력평가

III 결 론

Ⅰ 서 론

현재 세계는 산업화와 도시화에 따라 대규모의 농지감소가 이뤄지고 온난화에 의한 이상기후로 작물피해가 극심하다. 이런 상황에서도 중국과 인도의 경제성장으로 곡물수요는 꾸준히 늘고 있다.

대체에너지인 생물연료를 위한 수요도 급증하고 있다. 한국농촌경제 연구원에서 발표한 2008년 농업전망에서 세계의 곡물시장 동향은 바이오에탄올 생산원료로 수요가 가장 많은 옥수수의 국제가격이 2010/11년 톤당 약 161달러, 2016년/17년 약 173달러까지 상승할 것으로 전망되었다.

이에 따라 국제 곡물가격 상승은 배합사료 가격으로 이어져 경영부담이 커지게 될 것이다. 현재 국내의 사료값은 한 해 동안 무려 30%가 폭등하여 그렇지 않아도 어려운 실정에 시름만 더 안겨주게 되었다.

이는 고스란히 축산농가에게 떠안겨지는 부담인 동시에 풍전등화인 것이다. 낙농은 원유생산쿼터제의 영향으로 사육두수는 44만3000두로 전년대비 2.3% 감소하여 사육두수의 감소세가 지속된다고 한다.

다만 두당 산유량의 증가로 원유 생산량은 2007년보다 0.5% 증가한 220만톤으로 전망된다. 그나마는 사육두수가 줄어도 두당 산유량이 증가한 것은 개량의 힘이 아닌가 생각된다.

이제 낙농도 고곡물가 시대에 맞춰 개량을 해야 한다. 그러기 위해서는 현재의 2.5산에 불구한 경제산차에서 생애생산성이 높은 산차로 젖소를 개량해나가야 할 것이다. 이는 어려운 시기를 헤쳐 나갈 수 있는 원동력이자 보이지 않는 낙농인의 가치투자인 것이다.

이들을 위해 쉬운 지름길로 안내하기 위해서 개량의 중요성을 다시한번 인식하고 젖소의 개량목표와 유전능력을 평가하는 방법들에 대해서 살펴보고 개량에 필요한 용어들을 정립하는 기회가 되고자 한다.

Ⅱ 본론

1. 젖소의 개량목표

1.1 국가 개량목표

낙농업의 경쟁력을 강화하기 위하여 산유량 증대와 소비자 기호에 부응한 유질향상에 중점을 둔 개량목표를 2007년 다음과 같이 정하여 발표한 내용이다(표 1).

표 1. 개량목표

구 분		단위	2005	2010	2015	연간 개량량
산 유 량		kg	8,142	8,510	8,740	59.8
유성분	유지방량	kg	309	323	330	2.1
	유 지 율	%	3.80	3.80	3.80	0.0
	단백질량	kg	252	268	280	2.8
	단백질율	%	3.10	3.15	3.20	0.01
	무지고형분량	kg	700	736	760	6.0
	무지고형분율	%	8.60	8.65	8.70	0.01
최종점수		점	75	76	77	0.2
표준화유방점수		점	51.5	52.5	53.5	0.2

※ 산유량은 유우군 능력검정우의 305일 1산차 평균기준

발표된 내용을 살펴보면 산유량은 305일 1산차 평균기준으로 2010년 8,510kg에서 2015년 8,740kg으로 연간 개량양은 59.8kg이다. 저지방을 선호하는 소비자의 기호를 감안하여 유지율의 개량을 고정하고 단백율을 증가시키는 개량에 중점을 두었다.

또한 젖소개량목표에 최종점수와 표준화 유방점수를 포함하여 최근에 대두되고 있는 체형에도 관심을 두고 있음을 알 수 있다. 젖소개량은 궁극적으로 산유량 증대에 있으나 젖소의 경제수명을 연장하기 위해서 체형을 개량해야하는 이유로 체형관련형질을 포함하였다.

젖소개량사업은 철저한 개체 기록과 정확한 개체능력 파악 그리고 혈통능력을 고려한 계획교배 등으로 이루어진 종합사업이다. 개량은 어느 하나만을 잘한다고 해서 되는 것이 아니다.

표 2. 역대 국내산 젖소 보증씨수소 능력

명 호	생년월일	선발연도	딸소 평균유량(kg)
한 강	1988. 6. 9	1994	6,832
금 강	1988.11.24	〃	7,087
칼리스토	1988. 9.10	〃	7,387
카 슨	1989.10.21	〃	7,256
리 빌	1989. 9.17	1995	7,010
아브라함	1989. 8.21	〃	7,888
커스터	1989.12.18	〃	7,692
부르터스	1990. 2.13	〃	7,529
레비	1990. 4.23	1996	7,524
물푸레	1991. 8.23	1997	7,605
벤커	1991. 9.11	〃	7,434
구스타프	1992. 5. 7	1998	7,857
팩터	1992.11.15	〃	7,507
루카스	1994. 4. 8	1999	7,339
제주도	1994. 8.18	〃	7,315
신지도	1995. 8.26	2000	7,597
독도	1994. 9.28	〃	7,256
존	1996. 3.15	2001	7,640
캐쉬	1995.12.19	〃	8,090
알란	1996. 9.30	2002	8,461
대청	1998. 8.28	2003	7,894
잔쯔	1999.11.16	2005	8,955
새로미	1999. 6.28	〃	7,714
새보미	1999. 7.14	〃	7,945
더글라스	2000. 1. 3	〃	8,414
리맨	2000. 9. 8	2006	8,800
자스펜	2000. 7. 5	〃	8,807
나단	2000. 11.20	2007	8,510
테즈	2001. 01.07	〃	9,009

주) 농협 젖소개량부 자료(2007)

이러하듯 젖소개량을 하기 위해서는 미리 현실상황에 부합한 목표를 세우고 그에 따른 여러 형식들을 충족시키고 그 형식에 맞춰 낙농에 관련된 모든 사람들이 노력할 때 이룰 수가 있다.

1.2 개량효과

1979년 검정사업을 시작한 이래 한국형 보증 씨수소는 "명성"을 시작으로 작년 "나단"과 "테즈"까지 총 30두의 씨수소를 선발하였다(표 2). 또한 1997년부터는 표현형만으로 선발하던 것을 유전능력을 포함한 지수로 선발하기 시작하여 젖소개량의 질적인 수준도 향상시키며 진행해 왔다. 표 2에서 94년 선발된 한강의 딸소 평균유량은 6,832kg이며 최근에 선발된 테즈의 평균유량은 9,009kg으로 2,100kg이상 개량되었음을 알 수 있다. 지금까지의 개량된 것을 경제적 가치로 환산한다면 아마 환산이 불가능할 것이다. 이렇듯 오랜 기간동안 개량을 통하여 국민에게 기여한 공로를 인정하지 않더라도 홀스타인 젖소의 유전자원은 우리나라의 환경에 적응되어 왔기 때문에 우리의 유전자원이다. 그러나 여전히 국내홀스타인은 외국품종이지 우리 유전자가 아니라는 생각들을 하고 있는 사람이 많으나 개량을 하루아침에 이룰 수 없으며, 따라서 이는 분명 우리의 중요한 유전자원이다.

1.3 목장 개량목표

목장의 개량목표는 궁극적으로 목장주에게 경제적 이익을 주는 젖소를 구하기 위해서 정립하고 목장의 개량목표를 수립할 때는 목장의 특성을 고려하여 설정하여야 한다.

목장에 경제적으로 이득을 주는 소들을 보면 각 산차마다 유생산량이 높은 소와 젖소의 생산수명이 긴 소 그리고 유대가 높은 우유를 생산하는 소로 압축할 수 있다. 유생산량이 많은 소는 저능력우 보다 우유 1kg 당 사료비가 적게 들기 때문에 경제적이고 생산수명이 긴 소도 마찬가지로 고곡물가시대를 대비할 수 있기에 경제적이라 할 수 있다. 개량목표 선정시 또 하나의 중요한 항목중에 하나가 유대이다. 유대의 조건에 따라 낙농가는 다음과 같은 개량목표를 정할 수 있다.

1) 우유성분에 상관없이 우유생산량이 많을 것
2) 생산량과 유지방이 많은 것
3) 유생산량에 상관없이 유지방과 유단백질의 생산이 많은 것
4) 유생산량을 최소화하고 유지방과 유단백질의 생산이 많은 것

최근에 유대체계가 변경되어야 알겠지만 유단백질을 늘리는 쪽으로 국가 개량방향이 잡혀있어 유생산도 늘리고 유단백 생산도 많은 것으로 개량해 나가야 한다.

개량목표를 설정함에 있어서 오랜 기간을 염두하고 시대적 상황을 고려하여 계획을 세워야 한다. 왜냐하면 개량은 조금씩 점진적으로 세대를 거쳐서 진행되기 때문이며, 한번에 2000kg이 늘어난 것이 아니라는 것을 알 수가 있다(표 2).

또 하나 최근 이슈가 되고 있는 항목으로 젖소의 경제수명 연장에 대한 낙농가의 염원이 크게 대두 되고 있다. 젖소의 생산수명은 단지 나이가 많다는 것을 의미하는 것이 아니다.

젖소가 나이가 많다는 것은 생애동안 우유 생산량이 많을 때만 가치가 있다. 생산 수명의 연장은 많은 요소들에 의해 영향을 받으며 대부분은 비유전적 요소에 영향을 받는다. 생산수명의 유전율은 8% 정도로 매우 낮다.

또한 종모우의 신뢰할만한 PTA 값을 얻기 위해서는 종모우 딸소가 7-8세가 되어야만 한다. 만약 그 종모우가 살아있다면 젊은 종모우의 성적을 능가할 것이다. 실제적인 젖소의 생산수명은 주로 유방염 감염, 번식관련 문제, 기대에 못 미치는 유량 생산 등과 관련이 있다.

국립축산과학원에서는 생산수명연장과 관련하여 검정농가에서 한달에 한번 검정을 받는 자료들을 이용하여 우군의 문제점을 파악하고 각종 질병으로부터 피해를 최소화하여 젖소의 수명을 연장시키고 이를 통하여 경제성을 향상시킬 수 있는 컨설팅프로그램을 개발하였다.

컨설팅 프로그램의 특징은 농가뿐 아니라 컨설팅업체에서도 쉽게 접근하여 활용이 가능하도록 개발되었다.

특히 검정성적에 의한 유성분 분석 보고서는 누구나 쉽게 볼 수 있도록 그래프를 이용하여 분포도를 나타내었다. 또한 주의개체를 표시하여 사양관리 및 개선방향을 알려줌으로써 농가스스로나 컨설팅관계자가 직접적으로 개체관리를 할 수 있도록 한 것이 특징이다. 프로그램의 구성은 크게 농가용, 전문가용, 유전능력평가보기, 검정자료받기로 4개의 그룹으로 나뉜다. 농가용과 전문가용은 각각 6개의 세부항목으로 구성되어있으며, 간략하게 프로그램을 소개하면 다음과 같다.

1.4 프로그램 소개

낙농 컨설팅 프로그램 축산과학원

프로그램은 검정성적을 토대로 하기 때문에 검정사업을 실시하고 있는 젖소 개량사업소의 구축된 서버를 이용하여 농가 및 컨설팅 관계자에게 서비스를 실시하고 있다. 접속은 농협중앙회 젖소개량사업소 홈페이지(http://rd.dcic.co.kr)에 접속하여 농가별 검정성적조회 서비스를 클릭하고 검정 성적 조회 서비스에서 농가별 검정 성적 조회를 클릭한다. 그런 다음 조합코드와 농가코드 그리고 확인하고자 하는 검정월을 입력하고「테스트」버튼을 클릭하면 접속이 가능하다.

1.4.1 주요 컨설팅매뉴

① 13개월 우군 검정성적 변화

13개월 우군 검정성적 변화

농가명: 형정　　축주명: 유진형
주　소: 경기 포천시 가산면 정교1리 463번지

검정월	경산우	착유우	미경산우	분만두수	초산분만	유량	유지율	단백율	고형율	체세포 평균	체세포 50만이상	305일 평균유량	수정두수	임신두수	공태일수	건유일수	평균산차	분만간격
0612	30	22	21	2	9	34.1	3.7	3.2	9.09	89	2	11,504	4	0	215	64	2.5	417
0701	31	25	20	5	9	39.2	3.8	2.9	8.59	63	0	11,590	8	0	202	67	2.6	425
0702	31	28	20	4	8	37.5	3.6	3.0	8.66	47	0	11,816	5	0	194	71	2.7	430
0703	31	27	20	1	8	37.4	3.8	3.0	8.57	57	0	11,882	7	0	180	71	2.7	437
0704	32	28	17	3	8	37.1	3.8	3.1	8.57	73	1	12,015	6	0	175	69	2.8	443
0705	29	25	17	3	6	39.4	3.7	3.0	8.50	77	0	11,977	4	0	152	69	2.9	456
0706	29	28	17	4	5	42.3	3.5	3.0	8.59	78	0	12,178	5	0	128	68	3.0	466
0707	29	27	17	0	5	42.0	3.5	2.9	8.58	61	0	12,135	4	0	137	68	3.0	466
0708	27	25	16	2	6	37.1	3.8	3.0	8.67	105	0	12,340	4	0	138	65	2.9	460
0709	28	23	15	1	7	37.2	3.7	3.1	8.84	66	0	12,366	3	0	140	63	2.8	454
0710	28	25	15	3	7	34.5	4.2	3.3	9.14	100	0	12,488	3	0	149	63	2.9	454
0711	28	22	14	3	6	38.0	4.2	3.4	9.34	126	1	12,370	7	0	153	61	2.9	440
0712	28	21	13	2	6	36.7	4.3	3.2	9.12	213	2	12,273	4	0	142	61	2.8	445

그림 1. 13개월 우군 검정성적 변화 예시

이 표로 농가에서 확인 가능한 점검사항은 하절기관리, 유지율, 유단백의 계절적인 변화 및, 월별 분만우의 생산성 평가가 가능하다는 것이다. 검정월, 유량, 유지율, 단백율, 수정두수를 클릭하면 해당 세부 내용으로 이동할 수 있다. 검정월은 검정월 선택에서도 변경이 가능하며 선택된 검정월에서부터 13개월의 우군 검정성적 변화를 한눈에 볼 수 있다.

검정월을 클릭하면 월별 개체 검정성적표가 나오며 관리번호를 클릭하면 개체별로 유성분 추이와 번식내역을 살펴볼 수 있다. 305일 유량성적을 클릭하면 생애 검정성적표로 이동되며, 여기에서 각 산차별 성적을 조회하여 번식기록을 확인할 수 있다. 이 자료를 이용하여 농가의 차기 산차에 대한 대사성 질환 예상우나 현재 대사성 질병 대상우를 판단하는 것이 가능하다.

② 비유일수별 유량 분포도

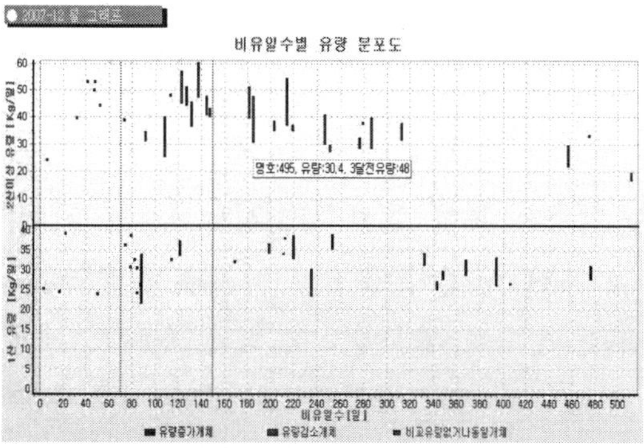

그림 2. 비유일수령 유량 분포도 예시

③ 비유일수별 유지방 분포도

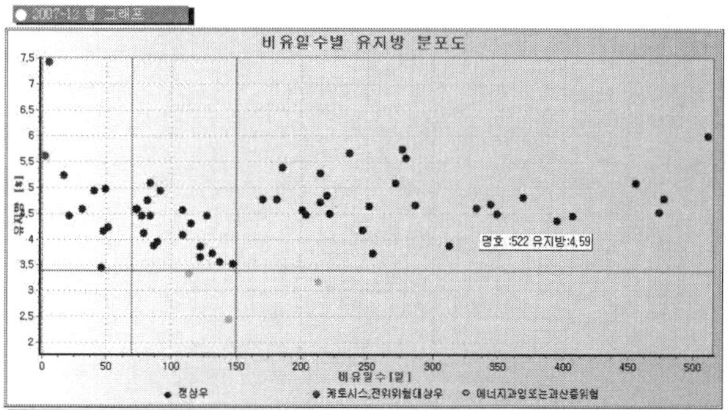

구 분	사양관리 및 개선 방향
비유일수 70미만, 유지방 5.50이상	케토시스, 전위 위험 대상우(에너지부족-체지방분해)
유지방 3.4 미만	에너지(곡류) 과잉, 과산증 위험

그림 3. 비유일수벽 유지방 분포 예시

그림 1에서 유량성적을 클릭할 경우 비유일수별 유량 분포를 확인할 수 있는데 이 분포도의 유량 증가 개체는 파란색으로, 유량 감소 개체는 빨간색으로 표시가 된다. 여기에서는 비유일수가 70일에서 150일 사이를 중점적으로 확인 가능하도록 세로줄 표시가 된다.

그리고 현재유량에서 3개월전 유량과의 차이를 비교하여 유량의 차이가 클수록 긴 막대그래프로 표시가 된다(그림 2). 이를 이용하여 산차에 따라 비유지속성 상태를 추정하고 개체별로 급격하게 비유량이 떨어지는 개체의 점검이 가능하도록 되어있다.

유지방 분포도는 유지방 3.4를 기준으로 하여 정상우와 비유일수가 70일 미만이면서 유지방이 5.5 이상인 개체는 케토시스와 전위 위험 대상우로 구분하여 표시가 된다(그림 3). 유지방 3.4 미만은 에너지 과잉과 과산증 위험으로 구분하여 그래프상에 표시가 되므로 이 표를 이용하여 이상개체의 점검이 가능하다.

1.4.2 검정성적 종합 분석 보고서

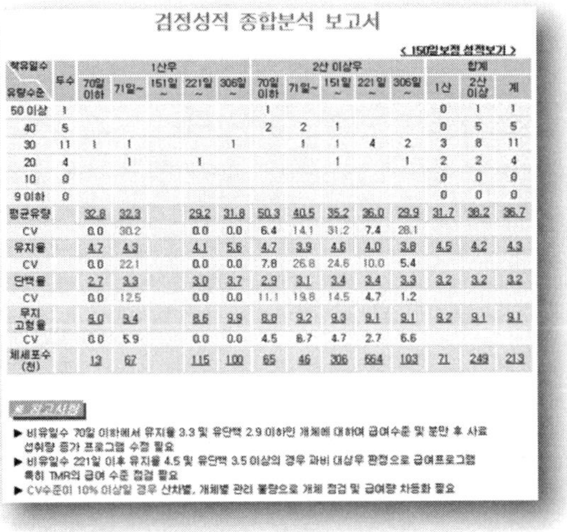

검정성적 종합분석 보고서

< 150일보정 성적보기 >

착유일수 / 유량수준	두수	1산우 70일 이하	1산우 71일~	1산우 151일~	1산우 221일~	1산우 306일~	2산 이상우 70일 이하	2산 이상우 71일~	2산 이상우 151일~	2산 이상우 221일~	2산 이상우 306일~	합계 1산	합계 2산 이상	합계 계
50 이상	1						1					0	1	1
40	5						2	2	1			0	5	5
30	11	1	1			1		1	1	4	2	3	8	11
20	4		1		1				1		1	2	2	4
10	0											0	0	0
9 이하	0											0	0	0
평균유량		32.8	32.3		29.2	31.8	50.3	40.5	35.2	36.0	29.9	31.7	38.2	36.7
CV		0.0	30.2		0.0	0.0	6.4	14.1	31.2	7.4	28.1			
유지율		4.7	4.3		4.1	5.6	4.7	3.9	4.6	4.0	3.8	4.5	4.2	4.3
CV		0.0	22.1		0.0	0.0	7.8	26.8	24.6	10.0	5.4			
단백율		2.7	3.3		3.0	3.7	2.9	3.1	3.4	3.4	3.3	3.2	3.2	3.2
CV		0.0	12.5		0.0	0.0	11.1	19.8	14.5	4.7	1.2			
무지고형율		9.0	9.4		8.6	9.9	8.8	9.2	9.3	9.1	9.1	9.2	9.1	9.1
CV		0.0	5.9		0.0	0.0	4.5	8.7	4.7	2.7	6.6			
체세포수(천)		13	67		115	100	65	46	306	664	103	71	249	213

※ 참고사항

▶ 비유일수 70일 이하에서 유지율 3.3 및 유단백 2.9 이하인 개체에 대하여 급여수준 및 분만 후 사료섭취량 증가 프로그램 수정 필요

▶ 비유일수 221일 이후 유지율 4.5 및 유단백 3.5 이상의 경우 과비 대상우 판정으로 급여프로그램 특히 TMR의 급여 수준 점검 필요

▶ CV수준이 10% 이상일 경우 산차별, 개체별 관리 불량으로 개체 점검 및 급여량 차등화 필요

그림 4. 검정성적 종합 분석 보고서 예시

검정성적 종합 분석 보고서는 1산과 2산이상 개체를 착유일수별로 그리고 유량수준에 따라 두수를 표시하고 유량과 유성분, 체세포수의 평균을 구하게 된다(그림 4). 이때 표시되는 CV(변이계수)의 수준이 10% 이상일 경우 빨간색으로 표시되는데 목장주에게 산차별 개체별로 군에 문제가 있으므로 개체점검 및 급여량에 차등화가 필요하다는 것을 알려준다.

1.4.3 검정성적에 의한 유성분 분석 보고서

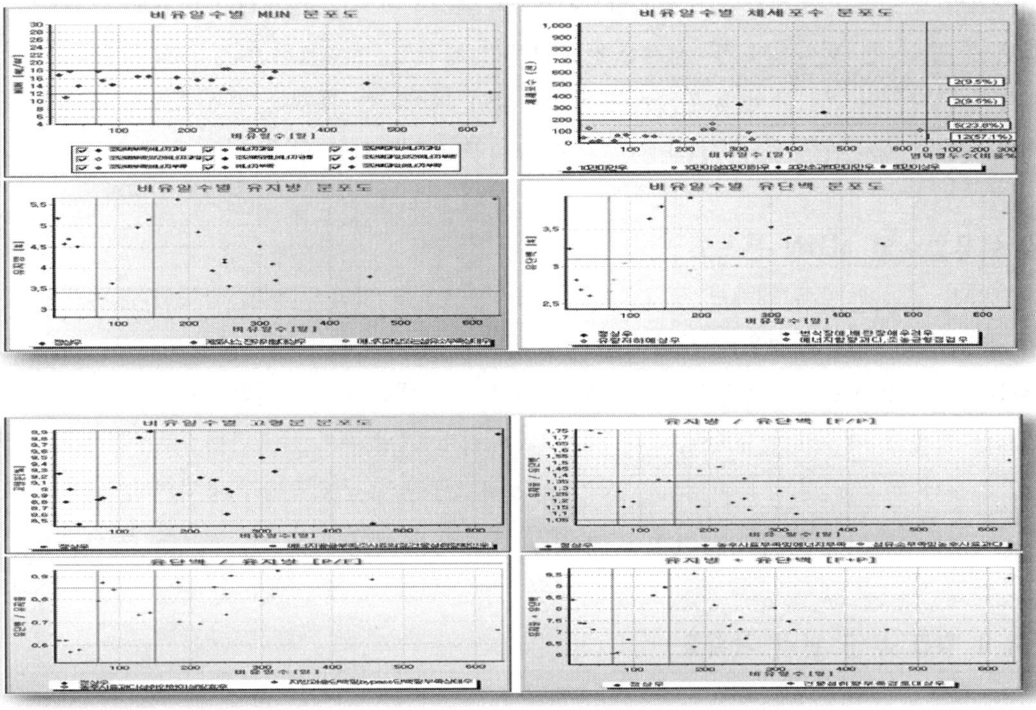

그림 5. 비유일수별 MUN분포도, 비유일수별 체세포 분포도, 비유일수별 유지방 분포도, 비유일수별 유단백 분포도, 비유일수별 고형분 분포도, 유지방/유단백(F/P), 유단백/유지방(P/F) 및 유지방+유단백(F+P)

① 산차별 분포도

산차별 분포도는 목장의 비유일수에 따른 개체를 바로 확인할 수 있으며 비유일수별 두수와 산차별 두수 비율을 확인할 수 있고 그래프내의 점에 마우스를 대면 개체의 명호와 305일 유량, 비유지속성을 확인할 수 있다. 또한 비유초기 및 비유말기 비율로 TMR의 에너지 농도를 결정할 수 있고 초산우 비율 및 평균산차로 건물 섭취량을 확인할 수도 있다.

② 비유일수별 체세포수 분포도

비유일수별 체세포 분포는 체세포수에 따라 다르게 표시가 되고 50만 이상우는 빨간점으로 표시가 되어 유방염 의심우의 정보를 바로 확인할 수 있다(그림 5). 또한 점에 마우스를 대면 명호와 체세포수가 표시되고 각 체세포수에 따른 두수 비율을 표시하여 유질관리에 신경을 쓸 수 있다.

③ 비유일수별 유지방, 유단백 분포도

유지방 분포는 케토시스나 전위위험 대상우를 표시하여 사양관리가 용이하도록 했으며 유단백 분포도에서 번식장애 및 배란장애 우려우는 빨간점, 유량저하 예상우는 분홍점, 에너지 함량이 과다하여 조사료와 농후사료의 균형점검이 예상되는 개체는 주황점으로 표시가 되며 개체 명호까지도 바로 알 수 있으므로 개체 관리가 용이하다(그림 5).

④ 비유일수별 MUN 분포도

단백질 급여에 따른 개체별 상황을 점검하고 문제점에 따라 선택된 항목의 개체만을 표시가 가능하고, 문제 개체우를 클릭하여 MUN의 수치를 비교분석할 수 있다(그림 5). MUN (milk urea nitrogen)은 목장에서 급여하는 사료중 단백질과 정상적인 체내조직이 분해되어 혈액을 통하여 착유된 원유중에 나타나는 요소태질소를 말하며, 사료단백질로부터 95%, 체조직으로부터 약 5% 정도가 이행되는 것이다. 프로그램상의 분포도를 이용하여 농장의 번식성적 및 급여사료의 설계조정에 이용할 수 있기 때문에 유용하게 사용될 것으로 보고 있다.

1.4.4 월간 우군 관리 계획표

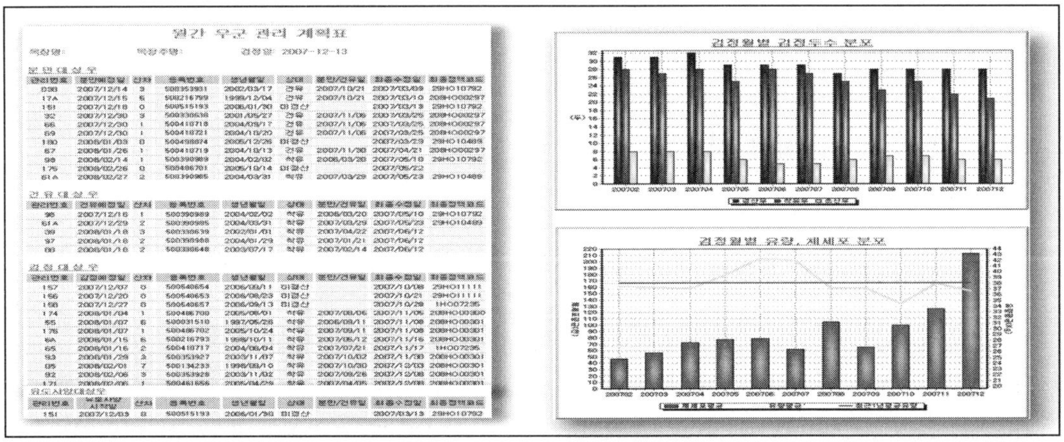

그림 6. 월간 우군관리 계획표, 검정월별 검정두수 분포 및 검정월별 유량, 체세포 분포 예시

목장의 월간 우군 관리계획표를 활용하여 분만대상우 및 건유대상우, 검정대상우, 재발정 관찰 대상우 등을 확인하여 우군을 관리할 수 있으며, 작업 일정 관리를 효율적으로 수행할 수 있다. 이밖에도 번식성적을 점검하여 번식에 활용할 수 있도록 했으며 목장의 월별 검정 현황을 한눈에 볼 수 있도록 분포도를 그래프로 제공하고 있는데 최근 1년 평균유량을 기점으로 검정 월별 유량과 체세포 분포를 표시하여 우군 상황을 점검할 수 있게 해준다(그림 6).

1.4.5 농가 유전능력 평가 보기

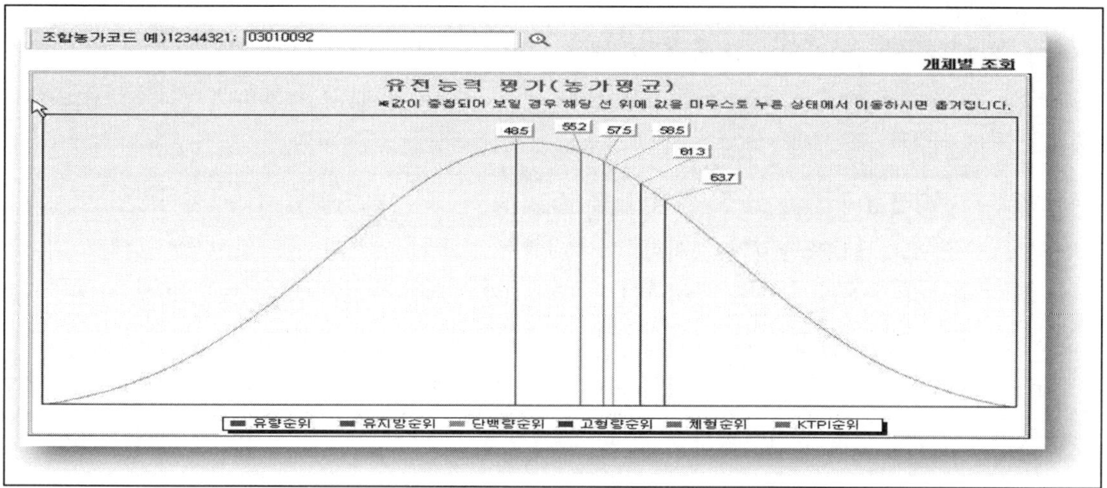

그림 7. 유전능력 평가(농가평균) 예시

농가의 유전능력평가 결과(농가 평균)를 유량, 유지방, 유단백, 고형량, 체형, KTPI 순위를 표시하여 목장의 개량정도를 파악하여 부족한 형질을 개량하는데 활용할 수 있도록 하였다(그림 7). 그래프상에 표시된 수치는 순위로 유량순위가 63.7이면, 전체 유전평가 집단에서 유량 개량정도가 36.3% 내에 속한다는 말이며, 유지방 순위가 48.5로 전체집단에서 51.5% 내에 속하므로 상위그룹에 속하는 집단으로 개량하기 위해서는 정액 선택 및 계획교배가 필요하다.

다음은 체형관련 형질들이다. 일반적으로 체형형질은 생산수명을 정확하게 예측하는 요소가 아니다. 연구에 의하면 생산형질이 어떤체형 형질보다 생산수명을 더 예측할 수 있다고 한다. 따라서 종모우를 선정할 때는 첫번째 생산형질을 먼저 고려한 다음 체형형질을 고려하여야 한다.

실제적으로 생산수명은 종모우 선정과정에서 PTA 유생산량이 낮고, 불량한 체형, 번식 결함이 있는 종모우를 배제함으로써 자동적으로 선택되어 진다. 모든 체형형질 중 유두의 위치, 유방의 깊이, 뒷 유방의 부착 정도는 생산수명과 가장 관계가 깊다.

체형형질이 젖소의 생산수명을 증가시킨다는 일반적 지식에도 불구하고, 체형이 나쁘다는 이유로 젖소를 도태시키지는 않는다. 깊은 유방은 외상을 입기 더욱 쉽고, 발굽이나 다리에 심각한 문제가 있는 소는 도태되어야 한다는 데는 의심의 여지가 없다. 그러나 젖소가 유생산량이 많을수록 대부분의 낙농가들은 그 소를 우군에 남겨두려고 한다. 낙농가들은 젖소들의 체형에는 상관없이 건강이나, 대사성장애, 번식장애 등을 문제로 젖소를 도태시키려 한다.

또 하나의 문제점은 지난 25년간 미국내 젖소들의 체형은 증가해 왔다. 이러한 체형의 증가는 유전적 요소와 환경적 요소에 의해 일어났다. 체형이 클수록 사료 섭취량이 증가하고,

유생산도 많아 진다. 그러나 체형이 커질수록 반드시 유생산량에 밀접한 관계가 있다고는 할 수 없다.

즉 유생산량을 증가시키기 위하여 큰 체형이 반드시 필요한 것은 아니다. 1968년에 시행된 연구에 의하면 체형이 큰 소만큼이나 작은 소도 유생산량에 관련된 유전자 획득이 빠르다는 것이 알려졌다.

그러나 유생산량이 같은 경우 체형이 큰 소는 유지 요구량을 위한 건물 섭취량이 더 많기 때문에 작은 소가 더 효율적인 것이다. 미국내에서 연구에 의하면 홀스타인 소 등에서 더 크고 더 강해보이는 소가 점수를 많이 받는 경향이 있기 때문에 판매 목적으로 키우는 소는 체형이 큰 것을 선호한다고 한다.

목장에서 씨수소를 선정하기 위해서는 씨수소 선정에 한 가지 요소만을 선정하는 것보다 선정 요소가 많을수록 유전형질의 획득 비율은 점점 감소한다는 것을 알아야 한다(표 3).

표 3. 씨수소 선정시 선택 요소의 숫자에 따른 상대적 유전형질 획득 예상치

구분	유전형질 수						
	1	2	3	4	5	6	7
상대적 획득 비율 (%)	100	71	58	50	45	41	38

(http://www.livestock.co.kr 자료참조)

일반적으로 한 가지 이상의 형질을 선택하게 되는데 4-5개 이상의 형질을 선택하게 되면 상대적으로 유전형질의 획득 비율도 감소하게 된다. 표 3에서 보듯이 한 가지 형질을 선택하면 100%의 유전형질 획득이 가능하지만 2가지 형질을 선택하면 2가지 형질에 대한 상대적 유전형질의 획득은 71%가 된다.

이상에서와 같이 유대의 구조는 개량목표에 적합한 종모우를 확인하는데 도움이 되는 선택지수를 계산하는데 사용할 수 있다. 현재 평균 경제수명 2.5산으로, 이를 넘어서는 방향으로 설정을 해야 하며, 체형은 생산수명과 관련된 형질들 위주로 개량해나가야 한다. 따라서 목장에서 인공수정을 위한 종모우를 선택함에 있어서 가장 효과적이고 비용이 적게 드는 것은 유전적 목표를 세우고 실천해 나가는 것이다. 이와 더불어 정확한 개체평가를 하고 계획교배를 실시하는 것도 중요하다.

2. 유전과 개량

젖소의 유전적 개량의 목표는 젖소가 처한 환경적요인, 낙농가의 경제적 이익을 최대화 할 수 있는 형질의 비율 등에 의해 변경되어야 한다. 즉, 젖소의 우유 생산량을 최대화 하려면 주어진 환경에서에서 유량을 최대화 할 수 있는 유전적 잠재능력을 증가시켜야 한다.

유전적 가치의 변화는 유전적 변이, 선발의 강도, 선발의 정확도, 그리고 세대 간격에 영향을 받는다.

- 유전적 변화 = (정확도× 강도 × 유전적 변이) / 세대 간격

따라서 선발의 정확도, 선발의 강도, 유전적 변이가 크고 세대간격이 짧을수록 연간 유전적 변화도 클 가능성이 많다.

유전적 정확도를 높이기 위해서는 많은 동기우군의 많은 딸소들을 대상으로 테스트를 하고 있는 후보종모우의 경우처럼 된다면 유전적 정확도를 높일 수 있다

2.1 유전력

유전력은 환경적인 요소를 제외한 유전적 요소에 의해 특정 형질이 다음 세대로 전달되는 비율이다. 일반적으로 형질의 유전력이 높을수록 선발의 정확성이 높다. 결국 유전력(h^2)은 전체 분산 중에서 유전 분산이 차지하는 비율이며, 즉 개체간의 차이중에서 어느 정도가 자손에게 전달되는지를 말하는 것이다.

■ $$\text{유전력}(h^2) = \frac{\text{유전변이}}{\text{전체변이}} = \frac{\text{유전분산}}{\text{전체분산}}$$

유전력이 취하는 값의 범위는 0~1.0 까지며 주로 가축 개량의 효과적인 방법을 강구하는데 필요하고 효율적인 육종계획을 수립하는데 필요하다. 또한 육종가의 예측이나 선발반응의 예측에 사용한다. 유전력이 낮을때는 가계선발이나 후대검정을 실시하고 유전력이 높을때는 개체선발을 하는 것이 효과적이다.

유전력이 높은 형질은 낮은 형질에 비하여 혈연계수가 가까운 친척들 간에 서로 닮는 경향이 더 크다. 따라서 혈연개체들 사이의 유사도를 근거로 하여 가축 형질의 유전력을 높일 수 있다.

가축 형질의 유전력은 어느 정도 일정한 경향이 있으나 축군내의 모든 가축의 사양을 균일한 조건에서 실시하면 환경변이를 줄여 유전력을 높여줄 수 있으며 인위적으로 조절할 수 없는 환경요인의 차이는 통계적 보정을 통하여 환경분산을 작게 할 수 있다. 경우에 따라서 외부의 새로운 유전자를 도입하여 유전적 변이를 증가 시킬 수도 있으며 초우성이 중요한 역할을 한다면 잡종강세를 이용하기 위한 육종계획을 수립할 필요도 있다.

2.2 유전상관

두 형질간의 관계를 나타내는 데는 상관계수를 이용한다. 표현형상관은 두 형질의 표현형가 사이의 상관을 말하며 유전상관은 두 형질의 육종가 사이의 상관이다. 두 형질간의 유전상관을 갖게 되는 가장 중요한 원인은 유전자의 다면작용이다.

즉 1개의 유전자가 2개의 다른 형질에 동시에 영향을 끼치게 되면 두 형질은 유전적인 관계를 가지게 된다. 가축의 양적형질간 유전상관은 공분산분석을 이용하여 추정한다.

2.3 선발차

종축의 선발된 개체의 평균을 $\overline{X_s}$라 하고 모집단의 평균을 $\overline{X_p}$라고 하면 선발차 S는 다음과 같이 나타난다.

$$S = \overline{X_s} - \overline{X_p}$$

선발차는 모집단의 평균에 비해 선발된 종축의 우수성을 의미한다. 또한 선발차는 형질을 측정하는데 쓰인 단위로 나타내기 때문에 측정단위가 서로 다른 형질의 선발차를 비교할 수 없다. 선발차를 표현형 표준편차로 나누어 선발강도($i = \frac{S}{\sigma_p}$)로 나타내며 측정단위가 다른 형질이나 변이의 크기가 다른 집단의 선발차를 비교할 수 있으며, 이를 표준화된 선발차라고도 한다.

또한 축군이 작으면 선발강도가 떨어질 염려가 있기 때문에 선발을 위해서는 축군의 크기를 조정할 필요가 있다.

2.4 유전적 개량량

선발의 효과는 그 집단이 선발에 의하여 얼마나 변화하였나를 측정함으로서 알 수 있으며, 이것은 선발된 종축의 자손의 평균과 종축이 속하는 모집단의 평균의 차이로부터 계산할 수 있다. 1개의 형질에 대하여 개체선발을 할 경우 한 세대의 선발에 의해 기대되는 유전적 개량량 (△G)은 다음 공식으로 계산할 수 있다.

$$\Delta G = h^2 S \qquad \text{여기서, } h^2 : \text{유전력}, \qquad S : \text{선발차}$$

위에서의 유전적 개량량은 한 세대당 기대되는 개량량으로 나타내었다. 그러나 가축 개량면에서는 일정기간내 최대한으로 개량하는 것이 중요함으로 세대당 개량량을 평균세대간격으로 나누어 년당 개량량으로 나타내는 것이 유리하다. 선발에 의한 유전적 개량량의 크기는 선발강도, 선발의 정확도, 유전적 변이의 크기 및 세대간격 등의 4가지 요인에 의하여 결정된다.

선발차는 우선 개량하고자 하는 형질의 유전적 변이가 커야 한다. 이를 위해서는 증식율을 높여 많은 수의 종축 후보축을 확보해야 한다. 또한 가축의 능력을 정확히 기록하여 계획적인 선발을 수행하여야 하며, 선발의 목표를 확실히 정해놓고 임의로 변경하는 일이 없어야 한다.

경제적으로 중요한 형질에 있어서만 선발하여야 하는데 암가축의 수가 더 많아야 한다. 선발의 효과를 크게 하기 위해서는 선발차를 크게 하고 유전력을 높이고 세대간격을 짧게 하면 효과를 크게 할 수 있다.

3. 유전능력평가

3.1 육종가(Breeding Value) 활용

어떤 가축의 육종가는 그 가축의 종축으로서의 가치를 나타냄을 말한다. 예를 들어 '테즈'란 씨수소의 유량에 대한 육종가는 우리나라에 있는 여러 암소를 임의로 뽑아 '테즈와 교배하여 딸소를 얻은 다음, 이 딸소들의 평균유량에서 우리나라 소 전체 유량의 평균을 뺀 값을 2배 한 값이 된다.

여기서 2배를 하는 것은 '테즈' 능력의 절반(1/2)만이 딸소로 전달되기 때문이다. 여기서 주의할 것은 암소를 많이 뽑을수록 다시 말해 교배하여 얻은 딸소의 숫자가 많을수록 우리가 구한 육종가의 정확도는 높아진다. 하지만 사실상 이렇게 하기란 비용, 시간, 노력이 많이 들고 실질적으로 불가능하므로 일정한 두수의 암소를 뽑아 교배를 하여 딸소를 얻어 이를 통계적으로 처리하여 육종가를 추정하게 된다. 또한 이렇게 추정한 육종가의 정확도를 표시하기 위해 '신뢰도'를 표시한다.

어떤 개체의 육종가가 음(-)의 값이 나왔다면 아래 식에서 보면 알 수 있듯이 그 개체의 능력이 전체평균보다 떨어진다는 것을 의미한다. 그러나 여기서 주의할 것은 육종가가 음의 값이 나왔다고 해서 무조건 나쁜 것은 아니라는 것이다.

만약 우유생산에 대한 사료요구율(우유 1kg을 만드는 데 필요한 사료의 양)의 육종가를 추정하여 보니 A란 소는 2가 나오고 B란 소는 -2가 나왔다고 하자. 이는 A소가 평균보다 2kg을 더 먹고 우유 1kg을 낸다는 것이고, B소는 평균보다 2kg나 적게 먹고도 같은 양의 우유를 생산한다는 것이 된다. 즉, 이런 경우에 음의 값이 나온 것이 더 우수한 것이 된다.

개체 A의 육종가 추정치= 2 × (개체 A자손들의 평균 - 전체평균)

육종가는 전체평균에 대한 값이므로 미국에서 구한 육종가와 한국에서 구한 육종가를 그대로 표현하여 비교할 수는 없다. 즉, 미국의 평균이 한국의 평균과 같지 않기 때문이다. 또한 다른 형질의 육종가 간의 비교도 아무런 의미가 없다.

3.2 추정유전전달능력(PTA)

'테즈'의 참육종가가 100이었다면 이 개체가 자손에게 유전적으로 물려줄 수 있는 능력은 정자 또는 난자는 전체 유전자의 절반만 가지므로 100의 절반인 50이 된다. 즉 어떤 개체가 그의 다음 세대로 전달하는 값은 그 개체의 육종가의 절반이 된다. 이렇게 어떤 개체가 새끼에게 전달할 수 있는 능력을 "유전전달능력(Transmitting Ability)"라고 하는 이는 그 개체 육종가의 절반이 된다.

A개체의 유전전달능력(TA) = 1/2 x A개체의 육종가(BV)

그러나 여기서 주의할 것은 어떤 가축의 참육종가를 정확히 아는 것은 불가능하기 때문에 이를 통계적으로 추정한 "추정육종가(Estimated Breeding Value: EBV)를 사용할 수밖에 없다는 것이다. 그러므로 우리는 참육종가 대신에 추정한 육종가 즉, 추정육종가(Estimated Breeding Value)를 사용하고, 이에 따라 우리가 구한 유전전달능력도 역시 참유전전달능력이 아닌 추정유전전달능력(Predicted Transmitting Ability)이 된다.

A개체의 추정유전전달능력(PTA) = 1/2 x A개체의 추정육종가(EBV)

▣ 추정유전전달능력을 이용한 딸소의 능력 예측

딸소의 육종가는 아비와 어미의 추정유전전달능력을 더한 것과 같다.

◉ 딸소의 육종가 = (아비의 PTA + 어미의 PTA)
◉ 딸소의 추정능력 = 평균능력 + 딸소의 육종가

예. 1) 암소가 평균능력을 가지고 있고, 종모우의 능력으로 본 딸소의 능력

종모우의 능력 : PTAM = 1,000kg, PTAF = 150kg
암소의 능력(평균이라고 가정) : PTAM = 0, PTAF = 0
평균능력 : 산유량 7,000kg, 유지량 250kg

딸소의 육종가 :
산유량 = (1,000kg + 0) = 1,000kg
유지량 = (150kg + 0) = 150kg
▷ 산유량은 평균능력의 소보다 1,000kg더 생산하고, 유지량은 평균보다 150kg더 생산할 것으로 예측됨.
▷ 즉, 딸소의 예측 산유량 = 7,000kg + 1,000kg = 8,000kg

유지량 = 250kg + 150kg = 400kg

예. 2) 암소 및 종모우의 능력이 다음과 같을 때의 딸소의 능력

종모우의 능력 : PTAM = -500kg, PTAF = 150kg
암소의 능력(평균이라고 가정) : PTAM = 100, PTAF = -150kg
평균능력 : 산유량 7,000kg, 유지량 250kg

딸소의 육종가 :

산유량 = (-500kg + 100kg) = -400

유지량 = (150kg + -150kg) = 0

▷ 산유량은 평균능력의 소보다 400kg 덜 생산하고, 유지량은 평균과 같을 것으로 예측됨.

▷ 즉, 딸소의 예측 산유량 = 7,000kg - 400kg = 6,600kg

유지량 = 250kg + 0 = 250kg

3.3 보정계수의 활용

3.3.1 보정계수(Adjustment Factor)

젖소의 유전능력을 올바르게 평가하기 위해서는 산유능력검정에 의한 각 개체의 생산기록이 정확하여야 한다. 그런데 젖소의 산유량은 유전적인 원인뿐만 아니라 여러 가지 비유전적인 원인에 의하여 영향을 받는다. 그러므로 정확한 생산기록을 바탕으로 평가에 이용되기 이전에 생산기록은 환경적인 요인이 배제되거나 동등한 환경으로 보정되어야 한다.

즉 비유기간, 1일 착유회수, 암소의 연령 등에 차이가 있을 경우 젖소의 비유기록을 이들 차이에 대하여 통계적으로 보정한 다음 이 보정된 수치에 근거하여 과학적인 통계분석 기법을 이용하여 비유전적인 요인을 제거한 후 종축의 가치를 비교함으로서 젖소의 유전적 능력을 보다 정확히 알 수 있게 된다.

비유기간은 젖소가 분만하면서부터 착유가 시작되어 다음 분만 약 2개월 전부터 건유가 시작되는데 건유개시까지의 실제 착유가 실시되는 기간으로 305일을 기준으로 정한 후 비유기간이 305일을 초과한 개체는 305일까지의 생산량을 적용하고, 305일 이전에 건유를 개시하였거나 비유가 진행중인 개체는 그 시점까지의 생산량을 통계적으로 보정하여 305일 까지 착

유할 경우의 예측치를 산출하여 개체간의 능력비교에 이용하고 있다.

젖소의 비유량은 연령에 따라서도 상당한 차이가 있다. 즉 2~3세된 어린 암소의 비유량은 6~7세된 암소의 비유량에 비하여 상당히 떨어지는 경향이 있으며, 암소가 9세를 넘으면 점차 비유량이 감소하게 된다. 따라서 6~7세를 성년이라 가정하여 이 시점을 기준으로 나이에 따라 적절한 가중치를 부여하는 형태로 통계적 보정을 실시하게 되는데 이렇게 하여 산출한 비유능력을 성년형 보정유량이라고 한다. 보정계수는 각 나라 또는 지역에 따라 개발하여 이용하고 있다.

우리나라는 미국과는 환경적 특성이 상당히 다르기 때문에 보정기록에 많은 편의를 갖고 있었으며 특히 1~2산차의 유량기록이 과대추정되어 1~2산차의 비율이 많은 우리나라 검정집단의 구조특성상 전체 축군의 능력이 과대추정되어 왔었다. 이에 우리나라에서는 1997년 기존의 보정계수를 대체할 새로운 보정계수를 개발하여 사용하였다. 집단의 분산 크기의 변화로 5년에 한번 보정계수를 변경해야 하는 지금도 꾸준히 개발중에 있다.

3.3.2 함수식 보정계수

기존의 보정계수를 활용하기는 305일까지의 세부항목이 너무 많아 이를 간편하게 하기 위하여 함수식이 개발되었다(표 4). 각 함수식은 연령과 계절별로 한개 식으로 표현되므로 쉽게 이용할 수가 있다.

표 4. 산차 연령 계절에 따른 305일 보정계수 추정 함수

항목	산차	계절	30>	계절	30≦
유량	1산	봄	$589.50 \times DIM^{-1.1417}+0.1267$	봄	$504.26 \times DIM^{-1.1026}+0.0482$
		여름	$603.26 \times DIM^{-1.1488}+0.1502$	여름	$601.52 \times DIM^{-1.1495}+0.1528$
		가을	$599.52 \times DIM^{-1.1443}+0.1269$	가을	$604.69 \times DIM^{-1.1474}+0.1309$
		겨울	$605.02 \times DIM^{-1.1419}+0.0993$	겨울	$585.73 \times DIM^{-1.1371}+0.1086$
			70>		70≦
	2산	봄	$469.84 \times DIM^{-1.1546}+0.3334$	봄	$465.08 \times DIM^{-1.1392}+0.2579$
		여름	$468.43 \times DIM^{-1.1469}+0.3093$	여름	$494.57 \times DIM^{-1.1518}+0.2797$
		가을	$485.62 \times DIM^{-1.1545}+0.3174$	가을	$520.01 \times DIM^{-1.1656}+0.3049$
		겨울	$478.52 \times DIM^{-1.1524}+0.3036$	겨울	$498.93 \times DIM^{-1.1564}+0.2780$

3.4 체형능력종합지수(Koran Type Production Index ; KTPI)

가축에 있어 경제적으로 이익이 되는 형질은 여러 종류가 있다. 즉, 젖소의 경우 산유량, 유지량, 유단백질량, 무지고형분량, 체형 등이 있다. 우리가 육종가를 추정하게 되면 각각의 형질별로 육종가가 나오게 된다. 즉 어떤 A라는 개체에 대해 산유량, 유지량, 유단백질량에 대한 육종가를 추정했더니 각각 100, -1.2, 1.0이 나왔고, B라는 개체에 대해 육종가를 추정했더니 각각 90, 1.0, -0.5가 나왔다고 할 때, 과연 A 또는 B 개체 중에 어떤 개체가 우수한지에 대한 판단이 서지 않게 된다.

물론 유량만을 가지고 따지면 A개체가 100으로 B개체의 90보다는 우수하다. 그러나 전체적인 면을 따지기는 곤란하기 때문에 이를 전체적으로 고려할 수 있도록 만든 지수가 바로 체형능력종합지수(KTPI)이다.

이 지수는 체형형질과 일반 생산형질을 모두 고려하여 종합적인 점수를 낸 것으로 농가가 선택할 때 편의를 제공하게 된다. 그러나 주의할 것은 이 지수가 만능은 아니라는 것이다. 즉, 각각의 형질에 대해 타당한 정도의 가중치를 주어 계산한 것이므로 소비자의 기호가 변하거나 기타 다른 사유에 의해 이 지수에 관여하는 형질의 경제적 가치가 달라질 경우 이 지수를 구하는 공식 또한 변경되어야 한다.

현재는 비교대상이 아님에도 불구하고 TPI나 LPI와 지수를 비교하려 하고 있다.

체형능력종합지수(KTPI)

$$KTPI = \left[2.5 \times \frac{PTAF}{SD_{PTAF}} + 1.5 \times \frac{PTAP}{SD_{PTAP}} + 1 \times \frac{PTAT}{SD_{PTAT}} + 1 \times \frac{UDC}{SD_{UDC}}\right] \times 50 + 576$$

주 : PTAT - 체형종합점수, UDC - 유방종합지수

유방종합지수(UDC) = 앞유방붙임*.16+후유방붙임*.16+후유방너비*.12+정중제인대*.10+유방깊이*.30+유두배열*.16

현재 우리나라의 KTPI는 유지량에 가중치를 2.5, 유단백량에 1.5, 그리고 체형과 유방종합점수에 각각 1의 가중치를 두고 있다.

외국의 TPI 수식과 우리나라의 KTPI 수식이 혹시 같다고 하더라도 이는 모두 육종가에 기초를 두고 있기 때문에 외국의 자료와 우리나라의 자료를 그대로 비교하는 것은 아무런 의미가 없다.

즉 미국의 Sire Summary에 나온 어떤 종모우의 TPI값이 1000이고 우리나라의 어떤 종모우의 KTPI가 900이라고 할 때, 이 둘을 비교하여 미국 종모우가 능력이 100이 높다 라고 말할 수는 없다.

3.5 표준화 전달능력(Standardized Transmitting Ability; STA)

어떤 집단에서 산유량 육종가의 평균이 1,000kg이고 표준편차가 100kg, 그리고 체형종합점수 육종가 평균이 10점, 표준편차는 5점일 때, 개체 'A'의 능력이 산유량은 1,100 종합점수는 15 라고 한다면, 개체 'A'의 각형질에 대한 육종가와 그것의 평균과의 차이는 즉 변이는 각각 100과 5이다. 숫자상으로 산유량의 변이의 크기가 100으로 체형종합점수의 5보다는 월등히 크다.

그러나 여기서 한 가지 주의할 점은 산유량의 단위는 'kg'이고 체형종합점수의 단위는 '점'이라는 것이다. 앞에서 100과 5를 비교한 것은 서로 다른 단위를 비교한 것이 된다. 즉 단위가 서로 다르기 때문에 이 둘을 비교한다는 것은 아무런 의미가 없다.

다시 말하자면 산유량의 경우 개체 A의 능력 1,000kg는 전체 집단에서 상위 몇 %에 해당하고, 체형종합점수에서 개체 A의 능력 15점은 전체집단에서 상위 몇 %를 차지하는 가를 알아내어 그 둘을 비교하는 것이 옳다. 이렇게 하기 위하여 우리는 개체 A의 능력을 '표준화' 하여 평균으로부터 떨어진 거리(이 거리로 상위 몇 %인지를 알 수 있다)로 표시하게 된다.

표준화는 변이(개체의 능력 - 전체평균)를 표준편차로 나누어주면 된다. 이렇게 되면 단위는 없어지고 평균이 0이며 편차가 1인 분포로 변환된다. 즉,

- 개체 A의 표준화된 산유량변이 = 변이 / 표준편차 = (1,100-1,000)kg / 100kg = 1.0
- 개체 A의 표준화된 체형종합점수변이 = 변이 / 표준편차 = (15-10)점 / 5점 = 1.0

즉, 두 형질 모두 평균으로부터 1만큼의 거리에 떨어져 있다는 것으로 이를 확률적으로 해석한다면 두 형질 모두 상위 34% 위치에 있다는 것을 표시한다. 표준화를 하게 되면 평균은 0, 표준편차는 1인 분포로 바뀐다.

이렇게 각 형질의 추정유전전달능력을 표준화하여 변이의 크기를 서로 비교할 수 있게 해놓은 값이 "표준화유전전달능력"이다.

3.6 근교계수 활용

근교계수는 어느 한 개체가 가지고 있는 한 쌍의 대립유전자가 그 개체의 공통선조가 가지고 있는 한 유전자의 복제일 확률이다. 근친교배는 가축이 생산되는 기초 집단 내 평균 혈연관계보다 가까운 개체간의 교배를 말한다.

특히 형제자매간 교배, 부낭간 교배, 모자간 교배 등은 고도의 근친 교배이다. 젖소에서 근친 교배를 시킬 경우 흔히 나타나는 증상은 후구마비, 관절 강직, 태아의 미이라변성(fetal mummification), 사산 등이며, 암소의 번식 능력을 저하시켜 수태당 종부 소요회수가 증가되기도 하고, 생산된 송아지의 사망률도 상승된다.

근친 교배는 유기당 비유량, 유지생산량 등과 같은 양적형질 등도 저하시키는 경향이 분명하다. 그러므로 근친 교배에 의하여 생산된 송아지를 사육하면 경제적 손실을 입게 되며 따라서 일반 농가에선 가능하면 근친 교배를 피하는 것이 바람직하다. 태어날 자손 즉 송아지의 근교계수를 구하기 위해서는 먼저 아비나 어미의 정보를 잘 알고 있어야 한다.

따라서 농가에서는 발정이 온 암소에 어떤 정액을 써야 근친을 피할 수 있는지 또 어떤 정액을 써야 농가가 원하는 송아지가 태어날 것인지 알기 위해서는 혈통정보를 정확히 기록해야만 그 정보를 토대로 근교계수를 구하고 교배계획을 할 수 있다.

근친교배라 함은 혈연관계가 비교적 가까운 개체간의 교배를 말하며 근친교배가 일어나면 동형접합체를 증가시키고 이형접합체를 감소시킨다. 그러므로 어느 개체의 근교계수가 상승할수록 그 개체가 가지고 있는 유전자들이 호모상태로 되어 있을 확률이 높다는 것을 뜻한다. 일반적으로 근친도를 측정하는데는 S. 라이트의 경로계수법을 이용하고 있다.

근친도를 측정하는 공식은 다음과 같다. (공통선조의 유전자를 갖고 있을 확률)

$$F_x = \sum \left[\left(\tfrac{1}{2}\right)^{n+n'+1} (1 + F_A) \right]$$

위의 식에서, Fx : X라고 하는 개체의 근교계수를 말하며, n은 X의 부친으로부터 공통선조까지의 세대수이고 n′은 X의 모친으로부터 공통선조까지의 세대수이다. FA는 공통선조의 근교계수를 말하고 Σ는 각 공통선조에 대하여 계산한 값을 합계한다는 뜻이다. 여기에서 공통선조는 그 개체의 아비를 통하여 그 개체에 유전자를 전달할 수 있는 동시에 어미를 통해서도 유전자를 전달할 수 있는 선조를 뜻한다.

어느 개체의 근교계수는 양친의 혈연관계의 정도에 따라 달라진다. 즉, 양친의 혈연관계가 가까우면 근교계수는 높아지고, 멀면 낮아진다. 근교계수가 취하는 값의 범위는 0~1(0~100%)까지이다.

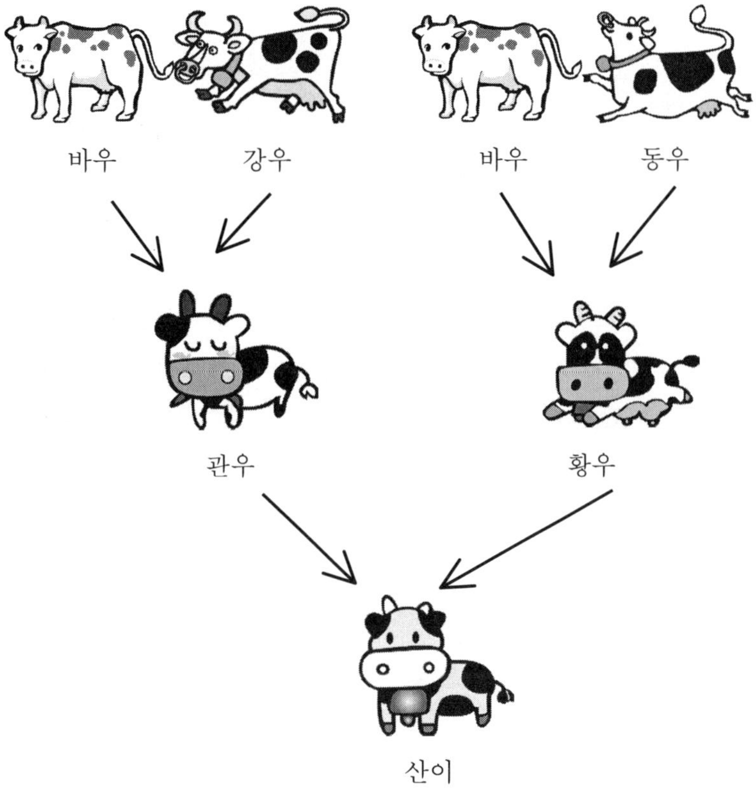

그림 8. 근교계수 산출 모식도

혈통이 복잡하지 않은 간단한 그림으로 근교계수를 구해 보면 다음과 같다(그림 8). 즉, 산이의 아비 어미는 관우와 황우이다. 관우의 아비는 바우이고 어미는 강우이다. 황우의 아비역시 바우이고 어미는 동우이다. 여기에서 산이의 공통선조는 바우인 것을 알 수 있다. 바우의 부모를 모르기 때문에 바우의 근교계수는 0이 되는 것이다. 산이의 아비로부터 공통선조인 바우까지의 세대수는 1이고 산이의 어미로부터 공통선조까지의 세대수는 1이다. 따라서 근교계수를 구해보면 다음과 같다.

$$(1/2)^{n+1}(1+F_A) = (1/2)^{n+1}(1+0) = (1/2)^3 = 0.125$$

결국 산이의 근교계수는 0.125 즉 12.5%의 공통선조 유전자를 갖고 있다는 것을 의미한다.

Ⅲ 결론

이상으로 개량의 목표 및 유전평가 방법들에 대해서 살펴보고 개량에 필요한 용어들을 알아보았다. 수정사는 개량을 하기위한 최첨병인 동시에 개량의 코디네이터라고 할 수 있다. 올바른 개량목표를 무기로 정액을 선정하여 번식효율 및 개량을 극대화한다면 농가에겐 일석이조가 될 것이다.

그리고 곡물쇼크가 일어날 수 있는 어려운 시기에 누구 할 것 없이 농가경영에 도움이 되고 국가경쟁력이 높아지도록 노력해야한다. 수정이라는 작은 나무를 보기보다는 개량이라는 커다란 숲을 볼 수 있는 능력을 배양시키는 것이 도움이 될 것이라 사료된다.

제 4 장

한우 및 젖소의 교배시 올바른 정액 선정방법

Ⅰ 서 론

Ⅱ 본론

1. 우수 송아지 확보
2. 농가 맞춤형 정액 선택
3. 주요 관리요령

Ⅲ 결 론

I 서 론

외국에서 정액을 수입하여 사용할 수 있는 젖소와는 달리 한우는 국내생산 정액에만 의존해야 하는 것을 제외하고는 한우와 젖소 모두 정액을 선택하는 방법은 동일하다. 한편 젖소가 한우보다 유리한 것은 산유능력검정과 선형심사를 통해 암소의 능력을 파악할 수 있기 때문에 개량목표에 맞추어 원하는 정액을 선택할 수 있다는 것이다.

반면 한우는 암소에 대한 능력을 거의 알 수가 없기 때문에 나중에 논의하겠지만 혈통에 의존하여 교배계획을 세울 수밖에 없다. 정확한 도체성적이나 체중측정자료가 있다면 혈통의존 교배계획을 수행하는데 수월할 것이다.

한편 젖소는 외국에서 각각 유전능력평가를 하여 그 성적으로 정액을 구매하여 오는 것이 농가의 현실이다. 미국의 경우 NM$나 TPI와 같은 지수가 있고 캐나다의 경우 LPI와 같은 지수가 있다.

우리나라에는 KTPI가 있다. 각 지수는 그 나라의 상황에 맞게 개발하여 사용하고 있는 것으로 해당 지수가 높다고 해서 우리나라에도 좋을 것이라는 맹신은 하지 말아야 한다.

특히 미국의 TPI값과 우리나라의 KTPI를 1:1로 비교하여 우리나라의 값이 낮다고 하는 농가도 있는데 이는 지수에 대한 기본적인 이해가 부족하여 온 오해이다. 미국의 TPI는 미국의 기준에 맞추어 만든 지수이고 KTPI는 우리나라에서 만든 지수이므로 이를 그냥 비교하는 것은 마치 몸무게와 키를 비교하는 것과 같이 비교대상이 안 된다.

즉, 미국의 성적인 TPI와 캐나다의 성적인 LPI를 서로 비교한다면 아무런 의미가 없다. 이러한 비교를 쉽게 해 주기 위해 나온 것이 국제유전능력평가결과이다.

이는 국제유전능력평가에 참여하는 나라에서만 구해볼 수 있는데 이웃인 일본이 이러한 성적을 가지고 있다. 그러므로 일본의 젖소사양조건이 우리나라와 비슷하고 유대기준 등 돈을 버는 구조가 비슷하다고 한다면 일본에서 나온 국제유전평가결과를 토대로 미국소와 캐나다 소의 성적을 비교해 보는 것이 추천된다.

그러면 아마도 미국이나 캐나다 씨수소의 성적이 NTP순으로 나열된 것을 볼 수 있을 것이다. 젖소의 경우 이와 같이 씨수소의 성적을 비교할 때 각 나라의 것을 서로 비교하는 것은 맞지 않으며 서로 비교하고자 할 경우 국제유전능력평가결과를 참고해야 한다. 아쉽게도 우리나라는 국제유전평가에 참여하지 못하고 있는데 이는 혈통을 알고 있는 개체가 적어도 80%는 넘어야 하는데, 우리나라는 혈통을 알지 못하는 개체가 50%이상이나 되기 때문이다.

본 글에서는 한우를 중심으로 하여 개량목표에 맞추어 어떻게 정액을 선택할 수 있는지 살펴보고자 한다. 젖소의 경우에도 형질만 다를 뿐 계산방법은 동일하다.

II 본론

1. 우수 송아지 확보

1.1 개량목표

딸이나 아들의 배필감을 찾는다고 보면 부모의 마음이야 다 훌륭한 배필감을 찾는 것이겠지만 조금 더 살펴보면 딸이나 아들의 결점을 보완해줄 수 있는 그런 배필감을 찾았으면 하는 경우가 많다. 결점을 보완해 준다고 하는 것은 손자가 이러했으면 하는 어떠한 목표가 있다는 것을 의미한다.

가축에 있어서 송아지가 이러했으면 좋겠다고 하는 것이 바로 그 농가의 개량목표가 된다. 다시 사람의 예를 들어 보자. 손자의 키가 적어도 평균은 되야 된다고 하는 "목표"가 있는데, 만약 딸의 키가 작다면 어떠한 사위를 얻을 것인가? 바로 키가 충분히 커서 손자의 키가 내가 정한 목표인 "평균 키"에 도달할 수 있어야 한다는 생각이 들 것이다.

마찬가지로 소에 있어서도 같은 원칙이 적용된다. 즉 개량목표에 비추어 볼 때, 암소의 여러 형질(12월체중, 생시체중, 수태율 등과 같은 측정가능한 어떤 특징)을 살펴 목표에 미달하는 것과 넘치는 것을 알아낸다면 어떤 수소를 선택해야 하는지 알 수 있게 된다.

따라서, 가축을 개량하고자 한다면 이웃이 어떤 정액이 좋다고 해서 무작정 따라가는 것이 아니라 농가가 원하는 목표는 무엇인지부터 생각하여야 한다. 즉 농가별로 각자의 "개량목표"를 설정해야 한다. 이것이 개량의 첫 걸음이다.

1.2 선발과 교배

가축을 개량하는 것은 우수한 능력을 가진 개체를 선발하고 이를 교배하여 그 목적을 달성할 수 있다. 이는 인류가 수 천 년 동안 지속해 온 것으로 가장 확실하고 안전한 방법이다. 한우를 개량하는 데에도 우수한 수소와 암소를 선발하고 이를 교배하여 원하는 송아지를 생산하는 방법이 현재로서는 가장 현실적이며 효과적인 방법이다.

개체의 능력에 근거해서 가축을 선발하는 것은 생각보다 쉽지 않다. 우선 개체별 혈통을 모두 기록해 놓아야 하고 가축을 개체별로 정해놓은 나이에 체중을 재거나 일정기간동안 섭취한 사료량을 조사하거나, 일정한 나이에 도축해서 도축성적을 보거나, 인공수정기록, 수태기록, 분만기록 등을 정리해 번식과 관련된 성적을 얻거나 하는 작업을 모두 거쳐야 개체별로 능력을 알 수 있게 되기 때문이다. 마치 학생의 능력을 알기 위해 때미다 시험을 치르고 수능을 치르고 하는 것과 마찬가지라 할 수 있다.

수소의 경우 1980년대 초부터 농림부에서 한우 개량을 위해 현재의 축산과학원, 각 도 축산연구기관, 종축장 및 농협으로 하여금 수소의 체중을 측정하는 등 일련의 작업을 통해 "보증씨수소"를 선발하여 농가에 보급하도록 하였고 현재까지 매년 20여 두의 보증씨수소를 선발하여 농가에 정액을 공급하고 있다.

그러나 암소의 경우는 대부분의 경우 농가에서 보유하고 있고 개량농가 사업을 통해 혈통을 겨우 확보하고 있을 뿐, 체계적인 체중측정이나 도축기록 수집을 수행하지 못하고 있다.

이러한 이유로 암소의 경우 개체별 능력을 알아낼 방법이 마땅하지 않았고 따라서 암소선발은 농림부에서 접근하기 어려운 문제였다. 또한 농가에서도 우수한 암소를 선발하고자 하는 요구를 거의 하지 않았다. 그러나 브랜드화가 촉진되면서 우수한 암소를 선발하고자 하는 농가의 요구는 점차 증가하고 있지만 정작 농가에서 수행하여야만 하는 여러 가지 일에 대해서는 농가가 잘 인지하지 못하고 있는 것이 안타까운 현실이다.

사실 수소를 선발할 때 혈통을 정확히 기록하고 체중을 측정하고 하는 등의 일이 필요하다면 암소를 선발할 때 역시 이러한 일이 필요함은 분명한 사실이고 수소와는 달리 암소는 번식능력이라는 것이 추가되어 인공수정기록이나 분만기록과 같은 것을 기록하지 않으면 실질적으로 이에 대한 선발이 어렵다는 것은 너무나 당연한 것이기 때문이다.

농가로부터 어떤 암소를 선발해서 농장에 넣어야 하느냐는 질문을 받게 되면 답답한 것이 바로 이점 때문이다. 여하튼 수소와 암소를 선택했다고 하면 이들을 그냥 교배시켜서는 곤란하다. 앞에서 언급한 것과 같이 키 작은 딸이 있는 데 손자까지 키가 작은 것을 원치 않을 때에는 키가 큰 사윗감을 찾아야 한다. 소에 있어서도 같은 원칙이 적용된다. 암소의 여러 형질(12월체중, 생시체중, 수태율 등과 같은 측정가능한 어떤 특징)을 살펴 부족한 것과 넘치는 것을 알아내어 이를 보완해 줄 수 있는 수소를 골라 교배시켜야 한다.

이와 같이 가축개량에서 이야기하는 "교배"는 뽑아 놓은 개체를 단순히 수정시키는 것이 아니라 개량목표를 달성하기 위해 계획적으로 시행하는 교배를 말한다.

1.3 내 암소의 능력

그림 1에서와 같이 키가 160cm인 신랑과 170cm인 신부가 결혼하여 자식을 낳은 경우 자식의 예상키는 165cm ($\frac{170+160}{2}=165$)일 것이고 키가 190cm인 신랑과 140cm인 신부가 결혼하여 자식을 낳은 경우 자식의 예상키는 165cm ($\frac{190+140}{2}=165$)이다. 즉 신랑과 신부의 키를 가지고 자식의 키가 165cm임을 예측할 수 있다. 물론 같은 부모에서 태어난 형제자매가 항상 키가 같을 수는 없다. 그러나 형제자매가 여럿 있다면 이들의 키를 평균하면 아마 계산한 값에 같아진다.

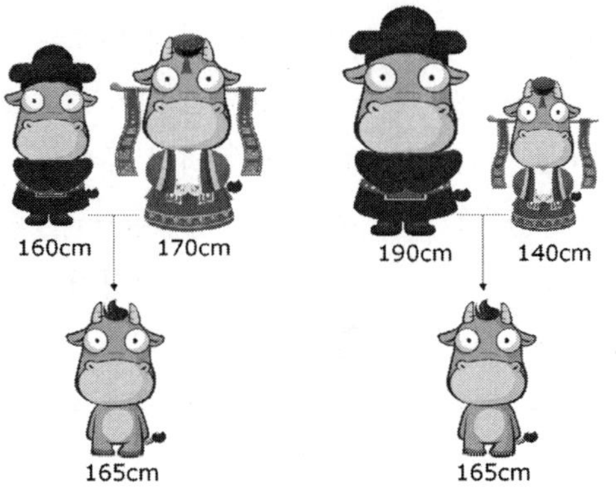

그림 1. 자손의 능력은 부모의 평균

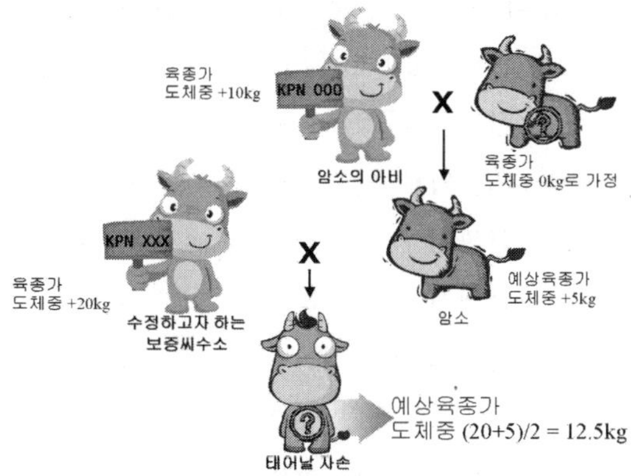

그림 2. 혈통 및 보증씨수소 능력을 이용한 자손의 능력예측

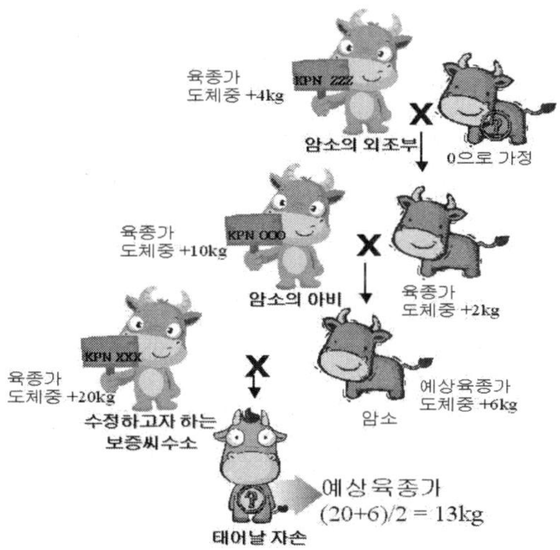

그림 3. 3대 혈통과 보증씨수소 능력을 이용한 자손의 능력예측

가축의 능력도 위와 같은 방법으로 예측가 능하다. 그림 2에서 보는 것과 같이 암소의 아비가 KPN000이라고 하고 육종가가 10이라고 하면 그의 딸 소인 암소의 육종가는 아비의 육종가의 절반인 5가 된다. 물론 이 때 암소의 어미는 평균능력 그러니까 육종가가 0이라고 가정한 경우에 그렇다는 이야기다. 발정이 온 암소의 육종가가 5이고 인공수정하고자 하는 보증씨수소 KPNXXX의 육종가가 20이라면 그 자손의 육종가는 태어날 송아지의 아비와 어미의 육종가 합의 절반인 (20+5) / 2 = 12.5가 된다.

계산하고자 하는 형질이 여러 개라면 각 형질별로 이와 같은 방법으로 계산하면 된다.

만약 3대까지 혈통을 알고 있는 경우(고등등록이상)에는 암소의 외조부를 알 수 있으므로 앞에서 암소의 어미능력을 평균이라고 가정하였던 것을 외조부의 능력을 이용하여 어느 정도 추측할 수 있다.

예를 들어 위의 그림 3에서와 같이 교배를 하고자 하는 암소의 외조부(KPN ZZZ)를 알고 있고 이의 육종가가 4이고 외조모는 그 능력을 모르므로 0으로 가정하면 교배를 하고자 하는 암소의 어미 능력은 이 두 값의 합을 2로 나눈 값이므로 (4+0)/2 = 2가 된다. 여기에 육종가가 10인 KPN 000을 교배하게 되므로 암소의 능력은 (10+2)/2 = 6이 된다. 이제 암소의 능력을 그림 4의 예보다 좀 더 정확하게 추측할 수 있다. 여기에 육종가가 20인 KPN XXX를 교배한다면 이로부터 태어나는 송아지의 능력은 (20+6)/2 = 13이 된다. 단, 여기서 주의할 것은 본 계산과정에서 여러 조건에 대한 가정을 하였을 뿐만 아니라 '멘델리안 샘플링효과, 즉 같은 부모에서 서로 조금씩 다른 형제가 태어나게 만드는 효과' 또한 고려하지 않았기 때문에 이 값이 대략의 추정치임을 잊어서는 안 된다. 따라서 이렇게 계산한 능력추정치의 정확성은 40%이하이다. 만약 70%이상의 정확성을 얻고자 한다면 반드시 암소에 대한 체중측정 등의 능력검정을 하여야 한다.

1.4 송아지의 능력예측

그림 4. 아비의 능력을 이용한 송아지 능력의 단순 예측

우시장에서 송아지를 고를 때, 송아지의 아비를 알 수 있는 경우 농협이나 축산과학원에서 발표한 한우보증씨수소의 유전능력을 이용하여 송아지의 능력을 추정해 볼 수 있다(그림 4). 농협에서 발표한 자료에는 유전능력을 기대자손능력차(EPD)값으로 표시하고 있는데 어미소의 능력을 모를 때에는 이 값을 바로 송아지의 평균능력이라 가정한다. 이때, 암소의 능력은 평균이라 가정한 것임을 명심해야 한다. 만약 축산과학원에서 발표한 자료인 육종가(EBV)를 이용한다면 송아지의 능력은 이 값을 2로 나눈 값이 된다. 이를 단순하게 생각하면, 시장에 나온 송아지의 아비의 능력만 보고 구입을 하면 그냥 외모만 보고 산 것보다 훨씬 좋은 송아지를 살 수 있다. 좀 더 자세한 혈통을 알고 있다면 앞의 그림 2 또는 3과 같이 계산하여 그냥 아비의 능력을 이용한 것보다 정확한 값을 구할 수 있을 것이다. 만약 이렇게 능력을 바탕으로 송아지를 구매한다면 남보다 우수한 송아지를 고르는 것은 당연하다. 한편 이렇게 추측한 송아지의 능력은 언제나 어미소의 능력을 알 수가 없어 평균이라고 가정했거나 어미의 아비 능력을 통해 계산한 것임을 간과해서는 안 된다. 즉 기대보다 능력이 떨어질 수도 더 나을 수도 있다.

2. 농가 맞춤형 정액 선택

농가별로 개량목표가 있을 것이다. 예를 들어 여러분의 개량목표가 아래와 같다고 가정하면,

도체중 : 330kg, 등심단면적 : 80cm^2, 등지방두께 : 8mm, 근내지방도 : 6

이를 육종가로 바꾸면 대략 아래와 같다.

도체중 : +12kg, 등심단면적 : +5cm^2, 등지방두께 : 0mm, 근내지방도 : +2.5

※ 여기서 표현형 평균은 도체중 318, 등심면적 75, 등지방두께 8, 근내지방도 3.5로 가정한다. 따라서 목표 육종가는 도체중: 330-318 = 12, 등심면적 80-75 = 5, 등지방두께 8-8 = 0, 근내지방도 6-3.5 = 2.5.

그리고 보유하고 있는 암소가 2마리가 있는데 그 능력을 가늠해 보니(능력검정을 안 한 경우에는 암소의 아비의 육종가를 2로 나눈 값이 되고, 만약 그 값이 기대자손능력차(EPD)라면 그냥 그 값을 이용하면 된다) 아래와 같다고 가정하면,

<암소의 기대능력차>

암소 "갑"...... 도체중 : -6, 등심단면적 : +1, 등지방두께 : +1, 근내지방도 : 0
암소 "을"...... 도체중 : 8, 등심단면적 : +0, 등지방두께 : -1, 근내지방도 : +1

암소 "갑"과 "을"의 능력에 어떠한 값을 더하면 개량목표와 같아지는 지를 계산한다.

목표 도체중 : +12, 등심단면적 : +5, 등지방두께 : 0, 근내지방도 : +2.5
- 암소 "갑" 도체중 : -6, 등심단면적 : +1, 등지방두께 : +1, 근내지방도 : 0

수소능력 도체중 : +18, 등심단면적 : +4, 등지방두께 : -1, 근내지방도 : +2.5

목표 도체중 : +12, 등심단면적 : +5, 등지방두께 : 0, 근내지방도 : +2.5
- 암소 "을" 도체중 : 8, 등심단면적 : +0, 등지방두께 : -1, 근내지방도 : 1.0

수소능력 도체중 : +6, 등심단면적 : +5, 등지방두께 : +1, 근내지방도 : +1.5

암소 "갑"과 "을"에 필요한 보증씨수소의 능력이 나왔다. 암소 "갑"에 필요한 씨수소는 유전능력(기대능력차)이 아래와 같으면 되고,

도체중 : +18, 등심단면적 : +4, 등지방두께 : -1, 근내지방도 : +2.5

암소 "을"에 필요한 씨수소는 유전능력이 아래와 같으면 된다.

도체중 : +6, 등심단면적 : +5, 등지방두께 : +1, 근내지방도 : +1.5

이제는 이 능력을 토대로 이와 같은 능력을 가지고 있는 씨수소를 찾으면 된다. 물론 딱 맞아 떨어지는 씨수소가 없을 수 있다. 사실 딱 맞아 떨어지기가 더 어렵다고 하는 게 맞겠다. 그러나 위와 같은 기준이 있으면 이와 비슷한 유전능력을 가지고 있는 씨수소를 선택하면 된다. 첫 술에 배부를 수는 없다. 처음에 목표를 너무 높게 잡았다면 이를 만족하는 소는 없을 것이다. 세대를 거듭하면서 점차 목표를 올리면 적절한 보증씨수소를 선택할 수 있을 것이다.

3. 추가로 관리하여야 할 것

정액을 선정하는데 있어 유의해야 할 것은 지나치게 같은 혈통의 정액을 이용하는 것이다.

한우에 있어 송아지의 근교계수가 1% 증가하면 송아지의 이유시 체중은 0.3kg감소하는 것으로 나타났고 암소의 근교계수가 1% 증가하게 되면 암소에서 태어난 송아지의 이유시체중은 0.42kg감소하는 것으로 나타났다.

일본 홋카이도 화우의 경우 송아지의 근교계수가 1% 증가함에 따라 2개월령 체중은 0.25kg, 10개월령 체중은 0.57kg감소하는 것으로 나타났다. 일본의 연구결과를 보면 화우의 등심단면적, 근내지방도, 등지방두께는 근교계수가 약 20%이상이 되면 근교퇴화가 나타나고 지육중량은 약 15%이상에서 근교퇴화가 일어난다고 하였다.

한우뿐만 아니라 젖소의 경우에도 근교계수가 증가함에 따라 번식능력이 저하되고 유생산량이 감소하게 됨으로 주의하여야 한다.

그림 5에서는 근친을 유발하는 전형적인 교배형태를 나타내었다.

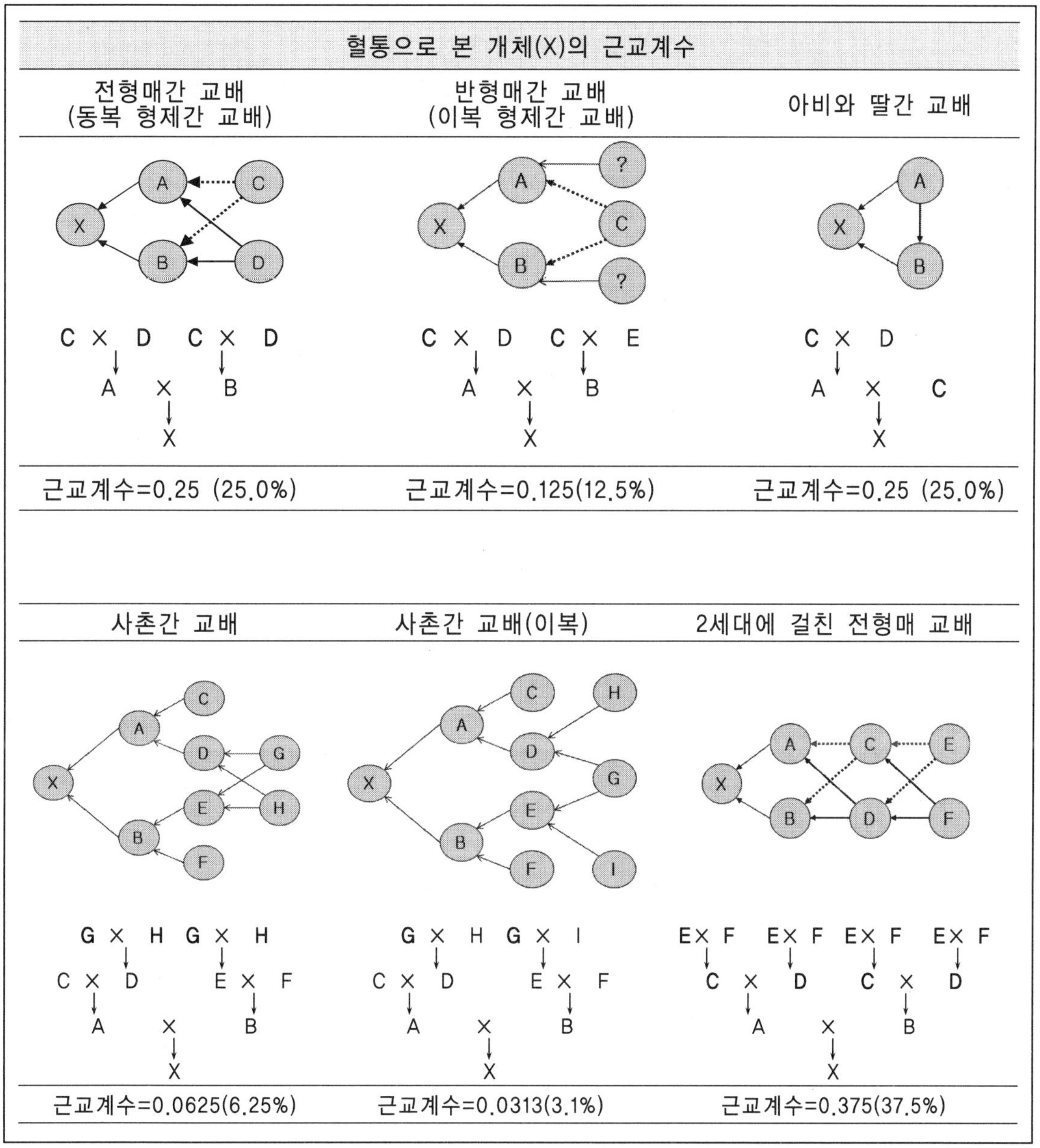

그림 5. 혈통으로 본 개체의 근교계수 모식도

근교계수를 일반인이 계산하기는 쉽지 않지만, 다행히도 우리나라에서는 계촌법을 모두 알고 있다. 일반적으로 보아 사람의 계촌법으로 계산하여 8촌이상 되면 교배해도 걱정할 필요가 없다.

Ⅲ 결론

정액을 선택하는 것은 우수가축의 선발과 이의 교배를 모두 아우르는 가축개량에 있어 가장 중요한 업무이다. 인공수정사는 이러한 의미에서 가축개량의 가장 핵심업무를 담당하고 있다고 자부심을 가져야 한다. 높아지는 사료값, 치열해 지는 경쟁을 이겨내려면 대충해서는 안되는 세상이 되었다.

제 2절 가축의 번식생리와 번식장애

제 5 장

생식기의 구조와 기능

1. 생식기의 발생
2. 암수생식기의 구성
3. 암컷 생식기
4. 수컷 생식기

1. 생식기의 발생

소의 생식기(genital organ, reproductive organ, genitalia)는 암수에 따라 그 형태와 구조가 크게 다르고, 가축의 생식기는 동물종에 따라 차이가 있다. 한편 생식기의 성적차이는 1개의 염색체(Y염색체)의 유무와 한쌍의 내분비기관, 즉 암컷에서의 난소와 수컷에서의 정소에 의해 결정된다.

초기 발생기에는 성선 또는 생식선(gonad, sex gland)의 암수를 구별할 수 없다. 그러나 태생초기에 형성된 한쌍의 생식결절(genital tubercle)에 원시생식세포(primordial germ cell)가 도착하면서 성선의 발생이 시작된다.

포유동물의 미분화시기의 생식기원기는 한쌍의 중신관(mesonephric duct, Wolffian duct)과 중신방관(paramesesonephric duct, Mullerian duct), 1개의 뇨생식. 생식결절 및 질전정으로 구성된다(표 1).

표 1. 성선, 부생식기의 발생

기 원	암	수
미 분 화 성 선 피 질 수 질	 퇴 화 정 소	 난 소 퇴 화
중 신 방 관	반 흔	난관, 자궁, 질
중 신 관	정소상체, 정관, 정낭선	반 흔
뇨 생 식 동	뇨도, 전립선, 뇨도구선	질전정, 뇨도
생 식 결 절	음 경	음 핵
전 정 벽	음 낭	음 순

2. 암수생식기의 구성

2.1 성선(gonad, reproductive gland)

생식세포(germ cells)이 발생하고 성호르몬(sex hormone)을 생산하는 성선은 암수에서 각각 난소와 정소라고 한다(표 2).

2.2 생식도관(excretory genital tract)

생식세포를 체외로 운반하는 기능을 하는 곳으로 암컷에는 난관, 자궁, 질, 수컷에는 정소상체, 정관뇨도로 구성된다(표 2).

2.3 부생식선

생식세포의 운반을 조력하는 분비액을 생산하는 곳으로 암컷에는 자궁선, 대전정선, 소전정성, 수컷에는 정낭선, 전립선, 뇨도구선이 있다(표 2).

2.4 외부생식기

암수의 성징을 나타내며 교미에 활용되는 것으로, 암컷에는 질전정, 음문, 수컷에는 음경이 있다(표 2).

표 2. 생식기의 구분

생식기	암	수
성선(gonad)	난소	정소
생식도관(genital tract)	난관, 자궁, 질	정소상체, 정관, 뇨도
부생식선	자궁선, 대전정선, 소전정선	정낭선, 전립선, 뇨도구선
외부생식기	질전정, 음문	음경

3. 암컷 생식기

암컷의 생식기는 내부생식기와 외부생식기로 대변할 수 있는데, 내부생식기는 난소, 난관, 자궁 및 질로 구성되며, 외부생식기는 질에 연결된 질전정과 음문으로 구성되어 있다(그림 1). 이러한 암컷 생식기의 형태와 크기는 동물종에 따라 차이가 있다(표 3).

표 3. 주요가축의 암컷생식기의 비교

기 관	소	면 양	돼 지	말	개	고양이
난 소						
모 양	아몬드상	아몬드상	오디모양 (포도송이상)	신장형, 배란와가짐	난형, 약간편평	난형, 약간편평
1개의 중량(g)	10~20	3~4	3~7	40~80	0.5~4	0.1~0.4
성 숙 난 포						
수	1~2	1~4	10~25	1~2	3~12	2~10
직 경(㎜)	12~24	5~10	8~12	25~70	7~8	4~5
개 화 기 황 체						
모 양	구형~난원	구형~난원	구형~난원	서양배모양	구형	구형
직 경(㎜)	20~25	9	10~15	10~25	7~8	4~5
최대로되는(배란후의)일수	7~10	7~9	7~8	8~9	5	5
퇴행개시시작(배란후의)일수	14~15	12~14	14	14	45	30
난 관						
길 이(㎝)	20~25	15~19	15~30	20~30	4~7	3~5
자 궁						
모 양	분열	분열	쌍각	쌍각	쌍각	쌍각
각의 길이(㎝)	35~40	10~20	40~100	15	10~14	6~10
체의 길이(㎝)	2~4	1~2	5	15~25	1.4~2	1.5~2
내막의 표층	80~120개자 궁소구	80~96개자 궁소구	완만한 세로벽	깊은세로벽	세로벽	세로벽
자 궁 경						
길이(㎝)	8~10	4~10	10~20	7~8	1.5~2	1~1.5
외경(㎝)	3~4	2~3	2~3	3.5~4	0.5~1.5	0.4~0.6
경관강의 모양	2~5개의 윤상추벽	윤상추벽	코르크마개 빠진모양	깊은 벽	불규칙	불규칙
자궁구모양	작고 돌출	작고 돌출	불명료	명료	겨우돌출	—
질길이(㎝)		작고 돌출		명료		
질변(처녀막)	25~30	10~14	10~20	20~35	5~10	1.5~2
질전정길이(㎝)	10~12	2.5~3	6~8	10~12	2~5	0.5

3.1 난소

복강의 배부, 자궁각의 선단 끝부분 즉 골반강 측연에 위치하며, 편평, 타원형의 좌우 대칭 한쌍의 기관으로, 난자의 생산, 저장 및 성숙 및 배란이 일어나는 곳이며 발정호르몬(estrogen), 황체호르몬(progeste- rone) 및 옥시토신 등 호르몬을 생산하여 성현상을 유발한다.

난소의 모양은 동물의 종류, 발정주기에 따라 차이가 있다(그림 2). 난포가 성숙되어 배란되면 난포강에 혈액이 충만하게 되고 난포상피세포가 황색색소를 포함하는 큰 황체세포로 변화해서 급속히 내강을 채우게 된다. 소, 말, 면양의 경우 구상의 큰 황색 황체로, 돼지의 경우 육색의 황체로 발달한다. 소의 난소는 체격에 비해 작고(4×2×2㎝), 난원형인 아몬드상의 약간 유연하고 탄력성을 가진 황체가 존재하는데, 황체부위가 융기되고, 버섯모양으로 난소표면에 돌출한 것이 많고 직장검사로서 용이하게 촉진할 수 있다.

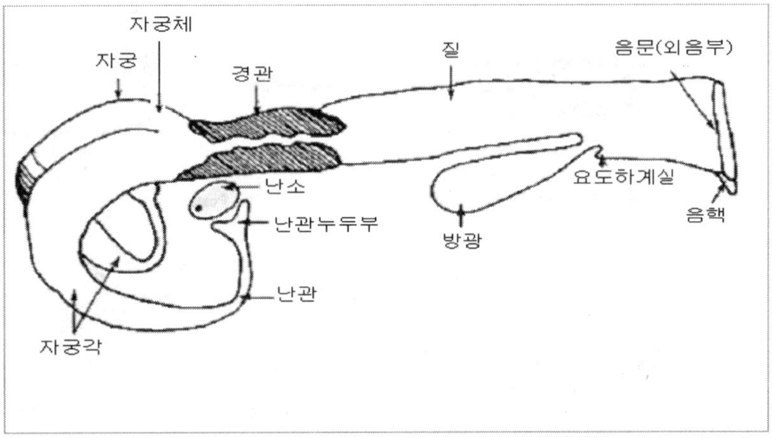

그림 1. 암소의 생식기의 해부학적인 구조

돼지의 난소는 다수의 난포와 황체가 표면에 현저하게 융기하여 외견상은 오디 또는 포도송이모양이 된다. 우측난소는 좌측난소보다 큰 경향이 있다.

난소는 피질과 수질로 구분되는데, 피질에는 난포와 황체가 있으며, 수질에는 혈관, 신경이 분포하고 있다. 난포의 발육은 1차, 2차, 3차, 성숙전난포, 성숙난포의 5단계로 구분할 수 있다.

1차 난포는 가장 작고 원시적인 난포로 난소피질 천층의 난포대에 존재한다. 2차 난포는 난황이 축적되어 점차 비대해 지고 난세포막을 형성한다. 3차 난포는 난포강이 형성되고, 난포액이 축적된다. 성숙전난포는 난포액의 급격한 증가하여 낭상을 형성하고 난구도 만들어진다. 성숙난포(포상난포)는 발육말기 난포로서 난포액내 다량의 에스트로겐을 함유하고 있으며, 크기는 8~12㎜ 정도이다. 성숙난포의 파열, 배란은 난자를 난포액과 함께 난소외로 방출하는 것이다(그림 3).

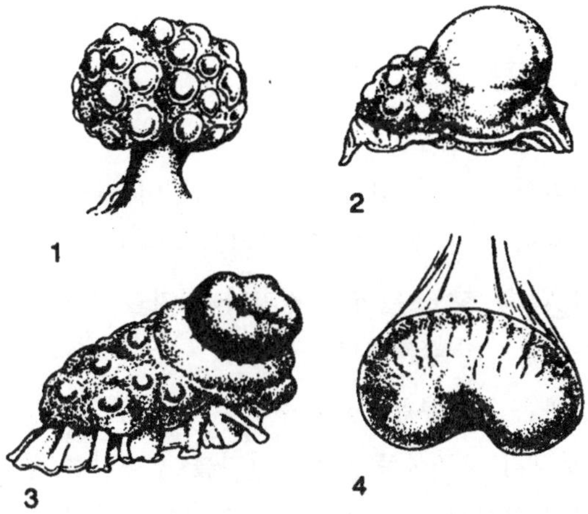

그림 2. 동물별 난소의 형태
1.돼지 2.소-성숙난포보유 난소 3.소-황체보유 난소 4.말

난자가 배란된 자리에 황체가 형성된다. 출혈체는 배란시 난포벽 주변의 혈관이 파열되고, 난포강은 혈액과 림프액이 혼재된 혈괴가 충만한데, 배란

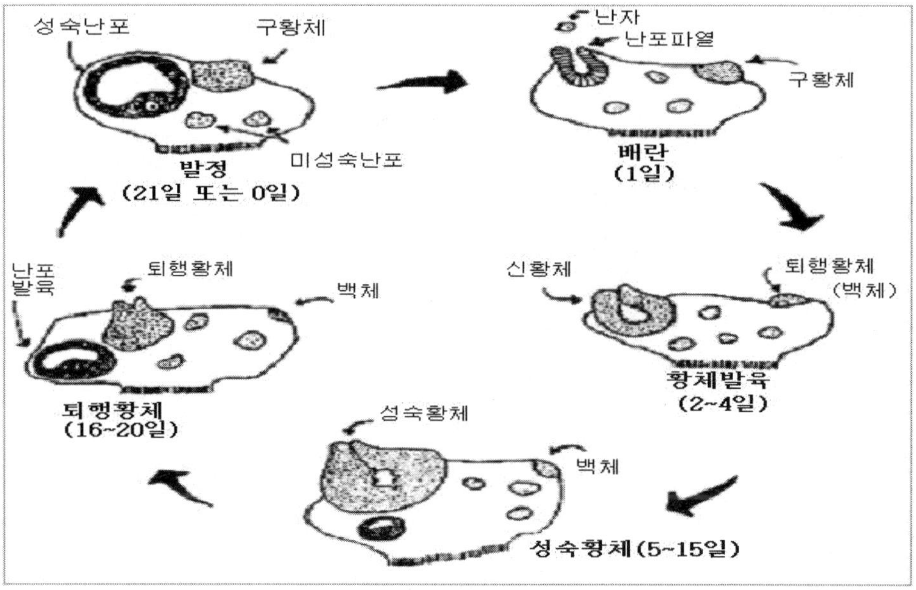

그림 3. 소 발정주기상(성주기)에서의 난소변화 모식도

2~7일사이에 형성된다. 황체는 난포상피 증식의 지방모양의 황색색소 과립을 갖는 황체세포가 급격히 증식하면서, 배란후 8~18일 사이에 형성 발달한다. 이렇게 발달된 황체가 퇴행하면 백체로 흔적화된다. 발정황체(주기황체, 가성황체)는 발정주기중에 나타나는 황체이며, 임신황체(진성황체)는 임신기간중 존속하는 황체로 임신 2~3개월 사이에 최대크기에 도달한다.

3.2 난관

난자와 정자가 만나 수정이 이루어지는 부위로서 소 난관의 길이는 꾸불꾸불한 가느다란 20~25㎝ 길이, 1.5~3.0㎝ 직경의 관이다. 난관의 내강은 선모세포로 구성되며 선모운동은 분당 1,200회 정도 일어나 정자나 난자를 수송한다. 즉, 정자는 난소방향으로 운반되며, 난자를 자궁방향으로 수송한다.

난관은 3개 부분 난관 누두부, 팽대부, 협부로 구성된다. 난관누두부는 난소에 인접한 깔대기 모양의 구조물로서 배란난자를 수용하는 부위를 난관채라고 한다. 난관팽대부는 난관누두부와 협부사이에 위치하며, 전체 난관의 1/3을 차치한다. 이곳에서 난자와 정자가 만나 수정이 이루어진다. 난관 협부는 자궁각과 직접 연결되는 부위로서 이곳에서 수정된 난자의 초기 난할이 일어난다.

3.3 자궁

자궁은 골반강내 위치하는 관상기관으로 앞부분은 복강까지 연장되어 난관과 연결되고, 뒷부분은 질과 연결되어 있다(그림 4). 경산우의 경우 자궁의 대부분이 복강내 위치한다. 자궁은 외측으로부터 자궁외막(장막성), 자궁근층(평활근), 점막(내측)로 구성되며, 이중에서 자궁근층이 가장 발달되어 있다. 자궁내막은 점막상피에 자궁선이 발달하여 배아발달에 필요한 자궁유를 분비하는데, 자궁선은 자궁각부분에 많고 자궁체로 갈수록 감소한다. 자궁선단은 점차 가늘어지면서 난관에 경계없이 연결된다. 비임신시 2개의 자궁각은 서로 거의 평행하고 만곡된 관상으로 외관상 면양의 뿔처럼 보인다. 하지만, 경산우는 좌, 우 자궁각의 크기가 다르다.

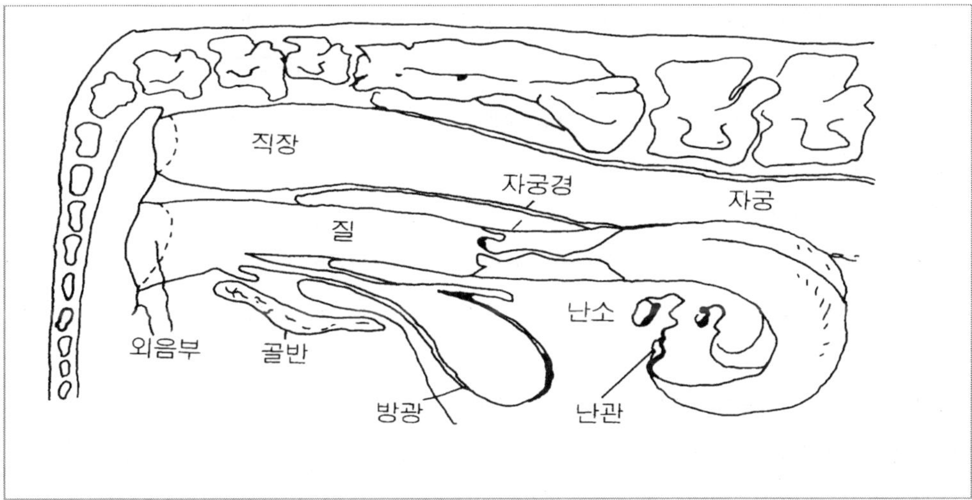

그림 4. 자궁의 위치

자궁은 정자의 이동통로이면서, 태아착상 부위이고 태반의 형성과 태아의 발달이 일어나는 곳이다. 자궁의 기능은 크게 4가지로 구분할 수 있다. 즉, 발정기중 질로부터 난관으로 정자를 이동시키며, 분만시 자궁근육의 수축으로 태아를 배출한다. 정자가 수정부위로 이동하는 동안 자궁 분비물을 통하여 정자의 수정능 획득을 유도한다. 또한 수정란의 착상 및 임신을 유지하며 태아를 보호한다.

자궁은 형태에 따라서 중복자궁, 쌍각자궁, 분열자궁, 단자궁으로 구분할 수 있다(그림 5).

중복자궁은 복자궁이라고도 하며, 토끼, 설치류, 코끼리의 자궁이 여기에 속한다. 결합상태가 가장 경미하며, 관과 같은 자궁이 좌우로 완전히 독립되어, 질로 연결된다.

쌍각자궁은 말, 돼지의 자궁으로 자궁 뒷부분에서 자궁경과 자궁체까지는 결합하고 있으며, 앞부분은 미결합 상태로 1쌍의 자궁각을 형성 각각의 난관에 연결되어 있다.

분열자궁은 소의 자궁으로, 외관상 쌍각자궁과 같지만, 자궁체의 중격이 남아 있어 자궁체강 일부를 자궁경 근처까지 갈라놓고 있어, 실질적인 공통의 자궁체강 부분은 짧다.

단자궁은 사람, 영장류의 자궁으로 자궁각까지 결합되어 하나의 낭상을 형성하고 쌍을 이루는 부분은 난관에서만 나타난다.

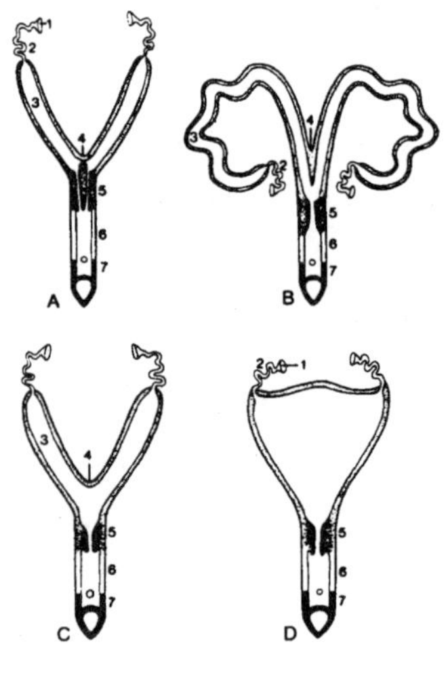

그림 5. 자궁의 형태학적 분류

A. 중복자궁 B. 쌍각자궁

C. 분열자궁 D. 단자궁

자궁각은 외관상 20~35㎝이며, 자궁체를 포함한 길이는 35~40㎝이다. 자궁체는 외관상 1개의 관, 내부에 중앙격벽에 의해 좌우로 나누어져 있어 공통의 강으로 된 부분은 짧아 2~3㎝정도이다.

자궁소구는 반추류인 소와 양의 자궁각에 존재하는 착상관련 특유의 구조로서, 소의 자궁각 내막(점막)에 존재하며, 점막표면에 4열종대로 나열되고, 1열의 수는 10~14개로 자궁전체에 70~120개가 산재되어 있다. 즉, 작은 돌기, 결절상 또는 버섯 모양으로 임신시 모체측 태반의 기초구조가 된다. 자궁경은 골반강에 위치하며 내자궁구와 외자궁구에 의해 경계 지워진다.

자궁경은 조금 단단하고, 원통형 및 결절형 구조물이다. 길이는 7~10㎝, 직경은 1.5~7㎝(질부쪽 3~4㎝)로, 자궁경관내벽에 있는 돌기인 추벽이 있는데, 횡으로 겹쳐져 있으며, 3~4층으로 되어 있다.

추벽을 가진 자궁경은 자궁강내 들어오려는 침입물의 진입을 방지하는 역할을 한다.

질원개(Fornix)는 자궁경관과 질과 연결된 곳의 윗부분에 위치하며 약 3.5㎝정도 깊이로 형성된 구조물이다.

외자궁구(External Os)는 자궁질부 중앙보다 약간 아래쪽에 위치하며, 도드라져 있다.

3.4 질 및 외부생식기

질은 교미기관이며, 산도로 기능하며, 길이는 축종에 따라 차이가 있어 소 20~30㎝, 말 20~35㎝, 면양 10~14㎝, 돼지 10~20㎝, 개 5~10㎝로 알려져 있다.

질전정은 처녀막 즉 질변에 의해 구분되며 자마와 자돈에 가장 발달되어 있으나, 성축에서는 불명료하다.

음핵은 말, 개에서 잘 발달되어 있고, 발정기에는 충혈, 종대한다.

4. 수컷 생식기

수컷 생식기는 내부생식기인 성선인 정소, 정소상체, 정관 및 요도, 부생식선인 정낭선, 전립선, 요도구선 및 외부생식기인 음경으로 구성된다(표 4).

표 4. 수컷 성선과 생식기관의 구성

구분	구성	비고
성선	(1) 고환 (2개)	
생식도관	(2) 정소상체, 정관, 요도	
부생식선	(가) 정낭선, 전립선, 요도구선	종에 따른 차이
외부생식기	(3) 음경	

4.1 정소

정소는 정자가 발생하는 곳이다. 정소가 음낭내로 하강하지 못하는 경우 잠복정소(음고)라 하는데, 복강내 온도(체온)이 높아 정자형성이 일어나지 않는다. 한편, 잠복정소의 경우 내분비기능은 정상으로 정상적인 성욕은 있으나, 정자형성이 안되기 때문에 생식능력은 소실된다.

또한, 정소는 성선호르몬을 생산하는 내분비선이다.

정소는 반추가축과 말의 경우 제대부위에 가까운 치골부위에 위치하지만, 돼지와 토끼의 경우 항문근처에 있다(그림 6).

정소의 구조를 살펴보면, 외층으로부터 음낭피부(음낭봉선), 육양막(음낭중격, 정소상체간막), 외정소거근, 초막, 내정소거근, 정소간막 등이 위치한다.

정소의 형태는 난원형이지만, 개의 경우 구형이다. 정소는 음낭내에 세로로 위치한다(그림 7, 8).

가축의 정소 중량은 가축의 종류, 품종 등에 따라 다르다.

양, 산양, 돼지는 체구의 크기에 대한 비율로 볼 때 심하게 큰 정소를 갖고 있다.

그외의 정소의 크기는 소, 말, 토끼, 개 순으로 작아지는데, 일반적으로 정소의 무게는 양 200~300g, 산양 145~150g, 돼지 180~338g, 소 250~300g, 말 200~300g, 개 10~20g 정도이다(표 5).

정소의 중량은 좌, 우측이 반드시 같지 않아서, 말, 돼지의 경우는 좌측편이, 소의 경우는 우측편의 정소가 더 무겁다.

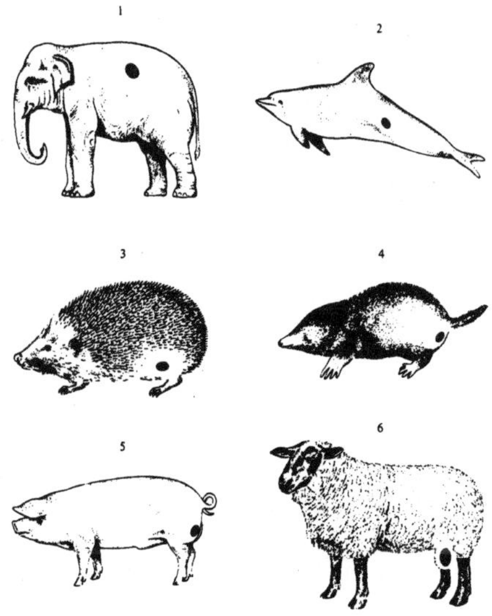

그림 6. 고환의 위치

1.코끼리 **2.**고래 **3.**고슴도치 **4.**두더지 **5.**돼지 **6.**면양

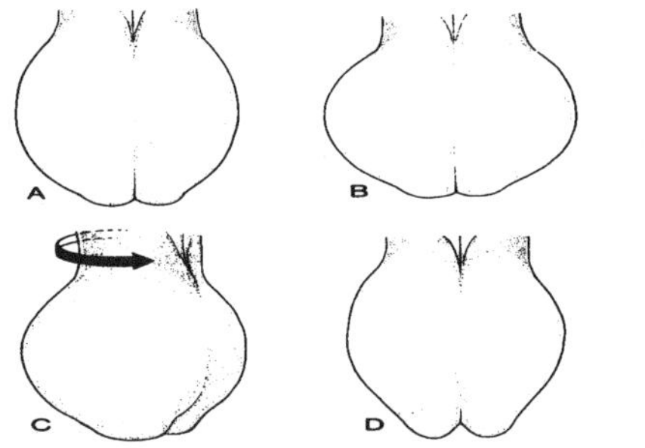

그림 7. 다양한 음낭의 형태

A; 길쭉한 고환을 지닌 정상적 음낭, B; 원형의 고환을 지닌 정상적 음낭, C; 질병의 영향없이 음낭이 회전된 경우, D; 두 개의 부고환 미부가 멀리 떨어진 경우

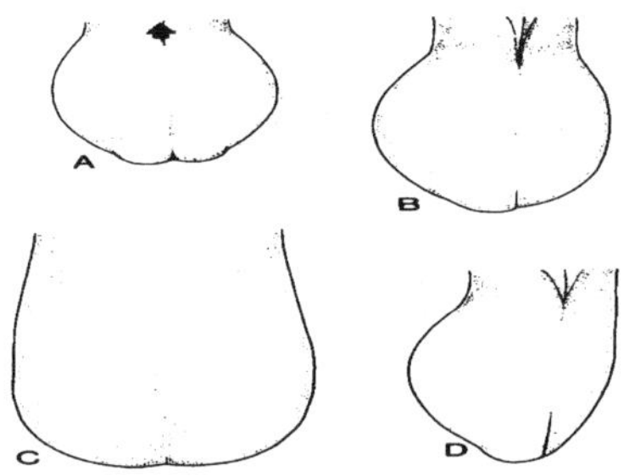

그림 8. 비정상적인 음낭

A; 고환이 작거나 저형성된 체로 복벽에 밀착된 경우, B; 일측성 저형성, C; 허니아, D; 우측고환의 불완전 하강

4.2 정소상체

정소상체는 정자를 운반, 농축, 성숙, 미부에 저장하는 역할을 한다.

4.3 정관

정관은 정관과 정관팽대부로 구성되고, 정자 및 정장이 이동하는 통로로서 일부 정액을 저장하고 있다. 사정자극이 오면 정관팽대부 주변 평활근이 수축하며 사출압을 형성하면서 정액이 사출되는 곳이다.

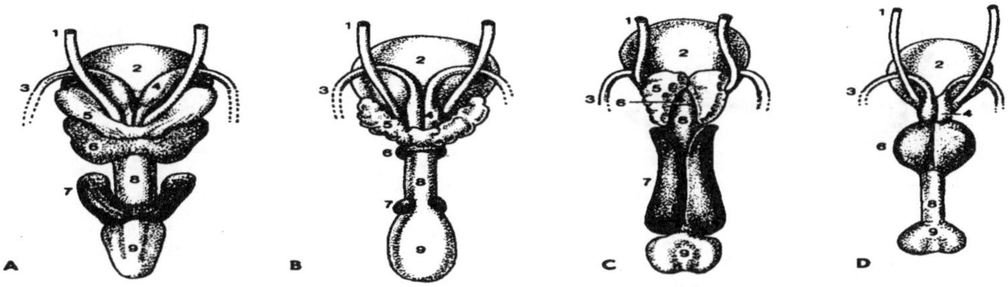

그림 9. 말(A), 소(B), 돼지(C) 및 개(D)의 부생식선

1.요관 2.방광 3.정관 4.팽대부선 5.정낭선 6. 전립선체부
7.요도구선 8.요도 9.음경구

4.4 부생식선

부생식선은 정낭선, 전립선, 요도구선으로 구성된다(그림 9). 정낭선은 정자의 대사에 관계하는 물질을 분비하는데, 이 분비액에는 고농도의 단백질, 칼륨, 구연산, 과당 및 효소등을 함유하고 있다. 특히 정액의 다수를 차지하며, 사출 정자의 에너지원으로 사용된다.

전립선은 Na, K, Ca, Al, PO_4 , HCO_3 등의 염류와 구연산이 함유된 액체를 분비하는데, 정자의 대사에 관여하고, 정낭선의 분비액과 같이 정액의 액상성분을 구성한다.

요도구선은 사정에 앞서 배출되어 요도를 세정하는 역할을 한다. 돼지의 경우는 정액의 15~20%의 비율로 분비되며, 다량의 점조성 교양물질을 함유하고 있다.

4.5 요도와 외부생식기

요도는 배뇨통로 및 사정통로로 사용된다.

음경은 교미기로서 뇨 및 정자의 수송로인 뇨도를 감싸고 있다(그림 10).

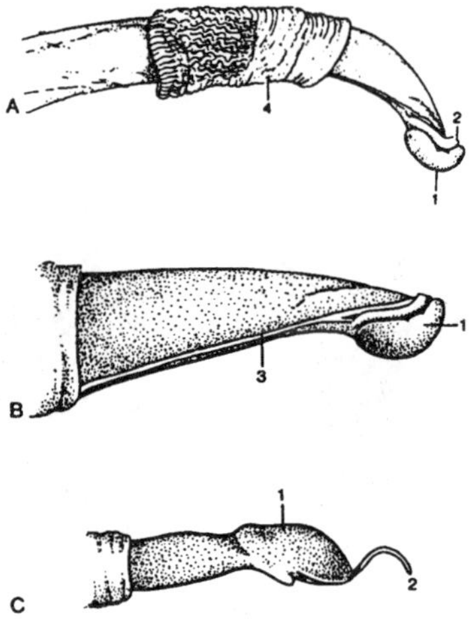

그림 10. 소의 음경

(A)발기전 (B)발기후
(C)면양의 음경

표 5. 가축의 종류에 따른 정소의 중량과 크기

동물	중량(g)	크기(길이×직경 cm)
말	200 ~ 300	7.5~12.5 × 4~7
소	250 ~ 300	12~16 × 6~8
돼지	180 ~ 338	12~15 × 5~8
양	200 ~ 300	7.5~11.5 × 3.8~6.8
개	7 ~ 15	2~4 × 0.7~1.5

제 6 장

소의 성성숙과 수정적기

1. 성성숙
2. 번식적령기
3. 수정적기

1. 성성숙과 번식적령기

성성숙(sexual maturity)이란 생식기가 형태 및 기능적으로 어린 상태를 벗어나 성숙한 동물과 동등한 상태에 도달하여 생식세포를 생산하고 성징을 나타내는 시기를 말한다. 수소는 정자를 사출하여 암소를 임신을 시킬 수 있는 상태이고, 암소는 발정을 나타내며 임신이 가능한 상태이다.

송아지가 번식이 가능한 상태로 되기 위해서 성장하면서 일정한 기간이 필요하게 된다. 이러한 과정을 성성숙과정이라 부르고 이 과정의 개시시기를 춘기발동기(puberty)라하며, 완료의 시기를 성성숙기라 한다. 즉 암소의 난소의 급격한 발육과 배란이 가능한 큰 난포가 발육될 때를 춘기발동기라 하고 정상적인 배란으로 수정하여 임신과 분만이 가능한 상태를 성성숙이라 한다. 그러나 일반적으로 춘기발동기와 성성숙기를 구분하지 않고 사용하며, 암소에서는 초발정을 나타낸 시기를 성숙도달의 지표로 삼고 있다.

1.1 성성숙 기전

암소에서 춘기발동기(puberty)의 개시는 중추신경계의 자극으로 시상하부로부터 성선자극호르몬 방출인자(GnRH)의 분비로 인해 뇌하수체를 자극하게 되어 성선자극호르몬(GTH)을 분비하므로서 난소를 자극하여 생식기의 활동이 시작되는 시기이다.

이 시기에 암소의 난소에서는 미성숙난포의 불규칙한 발달과 함께 난포호르몬(estrogen)이 분비되어 불완전한 발정주기가 반복되고, 뇌하수체를 자극하나 난포자극호르몬(FSH) 및 황체형성호르몬(LH)이 충분하게 분비되지 못하므로 발달한 난포는 배란을 동반하지 못하는 경우가 많다.

이러한 시기를 지나면서 발달한 난포에서 분비하는 난포호르몬(estrogen)의 부의 역작용(feedback action)으로 인해 시상하부에서 성선자극호르몬 방출인자(GnRH)가 방출되고 뇌하수체에서 난포자극호르몬(FSH) 및 황체형성호르몬(LH)이 충분히 분비하게 되어 정상적인 발정주기를 반복하게 된다.

1.2 성성숙 도달시기

성성숙은 품종, 계통 및 사육환경에 따라 차이가 있으며, 저영양, 추위, 더위, 질병 등의 성장을 지연시키는 요인에 의해서도 성성숙을 지연시킨다. 한편 고영양 수준의 사양은 성장을 촉진시켜 성성숙 시기를 단축한다.

암소에서 성성숙은 발정이 나타나고 난포가 발육하여 배란 현상이 개시되는 시기로 한우의 경우 약 6~7개월령에 체중 100~120kg, 홀스타인 젖소는 11개월령에 체중 270kg 정도가 되었을 때이다.

수소는 6~7개월령에 정자가 정소에 출현하며, 8~8.5개월령에 음경이 주변 포피로 분리되고, 8.5~14개월령에 정자가 사출된다.

2. 번식적령기

성성숙에 도달하면 암소나 수소가 번식이 가능하지만 이 시기에는 아직 발육이 충분치 않기 때문에 암소가 임신하게 되면 모체의 발육을 저해하며, 수소가 번식에 활용되면 성장에 나쁜 영향을 미친다. 따라서 가축의 건강을 해치지 않으면서 경제적 손실을 최소한 줄일 수 있는 시점의 교배시기를 번식적령기라 한다.

한우 암소의 번식적령기는 14~16개월령에 체중 250kg이상 도달하였을 때이며, 젖소는 14~18개월령에 체중 350~400kg이었을 때가 적당하다.

번식적령기에 도달하기전 교배시에는 태아의 발육부진으로 송아지의 생시체중이 적은 허약한 송아지가 생산되고, 어미소의 유선발육이 부진하여 육성률이 저하되며, 분만후 어미소의 자궁회복기간이 길어져 차기번식이 지연되고, 유산・난산・조산 및 사산의 가능성이 높으며, 어미소의 경제수명이 단축될 우려가 많다.

번식적령기를 경과하여 교배가 지연되었을때에 발생되는 문제점으로는 수태율의 저하로 공태기간이 장기화되고, 사양관리 비용이 증가한다.

표 1 한우 육성우의 일당증체량에 따른 춘기발동기

구 분	공시두수	일당 증체량 (kg)	
		0.5	0.7
시험개시 체중 (kg)	8	123.3±22.1	120.±12.3
첫발정일 (일)	8	358.9± 7.9	331.0±15.0
첫발정일 체중 (kg)	8	224.8± 9.7	236.0± 4.7
수정회수/수태	8	2±0.3	1.5±0.2

(고 등, 1998)

한우 암소의 육성기에 일당증체량을 달리하였을 때에 성성숙시기를 조사한 연구를 보면 표 1에서와 같이 일당증체량이 0.5kg으로 사양된 처리구의 초발정이 나타나는 시기의 평균

나이와 체중은 358.9일과 224.8kg이었으며, 0.7kg으로 사양된 처리구의 일령과 체중은 각각 331.0일과 236.0kg으로 일당증체량을 0.7kg으로 사양한 처리구가 다소 빠르게 나타났고, 이때의 체중도 다소 무거웠다. 또한 수태당 수정회수는 일당증체량이 0.7kg인 처리구가 1.5회로 일당증체량이 0.5kg의 2회에 비하여 낮게 나타났다. 따라서 한우의 첫발정은 12개월부터 시작되는 것을 알 수 있다.

표 2. 한우 육성우의 일당증체량에 따른 번식률

일당증체량(kg)	0.5	0.8	0.5	0.5
첫수정시기(월)	12	12	15	18
첫발정일령(일)	263.9±7.2	258.3±4.1	269.8±8.0	261.2±7.1
첫발정시 체중(kg)	176.9±5.1	190.9±6.3	176.0±10.3	180.0±13.3
첫임신일령(일)	390.7±9.4	425.0±33.4	474.1±15.2	610.7±27.9
첫임신시 체중(kg)	232.1±9.4	292.6±12.2	284.0±13.7	312.8±12.3
첫수정 수태율(%)	25.0	37.5	62.5	75.0
수태당 수정회수	2.3	2.4	1.5	1.5

(성 등, 2002)

한우 암소의 일당증체량과 수정시기에 따른 번식률에 미치는 영향을 조사한 연구결과는 표 2에서 보는 바와 같이 12개월령에 수정은 수태율이 25.0-37.5%인 반면에 15개월과 18개월령에 수정시는 62.5%와 75.0%로 조기수정은 수태율에도 나쁜 영향을 미치며, 특히 일당증체량을 0.8kg으로 사양관리하여 첫수정시 체중은 292.6kg이였지만 수정시기가 12개월령인 처리구가 수태율이 37.5%로 낮게 나타낸 것으로 보아 육성기에 과다영양공급은 비만을 나타내어 수태율을 저하시키는 원인으로 추정된다.

연구자들은 관찰된 초기발정증상은 개체에 따라 다소 미약하여 발정증상을 정확하게 확인하기가 곤란한 개체가 있었으며, 초기발정은 발정주기를 불완전하게 나타내었고, 초임일령이 늦은 것은 번식우의 번식적령기에 대한 이해부족과 번식우의 적절한 사양관리 체계의 미비와 미약발정, 수정적기의 미발견으로 인한 적기 수정이 이루어지지 않은 것으로 추정된다고 하였다. 조기수정시 수태율이 낮은데, 암소의 번식능력을 최대한 극대화시키고 수태율을 높이기 위해서는 12개월령에서는 번식을 시키지 않는 것이 좋을 것이라고 하였다.

3. 수정적기

3.1 수정적기 고려사항

수정적기란 암가축에 수정하여 수태(conception)시키는데 가장 적합한 정액주입시기를 말한다. 발정개시후 인공수정시간에 따라 수태율의 차이가 많이 나타나므로 수정후 가장 높은 수태율을 얻을 수 있는 수정적기를 선정하는 것이 중요하다.
수정적기를 결정하는 요인으로는 발정징후와 배란시기, 정자의 암소 생식기내에서 수정능력 획득 시간 및 수정능력 보유시간, 수정부위까지 도달하는데 소요시간, 배란시기와 난자의 발생력 보유시간 등이 있다.

자연교배나 인공수정을 통하여 수정에 필요한 수의 수정능력이 획득된 정자가 배란시에 난관의 저장부위로부터 방출되면 정상적인 수정이 성립된다. 그러나 동결정액을 이용한 인공수정시에는 자연교배에 의한 사출정자에 비하여 최종적으로 수정에 관여하는 정자수가 적고 수정에 관련된 기능이 부분적으로 장해를 입게 된다. 따라서 수정시기가 너무 빠를 경우 상당수의 정자가 난관의 저장부위에서 배란을 기다리고 있는 사이에 정상적인 정자수가 감소하여 낮아지기 때문에 높은 수태율을 기대할 수 없다.

반대로 수정시기가 지연되게 되면 배란직후에 수정이 성립되기 위하여 필요한 정자가 부족하기 때문에 수정 시기가 늦어진다. 이러한 결과 선별되지 않은 이상정자가 노화난자에 수정이 이루어질 경우가 증가하여 수정란의 발생능력이 저하되고 높은 수태율도 얻지 못할 것이다. 또한 수정란이 발생하여도 착상전에 수정란이 조기사멸(early embryonic death)하는 확률이 높아진다.

이와 같은 이유로 발정초기를 제외한 발정기와 발정종료후에도 난관의 저장부위에 다수의 정자가 모여서 배란시 수정이 성립되기 위한 필수적인 수의 수정능력획득정자가 방출되는 조건을 만족시키는 시간대가 수정적기가 된다.

3.2 정자의 이동 및 저장

수소가 암소의 질내에 사정한 정자는 자궁과 난관의 근육수축운동과 정자 자체의 운동에 의하여 자궁경관 및 자궁을 통과하여 난관까지 이동하게 된다. 사출정자의 일부는 교배후 수분내에 난관까지 도달하기도 한다. 그러나 이와 같은 정자는 수정에 성공하기 어려우며, 수정에 관여하는 정상 정자는 난관을 이동하는 과정에서 선발과 형태학적 변화를 통하여 이동하게 된다.

수정이 성립되기 위해서 교배후 12시간 이상 경과해야 수정부위에 필요한 수의 정자가 모이게 된다.

난관내로 이동된 정자는 난관협부(난관과 자궁의 경계부인 난관·자궁접속부에서 2cm 정도)의 상피세포 섬모에 고정되어 운동이 정지 또는 억제된 상태로 저장된다. 또한 수정에 관여하는 정자는 배란직후에 저장부위인 난관협부로부터 방출된다. 홀스타인 젖소는 발정개시후 28-31시간에 배란되며, 정자는 15시간 이상 난관협부에 고정 및 저류되고 있다.

3.3 정자의 수정능력 획득

정자가 난자의 투명대와 난황막을 통과후 난자의 세포질내로 진입하여 수정이 완성되기 위해서 정자가 암소의 생식기내에서 일정시간 동안 머무르면서 생리적 및 기능적으로 변화되어야 하는데 이 변화를 수정능력획득(capacitation)이라고 한다. 자연교배로 질내에 사출된 정자는 자궁경관과 자궁내로 이동되는 과정에서 변화가 일어나 난관협부에서 저장과정을 거쳐 방출될 때에 최종적인 기능변화가 일어나서 난자를 침입할 수 있게 된다.

따라서 배란직후에 난관의 섬모로부터 떨어져 난자를 향하여 활발하게 이동하는 정자만이 수정에 관여할 수 있다. 이와 같이 정자는 사출된 후 5~6시간이 경과하여야 수정능력을 획득하게 되며, 사출후 약 30시간이상 수정능력을 가지고 있다.

3.4 난자의 발생능력

소의 난자가 발생능력을 획득하는데 걸리는 시간은 명확하지 않으나 일반적으로 배란직후의 난자는 발생능력이 낮고 수정부위인 난관팽대부까지 이동하여 수정능력획득이 이루어진 정자를 만나기까지의 사이에 높은 발생능력을 획득하게 된다. 발생능력이 획득된 난자가 정자와 만나는 시간이 늦어지면 노화난자가 되며, 수정이 성공적으로 이루어지더라도 수정란으로 발생하는 도중에 사멸하게 된다. 배란된 난자가 발생능력을 보유하는 시간은 대략 10~12시간 또는 6-10시간으로 추정하고 있다.

3.5 수정시기와 수태율

미국에서 홀스타인 젖소 2,661두(17개 목장, 유량 7,330~10,847kg/년)를 대상으로 인공수정시기와 수태율 관계를 조사한 결과는 표 3과 같다. 발정조사는 2초 이상 승가허용시 체중에 의해 센스가 작동하여 자동으로 기록되는 Heat Watch electronic estrus detection system을 이용하였고, 수정은 일반적으로 사용되는 동결정액을 사용하였다. 그 결과 발정지속시간은 33분에서 35.8시간으로 평균 7.1±5.4시간 이었으며, 1회 승가허용한 개체도 260두가 있었다. 발정개시후 4시간이내에 수정시 수태율이 낮았고, 발정개시후 4-16시간에서 수태율이 높았다. 그리고 발정개시 16시간이후부터 서서히 수태율이 저하하였다.

일반적으로 발정초기의 수정은 수태율이 낮고 발정후반에서 발정종료후 얼마간의 기간에 수정을 실시하면 수태율이 높다. 한편 수정시기가 배란시기로부터 멀어질수록 난자의 노화로 인해 수태율이 저하된다.

표 3. 젖소의 발정개시후 인공수정 시기와 수태율

수정시간	인공수정두수	수태율(%)
0-4	327	43.1
4-8	735	50.9
8-12	677	51.1
12-16	459	46.2
16-20	317	28.1
20-24	139	31.7
24-26	7	14.3

(Dransfield 등, 1998)
*Heat Watch electronic estrus detection system(DDx Inc.)을 이용한 최초 승가허용시 발정개시 시간으로 표시.

3.6 수정시기와 난자의 수정율 및 수정란 성상

수정시간에 따라 수태율이 다른 이유에 대해서는 자연교배와 비교하면서 생각해 보아야 한다. 자연교배에서는 정자가 질내에 사출되어 질로부터 자궁경관내를 통과하여 자궁내에 도달하는 사이에 1/100 이하로 정자수가 감소한다. 한편, 인공수정에서는 정액을 자궁내에 주입하는 동결정액이 자연교배 사출정액의 1/100~1/200 정도로 희석하여 동결보존한 것으로 정자수가 적고 활력도 떨어지는 등 자연적인 상태보다 정자의 기능에 장해를 입는다.

미국에서 발정초기에 자연교배와 인공수정 사이의 난자 수정율과 수정란의 성상을 비교한 연구결과는 표 4와 같다. 본 실험은 착유를 하지 않는 젖소에 PGF2α를 투여하여 발정을 유도하고 Heat Watch electronic estrus detection system으로 발정개시 시간을 조사하였으며, 수정된 동결정액은 정자수가 25×10^6 인 정액을 융해하여 사용하였다.

그리고 수정시간이 발정개시 12시간과 24시간은 처리구는 수정 6일후, 발정개시 0시간에 인공수정 및 자연교배한 처리구는 수정 및 교배 7일후에 자궁에서 수정란을 채란하여 수정율과 수정란 성상을 검사하였다. 그 결과 실험 1에서 보는 바와 같이 자연교배보다 인공수정에서 수정율이 낮으며, 양질의 수정란 비율도 적게 나타났다. 이것은 발정초기에 동결정액을 사용하여 인공수정하는 경우 배란시에 정상적인 수정을 성립시키기 위한 필요한 정자수가 부족하기 때문이다.

표 4. 발정개시후 수정시간에 따른 난자의 수정율과 수정란 성상

수정시간	회수수정란 (개)	수정율(%)	수정란 성상(%)		
			1-2등급	3-4등급	변성란
실험 1					
AI 0	39	67	62	31	8
AI 12	39	79	61	29	10
NS 0	37	98	78	11	11
실험 2					
AI 0	39	66	77	15	8
AI 12	39	74	52	38	10
AI 24	39	82	47	19	34

(Dalton 등, 2001)
*Heat Watch electronic estrus detection system(DDx Inc.)을 이용한 최초 승가허용시 발정개시 시간으로 표시
**AI; 인공수정, NS; 자연교배

한편, 실험 2에서와 같이 수정시기별 난자의 수정율과 수정란의 성상을 보면 발정초기에는 수정율이 낮으며 발정후기에 갈수록 불량 수정란의 비율이 점차 많아진다. 이것은 발정초기의 수정에서는 다수의 정자가 난관에 저장되나 배란을 대기하는 동안에 수정에 이용될 수 있는 정자의 수가 감소되어 수정율이 낮아진다.

수정을 발정개시 12시간에 실시하였을 경우 배란까지의 사이에 적당한 수의 정자가 저장되고 수정되기까지의 양호한 정자의 수를 유지하기 때문에 수정율이 높아진다. 또한 난자는 배란직후에 높은 발생능력을 갖고 있기 때문에 3-4등급 이상의 수정란이 많이 나타난다. 그러므로 전체적으로 보면 수정율은 낮지만 변성되지 않은 발생능력이 있는 수정란의 비율이 높아진다.

발정개시 24시간이후 수정시기가 늦어지고 배란시기가 가까워지면 배란직후에 수정이 성립되지 않고 노화한 난자와 수정이 이루어진다. 이 때문에 수정율이 높아지더라도 변성수정란의 비율이 높게 나타난다.

3.7 수정적기 추정

수정적기를 추정하기 위해서는 질과 자궁경관을 통과하지 않고 직접 자궁내에 주입한 정자의 이송과 저류, 동결정액 특유의 수정능력 획득, 정자와 난자의 수정능력 보유시간 등의 기본적인 정보가 필요하나 확실한 정보가 알려져 있지 않다. 따라서 다음과 같이 추정한다.

동결정액을 자궁내에 주입할 경우에는 수정에 필요한 수의 정자가 저류되는데 소요되는 시간은 사출정자의 이동과 저류의 과정으로 판단하여 보면 7~10시간 정도로 추정된다.

미국에서 조사한 홀스타인 젖소의 배란시간은 승가허용개시후 27.6±5.4시간으로 개체에 따라 차이가 있으나 평균 발정개시후 27~28시간으로 모여진다(Walker 등, 2002). 따라서 배란전 10시간 이상을 앞서서(발정개시후 18시간이내) 수정을 하게되면 배란까지 수정에 필요한 정자가 난관에 모이게 된다. 또한 동결정액의 수정능력 보유시간은 사출정자의 수정능력 보유시간(30시간 이상)이나 표 3의 성적으로 보아 24시간 정도로 생각하는 것이 무난하다.

저류된 정자의 수정능력획득 및 저류부로부터 방출된 수정능력획득 정자와 난자가 만나는 시간 등을 고려하여 현재 일반적으로 사용되고 젖소 동결정액에서 정자의 수 및 수정능력 보유시간에 문제가 없는 경우에는 발정개시후 8~16시간 정도의 범위가 수정적기라고 추정된다.

한편, 발정계절에 따라 발정지속 시간 및 배란시기가 표 5에서 보는 바와 같이 다소 차이가 있으므로 주의하여 적기를 판단하여야 한다. 봄은 발정지속시간이 짧으며, 승가허용회수도 겨울이나 여름보다 적다. 그리고 배란시간은 발정개후부터는 30.6~31.6시간으로 큰 차이가 없으나 발정종료후 배란시간은 여름이 겨울과 봄보다 짧은 시간을 나타낸다.

표 5. 육우에서 계절별 발정상황과 배란시기

구 분	계 절		
	여름	겨울	봄
발정지속시간 (시간)	17.6±0.8	15.5±0.8	13.9±0.9
발정기간중 승가허용회수(회)	43.6±5.3	59.0±5.3	38.2±5.8
발정개시부터 배란시간(시간)	31.2±0.6	31.6±0.6	30.6±0.7
발정종료부터 배란시기(시간)	13.5±0.9	16.3±0.9	16.6±1.2

(White 등, 2002)
*Heat Watch electronic estrus detection system(DDx Inc.)을 이용한 최초 승가허용시 발정개시 시간으로 표시

제 7 장

번식장애 및 예방대책

I 소 번식장애의 치료 및 예방대책

1. 번식장애 유형
2. 번식장애진단
3. 번식장애 예방관리

II 돼지의 번식장애 및 번식율향상방안

1. 번식장애 주요원인
2. 번식장애 종류별 진단,치료,예방
3. 번식율 재고 방안

Ⅰ 소 번식장애의 치료 및 예방대책

최근 목장 우군의 규모가 확대되어감에 따라 번식장애의 발생두수가 증가하여 번식률저하로 인한 소 증식의 걸림돌이 되고 있으며, 이에 소 사육농가들 또한 번식장애우에 대한 치료와 예방에만 주력할 것이 아니라 사양에 관련된 부분에 대한 보다 세밀한 관리가 필요할 것으로 사료된다.

사양관리에 관련되어 일어나는 번식장애는 발생목장에 대한 보다 세밀한 관찰을 통한 진단을 실시해야 한다.

1. 번식장애 유형

1.1 생식기 기형

선천적 또는 유전적원인에 의한 생식기의 기형은 다양한 요인이 관련되며, 생식기의 해부학적인 이상은 그 성상 및 정도에 따라 수태를 방해하게 되며, 선천적인 것과 후천적인 것이 있다. 유전적인 결함은 대개 단일 유전자의 영향에 의한다.

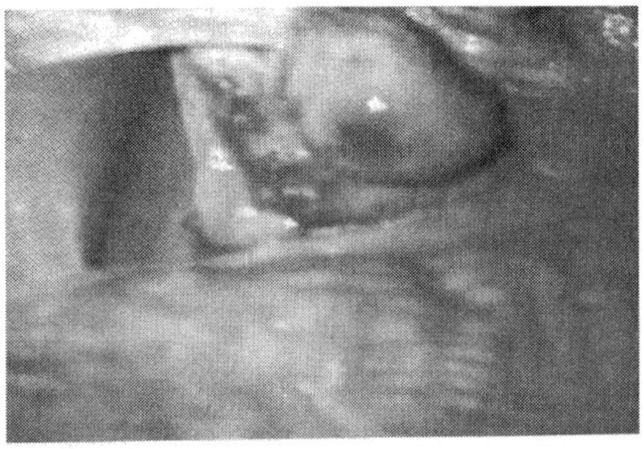

그림 1. 정상적인 난소(성숙한 난포가 보임)

1.1.1 난소 발육부전

정상적인 난소는 성숙한 난포를 보유하고 있으며(그림 1), 배란 이후에는 황체가 발달하여 초기 임신을 유지하게 된다(그림 2). 그러나, 난소가 부분적 또는 완전 발육부전으로 되는 경우가 있는데, 양측성일 경우는 무발정증상을 나타낸다. 발육부전의 난소는 발달이 불완전하며, 난소촉지가 어렵고 위축된 상태이다. 다리가 길고 골반이 좁고, 유방이 발달되지 않으며, 유두와 자궁도 작고 단단하며 무발정증상을 나타낸다. 발육부전의 소에 대해 성선자

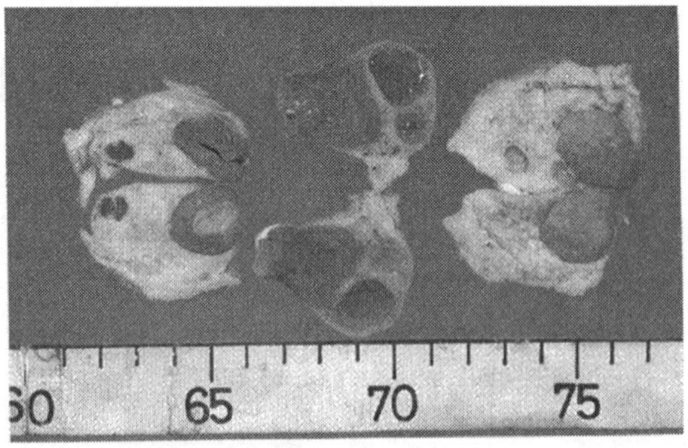

그림 2. 배란후 형성된 황체

극호르몬이나 에스트로겐(estrogen)에 의한 치료효과는 거의 없다.

1.1.2 성선결여증

편측 또는 양측의 성선이 결여된 것을 말하며, 생식기발달이 미숙하고 무발정을 나타내고, 정상적인 유방발달이 되어 있지 않다.

1.1.3 소의 생식기관의 발생이상

뮐러관의 부분적인 비형성 및 처녀막무공증(無孔症)이 그 대표 예이다.

1.1.4 백색처녀우병(white heifer disease)

쇼트혼(shorthorn)종의 백색피모를 가진 미경산우에서 가장 일반적으로 발생되기 때문에 백색처녀우병으로 불리어 졌으며, 처녀막의 협착, 질의 전반부, 자궁경관, 자궁체 및 자궁각 일부의 결여를 나타내며, 자궁각 선단부위에 황색, 황갈색 또는 암적색의 점액이 있는 것이 특징이다(그림 3).

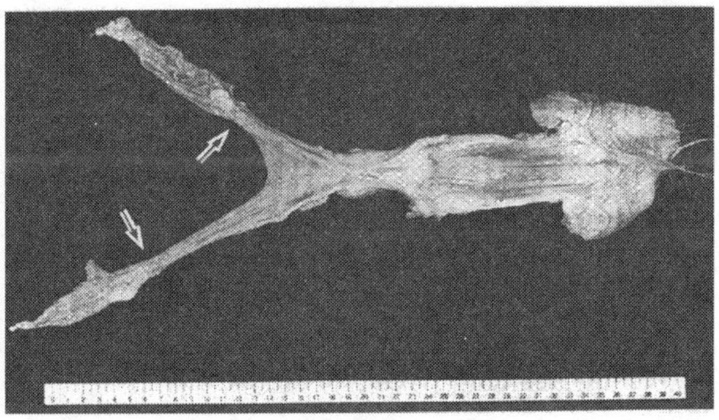

그림 3. 질, 경관, 자궁의 현저한 형성부전을 동반한 백색처녀우병
(난소난관, 외음부는 정상)

1.1.5 자궁선의 선천적 결여

극소수의 미경산우에서 관찰되며, 자궁내막이 황체의 퇴행 필요한 황체퇴행인자를 생산할 수 없기 때문에 영구황체와 무발정을 나타낸다.

1.1.6 자궁경관의 유전적 또는 선천적 이상

소에서 가끔 관찰되며, 자궁점액증 또는 자궁경관에 질은 점액에 의한 낭포성 확장을 일으킨다.

1.1.7 중복자궁외구

소에서 0.1~7%로 관찰되고 있으며, 뮐러관의 융합부전으로 발생이 되고 있다(그림 4).

그림 4 중복자궁과 중복자궁외구

1.1.8 후리마틴(Freemartin)

이성쌍태로 임신되어 수컷과의 사이에서 혈액의 교환이 이루어져 (그림 2. 중복자궁과 중복자궁외구) 생식기 이상을 가지는 것을 말하며, 92~93%는 정상적인 성의 분화가 일어나지 않는다. 이런 경우 난소는 잘 발달되지 않아 작고 편평한 과립상의 크기이며, 미분화상태로 되어 불임증이 유발된다. 대개 이러한 소는 생후 1년이 경과하여도 발정주기를 나타내지 않으며, 유두와 유방이 매우 작으며, 외부모습은 거세우와 비슷하다.

후리마틴은 생후 7~14개월령시에 직장검사로서 질, 자궁경관, 자궁 및 성선의 현저한 발육억제로 인해 진단이 가능하다. 또한 1.0~1.3㎝의 시험관이나 초자로 만든 질경을 질내삽입시에 7~8㎝정도(정상의 1/3)밖에 들어가지 못하나 정상적인 소는 12~18㎝정도이다.

1.1.9 기타 선천이상

자궁외구의 후방부위에 육주형성, 자궁경관이 짧고 하나이상 후리마틴의 생식기의 윤상추벽의 결여, 미경산우의 경관의 심한 굴곡, 윤상추벽의 비대, 질발생의 결함, 외음부의 발육부전, 단자궁 등이 있다.

1.1.10 후천이상

분만이나 난산, 또는 인공수정 및 자궁이나 난소처치의 실수로 인한 난소, 난관, 자궁, 자궁경관, 질 등에 손상, 유착, 폐색이 일어날 수가 있다. 또한 자궁이나 복막의 염증은 난관에 까지 파급되어 난관의 염증, 협착이 일어나 난관채나 난소의 유착을 일으킨다.

1.2 분만 후 무발정

분만후 장기간 발정이 오지 않는 현상을 분만후 무발정이라 부르며, 정상적으로 분만하여 영양섭취량이 크게 떨어지지 않는 소에서는 35일경에 첫발정이 보인다.

1.2.1 원인

이러한 분만후 무발정은 생리적인 것이기 때문에 임신중의 높은 성호르몬의 농도나 착유자극이 그 원인으로 되고 있다. 즉, 임신유지를 위해 장기간에 걸쳐 분비되는 프로게스테론이 뇌의 시상하부나 하수체의 기능을 강하게 억제하고 있기 때문이다. 분만후에도 장기간 성선자극호르몬방출호르몬(GnRH)이나 성선자극호르몬(LH·FSH)의 분비능력이 저하되고 있다. 분만직후에는 하수체에서 일어나는 LH와 FSH의 함유량은 극히 적으나, 이후 이 호르몬의 합성이 서서히 증진되어 축적된다.

그래서 영양이 충분하다면 3주경이 지나면 하수체로부터의 LH와 FSH분비가 활발하게 되어 배란이 일어나게 된다. 발정행동을 수반하는 것은 통상적으로 2회째이후의 배란시에 있는 것이 많다. 이는 발정이 발현하는 것은 그 전에 일정기간 프로게스테론(progesterone)의 감작을 받는 것이 필요하기 때문이며, 젖소에서는 송아지를 포유하고 있는 육우와는 다르고, 착유에 의한 번식기능의 억제효과는 그다지 큰 것은 아니다.

무발정의 원인으로 되는 난소의 질환은 난소 정지, 난소낭종(무발정형)과 영구황체가 있으며, 이중 난소정지가 비교적 많은 비율로 발생하고 있다.

1.2.1.1 난소정지

난소는 어느 정도 발육하고 있으나, 난포를 성숙시키는 에스트로겐을 분비하게 하는 작용 있는 황체형성호르몬이 뇌하수체로부터 충분히 분비하지 못하기 때문에 난포가 성숙하지 않은 채로 퇴행하는 것을 말한다. 이는 에너지의 섭취부족으로 인한 황체형성호르몬의 분비를 억제하기 때문이며, 무발정을 나타낸다.

1.2.1.2 난소낭종

성숙한 난포가 배란되지 않은 채로 남아 점점 커지는 상태를 말하며, 난포낭종은 수일간 에스트로겐이 분비되어 발정이 지속되나 난포벽의 세포가 퇴행으로 인한 황채화하여 무발정을 나타낸다(그림 5, 6, 7, 8).

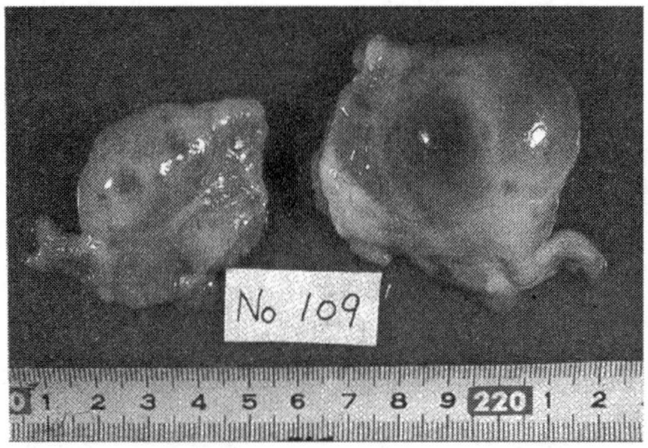

그림 5. 큰 낭포가 보임

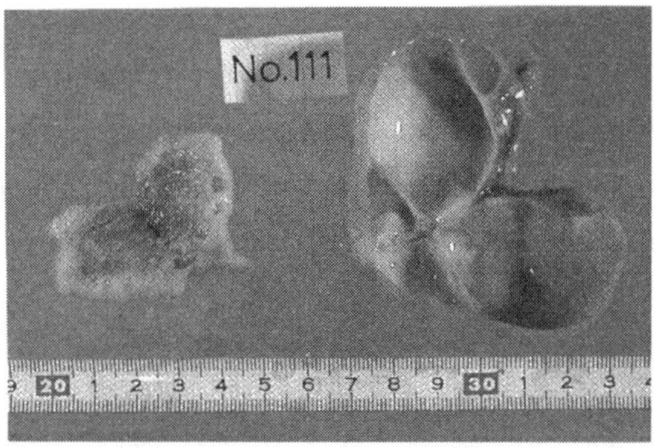

그림 6. 낭포의 벽은 얇고 황체조직은 보이지 않음

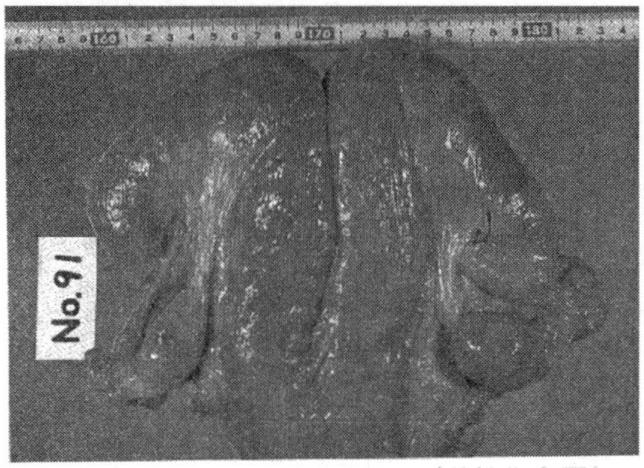

그림 7. 낭포에 황체화가 되어 있음

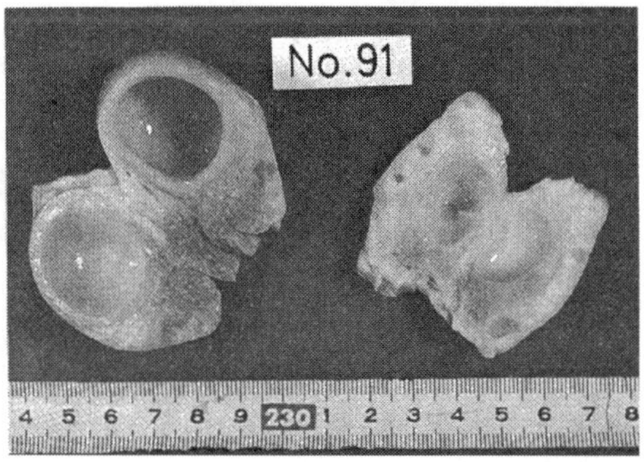

그림 8. 낭종의 벽에 3㎜정도의 황체조직층이 있음

1.2.1.3 영구황체

배란후 형성된 황체는 발정후 12~14일에 퇴행하여 다음 발정이 나타나지만 자궁의 이상과 에너지가 부족하게 되면 황체가 퇴행하지 않은 채로 남아 무발정이 된다.

1.2.2 처치요령

1.2.2.1 조기발견

분만후 40~50일이 지나도 발정이 오지 않는 개체는 전문수의사에 의한 정기검진을 받아 난소의 이상유무를 체크해서 호르몬 등의 치료를 받도록 한다.

1.2.2.2 영양관리

건유기부터 영양상태에 주의해서 가장 최적의 신체충실도로 분만을 맞이할 수 있도록 하며, 분만후에는 비유최적기까지의 사료급여에 주의하여 건물섭취량의 저하를 최소화하여 난소정지 등의 예방에 노력을 기울여야 한다.

1.2.2.3 전문수의사에 의한 치료

난소정지에 대한 효과적인 호르몬 치료요법은 없으나, 영양상태가 좋은 개체에 대해서는 성선자극방출호르몬(GnRH)의 투여가 권장된다. 질내삽입형의 황체호르몬(프리드, 시-더 등)은 미경산우에는 어느 정도 효과가 있으나, 경산우에서 그렇게 만족할만한 효과가 나타나지 않는다. 난포낭종은 성선자극방출호르몬(GnRH), 영구황체는 프로스타그란딘의 투여가 비교적 유효하다.

1.3 저수태우

점차적으로 우군의 규모가 커지고, 인공수정의 보급에 따라 증가되고 있는 저수태우(repeat breeder cow)는 최근 농가 또는 관리자에 의한 자가인공수정과 자연교배가 점차 확대되면서 증가될 우려가 높다고 할 수 있겠다. 대부분의 소는 인공수정으로 임신이 되는 데, 정상 혹은 정상에 가까운 발정주기 즉 성주기를 가지고 있으면서 임상검사에서도 난소 및 부생식기에 특이한 이상이 없음에도 불구하고, 인공수정이나 번식기능이 정상인 수소에 의한 자연종부를 3회 또는 그 이상 실시하여도 수태되지 않으며, 그 원인이 불명한 소를 말한다.

정상적으로 잘 관리된 우군은 1회 수정 50%, 2회 수정 75%, 3회 수정으로 85~90%는 수태되어야 하며, 또한 우군의 평균 수태율이 85-95%이라면 저수태우 즉 조기배사멸은 15-25%의 손실을 추정가능하다.

대개 정상우군의 발생율은 9.1~11.1%이며, 유량이 많은 소에서, 우군의 규모가 클수록, 저수태우의 비율은 증가하며, 계절별로는 가을과 겨울은 10.2~13.7%, 봄과 여름이 7.1~9.4%, 연령별로는 초임우가 5.2%, 경산우에서는 산차가 증가할수록 발생이 높아서, 그 비율이 13.3%로 나타난다.

만약 수태율이 감소한다면 수정 및 종부횟수의 증가를 요구하는 소는 많게 된다. 만약 우군의 15%이상의 저수태우를 가졌다면 번식에 중대한 문제점들을 가지고 있겠다. 자연종부를 하는 농가는 특히 저 수태우의 확인을 위해 주기적으로 임신진단을 실시해야 한다.

한편, 분만 후 경과 일수로 수태율에 영향을 미치는데(표 1), 분만 후 40일이내 수태를 유도하는 경우 40%이하의 수태율을 나타낸다. 따라서 정상분만 빈우에서 수태율을 높이기 위해서는 분만후 40일 이후 인공수정하는 것이 추천된다.

1.3.1 원인

그 원인은 우군에 따라, 개체에 따라, 발정에 따라 매우 다양하며, 영양결핍, 산후의 조기수정, 다두사육에서 인공수정을 실시하고 있는 우군에서 자궁내 세균감염, 호르몬 분비이상, 미네랄 및 비타민 부족과 발정관찰의 소홀, 수정시기의 부적절, 수정기술의 부족, 수송 및 우사신축에 따른 새로운 우사환경등에 의한 스트레스요인, 하절기의 장기간에 걸친 27℃이상의 고온 등으로 추론된다.

즉, 저수태우의 원인은 이와 같이 복합적인 제반요인이 관련되어 있고 사양조건과 환경에 따라 다르다.

생식기의 유전적 또는 선천적인 해부학적 결함이 저수해의 원인이 될 수 있다.

난자, 정자 또는 초기 수정란의 유전적, 선천적 또는 후천적 결함으로 수정 장애, 조기태아사망 및 저수태를 초래한다. 특히 수정장애는 정액이상, 인공수정기술의 문제와 직접 관련되어 있다.

생식기의 감염은 조기태아사망에 의한 저수태를 초래하며, 자궁염, 경관염 및 질염등 염증성 삼출물과 세균은 정자에 해를 끼쳐 사멸시킨다. 소의 전염성 생식기 질병, 캄필로박터병, 트리코모나스병, 브루셀라, IBR- IPV바이러스병, 마이코플라즈마병 등은 인공수정시 자궁내로 침입하여 자궁내막염을 유발하여 조기태아사망에 의한 저수태 및 불임증을 유발한다.

내분비기능의 이상, 즉 LH나 GnRH로 난소낭종의 치료후 또는 장기간의 $PGF_2\alpha$요법에 의한 발정동기화를 유도한 경우 저수태가 발생한다.

영양불량을 포함하는 부적절한 사양관리로 인해 발생할 수 있다.

표 1. 분만후 경과일수에 따른 수태율비교

분만후 경과일수	수태율(%)
<40	39.5
41~50	51.2
51~60	59.4
61~90	63.7
>90	65.0

조기배아사망(early embryonic deaths)은 유전적 부적합에 기인된 수정란의 이상발달, 스트레스(고온, 수송, 갑작스런 온도변화, 사료변경 등), 발열성 감염증, 지방간 증후군, 단백질의 과다로 생성된 제 1위 요소와 암모니아가 자궁내강에 정자, 난자나 수정란에 해를 미쳐 수태

율저하를 초래하는 등의 영양부족, 감염증이나 내분비 불균형, 황체호르몬의 부족 등에 의해 일어난다.

수태에서 임신 45일까지의 시기를 배아기, 그 이후를 태아기라고 말하는 데, 조기배아사망은 대부분 11~42일사이에 발생하나, 주로 임신 16일이후에 일어난다.

대개 젖소에서는 실제 수정율이 약 85%이나 배아사, 태아사의 결과로 최종적으로 분만되는 비율은 약 50~69%로 저하되는 데, 특히 배아사는 수정란이 상실기에서 부화배반포로 되는 시기인 6~7일, 특히 그 이후의 시기인 7~13일경과 황체가 퇴행되기 전에 많이 일어난다.

조기배아사망은 수정·교배후 8~16일에 일어나는 경우는 18~24일의 정상발정주기에 영향을 미치지 않으나, 16~25일에 일어나는 조기배아사망은 수정교배로부터 다음 발정까지의 간격을 때로 연장시킨다.

하절기의 고온은 발정지속시간이 단축, 발정징후의 감소, 교배수정 후 발정주기의 연장이 되어 사료섭취와 비율을 억제하여 수태율이 10%로 저하되는 데, 이는 낮은 수정율과 높은 배아사망비율 때문이다. 예를 들면 6~10월에 교배·수정된 소의 월별수태율이 17.1~36.1%였으나, 10~5월은 44.4~61.5%였다.

우군전체에 저수태우의 비율이 높을 경우는 사용된 정액과 성빈우, 종모우의 전염병질병의 이환 유무 및 발정관찰, 번식기록 및 교배·수정의 실기 등을 검토하여봐야 한다.

1.3.2 치료 및 예방관리

연구자들에 의해 저 수태우에 관한 연구가 다각도로 이루어지고 있으나, 치료 또는 처치는 전문수의사의 경험, 기술의 수준, 전문지식과 정확한 진단법 등에 의존하고 있다고 볼 수 있다. 따라서 번식성이 높은 종모우와 정액의 사용, 발정적기의 수정, 수정과 조기배아사망을 감소시킬 수 있는 보조요법이 병행되어야 한다. 하절기에 우사는 통풍이 잘되어야하며, 그늘진 장소를 설치하여 소를 신선하게 하여주고 충분한 급수와 최소한 섬유질을 함유하는 영양이 풍부한 사료를 급여하여 고온스트레스를 감소와 사료섭취를 개선으로 비유를 증가시켜 저수태우의 비율을 감소하여 나가지 않으면 아니된다. 또한 황체기, 발정기의 너무 이른 또는 늦은 시기, 분만후 너무 이른 시기에 수정을 하는 것을 지양해야한다.

1.3.2.1 잠재성 자궁내막염

일반적인 검사로서는 진단하기가 어렵기 때문에 인공수정하기전 또는 다음날 12~36시간에 자극성이 적은 항생제를 자궁내에 주입하거나 세척을 해둔다. 또 다른 방법으로는 다음 발정기에 교배 및 인공수정하는 즉 휴지기간을 두어 수태율을 증진하는 방법도 있다.

1.3.2.2 배란지연

발정발견 부정확은 저 수태우의 가장 일반적인 원인으로 발정징후의 발견을 위해서는 매일 주기적으로 반복해서 관찰을 충분히 하여야하며, 만족할만한 수태율을 얻기 위해서는 수정후 7~18시간내에 배란을 유도하여야 하는 데, 황체형성을 촉진하기 위하여 발정기의 시작(인공수정 6시간전)때에 GnRH 100㎍나 hCG 2,000~5,000IU를 투여한다. 수정당시 GnRH 100㎍를 투여시 비투여군보다 15%이상 수태율의 개선을 나타낸 보고도 있다.

1.3.2.3 황체발육불량

임신 15일의 정상적인 황체는 270㎎의 황체호르몬(progesterone)을 함유하고 있으나, 황체발육불량된 황체의 경우는 100㎎이하의 불충분한 황체호르몬의 생산과 황체의 조기퇴행은 수정란의 조기사멸과 발정재귀를 유발시키는 데, 황체기능의 저하에 따른 수정란의 착상장애를 예측하여 수정 후 3~4일후에 황체호르몬의 주사나 최근에는 수정후 11~13일에 GnRH제재를 주사하는 할 경우 수태율이 증진하였다는 보고가 있다.

1.4 유산을 일으키는 질병과 위험시기

1.4.1 원인

유산을 일으키는 원인으로는 세균, 바이러스, 원충을 들 수 있다(표 2). 세균으로는 브루셀라, 캄필로박터, 렙토스피라, 바이러스는 허피스1형, BVD · MD, 아카바네 등이 소 유산에 관여한다. 한편, 원충으로 소 트리코모나스에 의한 유산도 알려져 있다.

1.4.1.1 브루셀라

급성, 열성의 전신질병으로 유, 조산이 일어나며, 전염성 유산증이 특징이고, 소는 가격이 비싸고 임신기간이 길기 때문에 피해가 크다. 소, 면양, 산양, 돼지 등이 브루셀라속균에 의해서 감염되어 자궁, 태반의 염증과 괴사를 형성함으로 인해서 임신우에서는 유, 사, 조산 등이 일어난다. 수컷은 고환염, 부고환염이 생겨서 불임이 된다.

혈청검사에서 양성우 판정을 받은 것은 다 도살 처분하며, 우리나라는 예외적으로 발생국으로, 발생하면 국제수역사무국(OIE), 세계농업기구(FAO), 세계보건기구(WHO)에 보고하며 년 2회 유우에 대해 혈청검사를 실시한다.

브루셀라병의 예방을 위한 소독약과 처리방법은 표 3과 같다.

표 2. 유산을 일으키는 미생물과 증상

병 명	미생물 종류	원인체	경 로	증 상	진 단	예 방
브루셀라	세균	Brucella abotus	경구, 점막, 피부, 교배	유산 (임신6~9개월),후산정체,정소염, 정소상체염	균분리, 혈청반응	양성축 도태
캄필로박터병	〃	Campylobacter fetus subsp. venerealis	교배	불임증, 유산(교배4~7개월)	균분리,질점액 응집 반응	인공 수정
렙토스피라병	〃	Leptospira pomona등	경구, 점막, 피부	유산 (임신후기)	균분리, 혈청반응	
리스테리아병	〃	Listeria monocytogenes	경구, 경비	유산	균분리	
소 허피스 1형 감염증	바이러스	bovine herpes virus 1	경구, 경비, 접촉, 교배	농포성외음부질염, 유산	바이러스 분리, 혈청반응	백신
소 바이러스성 설사·점막병	〃	BVD·MD virus	경구	조기유산, 선천이상	바이러스 분리, 혈청반응	백신
아까바네병	〃	Akabane virus	흡혈곤충	유·조·사산, 선천이상	초유미섭취 자우의 혈청반응	백신
과립성질염	〃	virus	교배	질염, 귀두염		인공 수정
소 트리코모나스병	원충	Trichomonas foetus	교배	불임증,유산 (임신1~4개월)	원충확인	인공 수정

표 3. 브루셀라균(그람음성균)에 효과 있는 소독약

소독제	적정온도	시간	소독대상
크레졸(3%)	70-80℃	1시간	축사내, 축산기구
석탄산(3-4%)	〃	1시간	〃
가성소다(2%)	60℃	3시간	〃
알데하이드(2%)	20℃	10분	〃
염화칼슘(5%)	실온	1시간	〃
염소(0.5%)	실온	4시간	물, 축사내
생석회(5%)	8-20℃	3시간	토양, 하수, 퇴비
치아염소산소다(0.03%)	실온	10분	축산기구

1.4.1.2 캄필로박터병

캄필로박터속에 의해 발생되는 생식기 전염병으로 교미시 또는 정액의 부적절한 취급과 관리에 의한 인공수정시에 전파되고 수태당 수정회수의 증가를 수반하는 불임증을 특징으로 한다. 또한 조기태아사가 많이 관찰되며 임신 4개월에서 분만시까지의 후기에 유산이 간혹 관찰되고, 감염된 임신우는 감염에 대한 면역성을 일으켜 정상임신기간을 경과 수개월에 걸쳐 보균우로 되어 경제적 피해가 심각한 질병이다.

1.4.1.3 렙토스피라병

렙토스피라병은 임신후반기에서 유산을 많이 일으키며, 야생 및 가축의 많은 종에서 발생이 되고 있으며, 보균동물의 적발이 어렵기 때문에 박멸은 쉽지 않다. 소에서는 증상이 회복 후에도 균이 신장에 머물러 약 3개월간 오줌으로 배균이 된다.

1.4.1.4 전염성비기관염

전염성비기관염바이러스에 의해 발병하고 접촉, 공기 및 오염사료와 물에 의해 전염된다. 호흡기계통의 급성염증과 괴사가 특징이며 고열, 기침, 콧물을 흘리는 호흡기형, 외음부의 발적, 종창 및 농포형성을 특징으로 하는 음문질염과 귀두, 음경, 포피 등에 종창과 농포형성을 일으키는 생식기형, 안검의 부종과 눈물을 수반하는 안형, 뇌염형 등이 있다.

1.4.1.5 소바이러스성 설사병

어린소에서 간혹 치사적인 경과를 취하나 성우에서는 발열, 원기소실, 식욕감퇴, 설사 등을 나타내며, 이 바이러스는 널리 분포하여 감염우도 많으나 대부분 불현성이다. 임신우에 유산, 조산, 선천이상태아출생을 나타내며, 드물게는 미이라 변성태아가 발생하기도 한다. 임신초기인 3~4개월에 대개 유산이 발생한다. 예방은 예방접종에 의한 관리가 가장 좋으며, 임신우에는 예방접종을 해서는 안된다.

1.4.2 예방관리 요령

유산의 발생율은 정확히 파악하는 것은 어려우나, 비육우에서는 약 2~3%, 젖소에서는 약 5%로 나타나고 있으며, 갑자기 보이는 유산을 말하며, 일명 특발적인 유산으로 불리우며, 그 원인로서는 염색체의 이상, 내분비이상, 저영양상태, 비타민 및 광물질부족, 임신우의 심한 전신성질병, 고열질병, 수송 스트레스, 투쟁, 임신우의 복부압박, 넘어짐, 타박 등의 물리적인 충격을 가했을 경우 약물, 유독식물, 화학물질 등이다. 또한 태아의 기형, 다태, 제대염전 등의 태아측의 이상도 유, 조, 사산의 원인이 되며, 임신시마다 거의 일정한 개월에 유산하는 것을 습관성 유산(habitual abortion)이라 칭하며, 말에서 가장 많고, 그 다음이 소이며, 육식동물이나 돼지 등의 다태동물에는 적게 발생된다.

그 원인은 황체호르몬의 분비부족으로 추정한다. 임신유지호르몬인 프로게스테론(progesterone)의 부족에 의한 유산이 45~180일, 특히 40~45일, 60~65일 및 120~180일에 일어나기 쉬우나, 임신 100일이전이 83%의 비율로 많이 발생한다. 사양관리자는 임신우의 일반사양관리에 주의를 하여야 하고, 습관성 유산의 예방에는 유산위험시기의 약 1개월 전부터 지속성황체호르몬제재를 2~4주간격으로 수회 투여하면 예방이 가능하다. 또한 유, 사산예방을 위한 사양관리에 있어서, 사육하는 장소가 어느 정도에서 얼마나 많은 소가 사육되는 가(=사육밀도)를 정확히 알 수가 없으나, 사육밀도가 높으면 소들이 스트레스를 많이 받으며 또한 제각을 하지 않은 소와 임신우가 같이 사육하고 있다면 축주가 관찰 못하는 사이에 들이받혀서 유산이나 사산을 유발할 가능성이 있다.

또한 만약 목장에서 유, 사산된 태아가 있을 경우, 그 임신월령을 추정가능한 털 발생시기는 표 4와 같다.

표 4. 임신월령에 따른 털발생부위

임신개월령	털 발생부위
4개월령	눈주위
5개월령	입주위,
6개월령	꼬리끝부위
7개월령	발굽과 뿔이 자라는 부위
8개월령	전신에 털이 발생하나 짧고 복부에는 드문드문 나있음
9개월령	전신에 털이 골고루 발생

1.5 요질과 기질

1.5.1 뇨질(뇨의 축적, urovagina)

자궁광인대, 질벽 등의 생식기의 결합조직이 이완되서 질 또는 자궁이 하수, 침하한 결과 배뇨된 뇨가 질 심부에 역류하는 상태를 말한다. 영양불량이나 노령의 소에서 많이 보인다. 질염, 자궁경관염, 자궁경관염을 일으키고 자연교배에서는 저류된 뇨의 영향으로 정자가 사멸하여 불임증이 된다. 수태율 제고를 위해 약물치료나 교배나 인공수정전에 생리식염수 등으로 질 세척을 하는 것으로 수태가 가능한 경우도 있으나, 자궁내막염 및 경관염이 복합발생되어 있는 경우에는 수태가 어려울 수도 있다. 이때는 요도 연장수술 등의 외과적인 교정이 필요하다.

1.5.2 기질(공기자궁, pneumovagina)

외음부의 폐쇄부전으로 인한 질내에 공기가 들어가 있는 상태를 말한다. 배뇨, 배분, 운동 시 질내 공기가 특유한 소리를 내며 배출되거나, 공기가 질을 지나 자궁내에 흡인되는 경우도 있다. 외음부의 길게 늘어짐, 열상 등에 의한 외음부 이상, 노령의 야윈소에서 항문함몰에 따라 많이 보이며, 공기와 같이 들어간 이물이나 세균이 질내, 자궁내에 침입하면, 질염, 자궁경관염이나 자궁내막염을 일으켜 불임증이 된다. 자궁과 질내에 항생제를 국소적으로 투여하거나, 교배 및 인공수정의 휴지기를 두는 것이 필요하다. 1~4회의 정상발정주기가 온 후에 인공수정을 실시하는 방법도 있다. 또한 외음부 교정 등의 수술적인 방법도 있다.

1.6 자궁내막염과 자궁축농증

1.6.1 자궁내막염

자궁퇴축은 분만후 26-56일(평균 42-47일)이 소요되는 데, 분만시나 분만초기에는 개체의 방어력이 낮아서 대부분 세균, 곰팡이, 원충, 바이러스등의 자궁내 감염이 쉽게 일어나고 자궁오염, 질의 창상이나 병변이 존재할시는 자궁내막염이 일어나기 쉽다. 자궁질환중 가장 많이 발생되며 자궁의 감염 및 이차적인 염증에 의한 것이 많고, 불임의 주요원인이 되며, 정자의 운동성의 방해로 자궁내의 상행을 방해하며, 자궁내막에의 수정란의 착상을 저해하고 또한 착상하여도 조기에 수정란이 사멸을 유도하여 유산을 일으킨다.

1.6.2 자궁축농증

자궁내에 농 및 점액・농성삼출물이 분만후 45~90일경에 자궁경관의 폐쇄로 인해 외음부 밖으로 배출되지 못하고 자궁강내에 저류된 상태를 말하며, 영구황체의 존재와 무발정이 특징이다.

1.7 질탈 및 자궁탈

질탈은 질이 외음부밖으로 탈출하는 것을 말하는 데, 이때 자궁 및 자궁경관도 후방부위로 이동이 일어난다. 자궁탈은 분만후 임신하였던 자궁의 일부 또는 전부가 분만후에 외번되어 자궁경관으로부터 질내 또는 외음부밖으로 탈출한 상태를 말하며, 긴급을 요하는 질병이다.

1.7.1 원인

1.7.1.1 질탈

소에서는 태반에서 에스트로겐(estrogen)이 대량분비되는 시기인 분만전 2~3개월에 주로 발생하는데, 에스트로겐은 골반인대와 질 주위의 조직의 이완과 외음부 및 괄약근의 부종과 이완을 일으킨다. 전산차 분만시의 질의 손상, 질 주위조직에 과다한 지방침착, 거친 조사료의 대량섭취, 추운날씨와 큰 외음부를 가진 소에서 발생가능성이 높다. 또한 비육의 목적으로 에스트론겐양 물질을 먹일 경우와 클로버 등의 초지에 방목사육시에 발정시, 임신말기, 난포낭종 등에 많이 발생하는 경향이 있다. 임신말기 복압의 증가, 또는 전고후저(앞다리가 높고, 뒷다리부분이 낮은 상태)에서 장기간 사육시도 발생가능성이 높다.

1.7.1.2 자궁탈

칼슘결핍증에 의한 자궁광인대와 자궁의 이완이 직접적인 원인이고, 분만후의 자궁회복을 지연시키는 영양불량, 쇠약, 난산 및 후산정체 등에서 발병되기 쉽고, 산도에 입은 외상으로 인한 통증 때문에 무리하게 지속해서 힘을 줄 때도 발생한다(그림 9).

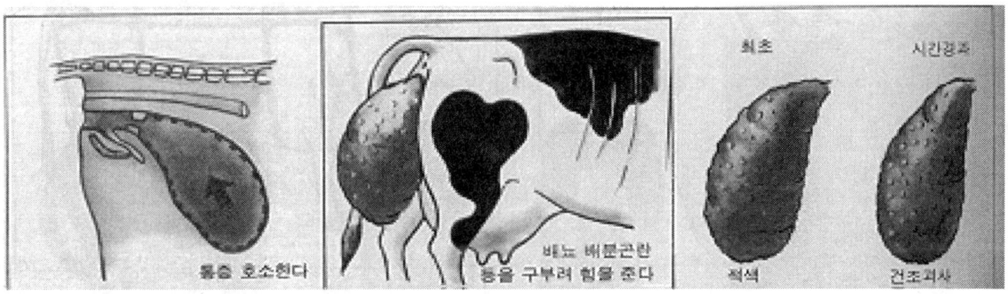

그림 9. 분만후 정상자궁에서 자궁탈이 일어난 모습

1.7.2 발생

1.7.2.1 질탈

경산우, 노령우, 난산, 쌍태분만, 계류사육, 과비된 소에서 발생이 많다. 가끔 가벼운 것은 질탈된 소가 일어설 때에는 원위치로 되는 습관성 질탈의 예이다.

1.7.2.2 자궁탈

소와 양에서 발생이 빈번하게 일어나며, 간혹 돼지, 개, 고양이, 말에서도 발생이 된다. 계절별로는 가을과 겨울철에 많이 발생하며, 분만후 5~6시간에 발생이 많으며 드물게는 48~72시간에 발생이 되기도 한다. 후구가 후방으로 경사진 스탄천(stanchion)우사에 장시간 계류된 상태에서 분만하는 젖소(그림 9)의 경우와 난산처치시 자궁이 건조된 태아의 견인을 강인하게 할 경우, 경산우 자궁탈을 일으킨 젖소 허약우나 노령우, 에스트로겐(estrogen)함량이 높은 클로버 채식하는 경우에 다발한다.

1.7.3 증상

1.7.3.1 질탈

노출된 질점막은 부종, 염증, 동통, 감염이 심하게 일어나 괴사를 일으키기도 한다(그림 10).

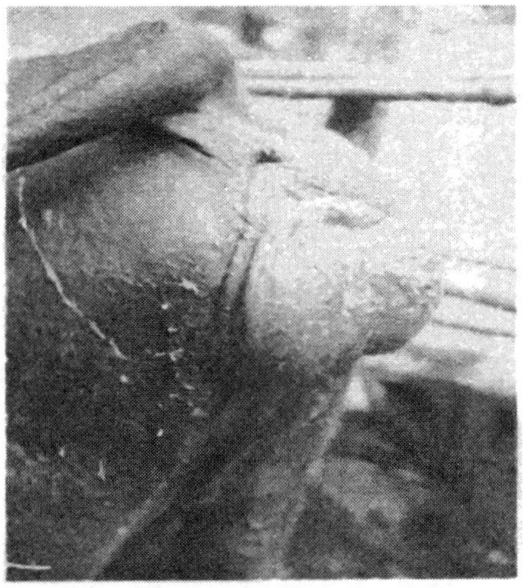

그림 10. 질탈된 모습

1.7.3.2 자궁탈

보통 횡와자세를 취하는 경우가 많으나, 탈출된 자궁이 비절부위까지 늘어뜨린 채 기립하고 있는 것도 있다(그림 11). 이급후증, 불안, 동통호소, 식욕감퇴, 맥박수와 호흡수 증가 등을 나타내기도 한다.

탈출된 자궁은 자궁각편측이나 양측이 태막과 자궁점막이 노출되어 똥, 짚, 오물, 혈액 등이 부착된 상태로 발견되는 경우가 많으며, 부종성으로 종대되어 있고, 4~6시간이상 경과시는 암적색으로 변하고 건조하여 균열되며 괴사된다.

그림 11. 자궁탈을 일으킨 소

1.7.4 예후

조기에 발견하여 자궁이 심하게 손상이 되어 있지 않은 경우에 정복이 된 경우는 양호하나, 방목중에 발견이 지연된 경우나 쇠약, 기립불능등전신증상과 내출혈 등의 합병증이 있는 경우에는 예후가 불량하다.

1.7.5 치료 및 예방관리

축축한 수건, 비닐이나 플라스틱 자루등에 넣어 소의 자궁을 건조되지 않도록 하여 정복이 손쉽게 이뤄지도록 해야 한다. 환축이 기립이 된 채 탈출된 경우에는 전문수의사가 도착할 때까지 경사면에서 후구를 전지보다 낮게 한 상태에서 질, 자궁을 외음부위까지 들어 올리고 있어야 한다. 이는 혈액순환장애를 감소시켜 질, 자궁점막의 부종의 증가와 혈관손상을 방지하는 데 있다. 질탈정복 후 외음부압정대를 이용하거나, 음문봉합법(그림 12) 등의 수술로 교정하여야 한다. 자궁정복은 자궁탈 발생 2시간이내에 처치하여야 하며, 정복시 자궁은 가온 생리식염수, 염소, 4가 암모늄, 2%명반수와 같은 자극성이 적은 소독약을 소량 가한 물에 완전히 자궁을 세척한 후 주먹과 팔로 써 지그잭으로 밀어 넣으면서 질, 경관, 자궁안으로 밀어 넣은 다음 외음부주위의 유지결찰(음문봉합)을 실시한다. 자궁정복이 완료된 후, 30~50단위의 옥시토신(oxytocin)을 주사하거나 1~2g의 테라마이신 등 광범위 항생제의 국소적·전신적 투여 및 옥시토신과 덱사메타손을 비경구적으로 투여하는 것도 효과가 있다.

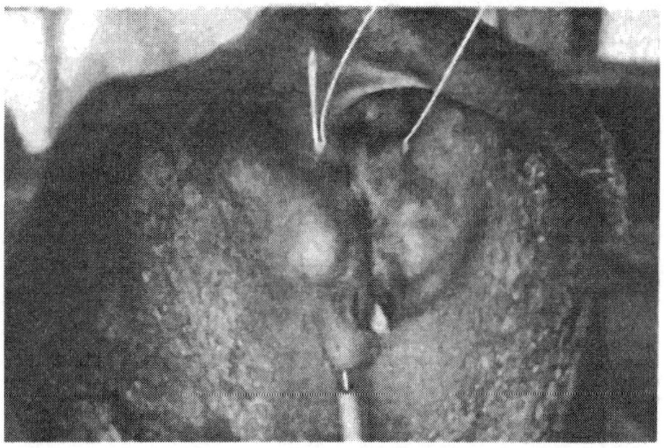

그림 12. 음문결찰법

2. 번식장애 진단요령

번식장애의 치료 및 예방에서 가장 중요한 점은 정확한 진단이다. 따라서 진단시는 모든 각도에서 신중한 검사가 행해지지 않으면 안 된다.

2.1 병력, 문진, 시진

개체 및 우군에 대한 사료급여 및 관리상태, 병력, 번식력 등을 청취 및 기록한다. 특히 영양 및 건강상태를 외모로서 시진한다.

1) 연령
2) 산지(외부 도입우)
3) 병력(과거의 질병에 걸린 경력, 치료시기 및 기간)
4) 번식력
   ① 분만회수
   ② 최종분만년월일 : 번식장애의 경과를 추정가능
   ③ 각 산차별로 수태까지 소요한 수정회수 및 수정년월일: 과거의 수태 상황을 알 수 있다.
   ④ 번식장애 및 수태를 위해 소요된 치료와 그 시기: 번식장애의 발생 경향 및 치료효과를 알 수 있다.
   ⑤ 유산 : 습관성 유산의 가능성과 그 시기의 예측
   ⑥ 난산 : 산도의 손상의 가능성
   ⑦ 후산정체 : 자궁내막염의 가능성의 유무를 청취 조사한다.

5) 발정 및 교배상황

① 발정 및 발정징후의 발현간격, 발정징후의 강약 및 지속시간, 최종분만 후의 지속시간

② 최종분만후의 발정 및 발정징후의 발현월일 :발정주기상의 현재시기의 추정 가능

③ 교배 :자연 교배 및 인공수정의 년월일을 청취

6) 사료급여 및 관리상황

① 급여사료의 종류, 질 및 양

② 비유량이나 포유 및 운동의 유무 : 유량, 포유 및 운동은 직·간접적으로 번식기능과 관련, 발정관찰의 방법을 청취

2.2 번식기능의 검사

1) 병력의 청취

2) 문진

3) 시진에 의한 번식장애의 상황 및 번식기능의 검사(질, 직장검사 등)를 행한다.

4) 필요한 경우 자궁세척, 초음파진단, 혈중 및 우유중 성호르몬 농도의 측정, 자궁세척회수액이나 자궁외구부위에로의 배출액에 대한 세균 및 바이러스 검사, 자궁경관점액의 정자수용성의 검사, 자궁내막의 생검(biopsy: 채취한 자궁내막조직의 조직학적인 검사), 난관통기검사 등을 한다.

① 질검사

- 질경
- 자궁경관점액채취기
- 질구압착기등

② 직장검사(rectal palpation)

- 난소나 자궁의 이상유무외에 임신진단
- 준비
- 생식기의 위치 및 직장검사시 주의사항

자궁 및 난소는 좌우의 자궁광인대 및 난소간막에 의해 보정, 유지되고 있는데 통상 난소와 자궁의 전방부위와 대부분은 복강에, 자궁의 후방부위는 골반강내에 위치한다. 촉진순서는 자궁경관, 자궁, 난관, 난소의 순서로 검사한다. 질내에 공기가 들어있는 기질이나, 방광에 뇨가 충만된 경우는 직장검사가 곤란한 경우가 많아 배출후에 실시한다.

③ 직장검사법

- 자궁경관의 촉진

- 자궁의 촉진
- 난관의 촉진
- 난소의 촉진

3. 번식장애

3.1 철저한 발정관찰

하루에 3회이상 발정관찰을 실시하고 매회당 20분간 관찰한다(표 5). 관찰횟수가 많으면 많을 수록 발정관찰율도 증가한다. 하지만 발색제를 이용한 발정관찰에서 발정관찰율이 가장 높았다.

표 5. 발정관찰 방법별 관찰율

발정 관찰 방법	발정관찰율(%)
24시간 관찰	89
발색제(KAMAR)	98
숙련된 낙농가	56
목부	56

(Williamson, 1972)

3.2 번식기록의 정리

소의 번식상황 즉 분만상황(분만예정일, 분만일, 분만의 난이도),발정상황(발정시기, 발정예정일), 인공수정일, 정액명, 번식장애의 유무(병명, 치료 횟수, 치료약제등)을 정확히 기록한다.

3.3 적기수정 및 임신확인

소가 발정이 올 경우 약 10~15시간에 인공수정을 실시하고, 분만후 50~85일이내에 수정이 이뤄지고 임신이 되어야한다. 최종 수정이 된 소는 3~6주간격으로 발정 유・무를 관찰해야하고, 인공수정후 40~60일째는 임신을 확인하고, 비수태된 소는 조기에 적절한 치료를 실시한다.

3.4 번식장애우의 관리

분만후 20일이 지나도 외음부로 부터 혈액성오로가 배출되는 소, 분만후 40~50일이 지나도 발정이 오지 않는 소, 및 3회이상 인공수정을 하여도 수태되지 않는 소(저 수태우)는 자궁이나 난소에 이상이 있기 때문에 수의사의 정확한 진단을 받아 조속히 치료를 하여야 한다.

3.5 우군의 개체영양관리

소에서 분만후의 체중변화와 에너지부족상태를 방지하기위해 신체충실지수의 변화의 점검과 비타민, 광물질 등을 급여해준다. 특히 아래 항목을 집중 점검한다.

1) 원기 및 식욕의 유,무
2) 급여사료의 양과 질
3) 발정증상 유,무
4) 외음부로 배출되는 점액 및 농의 상태
5) 출혈의 유,무

3.6 분만후의 정기적인 검진

번식장애발생예방의 제일보는 분만후에 수의사에 의한 정기적인 검진의 실시와 난소와 자궁의 회복이 정상인가를 확인하는 데서 시작한다. 검진간격은 번식성적이 양호한 우군에서는 4주간격, 번식장애우다발우군에서는 2주간격이 바람직하다. 검진해야할 대상우는 분만후 20~50일, 분만후 60일 이상의 무발정우, 최종수정후 40일이상우, 3회이상 수정후 비수태우 등이다. 난소기능회복상태의 검사에서는 분만후 1개월까지 무발정우, 직장검사시 난소기능휴지나 난소낭종으로 진단될 경우는 난소의 회복이 지연된다고 볼 수 있다. 만약 기능성황체가 촉진될 시는 난소가 순조로이 회복되고 있다고 하겠다. 분만후 1개월이 지나도 자궁경이나 자궁이 큰 경우는 자궁의 회복지연이 의심된다.

3.7 분만후의 난소 및 자궁회복지연의 예방

소에 있어서의 영양관리의 개선은 양질의 조사료와 단백질, 광물질 등을 급여하고 에너지의 부족을 최소로 한다. 분만시의 위생적인 처치와 산후에 질병발생예방에 부단히 노력하지 않으면 안 된다. 따라서 소에서 번식장애 즉 불임증으로 인한 도태율이 11.6~19%로 높고 치료에는 한계가 있으므로 예방으로의 접근방법이 가장 중요하며, 그 예방의 주역은 번식우 사양농가와 사양관리자라고 강조하고 싶고 『소 번식목표』를 달성하도록 번식률을 제고하는 노력을 부단히 기울이지 않으면 안 된다(표 6).

표 6. 소 번식목표

첫 발정월령	12개월이내	첫수정시 수태율	50%이상
첫수정월령	13-15개월	수태당 종부횟수	1.7회 이내
첫분만월령	24개월	유산율	4%이내
사산율	5%이내	후산정체 발생율	8%이내
자우폐사율	10%이내	자궁염(자궁내 감염)	10%이내
분만후 발정재귀일	45일이내	난소낭종발생율	10%이내
분만후 수태일	80일이내(평균 75일)	저수태우의 발생비율(2회이상)	10%이내
공태일	110일이내	분만간격	12-13개월

II 돼지의 번식장애 및 번식율향상방안

양돈경영을 좌우하는 가장 큰 요인으로 말할 수가 있는 것이 번식성적이 양부(良否)인데, 우리나라의 양돈업도 최근 번식, 비육체계의 양돈경영체계가 점차 증가하고 있으나, 이 번식성적을 현저하게 저해하는 것이 양돈가의 가장 큰 골치거리인 번식장애이다. 외국에서 양돈가에 앙케이트 조사한 자료보고에 의하면 번식장애가 60.8%, 부제병 등 발굽질환 11.6%, 노령 10.6%, 복당 산자수 감소 6.5%, 유산 4.8%, 기타가 5.7%순으로 도태된 사유를 보더라도 번식장애 즉 불임증으로 인한 도태가 단연 많았는데, 우리나라의 양돈의 실정도 비슷할 것으로 추정된다.

돼지는 원래가 번식력이 왕성한 동물이기 때문에 분만모돈의 쇠약의 정도는 다른 동물에 비해 심한데, 특히 수유 모돈에 있어서는 그 사양관리가 적절하게 이루어 지지 못한다면 분만, 번식 등에 미치는 부담이 크기 때문에 질병이나 번식장애를 일으키고 불임증이 되기 쉽다.

돼지의 번식장애는 분만모돈의 이유후의 무발정, 수정후의 발정재귀, 유・사산, 미이라태아의 출산, 복당 산자수의 저하, 출생 자돈의 생존력의 불량 등을 포함시킬 수가 있는데, 이러한 원인에는 세균성, 바이러스성, 곰팡이성, 유전성, 영양성, 기타사양관리 실의(失宜) 등을 들 수 있겠다(표 6).

표 6. 돼지 번식장애관련 원인분석결과

질병 명	연도						계	%
	'96	'97	'98	'99	'00	'01		
파보바이러스(PPV)	6	2	4	17	12	8	49	17.0
뇌심근염(EMC)	8	18	14	4	3	2	49	17.0
일본뇌염(JE)	-	2	4	1	1	1	9	3.1
돼지생식기호흡기증후군(PRRS)	1	1	1	1	8	4	18	6.2
PPV+EMC	1	-	-	3	1	1	6	2.1
EMC+PRRS	4	-	-	-	-	-	4	1.4
PPV+PRRS		-	-	-	4	1	5	1.7
PPV+JE		-	-	1		-	1	0.3
EMC+SIV	3	-	-			-	3	1.0
PPV+EMC+JE		-	-	1		-	1	0.3
소계	23	23	23	28	17	17	143	49.5
원인미상	13	14	13	26	26	26	146	50.5
계	36	37	36	54	43	43	289	100.0

(국립수의과학검역원 1996 ~ 2001년)

또한 일반적으로 불임증의 경우는 암퇘지측에만 원인이 있다고 생각되기 쉬우나, 그 원인의 몇 가지는 수퇘지측에도 있다고 인식할 필요가 있다. 돼지의 번식장애는 실제 그 임상진단이 곤란하기 때문에, 상세히 조사한 기록보고는 찾기가 어려운 실정이다. 돼지는 계절에 따라 불임증이 발생하기 쉬운 시기가 있는데, 초봄~초여름(3~5월)에 걸쳐서는 이른 바 「번식계절」이라 불리는 시기의 수태율도 양호하여 불임증은 적으나, 장마철(6~7월)에는 발정재귀의 지연, 생식기(자궁, 난소 등)에 이상을 초래하여 불임증이 다발하는 시기이다. 따라서 1년 2산의 목적을 달성하기 위해서는 번식을 저해하는 요인들을 어떻게 잘 극복하는 데 달려 있다고 하겠다. 양돈사업의 성패는 복당 산자수의 증가와 사양관리비의 극소화에 있기 때문이다.

1. 번식장애 주요 원인

돼지의 발정주기는 발정전기, 발정기, 발정후기, 발정휴지기로 나눌 수 있으며 발정기간은 20-21일이다. 임신이 되면 발정주기는 중지하고 114일간 임신기간을 거쳐 자돈을 분만한다. 이때 분만후 2-3일이내에 발정이 나타나지만 이때는 배란이 동반되지 않는다. 자돈에게 비유하는 동안에도 발정이 나타나지 않으며 이유후 1주 정도 지나면 비로소 배란을 동반한 발정이 나타난다.

발정전기(2일)→발정기(2~3일)→발정후기(2일)→발정휴지기(약 14일)
↓
↖___ 이유 _______ 임신(114일)
↓
↖__수유성비발정기(이유후 1주간)___무배란성발정(분만후 2~3일내)

정상 발정주기를 갖는 돼지의 이상적인 번식가능성은 연간 31.2두의 자돈을 분만케 하는 것이며 이 계산은 아래와 같이 이루어진다.

임신 = 114일
비유 = 21일
반복번식 = 5일

분만간격 = 140일
따라서 365(1년)일÷140일=2.6배새끼,
2.6×12두의 자돈/복당=31.2의 자돈/년

그러나 미국의 경우 연간 경산돈 1두당 1.5배보다 적은 14두의 자돈을 얻는 것이 이상적인 번식관리로 보고 있다. 번식률의 저해를 초래하는 원인은 전염성 또는 비전염성원인으로 대별된다.

우리나라에서 발생하는 돼지번식장애의 주요 원인을 살펴보면 다음과 같다.

먼저, 양돈 사육규모의 대규모화, 사육두수가 증가 및 사양관리면의 성력화로 단위 면적당 높은 사육밀도를 원인으로 들 수 있다.

또한, 사양관리형태의 급속한 변화 즉, 각종 스트레스와 사료 및 영양조건 등이 예전과는 다른 환경하에서 번식모돈이 사육됨에 따라 번식상의 제반 문제점이 노출되고 있다.

끝으로, 자돈의 생산이 가장 직결되고 있는 번식모돈의 번식장애, 번식력이 왕성한 번식모돈의 쇠약 및 수유모돈 사양관리의 부적절성으로 인해 질병이나 번식장애를 유발하여 불임증을 초래하고 있다.

이러한 돼지의 번식장애는 분만후 번식모돈의 이유후 무발정, 교배후 발정재귀, 유·사산, 미이라태아의 배출, 복당 산자수의 감소, 출생한 자돈의 발육불량 등을 포함한다(그림 13).

소나 말의 경우는 불임증의 90%이상을 직장검사에 의해 진단, 원인에 따른 치료가 가능하나, 번식모돈의 경우는 직장검사가 미경산돈의 경우에서는 곤란한 경우가 많고, 대형돈 즉 180kg이상의 번식모돈의 경우는 가능하지만 널리 응용되고 있지 못하고 있다. 특히, 정확한 그 원인을 알지 못한 채 대충 치료를 하는 경우가 많아 치료에 대한 효과가 저하된다.

2. 번식장애의 종류별 진단치료 및 예방

유·사산 등의 바이러스성 생식기 질병을 일으키는 주요 원인으로는 파보바이러스 감염증(Porcine ParvoVirus infection, PPV), 뇌심근염(EncephaloMyoCarditis, EMC), 일본뇌염(Japanese Encephalitis, JE), 돼지 생식기 호흡기 증후군(Porcine Reproductive and Respiratory Syndrome, PRRS), 오제스키병(Aujeszky's Disease, AD) 및 돼지 열병(Hog Cholera, HC) 등이 있으며, 드물게는 돼지 인플루엔자(Swine influenza), 엔테로바이러스 감염증 등이 있다. 특히 국내에서 발생하는 유·사산 질병 중 원인이 밝혀진 경우의 90% 이상이 바이러스 감염에 의한 것이므로 이를 예방하기 위하여 한층 더 노력하여야 한다.

균성 생식기질병을 일으키는 질병으로는 브루셀라병(Brucellosis), 렙토스피라증(Leptospirosis), 돈단독(Swine erysipelas), 살모넬라균증(Salmonellosis), 연쇄상구균증(Streptococcosis), 대장균증(Colibacillosis) 등이 유・사산을 유발할 수 있으나, 바이러스성 질병에 비해 그 발생빈도가 매우 낮다. 이중 백신접종만으로 예방 가능한 것은 돈단독이므로 모돈 특히 초산돈에 대하여는 종부전 2~4주 간격으로 2회 백신접종을 해주면 안전하다. 대장균과 연쇄상구균증에 대하여는 축사내 청결 및 소독을 강화하여 예방하고 살모넬라균증에 대하여는 쥐의 구제에도 주력하여야 한다.

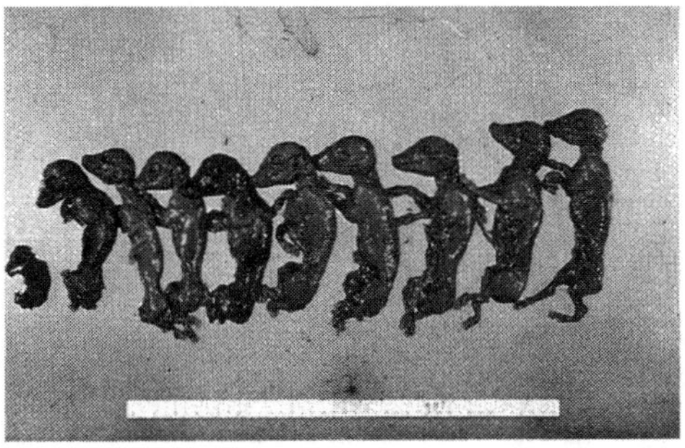

그림 13. 수정후 116일에 만출된 돼지의 미이라 태아

2.1 전염성 번식장애

2.1.1 파보바이러스병

파보바이러스는 전 세계각지에 분포되어 있으며, 우리나라에서도 발생되고 있고, 비임신돈의 경우는 불현성감염으로 장해를 받지 않으나, 임신돈에서는 불임증, 산자수 감소, 사산, 유산, 태아미이라변성 등의 번식장애를 유발한다.

◇ 원인 및 감염경로

- 파보바이러스 : 7~9월에 활발하게 활동
- 바이러스 배설 : 감염돈의 입, 비강, 항문, 감염 수퇘지 정액
- 감염경로
  - 돼지와 돼지의 직접접촉

· 오염된 사람, 신발 및 기구 등을 통한 간접접촉

· 임신돈 감염(태반감염)

◇ 감수성 동물

- 돼지 : 주로 초임돈에서 다발

◇ 증상

- 자돈과 성돈 무증상이며, 신경증상은 없음

- 번식장애발생유형(바이러스에 의한 번식장애의 90%가 파보바이러스로 보고됨)

  · 임신초기(~30일) : 태아흡수, 발정재귀

  · 임신중기(30~70일) : 이상자돈 분만, 미이라(파보바이러스 감염증시 주요증상), 흑자

  · 임신말기(70~) : 사산, 허약자돈분만

- 발정재귀지연, 무발정, 산자수 감소, 빈번한 유산 등을 나타냄

◇ 위생관리 및 예방

- 치료법은 없으며, 임신돈사 주변에 소독과 위생관리를 철저히 할 것

- 양돈장 출입제한

- 백신프로그램에 의한 예방접종실시

  · 미경산돈 : 종부전 6주전과 3주전에 2회(사독백신)

  · 경산돈 : 종부전 3~6사이에 보강접종

  · 수퇘지 : 6개월마다 1회 보강접종

  · 대다수의 양돈장에서 파보 예방백신을 초임돈을 대상으로는 비교적 잘 실시하고 있으나 경산돈의 경우에는 제대로 실시하지 않아 유, 사산을 초래하므로 최소한 3산차까지 만이라도 반드시 접종하여야 함.

- 혈청검사 : 6.5개월령 돼지(혈청항체가 1:1000과 같거나 낮은 돼지는 도태)

◇ 치료법 : 없음

2.1.2 엔테로바이러스병

감염돈은 무증상으로 감염하는 것이 많고 뇌척수염, 장염, 폐렴 등을 유발한다.

◇ 원인 및 감염경로

- 엔테로바이러스(혈청형 11개, 1, 3, 6, 8관여)

- 바이러스 배설 : 감염돈의 분변

- 감염경로

  · 돼지와 돼지의 직접접촉(구강, 비강)

  · 배설물에 오염된 사람, 신발 및 기구 등을 통한 간접접촉

· 감염정액

◇ 감수성 동물

- 돼지만이 자연감염 : 주로 이유자돈군에 다발, 감염경험이 없는 돈군에 높음

◇ 증상

- 텟센병 : 발열, 식욕부진, 신경증상(경련, 강직, 마비 등)
- 탈판병 : 가벼운 신경증상
- 번식장애

SMEDI(Stillbirth, Mummies, Embryonic Death and Infertility)

· 사산(stillbirth), 미이라변성(mummies), 조기배아사(embryonic death), 불임증(infertility), 배흡수 및 자돈의 설사, 폐렴, 심근염 등을 나타냄

◇ 위생관리, 예방 및 치료

- 치료법은 없으며, 예방에 중점을 두는 소독과 위생관리를 철저히 할 것
- 감염돈의 격리 및 양돈장 출입제한
- 백신프로그램에 의한 예방접종실시

· 자돈 : 1차(30일령), 2차(2주후)

· 모돈 : 1차(분만 4주전), 2차(분만 2주전)

2.1.3 렙토스피라병

이 병은 발열, 빈혈, 혈색소뇨, 황달 및 유산 등이 특징이며, 급성경과에 의한 것은 폐사하고, 만성경과에 의한 것은 불현성 감염으로 신염 등을 일으켜 감염원으로 2~3개월간 지속한다.

◇ 원인 및 감염경로

- 렙토스피라균(나선상세균) : 잠복기 7~9일
- 세균 배설 : 감염돈, 야생동물 특히 쥐가 주요 전염원
- 감염경로

· 돼지와 돼지의 직접접촉에 의한 경구감염

· 상처를 통한 경피감염(피부, 비강, 질점막, 태반, 결막 등)

· 임신돈 감염(태반감염)

◇ 감수성 동물

- 소, 돼지, 개 등

◇ 증상

- 유산, 사산, 허약자돈, 불임증 등 번식장애(임신말기와 분만시), 재발정이 빈번
- 모돈은 증상이 없는 것이 일반적이나 때로는 혈뇨를 배설

◇ 위생관리 및 예방

- 격리 및 돈사 주변에 소독과 위생관리를 철저히 할 것
- 늪지대, 호수, 지표수 등 조심
- 발병초기에 스트렙토마이신 등의 일부 항생제를 투여하면 치료 효과를 볼 수 있으나, 일단 감염된 균이 신장 내에 보균하게 되면 완전한 치료가 불가능
- 양돈장 주변에 쥐를 정기적으로 구제해야하며, 도입돈에 대한 철저한 검사로 양돈장내의 침입을 방지.

2.1.4 브루셀라병

암컷, 수컷, 거세, 비육 등 전 돼지가 감수성이 있으며 전 세계에 분포되어 있다.

◇ 원인 및 감염경로

- 브루셀라균
- 세균 배설 : 유·사산시
- 감염경로
  - 경구감염(오염 사료, 물, 풀 등)
  - 상처를 통한 경피 및 점막감염(피부, 비강, 질점막, 태반, 결막등)
  - 교배 감염(숫소와의)
  - 매개동물(야생동물, 흡혈 진드기 등)
  - 균혈증(혈액내 세균이 존재)

◇ 감수성 동물

- 소, 돼지 등

◇ 증상

- 암돼지 : 불규칙적인 발정주기, 유산, 사산 후 자궁내막염, 불임증 등
- 숫돼지 : 정소염, 정소상체염 등
- 기타 : 전지마비, 파행 등
- 주로 임신말기 유산을 유발하고, 암돼지와 수돼지 모두 일시적 또는 영구적인 불임증이 생김.

◇ 위생관리 및 예방

- 오염돈 도태하고 신규입식돈으로 대체
- 돈사 주변에 소독과 위생관리를 철저히 할 것
- 국내에서의 돼지 브루셀라병은 정확히 밝혀져 있지 않은 실정이지만, 일단 감염된 돼지는 일생동안 보균자로 지내며, 다른 물에 전파될 수 있으므로 외부로부터 구입할 경우

에는 반드시 브루셀라병 발생이 없는 농장에서 구입하고, 일단 격리 사육하면서 브루셀라병 검사를 실시한 뒤에 합사를 시켜야 함.

2.1.5 오제스키병(가성광견병)

돼지뿐만 아니라 소, 양, 개 등에 감수성이 있으며, 돼지는 가려움증이 없이 자돈의 높은 폐사율과 임신돼지의 유, 사산을 초래하는 급성 전염병이다.

◇ 원인 및 감염경로

- 오제스키 바이러스
- 바이러스 배설 : 다두사육 농장다발(스트레스로 인한 바이러스 배설량 증가)
- 감염경로
  - · 돼지와 돼지의 직접접촉(비즙), 돼지 이동
  - · 오염된 사람, 신발, 차량 및 기구 등을 통한 간접접촉
  - · 정액, 유즙, 태반감염
  - · 비말감염(최소 3㎞)

◇ 감수성 동물

- 돼지(자연계의 보독동물), 소, 양, 개 등

◇ 증상

- 임신돈 : 유, 사산 50%, 낮은 수태율(발병후 수개월내)
  - · 임신초기(~30일) : 태아폐사 - 흡수 - 발정재귀
  - · 임신중기(30~70일) : 미이라태아, 흑자, 미성숙태아, 유산
  - · 임신말기(70~) : 사산, 허약자돈분만

◇ 위생관리 및 예방

- 신규입식돈의 혈청검사
- 돈군별 항체검사 및 양성돈 도태
- 소독과 위생관리를 철저히 할 것
- 쥐와 야생동물 침입방지 및 방문자의 양돈장 출입제한
- 백신프로그램에 의한 예방접종실시(분만전 3~4주전)

◇ 치료법 : 없음

2.1.6 돼지 열병

돼지의 급, 열성전염병으로 고열, 쇠약, 후구마비, 신경증상 등을 나타내며, 높은 전염성이 있고 돼지에 있어 치명적인 질병으로 가장 피해가 많다.

◇ 원인 및 감염경로

- 돼지열병 바이러스
- 바이러스 배설 : 발병돈의 분비물 및 배설물
- 감염경로
  - 돼지와 돼지의 직접접촉(자연감염)
  - 경구감염(돈육, 돈제품, 돈편 등을 섭식시)
  - 태반감염 등

◇ 감수성 동물

- 돼지 및 멧돼지(자연계의 보독동물)

◇ 증상

- 임신돈 : 산자수 감소, 유, 사산 증가, 출산자돈의 왜소 및 경련, 미이라, 배아사멸, 견좌자세
- 경산돈 : 발정재귀(18~23일)

◇ 위생관리 및 예방

- 발병돈의 살처분
- 폐사체의 소각 및 매몰
- 오염된 기구 및 기자재의 소독과 위생관리를 철저히 할 것
- 방문자의 양돈장 출입제한
- 환축의 이동금지
- 백신프로그램에 의한 예방접종실시

◇ 치료법 : 없음

2.1.7 돼지 인플루엔자

돼지의 급성호흡기질병으로 기침, 호흡곤란, 발열 등을 나타내며, 전염성이 매우 크며 치사율은 낮은 편이다.

◇ 원인 및 감염경로

- 인플루엔자 바이러스(잠복기 12~48시간)
- 감염경로
  - 접촉
  - 돈폐충에 의한 전파

◇ 감수성 동물

- 돼지, 말, 조류, 사람 등

◇ 증상

- 임신돈 : 고열로 인한 유산(임신말기), 수정란의 재흡수, 분만지연, 조기분만, 간혹 미이라변성태아 증가

◇ 위생관리 및 예방

- 환경개선(스트레스 방지)
- 소독과 위생관리를 철저히 할 것

2.1.8 돼지 뇌심근염

돼지의 심급성의 심장병으로 임신돈 특히 초임돈이 감수성이 높다.

◇ 원인 및 감염경로

- 뇌심근염 바이러스
- 감염경로
  - · 접촉
  - · 쥐 등의 설치류에 의한 사료. 물 경유(주요 잠복감염동물)

◇ 감수성 동물

- 돼지, 설치류, 코끼리, 영장류 등

◇ 증상

- 산차에 관계없이 모든 모돈에 발생 가능
- 임신돈 : 식욕부진, 고열, 유산, 사산, 미이라변성, 허약자돈, 자돈은 7일이내 폐사, 분만율 저조, 배사멸, 태아에 감염된 시기에 따라 다양한 크기의 미이라 태아, 흑자, 백자 및 정상태아를 출산
- 임신말기에 소수의 유산 발생
- 자돈에 감염될 경우 심장장애로 급사하거나 때로는 회복되어 만성 심근염으로 진행되기도 함

◇ 예방

현재 국내에서는 백신을 사용하고 있지 않기 때문에 양돈장에는 쥐가 살지 못하게끔 철저하고 정기적인 구서실시

2.1.9 돼지의 연쇄상구균 감염증

돼지에서 급성패혈증과 위장염을 일으키며 수막염, 다발성관절염, 심내막염, 농양 등이 나타난다.

◇ 원인 및 감염경로

- 연쇄구균
- 감염경로
  - 보균돈(성돈 불현성 감염)
  - 경구감염(어분 등)
  - 설치류 등에 의한 전파

◇ 감수성 동물

- 숙주역이 넓음(가축, 사람)
- 이유자돈, 비육돈, 육성돈(2~6개월)이 높음

◇ 증상

- 임신돈 : 낮은 수태율(50%이하)

◇ 위생관리 및 예방

- 소독과 위생관리를 철저히 할 것

2.1.10 돼지단독

돼지에서 급, 만성 전염병으로 패혈증, 피부병변, 관절염, 심내막염을 일으키며, 근절하기 어려운 질병이다.

◇ 원인 및 감염경로

- 돈단독균(50%이상이 편도선에 존재)
- 감염경로
  - 보균돈(분변, 타액, 뇨, 비루)
  - 경구감염(어분 등)
  - 집, 말파리, 설치류 등에 의한 매개동물전파
  - 경피감염

◇ 감수성 동물

- 돼지, 조류, 마우스, 소, 양, 사람 등
- 돼지는 3~12개월령이 높음

◇ 증상

- 임신돈 : 유산(고열), 미이라, 사산, 불임증
- 일반증상 : 급사, 파행, 다이아몬드 형태의 피부병변

◇ 위생관리 및 예방

- 돈사주변의 소독과 위생관리를 철저히 할 것

- 신규입식돈(격리검사)
- 매개동물 전파방지와 서식처 제거
- 혼합사육 지양(여러가축)
- 내부기생충 구제 등
- 백신프로그램에 의한 예방접종실시
  - 미경산돈 : 종부전 5주전과 2주전에 2회(사독백신)
  - 경산돈 : 분만전 3~4사이에 보강접종

2.1.11 일본뇌염

일본뇌염은 번식돈의 이상산과 종웅돈의 조정기능장애 등의 번식장애를 유발한다.

◇ 원인 및 감염경로

- 일본뇌염바이러스 : 가을과 초겨울(8~11월)에 집중발생
- 발생 : 초산돈>경산돈
- 감염경로
  - 모기(작은 빨간집모기), 박쥐 등 매개
  - 임신돈 감염(태반감염)

◇ 감수성 동물

- 돼지, 말, 사람, 실험동물

◇ 증상

- 대부분의 돼지, 비임신돈 불현성감염
- 임신돈 번식장애발생유형
  - 임신초기(~30일) : 태아흡수, 발정재귀, 산자수 감소
  - 임신중기(30~70일) : 미이라, 흑자, 미성숙태아 유산
  - 임신말기(70~   ) : 백자, 사산, 허약자돈분만
- 분만자돈 : 폐사, 심한 뇌수종이나 뇌결손 등으로 인한 신경증상
- 종모돈 : 고환염

◇ 위생관리 및 예방

- 모기구제 등 환경개선
- 백신프로그램에 의한 예방접종실시
  - 미경산돈 : 3~5월에 종부전 1개월간격 2회
  - 경산돈 : 연 1회 보강접종
  - 수돼지 : 연 1회 보강접종

2.1.12 돼지 생식기 호흡기 증후군(PRRS)

1980년대 후반에 국내에 유입된 것으로 추정되는 비교적 최근의 질병

◇ 증상

- 모돈 : 유・사산 및 조산 등의 번식장애, 허약자돈 분만
- 자돈 및 육성돈 : 기침, 호흡곤란, 폐렴 등 호흡기 증상을 일으키게 되고, 다른 호흡기 질병의 감염을 악화시키는 등 병명 그대로 번식장애와 호흡기 증상이 특징인 질병이며, 해마다 그 감염농장 수가 증가하는 경향이 있다.

◇ 위생관리 및 예방 : 특히 종돈장의 경우는 이 질병의 청정화가 필수적이므로 임상검사, 혈청검사 및 가검물 병리조직 검사 등을 정기적으로 실시하여 모돈 및 자돈의 청정화가 조속히 이루어져야 하며, 이 질병이 아직 없는 농장에서는 외부로부터 유입되는 것을 철저히 차단하도록 노력하여야 한다.

2.1.13 기생충성 번식장애 질병

톡소플라즈마병(Toxoplasmosis)이 대표적인 질병으로서, 돼지에서 대부분 불현성 감염형을 나타내지만 임신한 모돈에 감염되면 태반감염을 통해 유, 사산 또는 조산이나 이상 태아의 출산을 나타낸다. 예방을 위해서는 출산을 나타낸다. 예방을 위해서는 축사의 청결 및 소독을 철저히 하고 고양이가 이 원충을 보유하고 있으므로 양돈장에서는 고양이를 함께 기르지 않는 것이 좋다.

2.2 비전염성 번식장애

2.2.1 암퇘지의 번식장애

암퇘지에서 비전염성 번식장애의 원인별 구분을 하면, 난포발육 장애, 난소위축, 난소낭종, 배란장애, 영구황체, 둔성발정, 저수태론, 자궁내막염 등을 들 수 있다(표 7).

- 번식공용월령에 도달하여도, 분만 후 생리적 공태기간(돼지의 경우 이유 후 2주간)을 지나도록 난소의 활동이 없고 그 기능의 이상으로 무발정 또는 발정 불규칙이 되고 교배, 또는 수정이 불가능한 것(난포발육부전, 둔성발정, 영구황체, 난소낭종 등)
- 발정이 와서 교배 혹은 수정하여도 난소, 난관, 자궁, 자궁경관 등에 장애가 있어 임신되지 않는 것(배란지연, 난관염, 자궁내막염, 자궁 축농증, 난관염, 뇨질 등)
- 초기 수정란 즉 배(胚) 또는 태아가 조기에 사별하는 것(수정란의 착상장애, 저 수태돈 등)

○ 태아가 어떠한 원인으로 죽든가, 혹은 모체의 이상으로 유산이 일어나는 것, 또는 죽은 태아가 자궁내에 존재 혹은 미이라 변성화된 것(유산, 태아침지, 미이라변성태아 등)
○ 분만직전부터 분만중에 태아가 사망하는 것 또는 난산이 되는 경우(사산, 난산)
○ 분만 후 태반이 자궁내에 정체해서 모체에 이상을 초래하는 것(후산 정체)

표 7. 암퇘지의 비전염성 번식장애의 원인과 증상 및 치료대책

병 명	발병의 원인 및 요인	증상 및 진단방법	치료 및 예방대책
난포발육장애 ① 미경산돈 무발정 (난소발육부전)	· 포유기,육성기에 사료급여의 부족 · 기생충성 질환등의 만성적인 질병 · 혹서, 밀사등의 스트레스 · 수컷과의 격리사육	미경산돈의 경우는 생후 8개월령의 성성숙시기에 도달하여도 무발정 난소실질이 작고 난포와 황체는 존재하지 않으나, 미성숙난포만 존재	적절한 사양관리와 구충실시 임마혈청성선자극호르몬(PMSG) 1,000 ~ 2,000IU + 에스트로겐 (Estradiol) 0.4㎎을 근육내 주사 통상 3 ~ 9일에 발정이 발현
② 난소정지 (이유후의 무발정) ③ 이유후의 장기간 무발정 ④ 발정증상이 불확실	· 프로게스테론과 에스트로겐의 농도 저하 · 수유기(授乳期)의 칼로리부족 · 분만, 수유, 혹서 등의 스트레스 · 일본뇌염, 파보, 오제스키 등 바이러스감염증	난소의 회복이 지연되는 경우가 많다(이유후 10일이상이 경과해도 무발정). 난소실질은 정상난포보다 약간 작고 딴딴함 3㎜이내 작은 난포나 작은 황체와 퇴행황체존재 교배후에 비수태되는 경우나 무발정인 상태와 난소기능휴지나 난소위축	
난소위축	· 프로게스테론과 에스트로겐의 농도 저하 · 심한 저영양 · 바이러스감염	난소실질은 작고 경결 자궁, 외음부, 유방, 외음부도 작다. 초산 및 2산차분만이유후에 다발	PMSG 1,000~ 2,000IU 예후불량시 도태권장

병 명	발병의 원인 및 요인	증상 및 진단방법	치료 및 예방대책
난 소 낭 종	황체의 퇴행, 난포기에 체온의 변화, 밀사등의 스트레스, 외과적 수술 처치, 만성질환, 영양장애, 부적절한 호르몬제의 사용, 곰팡이독소 연령, 번식, 곰팡이낀 깔짚과 사료, 저장불량사료, 비위생적인 사료저장통	이유후의 장기간 무발정이나 교배후 비수태된 경우와 발정증상이 불확실시, 발정주기의 불규칙(2 ~ 90일)하고 발정기간이 길경우와 음핵의 비대(약 60%) : 1~2㎝(정상적인 경우는 1~2㎜) 사모광, 종부시 수컷 비허용, 반복종부, 불안(동통), 이갈음 진단:초음파 화상진단	GnRH제재를 100~200㎍을 근육주사: 7~10일째 황체화후 10~15일째에 발정이 발현
배 란 장 애	호르몬 불균형	배란지연 : 지속적인 발정 무배란 : 발정증상은있으나 배란이 되지않는 경우 발정주기의 불규칙과 발정기가 너무길때	GnRH제재 100~200㎍ 근육주사
영 구 황 체	태아의 사망, 미이라 태아의 자궁내 존재 배의 조기사멸, 점조, 갈색양의 삼출물의 저류	교배후의 비수태된 경우나 무발정, 이유후 장기간 무발정 진단 : 직장검사에 의한 난소촉진	PGF$_{2}$α 6㎎을 근육주사(2~3일에 황체퇴행) 3~4일후에 PMSG 1,000IU + 에스트로겐(Estradiol) 0.4㎎을 근육주사(3~6일에 발정이 발현
둔 성 발 정	호르몬 불균형	난포성숙기에 발정증상을 나타내지 않거나, 미약발정으로 수컷에 허용하지 않는다.	직장검사를 통해 교배적기를 추정하여 교배실시

병 명	발병의 원인 및 요인	증상 및 진단방법	치료 및 예방대책
저 수 태 돈 (Repeat breeder)	생식기의 세균성 및 외상성 질환, 교배시기의 부적절에 의한 수정장애, 부신피질기능의 항진이나 난소기능의 이상에 기인한 내분비호르몬의 불균형으로 배의 조기사멸을 초래	진단 : 발정주기가 거의 대부분 정상으로 임상적인 검사에 의해 난소 및 자궁에 특별한 이상이 인정되지 않는 건강한 번식모돈에서 교배횟수가 3회이상으로 비임신이거나 산자수의 감소시	자궁내 약물주입 및 교배후 황체호르몬(프로게스테론:Progesterone)의 50 ~100㎎근육주사
자 궁 내 막 염	분만후 또는 교배시에 자궁내로 세균감염시 돈군의 24%감염보고 (1985, 미국) 노령돈이 많은 돈군 짧은 비유기간(10~21일) 발정종료시에 종부 젖고, 비위생적인 돈방 좁은 돈방 심하게 오염된 외음부 조기배사멸 나이어린 암퇘지에 노령 종모돈을 사용시 노령암퇘지에 나이어린 숫퇘지 사용시 긴 이유기간 포유거부	자궁의 염증으로 비수태되거나 분만후 자궁의 회복이 지연시 외음부로 점액, 백색 및 갈색의 농성삼출물의 배출로 확인진단가능 (14~21일) 오로(3~4일이내 배출, 대개 5일), 심한 악취성혈양오로 (후산이나 죽은 태아 존재의심), 유방염 분비물과 종부후 18~23일에 발정재귀증가 분만율이 약 10~20% 감소 배사멸, 유산, 무발정	돼지의 자궁은 소에 비해 길기 때문에 자궁의 세척을 완전히 하기는 곤란 생리식염수에 의한 자궁의 세척 자궁내 주입약 및 베타딘(포비돈 아이오다인: Povidone iodine)을 자궁내 주입

2.2.2 수퇘지의 번식장애

수퇘지의 주요 번식장애 원인은 음경출혈에 의한 교미 실패를 들 수 있으며(표 8), 이외에도 정액이상과 관련된 장애가 주로 알려져 있다.

- ㅇ 정세관에 정자를 생산하는 기능의 장애가 생기는 경우(잠복정소, 정소발육부전, 정소기능감퇴, 정소염)
- ㅇ 정소상체에 정자의 형성, 성숙이 저해되는 경우(정소상체염, 정소상체의 기능이상)
- ㅇ 음낭 또는 정색의 이상(음낭피부염, 음낭수종, 정색염)
- ㅇ 부생식선의 질환(정낭선염, 전립선염등)

○ 음경장애(포피 및 음경의 질환, 교미욕 감퇴 및 결여, 교미 불능증)

표 8. 수퇘지의 번식장애 원인과 증상 및 치료대책

병 명	발병의 원인 및 요인	증상 및 진단방법	치료 및 예방대책
음경출혈 (penis bleeding)	비교적 흔한 증상으로 종부시 종모돈의 음경이 질내삽입과정에서 출혈유발	종부후 질주위출혈 정액내 혈액존재 포피주위 혈액존재 종부시만 출혈유발	종모돈은 3주간 안정취함 광범위항생제를 5일간 투여실시 재발생한다면 도태를 고려!!!

2.2.3 하계 불임증(summer sterility)

소와 돼지와 같이 암, 수함께 연중번식이 가능한 동물에서 여름철의 고온, 다습때문에 정액량의 감소, 기형 정자수의 증가, 성욕감퇴를 초래하여, 일시적으로 불임 또는 수정율 저하를 가져오는 상태를 말함이다. 암컷에서는 송아지 생산능력이 저하되고, 고온에 의한 젖소의 호르몬 분비가 비정상으로 되어 발정시간이 정상보다 5~6시간 짧은 12~13시간이고, 발정증세가 야간에만 나타나는 경우가 많고 발정증상이 미약하여 발정을 발견하기 어렵다.

특히 무더운 하절기에는 고온 스트레스에 의한 수정란의 분할시 손상(damage)을 받아 수태율이 저하되고 태아의 사망율이 높고, 직장내 온도가 39℃이상시는 수정된 수정란이 조기에 사멸된다.

2.3 기타

2.3.1 유산과 수정란/태아손실

유산은 죽거나 생존불가능한 태아가 미성숙상태로 만출되는 것을 의미하며, 일반적으로 임신각기에서 수정란사멸에 따른 흡수나 수정란이 태아로 발육도중 만출되는 것을 말한다.

배아사멸이나 흡수는 수정에서 착상에 이르는 시기, 수정후 14일부터 35일에 이르는 착상시기, 또는 미성숙분만을 초래하는 성숙시기(즉 착상이 일어나는 종부후 약 14일로 부터 임신 110일에 결쳐 일어날 수 있다.

유산을 예방하기 위해서는 돈군 개개체의 연령와 산차, 수정실패, 도태율, 질로부터 분비되는 출혈, 분비물상태, 파행, 복당 산자수, 유방염, 무유증, 유방부종, 폐사원인, 질탈, 직장탈 및 사나움정도를 포함하여 번식문제들의 기록을 유지관리해야 한다.

유·사산이 발생했을 때는 암돼지 두수, 산차, 사용한 종모돈 명호나 정액명, 종부 및 인공수정일, 유·사산일, 돈사, 급여사료와 양, 돼지의 육안적인 관찰과 질병력(유·사산), 유·사산된 태아의 상태(생존, 폐사, 미이라 등), 분만율 감소 분석, 및 돈군의 병력과 환경(계절적인 요인 등) 등을 조사하고 기록관리해야 한다.

2.3.2 질탈(Vaginal prolapse)

질전정과 외음부는 근육조직, 근막(筋膜), 결합 및 복강조직에 의해 느슨하게 정상적인 위치를 유지하고 있는 데, 이러한 조직에 외상이나, 노책 등에 의해 질이 밖으로 탈출되는 것을 말한다.

노책(처녀돈에서 교배시 자극, 수컷의 뇨결석시), 분만 시 무리한 조산(助産)처치, 임신돈 돈방의 경사 심할 경우, 에스트로겐, 타일로신 등을 장기간 섭취나 투여시, 및 유전적으로 근친교배를 시키는 대규모 양돈장에서 주로 발생하고 있다.

처녀돈에서 발정후 발생하지만, 임신말기 또는 분만시에도 발생한다.

질탈이 불완전한 경우 즉 횡와시 탈출하지만 기립시 들어간다. 하지만 심할 경우 탈출부위의 세균감염 및 괴사 등이 일어난다.

질탈이 일어나면 신속하게 정복후 음문봉합하여 치료한다.

3. 번식모돈의 번식률제고방안

최근의 대규모 양돈경영의 추세속에서 번식모돈군에서의 번식률의 향상이 이뤄지지 않는 한 안정된 경영을 바랄수가 없다. 따라서, 종부후에 가능한 조속한 시일내에 임신과 불임을 확인해야 한다. 비수태된 번식모돈은 그 원인을 조기에 발견하여 적절한 치료를 통해 수태가 되도록 유도한다. 1년 2산의 목적을 달성하기 위해서는 번식을 저해하는 요인들을 어떻게 잘 극복해 나가는 가에 달려있다. 즉, 번식모돈경영의 성패는 복당산자수의 증가와 사양관리비의 최소화에 직결된다.

따라서, 모돈의 교배, 임신, 분만에 따른 번식모돈의 번식관리는 매우 중요하며, 영양부족시나, 수유기간이 길고 수유중의 번식모돈의 체중감소는 발정재귀를 지연시키기 때문에 사양관리자의 세심한 관찰이 필요하다. 특히 이유후 난소질환을 나타낸 돼지의 조사에서 자궁, 유방, 외음부 및 발정발현에 이상이 나타난다(표 9).

1987년 카와다에 의하면 특히 여름철에 비타민 첨가사료와 표준사료를 급여한 결과 수태율을 조사한 것을 보면 각각 76.0%와 52.8%를 나타냈다고 한 것을 보아도 특히 이유후의 번식모돈에 영양보급을 위해 복합 비타민 제재나 광물질이 함유된 영양제 급여가 필요하다.

번식모돈에서 번식장애가 발생되면 치료비가 들고, 치료후에도 치유가 완전하게 되지 않는 개체도 있으므로 무엇보다도 예방이 중요한데, 예방으로서는 육성시부터 운동이나 일광욕을 충분히 시켜 내부장기, 다리 및 발굽이 건강한 번식모돈을 만드는 것이 중요하고 또한 번식모돈의 경우는 너무 야위지도 비만하지도 않는 사양관리가 필요하다.

특히 비만한 번식모돈의 경우는 체내의 호르몬의 불균형을 초래하여 호르몬제를 사용할 때 효과도 낮아 수태율 저하된다. 분만후에는 자궁질환(자궁내막염 등)이 발생되기 쉽기 때문에 분만한 번식모돈의 관리에 세심한 주의가 요구된다. 특히, 분만돈사의 소독과 청결한 조산(助産)은 자궁질환중 가장 많은 자궁내막염의 발생을 예방할 수 있다.

교배후에 발정이 없는 즉 무발정 번식모돈을 치료할 경우에는 반드시 임신진단을 한 후 비임신모돈에 한해 치료실시한다.

표 9. 이유후 난소질환돼지에서의 직장검사에 의한 생식기, 외음부 및 유방의 주요특징

구분		난포발육장애		난소낭종			영구황체	정상돼지
		난소위축	난소정지	다포성난포낭종(대형)	다포성난포낭종(소형)	황체낭종		
난소	난포	명료한 난포는 거의 보이지 않음	직경 3㎜이내의 난포가 다수 보이나 미발육	15~50㎜의 난포가 다수 보이나 비배란, 난포막 얇다	5~8㎜이내의 난포가 다수 보이나 비배란, 난포막 약간 비후	20㎜이상의 난포막내벽비후, 탄력성, 파열이 쉽지 않음	미성숙난포가 소수 보임	직경 7~9㎜에 배란
난소	황체	명료한 황체는 비인정	작은 황체 또는 퇴행황체가 많음	거의 비존재	비존재	다수 보임 (20㎜<)	다수 보임 (8~12㎜)	다수 보임 (황체기)
난소	실질	작고 딴딴함 위축, 경결	정상보다 약간 작고 딴딴하다.	정상보다 약간 작고 딴딴하다.	정상보다 약간 작고 딴딴하다.	크고 부드럽다. 유연, 탄력성	정상크기로 부드럽다. 유연	부드럽다.
난소	크기 직경	22. 4±2.68㎜	33. 5±3.98㎜	28.50±3.12㎜	33.84±3.01㎜	38.72±3.92㎜	38. 6±3.42㎜	35.52±3.42㎜
난소	크기 두께	12.35±3. 4㎜	17.92±3. 1㎜	16.89±3.91㎜	18.40±3.48㎜	22.48±3.49㎜	21. 0±3.26㎜	18.62±2.98㎜
난소	복강내 위치	정위치(복벽)	정위치(복벽)	복강내로 하수	약간 정위치 (복벽)	복강내로 약간 하수	정위치 (복벽)	정위치 (복벽)
자궁		작고 가늘고 관상(管狀) 수축(-), 탄력(-)	거의 정상크기로 관상(管狀)	거의 정상크기로 관상(管狀)	강한 자궁수축(++~+++)를 띤 관상(管狀)	유연, 풍선모양, 이완, 복강내 하수	유연, 풍선모양	관상(管狀)
유방		작고, 주름있고, 백색	작고 백색	돌출, 약간 발적(發赤)	돌출, 약간 발적(發赤)	약간 돌출, 임신초기양	약간 돌출, 임신초기양	단계에 따라 다름
외음부		전체적으로 작다	정상~약간 작다	정상~약간 크다. 외음부 이완. 점액소량	작다. 약간 발적(發赤), 종창, 점조성 점액 소량	수축(임신양)	수축 (임신양)	단계에 따라 다름
발정상황		무발정	무발정	-	발정초기같은 상태를 지속	무발정	무발정	정상주기를 반복
예후		치료율낮고 예후불량	치료율 높고 예후양호	-	치료율 낮아 도태	치료율 낮다.	장기간 무발정	정상주기

제 3절 계획번식, 인공수정과 수정란 이식

제 8 장

계획번식: 소 발정 및 배란동기화 방법

1. 계획번식

2. 발정 동기화방법

3. 배란동기화 방법

1. 계획번식

계획번식이란 우군의 번식기에 조기의 특정된 날에 인의적으로 발정을 유도하여, 인공수정후에 수태가 되도록 하는 것이다.

농장에 따라 수태율이 다양하기 때문에 인공수정전·후의 사료 및 축사의 개선 등 일반적인 번식장애의 저해요소를 줄일 수 있는 사양관리가 권장된다.

즉, 사양관리 프로그램은 철저히 계획하고, 동물의 취급, 장비, 영양상태체크, 백신접종 및 구충유무 등 고능력 정액과 인공수정사의 경륜과 경력을 확인하며, 우군내의 정상발정주기우의 비율과 개체상태를 프로그램전에 결정한다. 무엇보다 인공수정을 고정된 시간에 실시하고 있다 하더라도 발정관찰시간에 의거하는 것이 필요하다.

우군의 대부분 소에서 완벽한 번식효율을 이루기 위해서 분만후 65-90일에 수태가 이루어지게 하여, 분만간격이 12~13개월이 되도록 노력하지 않으면 아니된다.

분만후의 경과일수	0	0-46	46-60	60-90
호르몬 처치	분만	수 정 대 기 기 간 $PGF_2\alpha$	번 식 기 간	
			$PGF_2\alpha$	$PGF_2\alpha$

그림 1. 분만후 $PGF_2\alpha$ 처치 모식도

이와같이 번식효율을 높이기 위해서는 우군의 번식기간에 첫 21일내에 적어도 한번이상의 발정과 인공수정이 이루어져야한다. 즉, 우군에서 분만후 46일경에 발정주기를 지나고, 발정발견이 100%를 이루기 위해서는, $PGF_2\alpha$의 두 번의 주사로서 달성할 수 가 있다.

$PGF_2\alpha$를 1회주사로 평균 75%정도가 5일이내에 발정을 나타내나, 만약에 50%이하의 발정발현을 보인다면 그 우군은 분만후에 발정주기가 경과하지 않았거나 발정발견이 제대로 이루어지지 않는 등의 문제가 있다고 볼 수 있겠다.

1.1 발정 및 배란동기화의 정의

인위적인 처치에 의해 일군(一群)의 암컷동물의 발정을 수일내로 발현시키는 것을 발정 동기화(estrus synchronization) 또는 발정주기의 동조(同調)라 하며, 짧은 시간대에 집중해서 배란을 유도하는 것을 배란의 동기화(ovulation)라고 부른다.

실용적인 동기화 기술의 조건으로 작업 단순, 가격 저렴, 발정 또는 배란이 단시일에 집중, 동기화한 발정·배란으로 수태율이 높을 것 등을 들 수가 있다.

소의 발정주기는 일반적으로 계절에 의존하지 않으며, 발정은 18~24일(평균 21일)이며, 우유와 송아지의 최적생산을 위해 우군의 정확한 발정관찰, 높은 수태율, 공태기간의 단축 등의

번식관리가 무엇보다도 중요하다.

소에서 분만후 공태기가 연장될 경우 일정기간내 생산되는 유량감량, 생산자우두수의 감소 등 우군전체의 감가상각분의 증가 등에 의한 경제적손실이 지대하다.

공태기간이 연장되는 주요 원인은 발정발견의 부정확, 분만후 생식기의 회복지연, 낮은 수태율, 무발정 등이 있으나, 사양관리의 성력화를 도모하기 위해 발정동기화 즉 계획번식법을 적용할 필요가 있다.

발정동기화 또는 발정주기(성주기)의 동기화는 인위적인 방법(우군의 번식효율증진을 위해 prostagrandine$F_2α$($PGF_2α$)과 황체호르몬의 계획적인 투여)에 의해, 한 우군의 암소의 발정 및 배란을 일시에 집중적으로 동기화시키는 작업이다.

계획번식은 우군의 번식기에 조기의 특정된 날에 인위적으로 발정을 유도하여, 인공수정후에 수태가 되도록 하는 것이다.

1.2 발정 및 배란동기화 필요성

계획번식을 위한 처치는 분만후 45일이 지나도 무발정 젖소의 발정유도, 고능력우의 정액을 인공수정을 하기 위한 처녀우군의 발정동기화 및 비유기 무발정을 보이는 비육우에서 난소활력을 유도하기 위해 사용될 수 있다.

한우·비육우군은 그룹별, 광범위하게 사양관리가 이뤄지고 있어 발정관찰이 젖소에 비해 덜 집중적, 부정확하다.

포유 송아지가 있고 환경의 영향을 받으면 발정이 억제되기 때문에 대부분의 비육우들은 번식이 재개되어야 할 분만 후 40~60일이 지나도록 발정이 오지 않는다.

따라서 비육우에 발정동기화는 발정관찰의 정확도를 높여 분만시기의 집중, 인공수정의 용이, 단축된 분만기간은 다음번식기에 우군의 수태율의 제고를 기할 수 있다.

젖소 우군은 대개 연중 계속해서 분만하기 때문에 한우·비육우와는 달리 개체별로 집중관리를 할 수 있기 때문에 발정동기화는 분만후 무발정우군의 발정관찰소요시간의 단축과 분만기간의 조절을 기할 수 있다.

1.3 발정 및 배란동기화 이점

1.3.1 발정동기화의 이점

1.3.1.1 번식관리의 성력화

암소는 발정주기의 차이가 있기 때문에 다두사육을 하고 있는 경우에는 매일 몇 두가 발정이 발현되어 인공수정을 한꺼번에 하는 것이 불가능하다.

전 우군의 암소에서 발정동기화가 가능하다면, 전 암소에 대한 단시일에 자연 종부나 인공수정을 하는 것이 가능하게 되고 인공수정관련 번식관리업무를 줄일 수 있다.

1.3.1.2 발정발견과 수태율향상

발정발현의 일시를 예측가능하기 때문에 발정발현을 못보고 놓치는 것이 없게 되고, 수정적기를 정확히 파악하여 수태율향상을 기대할 수 있다.

1.3.1.3 계획적인 생산

자연종부나 인공수정을 일시에 한다면, 분만시기도 집중화하여 임신이나 분만관리가 용이해지게되어 임신중 및 분만시의 사고를 방지할 수 있다.

1.3.1.4 수정란이식에 응용

수정란이식에서는 공란우와 수란우의 발정주기가 일치하지 않는다면, 수태가 이루어지지 않는다. 따라서 자연상태에서 발정주기의 동기화가 여의치 않으면, 공란우와 수란우사이의 발정주기의 동기화를 시키지 않으면 안된다.

1.3.2 배란동기화의 이점

1.3.2.1 정시인공수정(timed-AI)

배란동기화에서는 배란의 시간대를 예측할 수가 있기 때문에 발정발견을 하지 않고 정해진 시간대(정시)에 인공수정을 실시할 수가 있다. 따라서 발정발견을 하지 않고 인공수정업무를 1일에 마칠 수가 있다.

1.3.2.2 정시수정란이식(timed-ET)

발정발견을 하지 않고 정해진 날에 수정란이식이 가능하다.

2. 발정동기화 방법

소의 발정동기화에 이용되는 황체호르몬(progesterone) 및 황체호르몬양 제재로서는 종래 주사약제와 경구투여제가 있다.

주사약의 경우, 빈번한 투여가 필요하고 혈중유효농도의 조절, 특히 목적하는 시기에 혈중농도를 정확하게 저하시키는 것이 곤란하기 때문에, 발정동기화에는 현재 거의 이용되고 있지 않다. 경구약은 사료에 혼합투여하는 관계로 투여량의 조절이 어렵고 약제의 낭비가 많은 등의 문제점이 있다. 그 후에, progesterone을 흡착시킨 약간 원통상의 구조물(progesterone-releasing intravaginal device : PRID)이 개발되었다. 이것을 질내에 일정기간 삽입방치하여 두면 progesterone이 질점막내로 흡수가 되어, 혈중 progesterone이 일정농도이상으로 유지되어 질에서 제거를 하면 급격하게 농도가 저하되어 난포가 발육하여 발정이 발현된다.

최근에는 이 PRID보다도 더욱 실용적으로 우수한 새로운 제품인 질내삽입방치형인 progesterone투여기구(CIDR)이 시판되어지게 되었다. 질내에 삽입방치에 의한 소의 불쾌감도 적고, 안전하고 확실한 progesterone투여기구로서 보급이 되고 있다. 발정과 배란의 조절l에는 주로 2가지의 방법이 있는데, 하나는 황체호르몬 또는 유사물질을 투여해서 난포의 발육과 성숙을 일시적으로 억제하는 방법이며, 또 다른 하나는 $PGF_2\alpha$를 투여해서 황체를 퇴행시켜 난포의 발육과 성숙을 촉진하는 방법이다.

여기서 질내삽입형 progesterone투여기구에 의한 소의 발정동기화와 새로운 $PGF_2\alpha$류(類) 유사체 ethyprost의 발정유기효과에 관해 설명하고자 한다. 황체호르몬을 투여해서 난포의 발육과 성숙을 일시적으로 억제하는 방법으로 2가지의 방법이 있다.

2.1 난포발육·배란억제방법

뇌하수체전엽성선자극호르몬의 분비억제에 의해 난포의 발육 및 성숙을 억제해서 우군에서 암소의 난포발육정도가 동일하게 되도록 억제될때, 황체호르몬 또는 유사물질(표 1)을 투여하여 난포발육 억제를 중지시켜 발정 및 배란이 집중적으로 일어나게 한다.

게스타겐(gestagen)를 일정기간 투여해서 난포의 성숙을 일시적으로 억제하다가 투여를 중지하면 난포의 성숙과 발정이 유도된다.

발정주기중의 황체수명상당기간(14일간 이상)에 걸쳐 게스타겐을 투여하면 투여중지후 수일이내에 대부분의 모든 소에서 발정이 발현한다.

양호한 발정동기화율과 수태율을 얻기 위한 방법으로서, 단기간(9일간이내)의 게스타겐투여와 황체퇴행을 유도하는 호르몬제재를 조합하는 방법이 제시되고 있다.

표 1. Gestagen의 종류

관 용 명	계 통 명
progesterone	4 Pregnene-3,20-dione
20α(β)-Dihydroprogesterone	20α(β)-Hydroxy-4-pregnen-3-one
17α-Hydroxyprogesterone	17α-Hydroxy-4-pregnene-3,20-dione

2.2 합성황체호르몬의 경구투여법

사람의 경구피임약으로 합성되고 있는 인공황체작용약제인 황체호르몬을 가축에 경구투여하면서 발정동기화가 가능해졌다(표 2).

이 합성 황체호르몬은 암가축에 대략 한 발정주기에 상당하는 기간(14~20일)을 연속해서 경구투여하는데, 투여종료 3~6일 후에 발정이 집중적으로 발현되게 된다.

초산 멜렌게스트롤(melengestrol acetate : MGA)의 경구투여(사료에 혼합)에 의한 발정동기화가 가능한데, MGA의 7일간의 경구투여(0.5㎎/두/일)하고, 최종 투여일에 $PGF_2α$를 투여하면 약 70%의 소에서 7일이내에 발정이 관찰되나, 수태율은 자연발정 소에 비해 낮다.

양호한 발정동기화율과 수태율을 얻기 위한 방법으로 14일간 MGA의 경구투여하고 17일 째 $PGF_2α$를 투여하면 2~5일후에 동기화되는 발정-인공수정하는 프로그램이 제시되고 있다(그림 2). 이때 MGA의 최종투여로부터 2~6일후에 1회째의 발정이 보이나 수태율은 낮다.

표 2. 소의 발정동기화에 사용되는 합성gestagen종류

gestagen	약자 (상품명)	투여량 (㎎/day)	투여법
chlormadinone acetate	CAP	10~12	경구
dihydroxyprogesterone acetophenide	DHPA	400~500	경구
flurogesterone acetate	FGA	(100~200)*	질내삽입
medroxyprogesterone acetate	MAP	120~240	경구
melengestrol acetate	MGA	0.2~2.0	경구
norethandrolone	(Nilever)	(250)*	피하삽입
norgestomet	SC-21009	(5~6)*	피하삽입

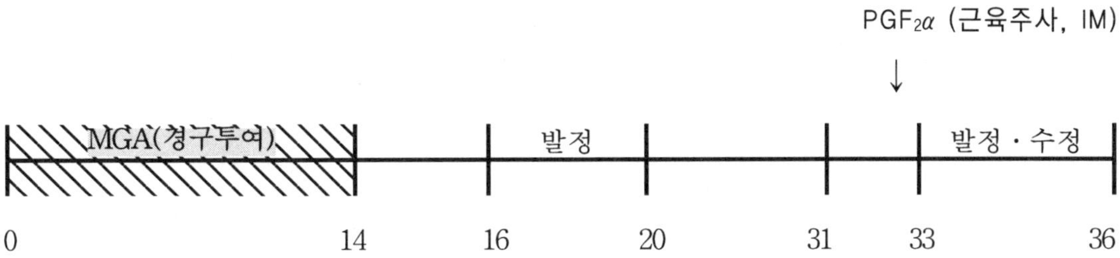

그림 2. MGA의 경구투여와 $PGF_{2\alpha}$ 투여를 병용한 소의 발정동기화 프로그램

2.3 합성황체호르몬의 피하삽입법

합성황체호르몬을 흡착시킨 실리콘고무나 펠렛상의 호르몬을 피하에 일정기간동안 삽입한 후 제거하면 높은 발정동기화를 기대할 수 있다.

Norgestomet implant(이식물)를 소의 피하에 매몰해서 일정기간 정치한 후에 제거함으로써, 발정을 동기화하는 방법이며(그림 3), 양호한 발정동기화율과 수태율을 얻기 위한 방법으로 서, norgestomet(6㎎) implant를 피하에 매몰함과 동시에 estradiol(5㎎)과 norgestomet(3㎎)을 근육주사해서 9일후에 implant를 제거하는 프로그램이 제시되고 있다. Implant제거후 5일이내에 90%이상의 소가 발정이 보이며, 65%의 소에서 제거후 24~48시간의 짧은 시간대에 발정이 집중된다는 보고도 있다.

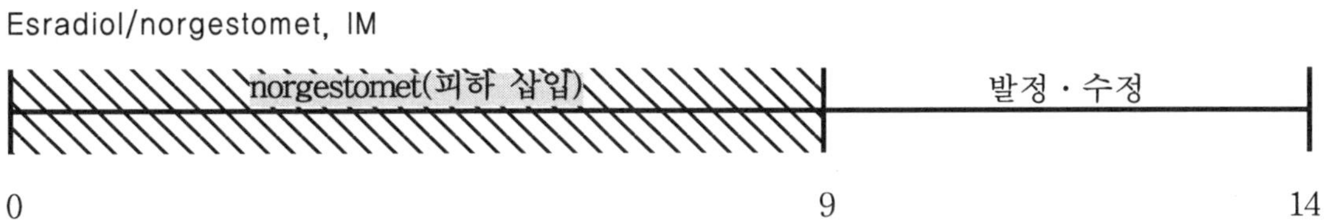

그림 3. norgestomet의 피하삽입과 estradiol 투여를 병용한 소의 발정동기화프로그램

2.4 합성황체호르몬의 질내삽입법

면양과 소 등에 사용하는 방법으로 $PGF_2\alpha$(prostaglandine$F_2\alpha$)의 단점을 보완하기 위해 질내삽입형 황체호르몬투여기구인 스폰지나 실리콘 고무에 황체호르몬을 흡착시킨 것, 즉 약간 원통상의 구조물 프리드(PRID: progesterone releasing intravaginal device), 최근 프리드보다도 더욱 실용적으로 우수한 신제품인 질내삽입방치형인 시더(CIDR)등을 질내에 일정기간동안 삽입하면 황체호르몬이 질점막내로 흡수가 되어, 혈중 황체호르몬이 일정농도이상으로 유

지되어, 이를 제거하면 급격하게 농도가 저하되어 난포가 발육하여 일시에 집중적으로 발정이 발현된다(그림 4). 질내에 삽입방치에 의한 황체호르몬투여는 소의 불쾌감도 적고 안전하고 확실한 잇점이 있다.

실제에서는, CIDR단독 또는 estradiol benzoate를 함유한 capsule(독일명: Kapsel; CIDIROL)이나 $PGF_{2}\alpha$와 아울러 사용되고 있으나(그림 5), 발정은 일반적으로 CIDR제거후 36~96시간에 발현한다. CIDR을 사용하였을 때, 발정발현율은 66.7%였으며(표 3), 이러한 CIDR 처리 효과를 늘이기 위해서는 14개월령 이상 빈우를 공시하는 것이 효과적이다(표 4).

CIDR은 발정동기화뿐만 아니라, 난포발육장애등에 의한 무발정의 치료에도 CIDIROL이나 PMSG와의 병용으로서 응용이 가능하다.

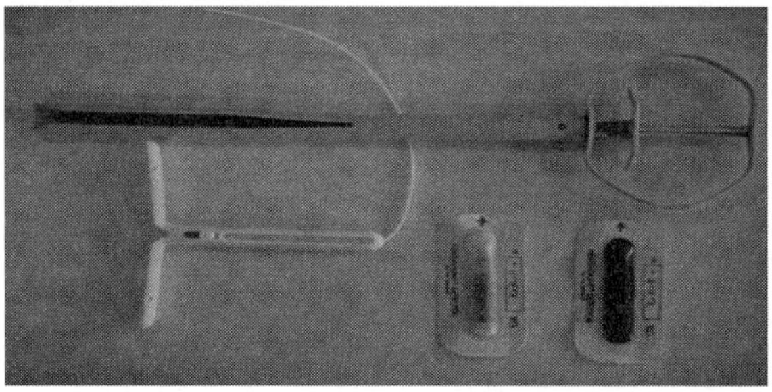

그림 4. 시더(CIDR)와 카마르(Kamar)

또한 수정란 이식에 의한 과배란유기시의 Dominant follicle(10㎜이상의 난포)의 control에도 응용이 가능하며, 금후에도 광범위한 응용이 기대된다.

표 3. CIDR질내 잔류율 및 발정발현율

CIDR 질내 잔류율	45/51(88.2%)
발정발현율	30/45(66.7%)
발정발현율(총)	30/51(58.8%)

(Hayakawa 등, 1998)

표 4. CIDR 삽입월령에 따른 발정발현율

14개월령>	3/9(33.3%)[a]
14 ~ 16개월령	8/10(80.0%)[b]
16개월령<	18/25(72.0%)[b]

(Hayakawa 등, 1998)/ a, b : 유의차가 있음($P<0.05$)

2.5 황체기능의 조절방법

발정주기중의 황체를 인위적으로 퇴행시켜 난포의 발육과 배란을 기대하는 방법이 있는데, 프로스타그란딘(PGF$_{2\alpha}$)투여에 의한 황체퇴행의 유도는 현재 가장 많이 실시되고 있는 발정동기화방법이다. 황체의 수명을 인위적으로 단축 또는 연장시켜서 우군전체암소의 황체의 퇴행시기를 일정하게 하여 난포의 발육과 배란이 일시에 일어나게 한다. 과거에는 황체를 제거하는 방법이 이뤄져왔으나, 현재는 자궁을 자극하는 방법 및 PGF$_{2\alpha}$투여법이 이뤄지고 있다.

2.5.1 자궁자극법

소의 자궁내에 옥도(Iode)제재를 주입해서 자궁점막에 염증성자극을 주면 황체 초기에 주입한 소에서는 황체가 퇴행해서 발정주기가 단축되고, 황체후기에 주입한 소에서는 황체의 퇴행이 지연되어 발정주기가 연장되고, 기타 시기에 주입한 소에서는 변화가 일어나지 않는다. 그 기전은 자궁내막으로부터 PGF$_{2\alpha}$가 방출되어 황체초기의 경우는 황체가 조기에 퇴행하고, 황체후기에서는 반대로 퇴행이 지연된다. 결국, 황체기자궁에 옥도제재를 주입하면 처치후 6~11일의 사이에 집중해서 발정 및 배란이 일어나고, 이때 수정을 실시하여 수태가 가능하다. 옥도제재의 자궁내 주입으로 자궁자극법을 통한 발정동기화법은 황체기의 소에 한정되나, 호르몬투여에 의한 방법에 비해서 경비와 시간절감이 가능한 이점이 있다.

2.5.2 PGF$_{2\alpha}$ 투여법

PGF$_{2\alpha}$를 투여하면, 대다수의 동물(Rat, Guinea pig, 면양, 소, 말, 돼지 등)에서 황체의 황체호르몬분비의 저하 및 황체의 퇴행이 일어난다. PGF$_{2\alpha}$는 황체를 퇴행시키기 위해서는 황체기에 있거나 난소에 기능성 황체조직이 존재할 경우에 사용하지 않으면 효과는 없다.

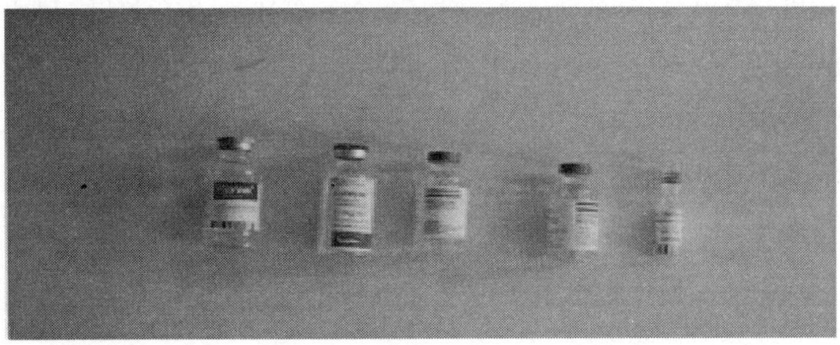

그림 5. 시판용 프로스타그란딘(prostaglandine F$_{2\alpha}$)과 에스트로겐(estrogen)의 종류

또한 $PGF_{2}α$는 발정동기화효율은 높으나, 발정시 인공수정에 의한 수태율은 낮으나, 발정발현기가 2~3일간으로 다양하기 때문에 발정 발견관찰의 미숙으로 사료된다. 따라서 소에서는 배란후 5~16일 사이에 투여하면 효과가 있으나, 발정주기(황체기 후기)11~15일이 발정주기 6~9일(황체기 초기)에 투여하는 것보다 수태율이 높다.

$PGF_{2}α$는 가축에 있어서 기능적인(개화기)황체를 퇴행시켜 발정을 유도하는데, 소, 말, 면양 및 산양에서는 배란후 4일간은 $PGF_{2}α$를 투여해도 황체의 반응성은 낮고, 퇴행이 어려우나, 배란 후 4~5일째 이후에 투여하게 되면, 황체는 퇴행한다. 돼지에서는 $PGF_{2}α$에 대한 반응성이 낮은 기간은 배란부터 약 12일 간으로 현저하게 길고 황체퇴행작용이 보이는 것은 겨우 수일이기 때문에 $PGF_{2}α$에 의한 발정동기화법은 실용적이지 않다. 황체 개화기의 소에 $PGF_{2}α$를 투여하면 혈중 progesterone농도는 급속하게 감소하기 시작하여 24시간이내에 최소수치(=0)까지 저하한다. 황체의 직경은 $PGF_{2}α$투여후 3~4일간은 서서히 감소한다. 소에 있어서 $PGF_{2}α$의 투여로부터 발정발현까지의 시간은 투여시의 발정주기의 시기나 난포의 발육정도 등에 따라 좌우되며, 황체개화기의 젖소에 $PGF_{2}α$를 1회 투여하면 대부분은 2~6일후에 발정이 관찰된다. 발정주기의 7일째와 16일째(난포발육 wave 도중)에 투여하게 되면 30%미만의 소밖에 발정을 나타내지 않고, 게다가 투여로부터 발정까지의 일수는 4~5일의 개체가 가장 많은 것으로 보고되고 있다.

천연형의 $PGF_{2}α$제재로서는 dinoprost이, 유사체로서는 cloprostenol, fenprostalene, etiproston 등이 있으나, 유사체는 천연형에 비해 혈중 반감기가 길기 때문에 황체퇴행에 필요한 용량은 적다. 예로서 소의 경우 dinoprost은 25㎎을 cloprostenol은 0.5㎎을 근육주사한다. 또한 $PGF_{2}α$는 국소성이 강하고 황체가 존재하는 난소에 주입하면 용량이 적어도 효과가 있고, 황체 존재측의 자궁각, 자궁체, 자궁경관 및 질내 주입은 순서대로 용량을 증가시켜야 효과적이다. 그러나, 생식기내(난소, 자궁 등)에의 직접투여는 기구의 소독이나 투여방법이 복잡하기 때문에 근육내 주사가 일반적으로 행해지고 있다. $PGF_{2}α$의 소 자궁내 주입의 최소유효용량은 2㎎, 근육내주사의 최소 유효용량은 8㎎이나 일반적으로 15~30㎎를 투여하고 있다.

소에 $PGF_{2}α$의 투여후 황체는 급속히 퇴행해서 혈중progesterone농도가 저하되고, 황체의 퇴행에 따라 난포가 발육하면서 48시간후에 발정이 집중적으로 발현된다. $PGF_{2}α$의 단독 투여시 발정주기가 반복되고 있는 소에 사용하지만 $PGF_{2}α$에 반응하는 변이가 커서 인공수정시기가 달라진다. 발정주기가 다른 많은 소의 발정을 동기화하기 위해서는 $PGF_{2}α$를 11일 간격으로 2회 투여하는데 1회 투여시에 황체초기의 소가 포함되어 있기 때문에 황체가 퇴행한 경우에도, 2회째의 투여시에 황체개화기로 되어 모든 소에서 황체가 퇴행한다. 발정발현은 투여후 48~72시간에, 배란은 54~96시간에 일어나며, 인공수정은 오전/오후법칙에 의거 실시한다.

2.6 황체의 용수제거법

소의 경우는 직장검사법으로 난소기질과 황체의 경계부위를 강하게 압박해서 황체를 난소로부터 분리하고, 제거한 부분을 강하게 눌러 지혈을 한다.

황체를 제거한 수일에 발정이 발현되나, 황체 제거 후 출혈 과다로 인한 난소유착이 일어나 거의 사용이 되지 않고 있다.

2.7 Estradiol 투여법

에스트라디올(estradiol valerate) 5㎎을 황체 초기 및 개화기의 소에 근육내 투여하게 되면, 초기에서는 80%의 소에 있어서 4~12일(평균 8.2일)후에, 개화기에서는 90%의 소에 있어서는 2~8일(평균 6일)후에 황체는 퇴행한다.

따라서 황체초기에서는 60%의 소에서 8~14일(평균 11.3일)후에, 개화기에서는 90%의 소에서 2~9일(평균 6.2일)후에 발정이 발현된다. 이때, estradiol은 자궁으로부터 $PGF_{2}α$의 방출을 촉진시킴으로써, 황체퇴행이 유발하는 것으로 사료된다. 단, 황체후기에 estradiol처치를 하게 되면, 난소낭종이 높은 비율로 발생된다.

2.8 $PGF_{2α}$ 유사체 Ethyprostrone 투여법

$PGF_{2}α$ 및 그 유사체 dinoprost, trometamine dinoprost, cloprostenol 및 phenprostalene등이 시판되어 임상적으로 광범위하게 응용이 되고 있다.

최근, France에서 개발된 $PGF_{2}α$유사체 ethyprostrone에 관해서도 그 검토가 이뤄지고 있다. Ethyprostrone은 소에서의 황체퇴행효과를 나타내기 위해서는 5㎎이상이기 때문에, 이 황체퇴행작용은 종래 Dinoprost의 5배정도이다. 최근 Nakao등이 ethyprostrone 2.5㎎, 5㎎ 및 10㎎과 placebo를 11일 간격으로 2회 근육주사했다.

본제 투여후 3일이내의 황체퇴행율과 6일이내의 발정유기율은 2.5㎎투여군에서는 저조하였으나, 5㎎ 및 10㎎투여군에서는 각각 75% 및 80%와 83% 및 88%로 양호하였다.

또한, 소위 기능성황체를 가지는 무발정예에 대해서도 똑같이 본제 투여량별의 치료시험을 행하였던 바, 황체퇴행율과 발정유기율은 5㎎ 및 10㎎투여군에서, 각각 64% 및 100%와 67% 및 71%로 양호하였다.

이와 같이 이 약제는 소에서 황체의 퇴행과 발정의 유기에 있어서 종래의 $PGF_{2}α$ 및 유사제재와 같이 응용이 가능하여 $PGF_{2}α$제재의 선택폭이 넓다고 말 할 수가 있다.

2.9 발정동기화프로그램

2.9.1 GnRH와 $PGF_{2\alpha}$ 병완

소에서 성선자극호르몬방출호르몬(GnRH)와 $PGF_{2}\alpha$를 이용하는 발정동기화 방법은 가장 최근에 개발된 방법으로, 모든 소에 대해 GnRH을 주사후 7일째 $PGF_{2}\alpha$을 주사한다(단, 처녀우에서는 사용을 권장하지 않고 있다).

발정발현은 $PGF_{2}\alpha$주사후 24시간부터 개시하여 5일내에 오며, 허용발정발견 10-12시간후 인공수정한다(그림 6, 7)

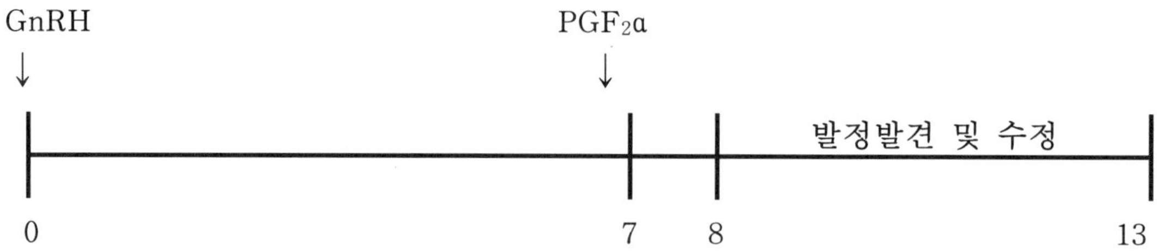

그림 6. 발정동기화 권장프로그램

1. 수정적기 (50-60일) 수의사 검진 ↑	기능성황체 비존재소는 재차 검사	
2. $PGF_{2}\alpha$처치 (기능성 황체있는 소) ↑	발정관찰 인공수정	무발정우는 다음기회 재차 검사
1일	2일	5일

그림 7. 난소촉진에 의한 발정동기화 프로그램

2.9.2 시더(CIDR:EAZI-BREED ™ CIDR PLUS)단용 및 $PGF_{2\alpha}$ 병용

시더에는 progesterone 1.9grams과 oestradiol benzoate 10mg이 함유되어 있다.

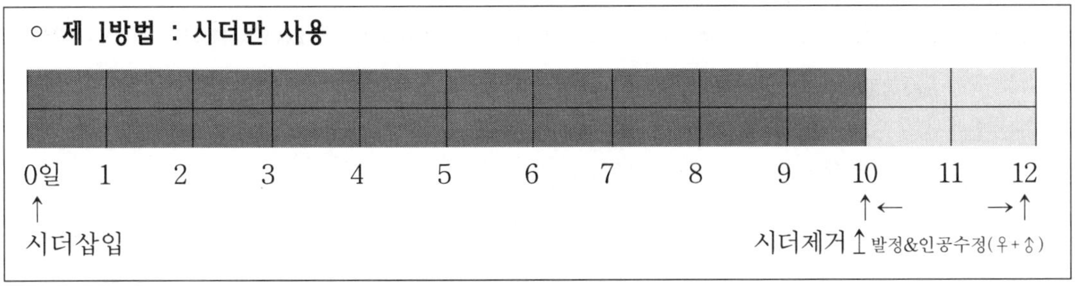

그림 8. CIDR만 사용하는 처치 모식도

그림 8에서처럼 경산우의 경우 시더제거후 48~52시간에 계획수정(Fixed Time Insemination) 한다.

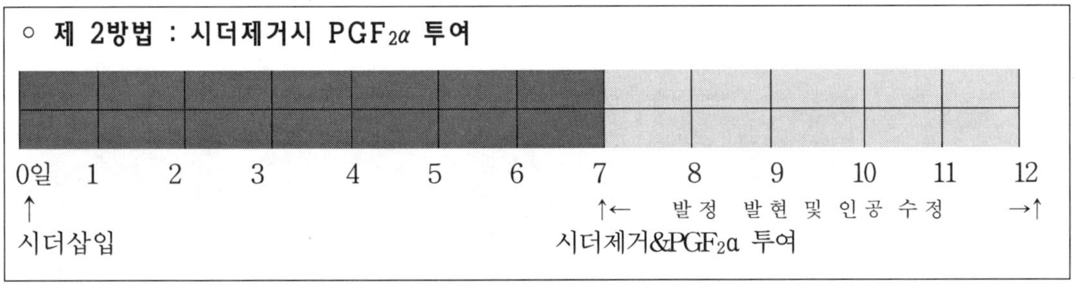

그림 9. CIDR와 PGF2α 의 병용처치 모식도

한편 CIDR의 발정발현 효율을 높이기 위해, 착유우에서 시더제거시 $PGF_{2}\alpha$를 투여하면 발정발현율이 59%였다.

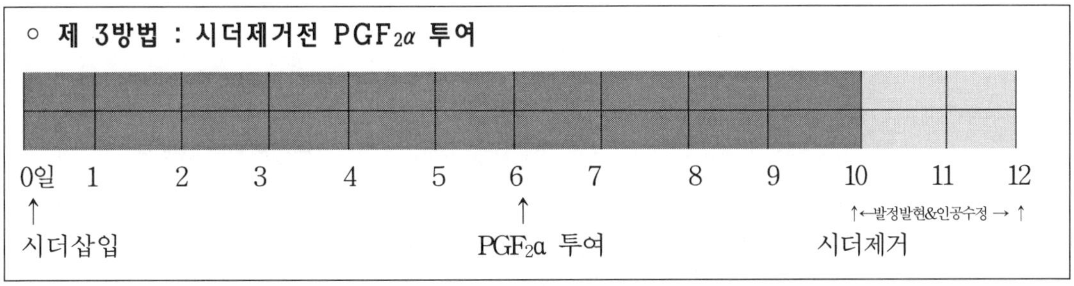

그림 10. CIDR제거전 PGF2α 처치 모식도

한편, 포유 비육우에서 시더제거전에 $PGF_{2}\alpha$ 를 투여하면 시더제거후 36~96시간에 전두수에서 발정이 발현된다.

2.9.3 프리드(PRID:Sanofi; Progesterone Releasing Intravaginal Device)

프리드에는 progesterone 1.55g과 oestradiol benzoate 10mg이 함유되어 있으며(그림 11), 프리드삽입순서는 그림 12와 같다. 프리드제거후 발정발현율이 75%였으며, 프리드제거후 평균 56시간(48~72시간:계획수정)에 발정이 발현된다.

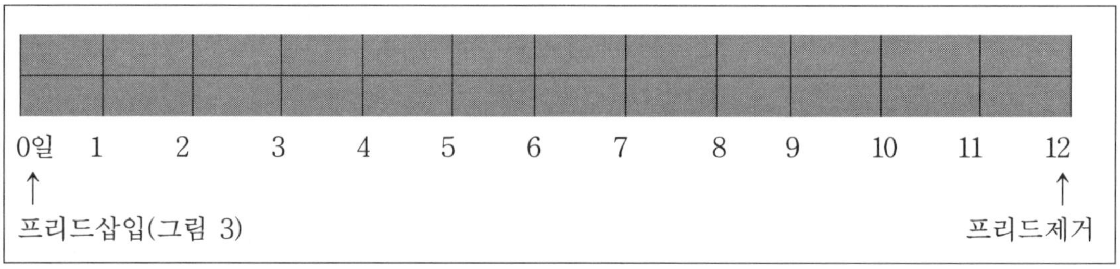

그림 11. 프리드 처치 모식도

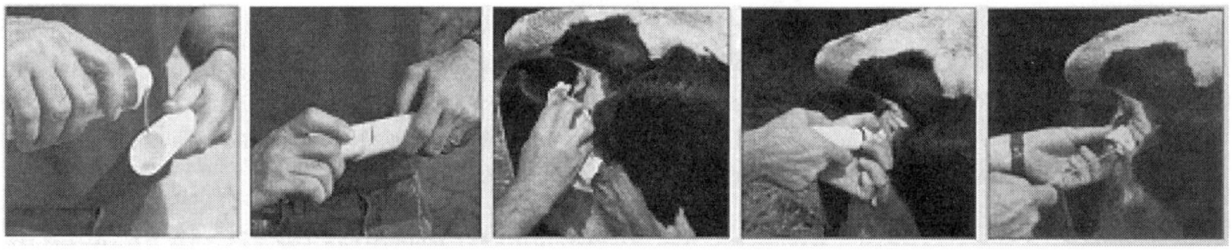

그림 12. 프리드(PRID)삽입순서

2.9.4 프리드와 PGF$_{2\alpha}$ 병용(Birnie 등, 1997)

프리드제거전에 PGF$_{2}$α를 주입한 경우 PRID제거후 평균 56시간에 발정이 발현되며(그림 13), 따라서 48~72시간째에 계획수정을 실시한다.

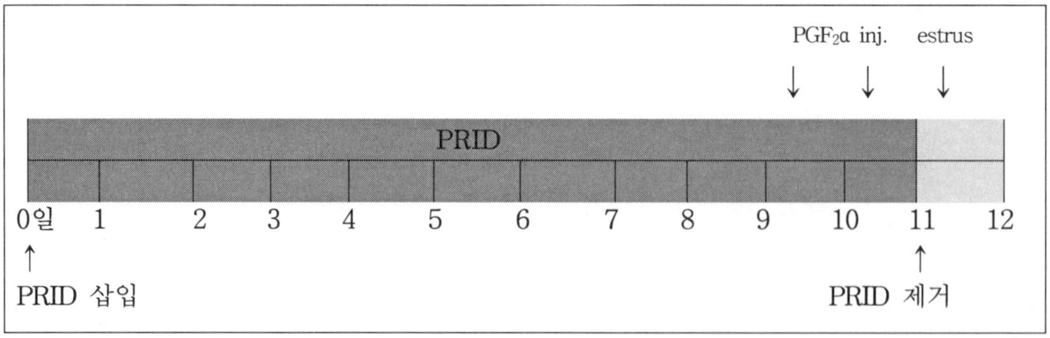

그림 13. 프리드와 PGF2α 병용처치 모식도

2.9.5 ENZ, $PGF_{2}\alpha$ 및 시더 병용(Ryan 등, 1995)

○ EBZ와 $PGF_{2}\alpha$ 병용

Estradiol benzoate(EBZ) 10㎎을 주사한 다음 48시간 후에 $PGF_{2}\alpha$를 주사하면(그림 14), 첫수정수태율이 57.2%였다.

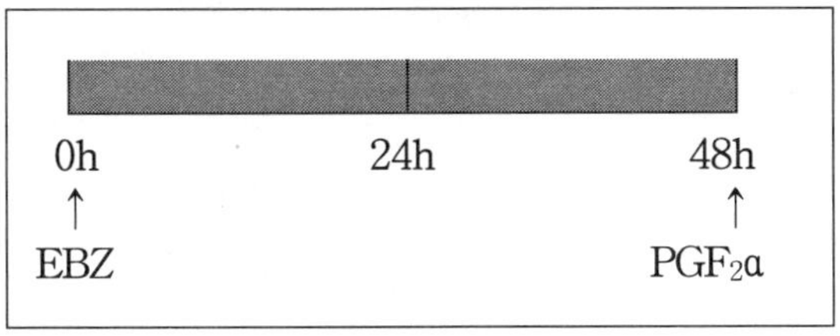

그림 14. EBZ와 PGF2α 병용처치 모식도

○ 시더와 $PGF_{2}\alpha$ 병용

시더제거시 $PGF_{2}\alpha$를 동시에 주사하면(그림 15), 발정발현율이 85%였고, 첫수정수태율은 46.6%였다.

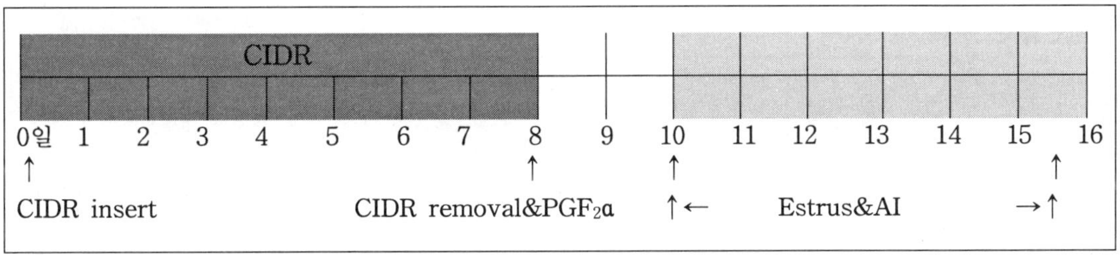

그림 15. CIDR와 PGF2α 병용처치 모식도

○ 시더와 EBZ 병용

CIDR와 EBZ 10㎎을 동시에 처리하고 시더를 제거한 경우 발정발현율은 75.9%였고, 첫수정수태율은 60.5%였다.

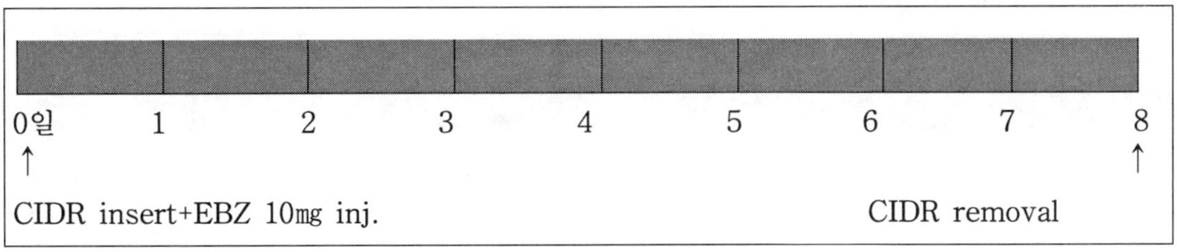

그림 16. CIDR와 EBZ 병용처치 모식도

○ **시더와 GnRH 병용**

CIDR와 GnRH(buserine)10㎍을 동시에 처리하고(그림 17) 시더를 제거한 경우 발정발현율은 88.5%였고, 첫수정수태율은 57.9%였다.

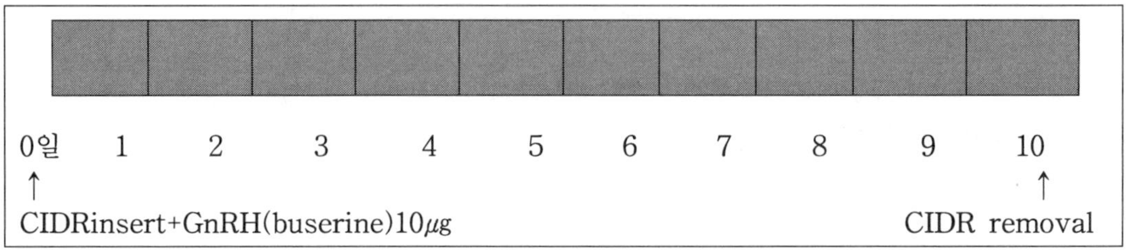

그림 17. CIDR와 GnRH 병용처치 모식도

한편 대조구는 첫수정수태율이 60.1%였으며, 발정후 8일째에 $PGF_2\alpha$를 주사하고 발정발현시 첫수정수태율은 60.9%였다.

2.9.6 MGA와 $PGF_2\alpha$ 병용(Coleman 등, 1990)

○ **MGA와 $PGF_2\alpha$ 병용**

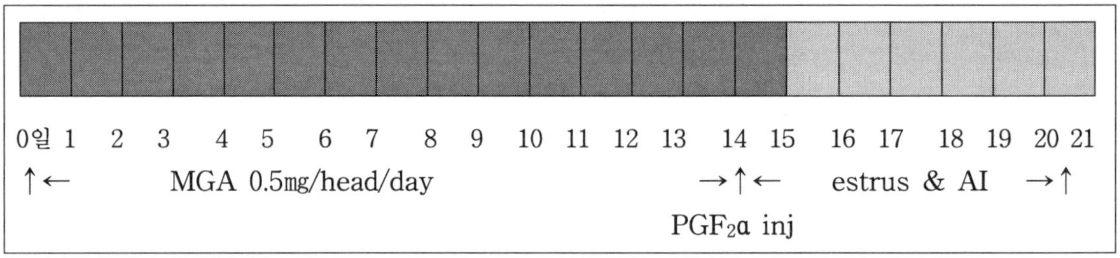

그림 18. MGA와 PGF2α 병용처치 모식도

MGA처리후 $PGF_2\alpha$를 처리하였던바(그림 18), 수태율은 57.1%였다.

○ **$PGF_2\alpha$ 2회 사용**

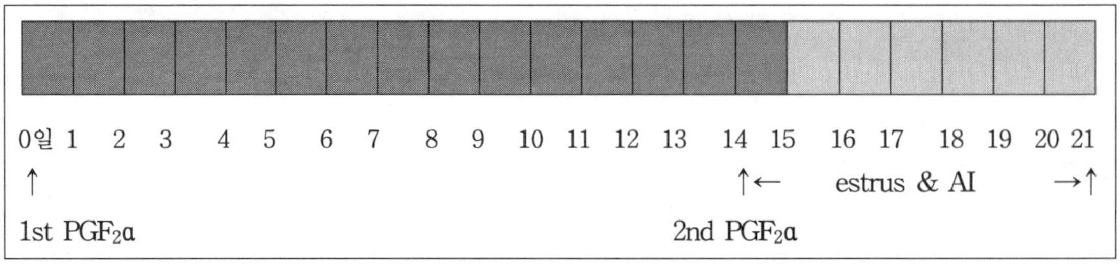

그림 19. PGF2α 2회 처치 모식도

PGF$_2α$를 2번에 걸쳐 주사하였더니(그림 19), 수태율은 78.3%였으나, 한편, 대조구의 수태율은 31.8%였다.

2.9.7 PGF$_{2α}$ 와 GnRH 병용(Leblanc 등, 1998)

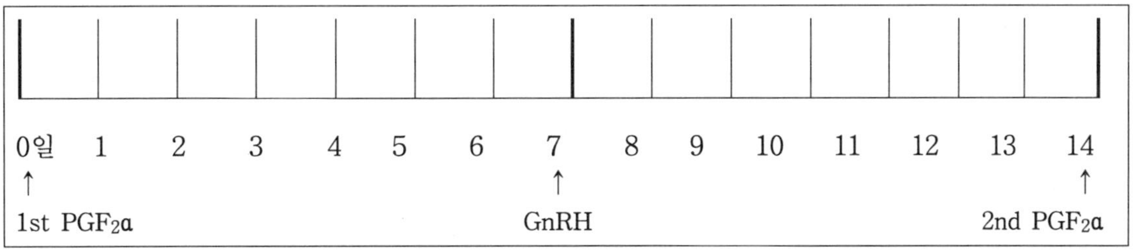

그림 20. PGF2α 와 GnRH 병용처치 모식도

PGF$_2α$를 2회 처리하는 중간에 GnRH를 처리한 경우(그림 20), 발정발현율과 첫수정수태율이 향상되었다.

3. 배란동기화의 방법

소의 배란동기화의 일반적인 방법은 호르몬처치(GnRH, 또는 estradiol과 progesterone질내삽입제의 병용)에 의해, 성숙난포를 배란 또는 폐쇄시켜 새로운 난포발육파(wave)를 발생시킨다. 선발된 우세난포가 어느 정도 발육한 시기에 혈중 progesterone농도를 감소시켜(PGF$_2α$, progesterone 질내삽입제의 제거와 PGF$_2α$의 병용) 우세난포를 성숙시킨다. 배란유도처치(GnRH, estradiol)를 하여 성숙난포를 짧은 시간내에 배란시킨다. 배란유도처치후 정시에 인공수정을 한다.

3.1 Ovsynch 법

최초로 개발된 배란동기화법으로 먼저 GnRH유사제(fertiren acetate : 100μg, IM)를 투여하고, 7일후에 PGF$_2α$를 투여한 다음 2일후에 GnRH유사제를 투여하는 방법이다(그림 21).

배란은 2회째 GnRH유사제 투여로부터 24~32시간후에 나타나기 때문에 인공수정은 투여로부터 16~20시간후에 실시한다.

이 방법에 의한 정시수정의 수태율은 발정주기의 유무나 시기에 따라 변하며, 배란후 및 황체퇴행전의 수일간이나 난소가 정지하여 있는 상태에서는 저하한다고 보고되고 있다.

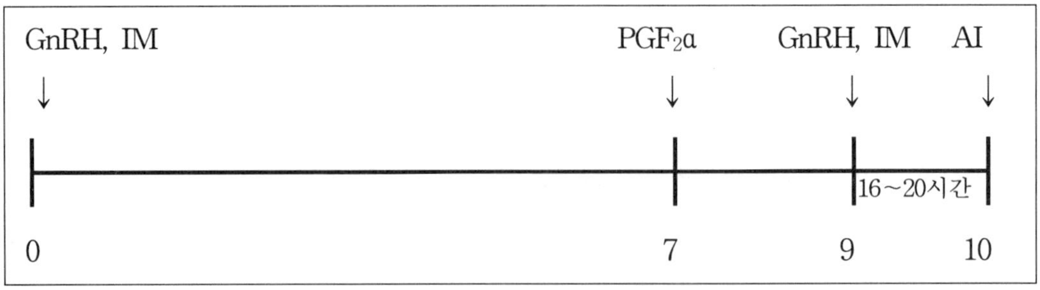

그림 21. GnRH와 PGF2α 병용처치 모식도

3.2 Gestagen과 다른 제재와의 병용법

Progesterone방출질내삽입제에 estradiol(또는 GnRH 유사제)와 PGF$_{2}$α를 병용하는 방법이 제시되고 있다(그림 22). 그 하나로 CIDR의 삽입과 동시에 안식향산 estradiol(1~2㎎, IM)을 투여해서, 7일후에 CIDR를 제거하여(제거시 PGF$_{2}$α투여), 제거 다음날에 다시 안식향산 estradiol(0.5~1㎎, IM)을 투여하는 방법이 보고되고 있다. 이 경우 인공수정은 2회째의 안식향산 estradiol투여로부터 28~36시간후에 실시한다.

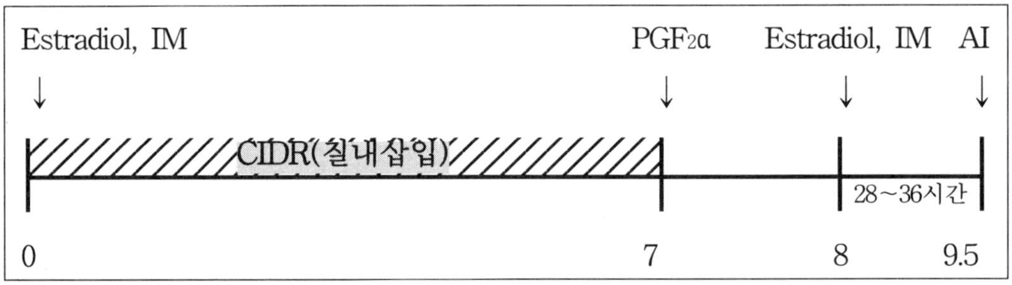

그림 22. E$_{2}$, CIDR 및 PGF2α 병용처치 모식도

제 9 장

소 인공수정과 효율화 방안

Ⅰ 서론

1. 인공수정 장단점
2. 인공수정 현황
3. 인공수정 전망

Ⅱ 인공수정 과정

1. 종모우의 선발과 관리
2. 정액의 채취
3. 정액의 검사 및 평가
4. 정액의 희석
5. 정액의 보존
6. 정액의 주입

Ⅲ 인공수정 효율화 방안

Ⅰ 서론

가축의 경제성을 증진시키기 위하여 많은 방법들이 개발되었고 또한 놀라운 진전이 있었지만, 약 반세기의 짧은 기간 동안 인공수정(AI, Artificial Insemination)만큼 세계적인 규모로 가축의 유전적 개량에 공헌한 기술은 없다.

가축의 개량을 위해 경제능력이 뛰어난 소수의 웅축으로부터 생산한 정액을 매년 수 천 두의 암컷에 인위적으로 주입하여 임신을 유도하고 있다. 이러한 인공수정을 효율적으로 수행하기 위해서는 생식기관과 생식세포 및 번식생리에 대한 충분한 지식(Anatomy and Physiology of Reproduction) 뿐만 아니라, 발정관찰(Estrus Detection), 발정주기동기화(Estrus Synchronization), 동결정액제조(Frozen Semen Handling), 번식관리(Reproductive Management) 관련 기술과 경험이 요구된다.

1. 인공수정 장단점

인공수정은 수정(fertilization)을 목적으로 웅축으로부터 정액을 채취하여 빈축의 생식기에 인위적으로 정액을 주입하는 과정으로, 정액의 채취, 평가, 희석, 보존 및 정액의 주입 과정으로 구성된다. 이러한 인공수정은 다음과 같은 중요한 가치를 내재하고 있다.

첫째, 한 마리의 종모우로 부터 채취한 정액을 다수의 빈우에 인공수정 할 수 있다. 예로서, 자연교미로 임신을 유도하는 경우 인접한 우군의 종모우만을 이용할 수 있으며 1년에 50두 이하의 빈우와 교미가 가능하다. 뿐만 아니라 방목 사양되는 우군에서는 한 종모우가 보통 한 계절에 25에서 30두 이하의 송아지만을 생산할 수 있다. 그러나 동결정액을 이용하여 인공수정 하는 경우 1년에 수천 두의 송아지를 생산할 수 있다.

둘째, 인공수정은 거의 동시에 많은 딸 소를 생산할 수 있기 때문에 딸 소의 능력을 종합 평가하여 종모우의 경제능력을 조기에 판정할 수 있다. 이러한 후대검정을 통하여 선발한 우수한 종모우를 이용하여 유전적 개량을 증진시킬 수 있다.

셋째, 번식우 농가에서 종모우를 보유함으로서 유발되는 사양관리비와 위험을 줄일 수 있다. 특히 육종 농가들은 인공수정을 이용함으로서 종모우를 보유하는 것보다는 싼 비용으로 우수한 종모우를 이용할 수 있다.

넷째, 정액을 이용한 인공수정은 자연교미시 예상되는 종모우의 이동에 따른 수송비용을 절감시킬 수 있으며, 특히 안전하게 원거리까지 수송할 수 있다.

다섯째, 자연교미에 비하여 인공수정에서 높은 수태율을 얻을 수 있다. 정규적인 검사로 일시불임 수소와 비정상적인 생식기관을 가진 암소를 조기에 발견하여 수정에서 제외함으로서 수태율을 높일 수 있다. 특히 개체관리가 가능하여 번식관리를 효율적으로 수행할 수 있다.

여섯째, 위생적으로 인공수정을 실시하여 자연교미에 의해 전파가능한 전염병을 예방할 수 있다. 특히, 자연교미시 예상되는 비브로시스(Vibriosis), 트리토모나시스(Trichomoniasis), 질염(Vaginitis), 레토스피로시스(Leptospirosis), 브루세로시스(Brucellosis), 결핵(T.B) 등 전염성 질병의 전파 위험이 현저하게 감소된다.

일곱째, 경제능력이 뛰어나지만 음경기형, 질병 또는 승가기피로 인하여 자연교미를 할 수 없거나 저정자증으로 정액에 이상이 있는 수소 또는 크고 무거운 수소에 의해 교미시 상처를 입기 쉬운 어린 처녀우나 작은 암소에서 송아지를 얻을 수 있다.

여덟째, 동결정액을 이용하는 경우 종모우가 죽은 후 인공수정으로 후손을 생산할 수 있다. 또한 동시에 발정을 유도한 다수 빈우의 계획번식을 위해 인공수정을 이용할 수 있다.

이외에도 인공수정을 통하여 축산업에 참여하는 농가의 공동체 의식을 유발할 수 있으며, 번식생리를 연구하는 수단으로서 이용할 수 있다.

이상에서 언급한 바와 같이 인공수정은 많은 이점을 내재하고 있으나, 이에 못지않게 인공수정은 일부 단점을 가지고 있다. 무엇보다 종축의 수적 감소로 인하여 종축관련 산업이 위축된다. 또한 종모축의 선발이 부적절할 때 열등유전형질의 전파로 인한 유전적 개량을 역행할 수도 있다. 비위생적인 인공수정으로 인하여 오히려 질병의 전파가 가능하다. 그러므로 인공수정은 건강한 종모우의 선발, 세심한 정액의 처리 및 위생적이고 적절한 시술 등이 요구한다.

이외에도 인공수정은 숙련된 기술과 기구 및 시설이 요구되며, 자연교미에 비해서 수정에 많은 시간이 소요된다. 특히 방목하고 있는 축종에 이용하기 곤란하다. 축군의 개량을 위하여 암소개체기록, 번식과 분만날짜기록, 발정시 수정사요청기록 등의 번거로움을 준다. 따라서 이러한 단점을 보완하기 위해서는 숙련된 기술자가 수정적기를 파악하고 적절한 시술을 하여야 한다.

2. 인공수정 현황

인공수정은 Van Hammen(1677)이 최초로 정액에서 정자를 발견한 이래, Spllanzani(1780)이 인공수정에 의해 처음으로 강아지를 생산하였다. 가축의 인공수정과 관련하여 Hoffman(1890)은 최초로 우유를 이용 말 정액을 희석하였으며, Ivanof(1907)는 말, 가금, 면양 및 소에게 인공수정을 실시하였다. Polge와 Rowson(1952)이 글리세롤을 이용 소 정액을 동결 보존하게 되면서 부터 동결정액을 이용한 인공수정이 산업화 단계에 이르게 된다.

우리나라에서는 이용빈(1937)에 의해 최초로 인공수정기술이 소개되었으며, 1955년 처음으로 돼지에게 인공수정이 시도되었고, 다음해 이용빈에 의해 소 동결정액의 기술이 보급되었다. 가축개량을 위한 인공수정의 역할이 강조되면서 국가적인 단체가 생겨나기 시작하였는데,

1936년 덴마크에서 가축인공수정협회가 처음으로 창립되었으며, 우리나라에서는 1961년 농사원 축산부 가축과 내에 인공수정계 설립되었고 1962년 농협중앙회내 가축인공수정소가 설치되어 액상정액을 이용한 인공수정이 처음으로 실시되었다.

같은 해 축산시험장내 인공수정계가 설치되었고 1968년 국립종축원이 설립되었다. 현재 축협중앙회 산하 유우개량사업소와 한우개량사업소에서 인공수정을 통한 가축개량에 힘쓰고 있다.

이와 같이 선진국에 비해 인공수정의 보급이 늦었으나 최근 인공수정 보급율이 꾸준하게 증가하여 상당한 수준에 이르렀다. 최근 농림부 국립 축산과학원에서 발간한 가축개량관련자료(2006 발간등록번호 11-1390271-000034-10)를 참고하여 우리나라의 소 인공수정 현황을 살펴보고 앞으로의 인공수정의 발전방향을 예측코자 한다.

2.1 인공수정용 종모우 보유현황

한우 등록우 수는 1981년 68두였으며 이후 점차 증가하여 1984년 198두로 정점에 이른 후 감소하여 1993년에는 16두로 감소하였고 1994년부터 등록우는 인공수정에 사용되지 않았다. 한편 한우 보증종모우는 1987년 18두였으며, 이후 증가하여 1994년 100두로 정점에 도달한 후 감소하다가 2006년 55두로 안정적 두수를 유지하고 있다(그림 1).

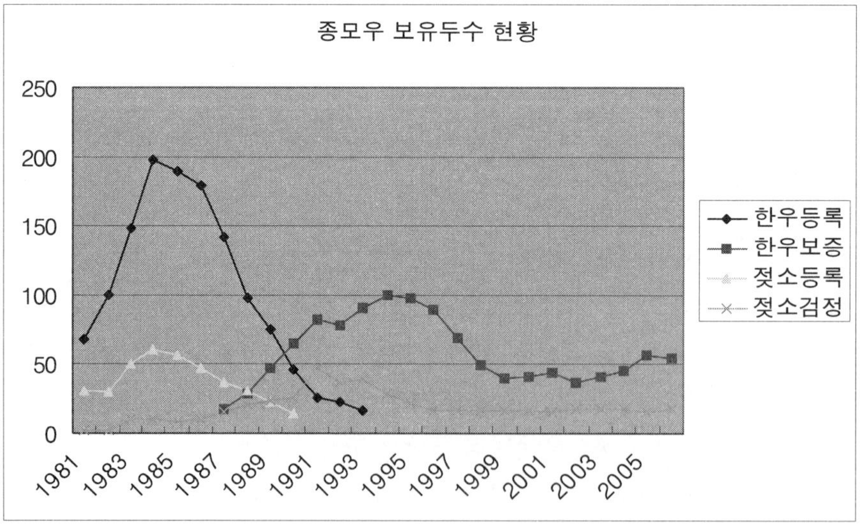

그림 1. 년도별 한우 및 젖소 종모우 보유두수

젖소 등록우 수는 1981년 31두였으며 이루 증가하여 1984년 61두로 정점에 이른 후 점차 감소하여 1990년은 14두로 감소하였으며, 1991년부터 등록우는 인공수정에 사용되지 않았다. 젖소 보증종모우는 1981년 2두로 시작하여 꾸준히 증가하다가 1993년 39두로 정점에 도달한 후 감소하다가 2006년 17두로 안정세를 유지하고 있다(그림 1).

2.2 인공수정을 위해 년도별 정액공급량

한우 및 젖소의 인공수정을 위해 공급된 정액량은 1974년 165,119두분으로 매우 적었으나 이후 꾸준히 신장하여 1985년 2,292,463두분에 이르렀으나, 이후 감소하여 1986년에는 1,732,936두분으로 감소하였다. 이후 다시 증가하여 1996년에는 최고치인 3,350,281두분에 이르렀으나, 1997년부터 감소하여 2000년에는 1,705,660두분으로 감소하였으며, 이후 다시 증가하면서 2006년 현재 2,552,854두분에 이르고 있다(그림 2).

한우정액의 경우 인공수정용 정액 공급량은 1974년 116,454두분이었으며 이후 점차 증가하다가 85년 1,504,294두분으로 신장하였고, 이후 일시 감소 후 다시 증가하여 1996년 2,445,310두분으로 급격히 증가하였으나 1997년부터 급격히 감소하여 2000년에는 874,020두분의 공급으로 감소하였다, 이후 다시 증가하여 정액공급량은 2006년에 1,801,860두분으로 증가하였다(그림 2).

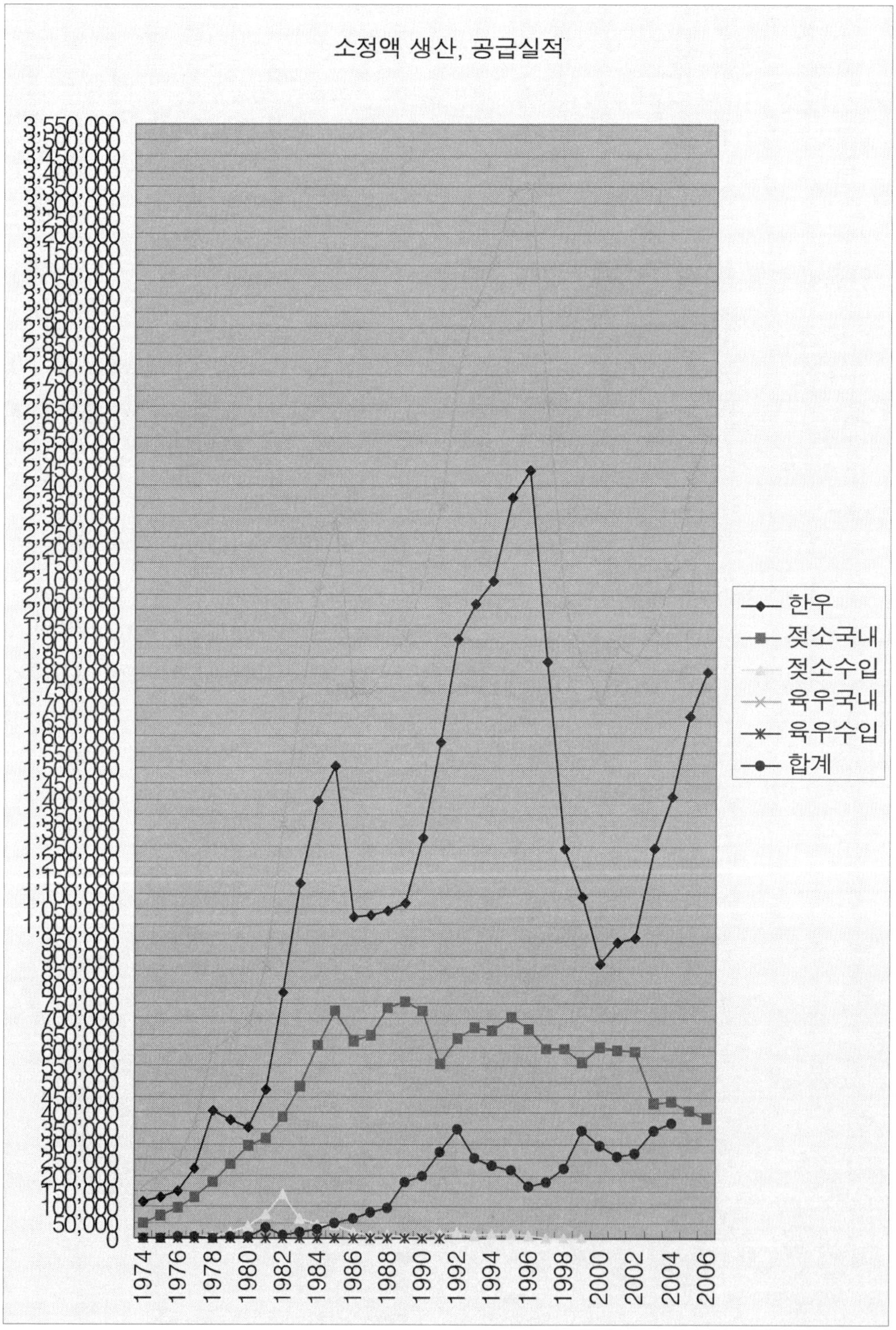

그림 2. 년도별 한우 및 젖소 인공수정용 정액의 공급량

2.3 가축인공수정소 및 수정사 현황

인공수정소는 1982년 837개소로 시작하여 1997년에는 2113개소로 증가하였으나 이후 감소하여 2006년에는 1429개소가 운영되고 있다(그림 3).

인공수정소는 축협에서 운영하는 것과 민간사업자에 의해 운영되는 것으로 구분할 수 있는데, 축협인공 수정소의 경우 1982년 362개소에서 증가하여 1984년 491개소로 정점에 이르렀다가 이후 지속 감소하여 2006년 현재 76개소가 운영되고 있으며, 민간인공수정소의 경우 1982년 475개소로부터 계속 신장하여 1997년 1,909개소로 증가하였다가 지속 감소하여 2006년 1,353개소가 운영되고 있다. 즉 인공수정초기와 달리 민간수정소의 비율이 지속적으로 높게 유지되고 있다(그림 3).

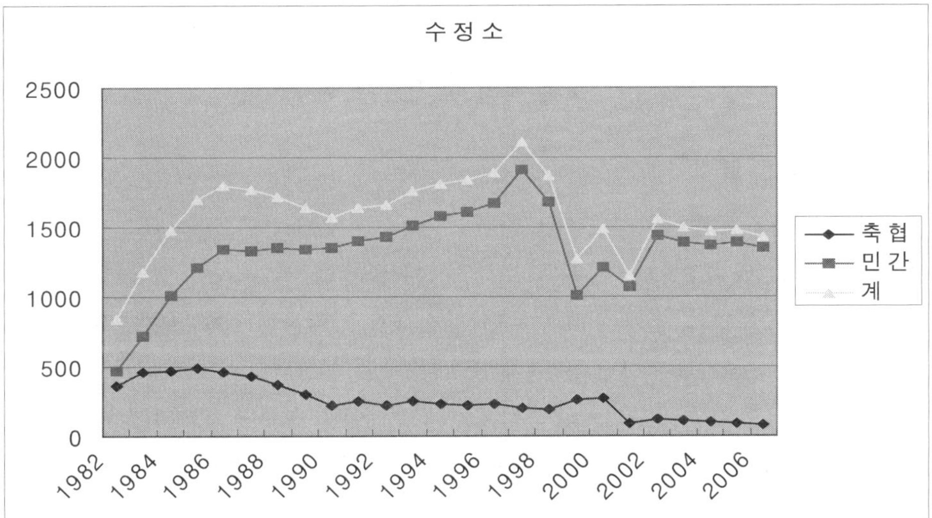

그림 3. 년도별 축협 및 민간 인공수정소

인공수정사는 1982년 1,173명으로 시작하여 1997년에는 2,197명으로 증가하였으나 이후 감소하여 2006년에는 1,506명으로 인공수정사의 수가 점차 안정세를 보이고 있다(그림 4).

인공수정사도 축협에 소속된 수정사와 민간수정사로 구분할 수 있는데, 축협인공수정사의 경우 1982년 694명이었으며 1983년 700명으로 잠시 증가하였다가 이후 지속 감소하여 2006년 현재 140명에 이르고 있으나, 민간인공수정소의 경우 1982년 476명으로부터 시작하여 이후 계속 신장하면서 1997년에는 1,930명으로 증가하였다가 이후 2006년 1,368명으로 감소하였다(그림 4).

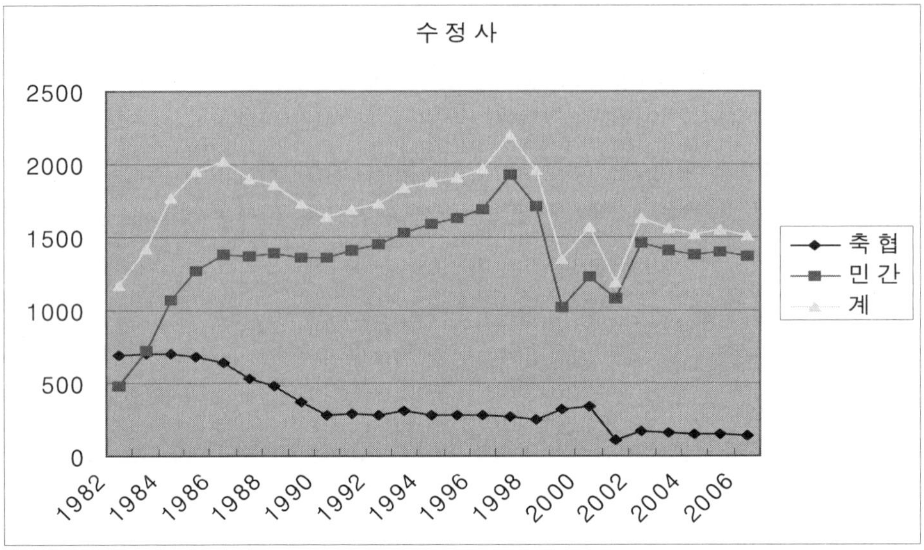

그림 4. 년도별 축협 및 민간 인공수정사

2.4 한우 인공수정횟수

인공수정실적을 살펴보면 한우의 경우 인공수정횟수는 1965년 1,275회였으며 이후 꾸준히 증가하여 1985년 981,708회였으나, 이후 감소하였으나 88년을 지나 다시 상승하다가 1996년에는 1,436,281회로 증가하였다. 한편 1997년부터 감소하기 시작하여 2000년에는 590,013회로 감소하였으며 이후 다시 증가하여 2005년 현재 857,942회로 신장되고 있다(그림 5).

한편 젖소의 경우 인공수정횟수는 꾸준히 증가하여 80년 중반에 40만회를 유지하다가 90년 중반을 지나면서 점차 감소하여 2005년 현재 20만회 전후로 안정되고 있다(그림 5).

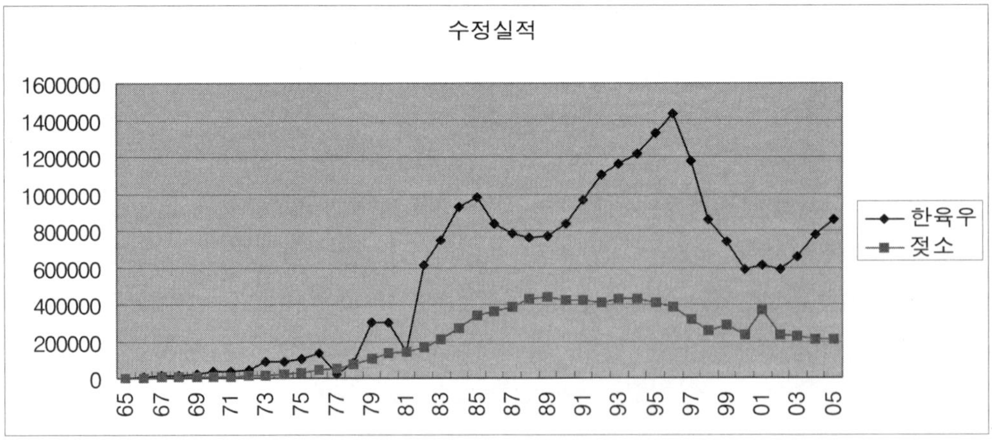

그림 5. 년도별 한우 인공수정횟수

2.5 인공수정용 정액대 및 시술료 변동상황

인공수정용 정액대는 1968년까지 무료로 공급되었으나 1971년 4월부터 50원에 유로로 공급되기 시작하였으며 이후 계속 증가하여 1996년 1월부터 2,500원으로 상향조정되어 현재에 이르고 있다. 한편 인공수정 시술료는 1971년 4월에 700원이었으나 이후 증가하여 1992년 6월 6,500원으로 증가하였으나 1995년 8월부터 자율화되었다.

3. 인공수정 전망

우리나라의 가축인공수정은 사회적 상황을 잘 반영하고 있다. 즉 인공수정 기술의 발달과 더불어 사육두수의 증가로 인해 1980년대까지 꾸준한 성장을 보이던 인공수정산업은 80년대 초에 나타난 소값 파동으로 인한 사육두수의 감소로 일시 침체하다가 이후 경기회복과 더불어 인공수정두수도 증가하여 1996년 사육두수가 280만두를 상회하면서 인공수정용 정액공급량이 2,445,310두 분에 이르렀고 인공수정횟수도 1,436,281회로 정점에 이르는 등 활황기를 맞이하였으나, 그러나 1997년부터 나타난 극심한 경기침체로 인해 다시 침체기에 들어가게 되었다. 이후 느린 개선의 징후가 보이지만 축산 강국과의 FTA체결 등 악재가 산재하고 있어 인공수정 관련 산업의 앞날은 그리 밝지 않다.

이와 같이 사육되는 가축과 사회적 여건을 반영하는 인공수정은 수입육에 대한 경쟁력을 제고하기 위해 절실히 요구된다. 즉 인공수정을 현장에 적용하는 농가의 입장에서는 많은 유량, 우수한 유질 및 육질을 얻기 위해서는 개량의 필요성을 절감하게 되고 따라서 인공수정 의존도가 높아질 것으로 전망된다. 그러나 인공수정에 의한 효과를 극대화하기 위해서는 번식효율을 높일 수 있는 지식과 기술의 지원뿐만 아니라 영양관리를 포함한 사양환경의 개선이 요구된다.

II 인공수정 과정

인공수정은 정액의 채취로부터 시작하는데, 정액채취가 적절하게 수행되지 않으면 인공수정의 효율을 장담할 수 없다. 따라서 좋은 정액을 생산하기 위해서는 우수한 종모축을 선발하고 효율적으로 관리하는 것이 무엇보다 중요하다. 즉 인공수정의 목표달성은 정액을 채취하는 종모우의 능력에 의해 좌우된다고 해도 과언이 아니다.

1. 종모우의 선발과 관리

1.1 종모우의 선발

인공수정을 이용한 우군의 유전적 개량은 우수한 종모우(sire)의 선발을 전제로 한다. 종모우는 가계선발(family selection), 혈통선발(pedigree selection) 또는 후대검정(progeny testing)을 통하여 선발되는데, 선발강도(selection intensity)를 높일수록 유전적 개량(genetic improvement)의 효과를 높일 수 있다.

인공수정용 종모우는 주로 후대검정에 의해 선발되는데, 후대검정은 자손의 능력을 비교하여 종축의 가치를 평가 선발하는 방법으로 고기소의 경우 후손의 산육능력을 고려 종모우를 선발한다.

한편 자연교미(natural mating)가 성행되는 방목의 경우 발정관찰과 수정이 어려워 인공수정의 발달이 다소 지연되는 경향이 있다.

1.2 종모우의 관리

종모우는 선발되는 과정에서 막대한 시간과 노력 및 경비가 들기 때문에 우수한 종모우일수록 정액의 이용효율을 높이기 위해 특별한 관리가 요구된다.

종모우에 의한 정액의 생산은 유전적 요인과 환경적 요인에 의해 영향을 받는다.

유전력이 높은 형질인 정소크기는 정액의 생산능력과 상관이 없다(Coulter 등, 1976).

한편, 정액생산에 영향하는 환경요인으로서 영양관리를 포함한 사양환경관리는 성적 발달에 중요한 영향을 미친다. 활력이 우수한 정자를 얻으려면 수소에 급여되는 사료의 영양이 균형을 이루어야한다. 사료섭취를 제한하면 성장률이 감소하고, 정소의 발달이 지연되며, 성성숙 연령이 증가하고, 정자의 생산이 감소한다. 성장 중인 종모축은 TDN을 충분히 섭취하도록 사양함으로서 효율적인 정자생산을 유도하고, 성숙한 수소의 경우 유지수준으로 단백질과 TDN을 공급하여 과비를 막도록 하여야 한다.

대체로 적정한 사양조건에서 어린 수소는 12개월 령에 정액을 생산할 수 있다. 에너지섭취량이 적어 저영양 조건이 장기간 계속될 때 GTH의 혈중농도가 저하되어 조정기능이 저하되고 고영양의 경우 조정기능이 개선된다. 단백질 급여량과 아미노산 조성이 조정기능에 영향을 미치는데, 단백질 결핍이 조정기능에 미치는 영향은 GTH 감소에 기인한 것으로 추측된다.

비타민이 조정기능에 영향을 미치는데 비타민 A가 결핍되면 정자형성에 지장을 초래하고 정자세포가 변성 소실되는데, 분화가 미숙한 정모세포와 정조세포는 저항력이 강하여 쉽게 변성되지 않으나 결핍증이 심하면 이들도 변성되어 세정관내에 세르톨리세포와 소수의 정조세포만 남는다. 비타민A에 위한 조정기능 장해는 비타민 A를 투여하면 정상으로 회복된다. 한편 비타민 E가 결핍되면 조정기능에 장해가 일어나는데 비타민 E를 투여해도 회복되지 않는다. 이러한 현상은 설치류에서 나타나며 소에서는 비타민 E가 부족해도 조정기능에 영향을 받지 않는다. 광물질이 조정기능에 미치는 영향은 잘 알려져 있지 않으나 Mg가 부족하면 실험동물의 정소조직이 현저하게 변성하나 가축에서는 심한 장애가 일어나지 않는다. Zn은 정자중에 다소 함유되어 있어서 결핍 시에 정자형성과 정소 내분비가 억제된다. 비타민과 광물질의 공급을 위해서 청초 등을 충분히 급여하는 것이 추천된다.

정액생산은 운동과 밀접한 관계가 있는데, 일정량의 운동은 정액성상과 수태율에 중요한 영향을 미친다. 수소의 운동이 정액과 정자생산을 상당히 개선하지만, 운동을 극도로 제약했을 경우 정소의 축소와 조정기능의 저하가 일어난다. 노령우를 제외한 모든 경우 1일 2시간 이상 운동은 정액량, 정자농도, 정자생존율, 기형율 등에서 양호한 결과가 얻어졌으며 종모축의 건강을 유지하는데 기여하였다.

정자생산은 기온과 밀접한 관련이 있다. 즉 여름철에는 수태율이 낮은데, 이는 여름에 수소의 정소의 정액성상이 저하되는 것과 암소의 번식효율이 감소하는 것과 관련되어 있다. 즉 인공수정센터에 의하면 여름에는 정액량과 정자수가 감소할 뿐 아니라 운동성도 나빠지고 기형율도 높아진다고 한다.

외계 기온과 기형율, 계절과 정액에 관한 연구에서 기온이 높아지면 정액성상이 나빠진다고 보고하고 있다. 즉 4두를 대상으로 30℃에서 5주간, 38℃에서 2주간 사육한 경우 정자 활력, 생존시간, 정자수가 현저히 감소하였으며, 이중 2두는 조정능력 저하로 정액 중에 정자가 소실되었으며, 젊은 수소에서 성욕은 유지하였으나 번식장애가 현저히 나타났다.

2. 정액의 채취

정액채취(semen collection)는 정자의 농도가 높고 활력이 왕성한 정액을 다량 얻는 데에 그 목적이 있다. 따라서 적절한 종모축을 선발하여 적정한 채취간격으로 충분히 성적흥분을 유도한 다음 올바른 채취기술을 적용함으로서 성공적으로 정액을 채취할 수 있다.

2.1 정액의 특성

2.1.1 정액의 생산

정자는 매일 수십억씩 생산되고 사정 시 까지 생식도관내에 저장되지만, 일정기간이 지나면 오줌으로 자연히 흘러나가게 되고 새로운 정자가 유입 저장된다.

정자 생산에 있어서 일반적으로 정소의 둘레가 큰 것이 선호되는데, 두개의 정소에서 일일 생산하는 총정자수(일일정자생산량, daily sperm production, DSP)는 정자의 무게와 아주 높은 상관관계를 갖고 있다.

한편 정소조직 g당 1일 생산된 정자수(정자생산효율, efficiency of sperm production)는 나이, 계절, 환경요인, 호르몬의 상태 및 약물 투여 등에 따라 영향을 받는다. 사정빈도와 간격 역시 영향을 미치는데, 사정빈도가 많아지면 정자수는 감소한다. 영양, 질병, 및 성격 인자들도 수소의 번식능력에 영향을 미치는데, 생후 1년 이내에 과비를 유발하는 과도한 영양은 성성숙을 지연시키며, 질병과 고온 환경은 정소의 온도를 상승시켜 4~6주후에 정자수가 감소하는 조정기능의 장애를 초래한다. 정소발육부전의 경우 수정능력은 있으나 유전적으로 적은 정소 때문에 종모우로서 선발 시 제외된다. 정소가 복강내로 들어가 있는 잠복정소의 경우 정자가 생산되지 않으며, 대부분 유전적 소인에 의한 경우가 많기 때문에 도태하는 것이 바람직하다.

2.1.2 정액의 성질

사출된 정액은 정자와 정소, 부생식선 및 기타 생식기관의 분비물로 구성되며, 정상 정액은 유백색이나 황색인 경우도 있다.

2.1.2.1 정액의 이화학적 성질

소 정액의 비중은 1,035이고(표 1), 정자농도와 상관관계가 있다고 보고하였다(Allard, 1947). 또한 소 정액의 점조도는 1.7~10.52의 범위에 있으며 평균 3.74(Szumowski, 1984)로 알려져 있다. 일반적으로 정액의 점조도는 정자의 농도가 증가할수록 높아진다.

소 정액의 pH는 부생식선 분비물의 비율에 따라 다른데, 일반적으로 정상 정액의 pH는 약

산성으로 6.4에서 6.8사이이고 평균 6.6이다(표 1).

빙점하강도로 표시한 삼투압은 -0.54 ~ -0.73℃의 범위 내에 있으며 대체로 -0.6℃ 전후이다. 이러한 정액의 삼투압은 정액 중에 함유된 분자의 농도, 이온의 함량, 비전해질의 분자의 크기, 교질의 크기에 따라 달라진다.

표 1. 소 정액의 특성 () : 평균치

	수준 (평균)
정액량(ml)	2~10 (5)
농도(× 10^8/ml)	3~20 (20)
사정당 초정자수 (× 10^8)	30~100 (50)
생존율(%)	60~90 (80)
기형정자율(%)	1~20 (10)
pH	64.~6.8 (6.6)
비중	1.0344~1.036(1.035)

2.1.2.2 정액의 생화학적 성질

정액은 80~90%가 수분이고 나머지가 고형분이며, 이 고형물의 40%는 회분으로 구성되어 있다. 즉 정액 중에는 각종 전해질이 들어 있으며 그 외 상당량의 과당, 구연산, 단백질, 소량의 젖산, 인지질, 요소, 암모니아가 존재한다(표 2).

전해질은 정자의 운동과 수태에 관여하며, 정액의 삼투압 유지 및 완충제로서 역할을 한다. 무기이온 중에는 양이온의 경우 Na와 K가 많고 Ca와 Mg는 매우 적으며 음이온의 경우 Cl, PO_4는 산용해성 분획에 특히 많다(표 2).

정자의 대사에 영향을 미치는 6탄당은 거의 과당으로 대부분 정낭선에서 분비되며 소 정액에 많고 웅성호르몬의 영향을 받아 번식계절에 현저히 높아진다. 솔비톨은 호기적 조건하에서 과당으로 변하여 정자에 의해 이용되는데, 부생식선 중 정낭선에서 분비되며 모든 종에서 농도는 낮아 10~100mg/ml 정도이다. 인노시톨은 주로 정낭선에서 분비되는 다가알콜로 소 정장에는 40~60mg/100ml 정도 함유되어 있다. 구연산은 소 정액 중에 많으며 정낭선에서 유래되고 과당과 마찬가지로 테스토스테론의 영향을 받아 번식계절에 뚜렷하게 높아진다. 유산은 가축 정액 중에 약 10~50mg/100ml 함유되어 있고 정낭성에서 분비되는데 사출정액 중에서 정자의 해당작용으로 생산되어지기 때문에 농도의 변이가 크다.

가축의 정액 중에는 약 3~7%의 단백질이 포함되어 있고 주로 정낭선에서 유래한다. 정자의 두부를 구성하는 데옥시리보핵산은 DNA와 염기성 단백질이 결합한 것이다.

정자 중의 효소로는 단백질분해효소, 지질분해효소, 산성포스파타제, 그리코시다제 등이 있다. 정장중에 비단백태질소화합물로 주로 글리세롤인산콜린과 에리고치오네인이 함유되어 있다. 글리세롤인산콜린은 직접 정자에 의해 이용되지 않지만 난관 자궁액 중에 함유되어 있는 글리세롤콜린디에스터라제에 의해 콜린이 유리되고 인산이 잘라져 글리세롤로 전변된 다음 이용된다. 에르고치오네인은 강한 환원작용이 있어 정자를 보호한다.

황체퇴행인자로서 널리 알려져 있는 프로스타글란딘은 정장중에 비교적 많고 자성생식도관내에 들어가서 정자의 이동을 돕는다고 하지만 생리적 의의는 명확하지 않다.

표 2. 한우종모우 정액의 화학적 성분

	전정액(mg/100ml)	정장(mg/100ml)	정자(g/10^8)
Na	195.5±76.8	197.4±34.9	56.5±24.8
K	183.8±42.3	191.6±43.2	56.9±18.9
Ca	37.1±8.5	41.6±5.9	12.2±2.6
Mg	10.4±2.3	8.9±4.8	4.1±0.9
Cl	353.2±44.8	225.4±30.7	136.1±13.0
Zn	2.9±0.8	5.4±3.4	5.9±3.8
P	60.4±6.2	33.2±2.8	25.0±2.1
과당	393.6±77.6	722.4±181.1	46.2±8.8
구연산	552.6±68.1	649.1±61.8	110±8.3
총질소	1577.9±86.9	1266±198.9	536.8±119.3
비단백태질소	351.8±99.2	374.9±73.9	159.2±29.3
요소	26.9±8.3	38.2±10.3	594±1.5

(김, 1978)

2.1.3.3 정액의 생리적 성질

정장은 정소상체에 들어있는 정자의 농도를 묽게 하여 운동하기 쉬운 상태로 만들어주고 정자를 수송하는 매체로서 기능하며 정자의 운동을 자극한다. 즉 정장 중에는 정자의 운동을 자극하는 화학적 물질이 있어서 정자의 운동성을 부여한다.

정장은 혈관과 자궁의 평활근을 수축시키는 활성이 있는데, 이러한 수축활성에는 프로스타글란딘과 베지글란딘(vesiglandin)이 관여하며 콜린이나 그 밖의 여러 물질과 공동작용에 의해 일어난다.

정장은 사출정액의 겔화 및 응고를 유발한다. 이와 같이 정액이 응고되는 것은 사출된 정액이 질에서 역류하는 것을 막는 한편 정자가 자궁경관을 지나 자궁으로 전진하는 것을 돕기 위한 것으로 해석된다. 정액의 겔화 유발물질은 정낭선에서 분비되는 단백질이고 응고를 일으키는 효소는 사정 후에 형성되는 것으로 알려져 있다.

정장은 정자의 생존을 위해 요구되는 영양물질의 공급원이다. 즉 정장을 산소가 없는 상태하에 두었을 때 정자는 그 속에서 생명을 유지하고 운동을 할 수 있는 것을 보면 정장 중에 함유된 물질이 에너지 대사의 공급원이 되는 것으로 사료된다.

2.2 정액의 채취요령

양질의 정액을 다량 채취하기 위하여 채취 전에 모축을 충분히 흥분시켜야 하며, 어떤 개체는 스스로 정액을 배출하는 행위를 하기 때문에 정액의 손실을 줄이기 위하여 가급적 오전에 정액을 채취한다. 사출된 정액은 가능한 손실이 적도록 회수하여 인공수정에 이용해야 한다.

위생적으로 정액을 채취하고, 채취한 정액은 온도충격을 받지 않도록 하며, 유해광선에 노출되지 않게 해야 한다. 광선에 노출되면 광선자극과 온도상승에 의하여 산화가 촉진되고 정액내 과산화수소(H_2O_2)가 발생하여 정자에 치명적인 해를 입히게 된다.

2.3 정액의 채취빈도

정액의 채취빈도는 사정량과 정자농도에 따라 결정한다. 정액의 사정량과 정자농도는 수소의 중량과 연령에 따라서 차이가 있지만 대체로 1회 사정량은 5~10ml이며, 정자의 수는 정액 ml당 보통 10억 정도이다.

정액의 채취빈도는 정자농도에 영향을 미치게 되는데, 종모우는 수정율에 감소 없이 매일 사출할 수 있으나, 채취빈도가 증가함에 따라서 사출당 정자수가 감소하고 적절한 성적흥분을 위해서 더 많은 자극을 요구한다.

정액의 채취빈도는 정액의 사용방법에 따라서 차이가 있는데, 동결정액으로 사용할 경우소는 주당 2일, 1일 2회 정액을 채취하며, 액상정액으로 사용할 때는 주당 3회 채취하고 채취된 정액은 2~3일내에 사용토록 한다.

2.4 가승가와 시정

정액의 채취를 위하여 의빈축이나 의빈대를 이용한다. 종모축의 승가훈련을 위하여 발정호르몬을 처리한 빈축을 이용할 수 있으며, 빈축이나 다른 모축을 의빈축으로 이용할 때 움직임을 제한하여 종모축의 접근이 용이하도록 해야 한다. 한편, 인공질을 장착한 의빈대는 의빈축에 비해서 안정성이 우수하다.

정액을 채취하기 전에 종모우를 흥분시켜야 한다. 이러한 흥분은 뇌중추로부터 척추신경을 거쳐 사정중추를 자극하는데, 이러한 자극은 사정을 유발한다. 수소에서는 정액채취전 성적흥분이 정자의 수를 증가시킨다(Almquist, 1978; Amann, 1970).

종모축의 흥분을 자극하기 위하여 몇 번의 가승가(false mounting) 또는 승가 없이 5-10분간 시정(teasing)을 유도한다. 이 준비기간 동안 부생식선액이 분비되어 요도를 세척 중화함으로 정액의 질을 높일 수 있다.

수소의 흥분을 유발하는 자극으로는 시정우의 교체, 시정장소의 변경, 정액채취장에 다른 수소의 출현, 가승가 등이 있다. 대체로 육우는 유우에 비해 성욕이 다소 떨어지며 정액채취전에 적절한 자극을 주기 위하여 더 많은 노력이 요구된다.

2.5 정액의 채취 방법

오늘날 정액의 채취방법으로는 해면체법, 질내채취법, 마사지법(개; 음경, 닭; 복부, 소; 정관팽대부), 정소상체정액채취법, 누관법, 콘돔법(말, 개), 및 패서리법 등이 있으나, 현재 주로 소 정액채취에 이용되고 있는 인공질법, 전기자극법 및 마사지법에 대해서 소개하면 다음과 같다.

2.5.1 인공질법

의빈대를 깨끗이 준비하거나(그림 6), 정액채취자 및 의빈축보정자를 보호하기 위한 보호책(guard rails)이 있는 정액채취시설에 의빈우를 보정한다. 정액채취용 종모우는 채취 직전에 음경포피와 복부를 씻고 잘 건조시킨다.

그림 6. 의빈대를 이용한 소 정액채취

종모우가 준비되는 동안 정액채취용 인공질을 조립한다. 인공질(artificial vagina)은 외통, 고무내통, 고무누두부 및 정액채취관으로 구성되는데(그림 7),

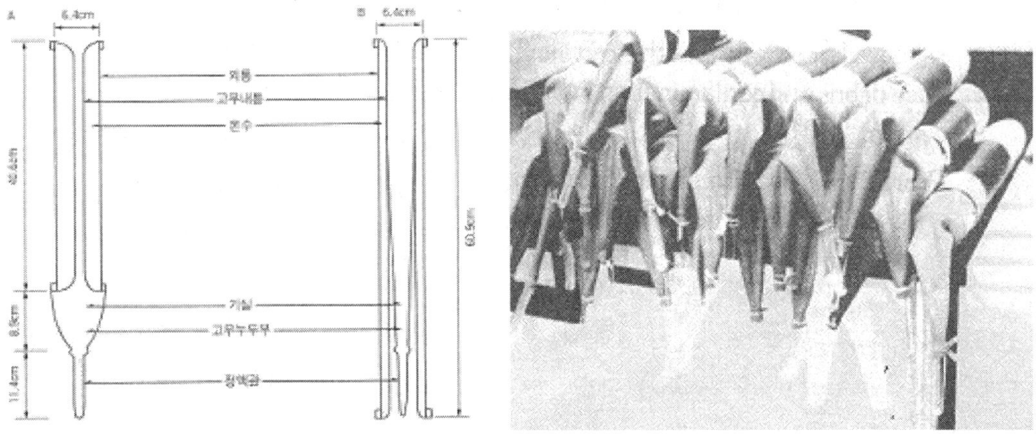

그림 7. 인공질의 모식도 및 조립된 인공질

조립된 인공질내의 온도가 50℃ 정도 되도록 외통과 내통사이의 수조에 온수를 채우고 적정한 인공질내 압력을 유지하기 위하여 공기밸브를 통하여 공기를 불어 넣는다. 종모우 정액채취시 인공질의 온도는 음경에 가해지는 압력보다 더 중요하다. 인공질의 크기와 온수의 양이나 공기주입량은 음경의 크기에 따라 조정한다. 준비된 인공질은 멸균된 유리막대(온도계)를 이용하여 인공질내면 개구부의 위쪽 1/2까지 위생적이며 윤활성의 젤리로 도포한다. 정액채취관은 체온정도로 유지하여 저온충격에 의한 정자의 손상을 막아야 한다.

인공질이 준비되면, 가승가, 억류와 주변산보를 반복하여 종모우를 홍분시킨다. 충분히 홍분한 종모우가 승가하면 왼손으로 음경포피를 잡아 신장된 음경이 인공질의 개구부로 들어가도록 유도한다. 사정(ejaculation)은 수 초내에 일어나는데, 종모우가 사정하면 인공질을 수직으로 들어서 정액이 채취관으로 유입되도록 한다.

이때 정액을 모으기 위하여 인공질을 짜거나 훑어서는 안되며, 이러한 행동은 정액을 오염시킬 수 있다. 정액은 온도충격과 강한 광선으로부터 보호되어야 한다. 온도충격을 막기 위하여 큰 원심분리관을 정액채취관 주변에 부착하고 그 사이에 온수를 넣어 38~39℃의 온도를 유지하는 것도 바람직하다.

정액이 채취된 직후 날짜, 수소의 고유번호 등을 표식하고 정액의 양, 외형, 및 사출번호 등도 기록한다. 정액채취지역은 깨끗하게 청소하고 시정우의 후구는 청결히 세척한다.

2.5.2 전기자극법

전기자극법(electronic stimulation method)은 전기봉을 직장내로 주입하여 사출신경중추에 전기적 자극을 줌으로서 정액을 채취하는 방법으로 1936년 Gunn에 의해 처음으로 양에게 사용하였으며, 1950년대 이후에 소 정액채취에 적용되었다. 정액채취를 위하여 먼저 직장내 분을 제거하고 직장봉(rectal probe)을 삽입한 다음, 율동적인 자극기와 짧은 휴식기가 번갈아 나타나도록 전압을 점진적으로 상승시킨다. 이렇게 하면 음경이 발기되며, 낮은 전압에서는 부생식선액이 분비되고 높은 전압에서 사정이 일어난다. 사인파(sine wave)형의 전기자극은 맥동파(pulse wave)형보다 정액채취에 좋은 결과를 보여준다.

전기자극법으로 정액을 채취하면 음경이 발기되어 음경포피의 오염없이 정액을 채취할 수 있으며, 사출량은 많으나 정자농도가 다소 낮아진다. 그러나 일회 채취 정액의 총정자수는 인공질법에 의한 정자수와 유사하며 수태율도 떨어지지 않는다.

한편 이 방법으로 다리를 다쳐 승가 할 수 없거나 교미욕이 없는 수소, 육우나 방목중인 수소 또는 취급하기 곤란한 수소로부터 정액을 채취할 수 있다. 그러나 유전적 결함 때문에 교미할 수 없는 개체의 정액을 채취하거나 이용하는 것은 바람직하지 못하다. 또한 전기봉, 전압계, 전류계 및 자극을 조절하는 특별한 장비와 기술이 요구되는 단점이 있다.

2.5.3 마사지법

직장벽 또는 복벽을 통하여 정낭선과 정관팽대부를 마사지(massage)하여 사정중추를 흥분시켜 정액을 채취하는 마사지법은 음경마사지법, 복부마사지법 및 정관팽대부마사지법으로 대별된다. 소에서는 주로 정관팽대부마사지법이 이용되고 있다(그림 8).

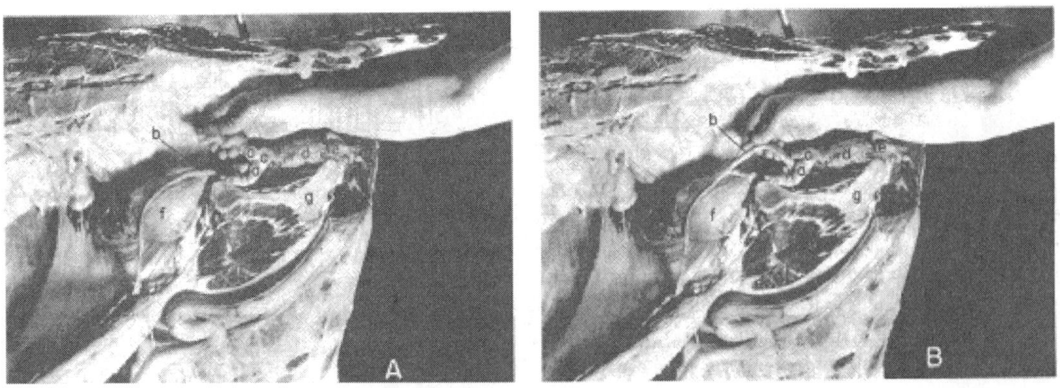

그림 8. 정관팽대부마사지법에 의한 정액채취

지체고장이나 승가기피 등의 이유로 교미를 할 수 없는 수소를 보정한 다음, 포피선단의 체모를 절단하여 오염원을 제거하고 생리적식염수로 포피를 깨끗이 세척한다. 직장내 분을 제거하고 40℃의 온수를 흘려 가온시킨다. 먼저 정낭선을 1-2분간 마사지한 다음, 정관팽대부를 후방으로 1~2분간 마사지하여 정액을 사출시킨다. 이 방법으로 채취한 정액은 종종 이물질과 오줌으로 오염되며, 인공질에 의해 채취한 정액에 비해서 정자농도가 낮고 수태율이 떨어진다.

3. 정액의 검사 및 평가

인공수정은 정액을 인위적으로 빈축에 주입하여 임신을 유도하는 것이 그 목적이다. 따라서 수태능력이 우수한 수소의 정액을 이용하면 높은 임신율을 얻을 수 있다. 종모우에 의한 정액의 생산은 유전적 요인에 의해 영향을 받지만, 모우의 연령, 계절 또는 우군 등 환경에 의해 영향을 받기 때문에 정액의 질에 대한 선발은 모우의 수태율을 증진시킬 수 있다.

정액의 수태능력을 비교적 정확하게 평가하기 위하여 실시되는 정액의 평가(semen evaluation)는 육안적 평가, 현미경 평가 및 화학적 평가로 대별된다. 채취 직후 정액의 양과 색 등을 육안으로 관찰하거나, 현미경하에서 정자의 활력, 농도 및 형태를 관찰하거나 또한 정자의 대사와 관련한 화학적 반응을 조사한다. 최근에는 난자를 이용하여 정자의 수정능력을 직접 평가하거나 정자의 염색체와 관련 단백질을 조사하여 정액의 질을 평가하고 있다.

3.1 육안 검사

육안으로 보이는 정액의 투명도, 순수도, 색 및 양 등을 조사하여 정액을 평가한다.

일반적으로 외형상 정액은 투명도에 따라서 크림상(creamy), 유상(milky) 및 수양상(watery) 등으로 분류한다. 이러한 투명도는 정액내 함유된 정자의 농도와 관련이 있으며, 상대적으로 투명한 정액은 정자를 적게 함유하고 있다.

정액에는 가끔 혈액, 고름, 윤활제, 체모 및 오물과 같은 것이 섞여 있는 경우가 있다. 정액채취시 음경선단부나 요도에 상처를 입거나 장기간 생식기관 심부에서의 병인으로 인해 누출된 혈액이 혼입되면 정액은 적색 또는 갈색을 띄게 된다. 정액에 혼입된 고름은 정액채취관을 기울일 때 덩어리를 형성하거나 때로 노란색이나 회녹색의 침전물형태로 나타나기 때문에 쉽게 구분할 수 있다. 정액채취관내 정액표면에서 윤활제나 정액내에 체모, 오물 또는 지푸라기 등이 발견될 때가 있는 데, 이는 주로 정액채취과정에서의 부주의가 원인이다.

일부 수소의 정액이 노란색을 띄는 경우가 있다. 이는 정관팽대부에서 유래한 lipochrome

이나 정낭선에서 유래한 flavin색소가 함유되어 있기 때문인데, 이러한 색소는 정액성상에 영향을 미치지 않는다. 그러나 오줌이 혼입되어 정액이 노란색을 나타날 때는 독특한 요취가 나기 때문에 구분할 수 있다.

정액의 양(volume)은 눈금이 있는 정액채취관을 이용하여 측정할 수 있다. 정액의 양은 품종, 연령, 채취방법과 빈도에 따라서 다양한데, 소의 경우 대체로 5~15ml 범위에 포함된다. 동일 품종내에서 어리거나 또는 개체가 적거나, 반복해서 정액을 채취하면 정액량이 감소하는 데, 정액량의 감소가 수정율에 직접 영향을 미치지 않지만 만약 정자수마저 적으면 이용할 수 있는 정자의 수에 제한을 받게 된다.

3.2 현미경 평가

정액의 활력, 정자의 농도, 기형율 및 생존성을 현미경하에서 측정하여 종모우의 수태율을 예시할 수 있다(그림 9).

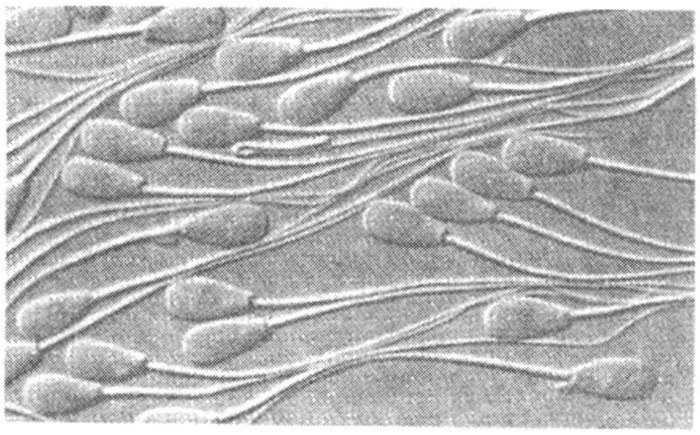

그림 9. 소 정자의 현미경사진(x400)

3.2.1 정자 활력의 평가

정자는 생식도관을 이동하면서 다양한 환경에 노출되어 활력(motility)과 운동성이 변하게 된다. 정소상체내에서 성숙하는 동안 정자는 전진운동능(progressive movement)을 획득하게 되고, 사출자극으로 전립선액에 노출되면서 활력이 증진된다. 사출된 정자가 자궁경점액을 통과하면서 전진운동성에는 거의 변화가 없으나 편모의 박동율과 두부의 회전율이 감소하는 경향이 있다.

자궁경관을 지나게 되면 정자는 자궁내 환경과 접하게 되는데, 자궁액이 정자의 활력에 미치는 영향에 대해 거의 알려져 있지 않다. 한편 정자가 난관액과 복강액에 노출되면 운동속도가 증가한다. 또한, 수정시기와 수정부위도달시간과 관련하여 정자의 운동이 변화하는데, 난관에서 추출한 정자는 표류성 비전진성 형태로 유영한다.

정자의 운동은 미부(편모)와 에너지의 공급에 의해 이루어진다. 즉, 장축으로 배열된 필라멘트 미세소관 다발(filament microtubule bundles)과 주변의 수축단백질인 조섬유로 구성된 편모는 대사과정에서 생산된 화학적 에너지(ATP)를 기계적 에너지로 전환하는 미세구조를 가지고 있다.

정자의 세포막 표면에는 특정 수용부위가 있어서 주변 환경에 민감하게 반응하며, 동일 사출물내에서도 개개의 정자는 형태와 활력에서 다양성을 보인다. 이러한 다양성은 정자의 발생, 성숙 및 수송동안 일어나는 선발과정에서 중요한 역할을 하게 된다. 또한 정자의 활력은 정액의 주입부위로부터 수정부위까지 정자의 이동에 관여하지만, 주로 자궁경, 자궁난관접속부 또는 난자의 난구세포와 투명대를 통과할 때 결정적인 역할을 하게 된다.

정자의 활력이 선발과 수정에 있어서 필수적 요인이긴 하지만 정상정자의 경우 활력이 없어지기 전에 정자의 수정능력이 먼저 소실되기 때문에 수정능의 절대적 지시자는 아니다.

정액의 활력은 현미경하에서 운동의 형태와 정도에 따라서 직접적으로 평가하거나 정자의 운동성을 기계적으로 해석하여 활력을 평가하는 방법이 있다.

3.2.1.1 직접 평가

운동정자의 비율과 운동의 질을 현미경하에서 직접 평가하는 것이 주관적일 수 있으나, 운동정자의 백분율과 수정율간에는 정의 상관관계가 있기 때문에 정확한 판단을 요구한다. 한편, 시각적 평가의 부정확성, 사출물간 변이, 빈축의 산차, 계절, 정액 사용 시기(월), 우군관리 및 정자의 다른 성질이 수정율에 미치는 영향 등 요인에 의해서 정액의 활력과 수정율간 상관관계가 낮아질 수 있다.

정자활력을 측정하기 위하여 37℃로 가온한 정액성상검사판(또는 슬라이드) 위에 정액을 한 방울 떨어뜨린다. 먼저 저배율(100배)에서 정액을 신속하게 관찰하여 생존운동정자의 백분율을 구하고, 고배율(400배)에서 정자의 운동속도 및 형태와 각각의 운동정자 비율을 자세히 관찰한다.

활력을 정확하게 등급화하기 위해서는 많은 경험이 요구되는데, 운동정자의 백분율, 정자의 운동속도, 정자의 개별 및 전체 운동형태 등을 고려하여야 한다. 즉, 운동정자 비율이 높고, 정자의 운동속도가 빠르며, 정액내 빠른 소용돌이 현상이 나타날 때 우수한 정액으로 판정할 수 있다. 한편 전진운동 정자의 백분율을 평가하여 정자의 활력으로 이용할 수 있다. 그러나 활력을 평가하기 위해서 어떠한 방법도 동일한 과정과 기준에 따른 결과의 해석이 필수적이다.

3.2.1.2 간접 평가

정액의 활력은 spectrophotometer 또는 photography를 이용하여 간접적으로 측정할 수 있다. 분광광도계를 이용한 활력 평가는 phototube내 정액을 투과하는 빛의 양적 변화를 측정하여 정자의 농도, 속도, 운동형태 및 운동정자의 비율을 간접 측정하는 것이다. 또한 미세사진술은 정자의 운동형태 뿐만 아니라 정자를 추적하면서 정자의 정미 이동속도, 정자두부의 곡선속도, 평균속도, 전진비율, 곡선전진비율 및 직선지수 등을 측정할 수 있게 하였다.

분광광도계를 이용한 정액의 활력평가에서는 일정 농도로 희석한 정액을 phototube에 넣어 빛의 투과량을 측정하고 표준곡선과 비교하여 활력을 간접 측정한다. 한편 사진술을 이용한 경우 희석정액을 가온한 슬라이드 위에 올려놓고 커버글라스를 덮어 짧은 시간동안 음화에 운동정자가 흔적을 남기도록 유도하여 정자의 활력을 평가한다. 최근에는 컴퓨터 기술을 적용한 HTM motility analyzer version 7을 이용하여 정자의 활력을 평가하고 있다.

이러한 방법은 정액에 대한 정확한 정보를 얻을 수 있으며, 측정치는 수정율과 높은 상관이 있지만, 측정과정이 복잡하고 기구가 비싸서 일반용도로 사용하는 것이 제한된다.

3.2.2 정자 농도 측정

정액의 단위 부피당 정자의 농도(sperm concentration)는 수소간, 동일 수소내 정액간 및 채취시기에 따라서 다양하며, 한 번에 사출되는 정액량에 의해서 영향을 받게 된다.

수소의 정액 ml당 정자의 수는 수천만에서 30억마리의 범위에 있으며, 평균 ml당 약 10억 정도이다. 정액간 변이가 심하기 때문에 정액의 ml당 정자수를 정확하게 측정하는 것은 매우 중요하며, 이렇게 측정된 정자의 농도와 정액량을 곱하여 총정자수를 계산할 수 있다. 계산된 총정자수는 인공수정 할 암소의 수를 결정하는 중요한 지표가 된다.

이러한 정자의 농도를 측정하기 위해서 주로 혈구계산기(hematocytometer)를 이용하고 있다(그림 10).

그림 10. 혈구계산판의 평면 및 측면 구조

한편 계속해서 정자농도를 측정하는 인공수정소에서는 신속하고 객관적 평가를 위하여 photometer 또는 opacity test equipment를 이용하기도 한다.

3.2.2.1 혈구계산기의 이용

원정액의 정자 농도를 측정하기 위하여 먼저 정자의 사멸과 희석과정을 거치게 된다. 채취한 정액을 정자사멸용액으로 20배 희석하거나, 혈구희석용 피펫을 이용하여 정액을 희석한다. 이때 주로 사용되는 정자사멸용액으로는 5% triphenyltetrazolium이나 5% chlorazene (chloramine T)이 함유된 생리적 식염수 또는 5g $NaHCO_3$와 1ml의 35% formaldehyde가 함유된 10ml의 생리적 식염수가 이용된다. 희석한 정액을 혈구계산판에 한 방울을 떨어뜨려 커버글라스를 덮거나, 또는 혈구희석용 피펫을 이용하여 정액을 희석한 경우, 피펫의 유리구내 희석정액이 나올 때 까지 몇 방울을 버린 후 커버글라스를 덮은 혈구계산판의 양단에 희석정액을 떨어뜨려 스며들게 한 다음, 각각 일정시간 정체하여 정자가 가라앉도록 하고 400배율하에서 정자의 수를 측정한다.

혈구계산판내 바둑판 눈금을 A, B, C, D 및 E 등 5부분으로 구분할 수 있는데, 중앙의 E 사각형은 25개의 작은 사각형으로 구성되어 있다. 네 모서리에 있는 작은 사각형을 E1, E2, E3, E4라 하고 중앙의 작은 사각형을 E5라고 한다(그림 11).

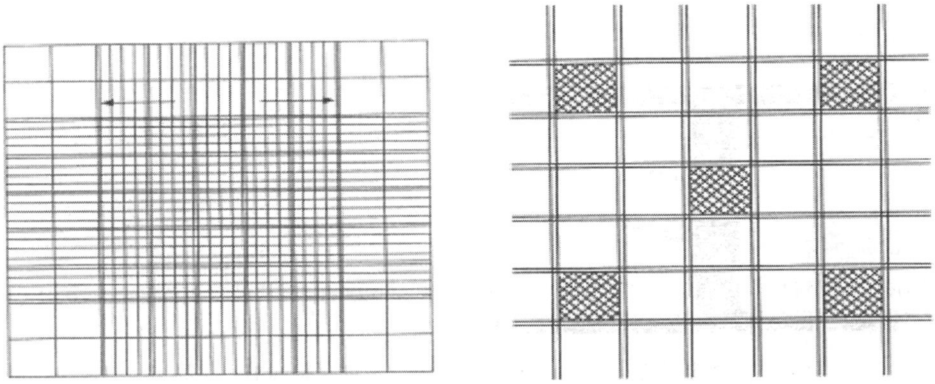

그림 11. 혈구계산판내 바둑판 눈금과 정자수 집계 구간

대체로 큰 사각형 E에 포함되어 있는 모든 정자를 세거나, 또는 E1, E2, E3, E4 및 E5에 있는 정자만을 세고 그 측정치에 5배하여 큰 사각형 E에 함유되어 있는 정자의 수를 산출한다. 정자를 셀 때 사각형 내에 있거나 위쪽과 오른쪽 눈금에 걸쳐있는 정자만을 계산에 포함시킨다. 큰 사각형 E는 가로×세로가 1mm×1mm 이며, 커버글라스와 혈구계산판사이의 두께

는 0.1mm이다. 따라서 큰 사각형 E의 용적은 0.1mm^{3}또는 10^{-4}ml이다. 그러므로 큰 사각형 E에 함유된 총정자를 측정하고 그 수에 환산계수 10,000을 곱하면 희석정액 1ml당 정자수를 얻을 수 있다. 얻어진 수치에 정자의 희석계수를 곱하면 원정액의 정자농도가 구해진다.

보통 정자사멸용액과 정액의 희석배율은 20배가 적당하지만, 정자의 농도가 매우 높거나 낮은 경우에 희석배율을 조정할 수 있다. 정자의 활력을 측정하는 동안 고배율에서 정자의 수가 5이하이면 정액을 그대로 분석에 이용하고 정자의 수가 200이상이면 100배로 희석하여야 한다. 희석하지 않은 정액의 희석계수는 1이며 100배로 희석한 정액의 희석계수는 100이다(표 3).

표 3. 정자농도 측정 및 계산 요령

정자농도 (개/ml)	= 측정된 정자수 × 환산계수 × 희석계수	
총정자수 (개)	= 정자농도 × 정액량	
환산계수	2,000	큰 사각형 A, B, C, D, E 내 모든 정자를 측정한 경우
	10,000	큰 사각형 E내의 정자만을 측정한 경우
	50,000	작은 사각형 E1,E2,E3,E4 및 E5내의 정자를 측정한 경우
희석계수	1	정액을 희석하지 않은 경우
	10	정액: 정자사멸용액 = 1:9
	20	정액: 정자사멸용액 = 1:19
	100	정액: 정자사멸용액 = 1:99

3.2.2.2 간접 측정

비탁계(nephelometer)나 광전자비색계(photoelectric colorimeter) 또는 탁도표준을 이용하여 정자의 농도를 간접 측정할 수 있다.

비탁계를 이용하여 표준정액의 정자농도와 탁도간의 상관관계를 먼저 구하여 표준곡선을 만든다. 그런 다음 조사하고자 하는 정액을 주의하여 희석한 다음 비탁계를 이용하여 탁도를 측정하고 구해진 탁도를 표준곡선에 대입하여 정자농도를 간접 측정한다.

구연산나트륨용액으로 표준희석정액을 만들고, 광전자비색계로 표준희석정액을 투과하는 빛의 양을 측정하여 표준곡선을 만든다. 이어서 조사하려는 정액의 광투과성을 측정하고 표준곡선에 대입하여 정자농도를 구한다.

시각적으로 빠르게 정자농도를 측정하기 위하여, 먼저 barium sulphate를 이용하여 다양한 정자농도의 탁도표준을 만든다. 정액을 구연산나트륨용액으로 10배 희석한 다음, 탁도표준과 비교하여 정자의 농도를 간접 평가할 수 있다.

최근에 정자 DNA의 adenine-thymine base pairs에 형광염색액을 결합시켜 발현시킴으로서 정자의 농도를 평가하는 DNA염색법이 개발되어 반복적으로 정확하게 정액을 평가할 수 있게 되었다.

3.2.3 정자 형태의 검사

정상의 수소로부터 채취한 정액에서도 일정량의 비정상 정자(abnormal sperm)가 발견되는데, 정자의 비정상성은 유전적요인이나 환경적 요인에 의해 영향을 받게 된다. 정자의 기형은 미부결함(corkscrew defect, dag-defect, decapitated defect, pseudodroplet defect, tail-stump defect)과 두부결함(acrosome defect, diadem defect, knobbed-sperm defect)으로 대별되며(그림 12), 이러한 결함은 열성유전자나, 정자발생시 미세구조적 이상, 특정 물질의 농축 또는 정자의 노화에 의해 유발된다.

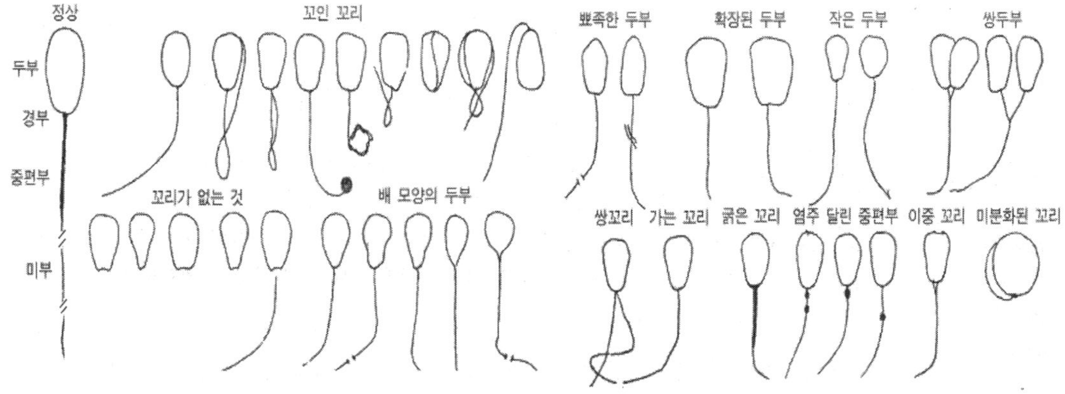

그림 12. 소의 정자 형태와 기형정자의 분류

이러한 정자 결함을 가진 웅축은 일시적 또는 영구적으로 수태능력이 없다. 또한 상당수의 비정상정자를 생산하는 수소의 경우 정자형성상피에 정소염, 정소의 퇴행성 위축 및 정소섬유화 등과 같은 병인이 있을 가능성이 높다.

기형유발시기 즉, 정자가 발생하는 동안, 정자가 정소상체를 통과하는 동안 및 정액이 사출된 이후 유발된 정자의 기형을 각각 1차, 2차 및 3차 기형으로 구분할 수 있다. 대체로 1차와 2차 정자기형의 빈도가 높을수록 수태율은 저하된다.

정자의 형태와 수정율의 상관관계는 널리 연구되고 있으나, 수태율을 저해하는 비정상정자의 농도와 관련하여 정확한 한계를 설정하는 것은 어렵다.

비정상정자의 비율이 20%를 초과하지 않는 한 수태율에 영향을 미치지 않으며, 어떤 종류의 정자기형은 불임과 무관하기도 하다. 그러나 과도한 비정상정자는 정액의 잠정 수정율을 떨어뜨린다. 정자의 기형율에 따라서 정액의 질을 분류할 수 있는데, 기형정자의 비율이 5-15%이면 양질의 정액으로, 10-20%이면 보통정액으로, 30%이상이면 불량정액으로 각각 구분한다.

정액을 채취한 후 검사하는 과정에서 정자의 기형이 유발될 수 있다. 특히 정액채취시 저온충격을 받거나 등온이나 등장이 아닌 용액으로 정액을 희석할 때 발생한다. 따라서 정액의 기형을 평가할 때는 정액 취급에 상당한 주의를 기울여야 한다.

일반적으로 염색한 정자를 일반광학현미경으로 관찰하여 정자의 기형율을 조사할 수 있는데, 염색액으로는 eosin, rose bengal, nigrosin-eosin 및 indian ink 등이 주로 이용되고 있다. 먼저 희석정액을 슬라이드에 떨어뜨리고 고르게 펴서 잘 건조한 다음 적당한 염색액으로 정자를 염색한다. 과도한 염색액을 제거한 다음 고배율하에서 무작위로 정자를 관찰하여 비정상정자의 백분율을 구한다.

한편, 위상차현미경의 출현으로 정자를 고정하거나 염색하지 않고 정자의 형태를 관찰할 수 있게 되었으며, 전자현미경의 이용으로 정자의 미세구조에 관한 정보를 얻을 수 있게 되었다.

3.2.4 정자 생존성의 검사

양질의 정액에는 전진운동을 하는 생존정자(viable sperm)가 높은 비율을 차지하고 있다. 이렇게 활발한 생존정자는 비활성 정자까지 움직이게 하여 활력검사에서 오차를 유발한다. 한편, 정액내 정자의 생존율이 높지만 정자의 운동속도가 느리거나 진자운동을 한다면 이 정액은 인공수정용으로서 가치가 적다. 따라서 정액의 질을 정확하게 판정하기 위해서는 생존성검사와 활력검사를 동시에 실시하는 것이 바람직하다. 최근 동결정액이 널리 이용되면서, 정자를 동결하는 동안에 예상되는 첨모의 손상과 정자의 사멸을 평가하기 위하여 정자의 첨모 형태와 생존성을 동시에 조사할 수 있는 염색법이 개발되었다.

정자의 생존성(viability)은 염색액이 정자세포내로 침투하는 유무를 조사함으로서 평가할 수 있다. 즉, 사멸정자만 염색액이 침투하여 염색된다. 주로 정자의 생사염색액으로는 트리판블루(trypan blue) 또는 에오진(eosin) 등이 사용되고 있다.

정액에 2% 트리판블루용액(pH7.4)을 동량으로 섞어 37℃에서 15분간 배양한 다음, 고배율하에서 생존정자를 측정할 수 있다. 또는 슬라이드위에 염색액 1~2방울을 떨어뜨리고 소량의 정액을 첨가하여 넓게 펼친 다음 고온에서 빠르게 건조하여 생존율을 측정한다.

각 표본으로부터 무작위로 정자를 조사하여 생존여부를 조사한다. 아울러 첨모의 형태, 두부의 기형, 미부의 기형과 원형질적의 유무도 관심을 갖고 관찰한다. 정자에서 일부가 염색되어도 죽은 정자로 간주하며, 총 333 정자를 조사하여 생존정자수를 구하고 3을 곱한 다음 10으로 나누어 생존정자백분율을 구한다.

3.2.5 정자의 저온충격 내성검사

저온충격(cold shock)에 대한 정자의 내성을 조사하는 검사는 정자의 저온저장능과 수정능을 신속하게 판단하기 위하여 이용되고 있다. 먼저 정액내 생존정자의 수를 결정하고, 정액의 표본 일부를 0℃ 항온수조에 10분간 침적하여 저온충격을 준 다음, 살아 있는 정자의 수를 조사한다.

표본 정액은 저온충격에 대한 완충제 또는 보호제가 들어 있는 희석액으로 희석하여 사용하는데, 이는 원정액을 사용하면 너무 많은 정자가 죽게 되어 정액간 적절한 비교가 어렵기 때문이다.

희석정액에서 저온충격을 받은 후 살아남는 정자는 적정한 저장조건에서 2~5일간 활력을 유지할 것으로 예상된다.

3.2.6 정자의 배양시험

정자가 고온에 노출되면 생리적 반응이 가속되는데, 일정한 고온에서 활력이 유지되는 시간의 길이를 조사하여 일반 저장조건에서 정자가 생존할 수 있을 시간의 길이로 환산할 수 있다. 따라서 정자의 배양시험(incubation test)은 정자의 저장능을 신속하게 평가할 수 있는 방법이며, 나아가서 수정능의 지시자로 이용할 수 있다.

정자의 활성을 가속시키기 위하여 배양온도를 결정해야 한다. 대체로, 온도가 높아질수록 활력이 감소되거나 중지되는 데 소요되는 시간은 점점 짧아진다. 그러나 온도가 너무 높으면 비정상적인 상처를 유발할 뿐만 아니라 정자의 생존성에 대한 올바른 지시자로서 이용할 수 없다.

정자의 배양시험은 희석정액을 45~48℃로 조정한 항온수조에 정치하여 30~60분간 배양하면서 10분마다 정자의 활력을 조사한다. 예로서 희석정액을 46℃에서 45분간 배양하여 정자의 활력이 완전히 소실된 경우 실온에서 10일간 저장한 정액에서 활력의 소실을 의미한다. 따라서 일정 배양온도에서 상대적으로 짧은 배양시간에 정자의 활성이 소실된 정액은 체외에서 정자의 활력을 유지시간이 더 짧을 것으로 추측된다.

동결융해한 정액을 38℃에서 배양하여 정자의 생존성을 평가하는 열저항시험(thermoresistance test)의 결과는 수정율과 정의 상관관계가 있어서 수소의 수태율을 예시하는 시험으로 이용할 수 있다.

3.3 화학적 평가

정자의 생리적 반응이나 대사산물, 즉 해당율과 호흡율이나 수소이온농도를 측정하여 정자의 활성을 예측할 수 있다.

3.3.1 정자의 반응율검사

3.3.1.1 정자의 대사

정자는 해당과 호흡을 통하여 에너지를 획득하고 생명을 유지한다. 양질의 정액은 활동적인 정자를 많이 함유하고 있으며, 활발한 정자는 약하거나 운동성이 없는 정자에 비해서 대사능이 높다. 따라서 양질의 정액은 해당율과 호흡율이 상대적으로 높을 것이다. 이러한 대사반응율은 정자의 활성이나 생동력의 직접적인 측정수단으로 이용된다.

3.3.1.2 해당과 반응율 검사

해당은 정자세포에 있는 효소에 의해 포도당이 젖산 등의 산이나 다른 환원성 화합물로의 환원을 의미한다. 정자의 해당은 온도, 당의 농도, 수소이온의 농도, 산의 수준 및 정자의 활력에 의해 영향을 받는다.

표본정액을 배양하기 전에 포도당과 젖산수준을 측정하고 일정시간 동일한 조건에서 배양한 다음 포도당함량의 감소와 산농도의 증가를 조사하여, 정액을 상대적으로 비교 평가한다. 이러한 정액내 성분의 변화 정도는 정자의 농도와 활성에 비례한다.

3.3.1.3 호흡과 반응율 검사

호흡은 산소섭취와 이산화탄소로의 전환을 의미하며, 정자의 호흡율은 배양액, 희석배율, 수소이온농도, 온도, 가스, 화학물질 및 정액의 활성에 의해 영향을 받는다.

정자의 수적 변이가 측정치에 영향을 미치지 않도록 정자의 농도를 조정한 다음 동일한 조건에서 정자의 호흡율을 modified Barcroft-Warburg respirometer를 이용하여 측정한다. 정자의 호흡율은 단위시간당, 단위용량(ml)당, 1억 생존정자의 개념으로 산출되기 때문에, 이 검사가 수행되기 전과 후에 정자생존율을 측정하고 또한 배양액의 산소흡수도를 측정하여 호흡율 계산에 반영하여야 한다.

3.3.2 정액의 수소이온농도 측정

정액의 수소이온농도는 종에 따라서 다양하지만, 대체로 5.8~7.4의 범위에 있으며 소 정액의 pH는 평균 6.74이다. 인공수정에 사용하는 정액은 pH가 5.8~6.6 범위에 있지만, 마사지법으로 채취한 정액은 알칼리성을 띈다.

수소이온농도의 측정을 위하여 다양한 종류의 지시지(nitrazine paper, litmus paper)와 지시용액(bromphenol blue, methyl red, bromcresol purple, phenol red, cresol red, 및 phenolphthalein)이 있으나, 정밀성이 떨어져서 개략적인 측정수단으로서 이용되고 있다. 한편, 다소 정밀한 연구에서는 glass electrode pH meter를 이용하여 pH를 측정할 수 있다.

생존정자는 정액의 수소이온농도에 영향을 미친다. 즉, 양질의 정액은 대사활성이 높은 정자를 많이 함유하고 있어서, 동일한 배양조건에서는 해당에 의한 젖산의 축적이 활발하여 상대적으로 pH가 빠르게 저하된다.

3.3.3 정액의 메틸렌블루환원반응

정자는 산소를 소비하고 수소를 생산하는데, 청색의 메틸렌블루(methylene blue)는 수소와 반응하여 무색의 루코메틸렌블루(leuco-MB)로 환원된다. 루코메틸렌블루로 환원되는데 소요되는 시간은 정액내 정자의 수와 활성에 의해 영향을 받는다. 즉, 활성 정자를 많이 함유한 정액은 불량한 정액에 비하여 더 빠른 속도로 산소를 소비하고 수소를 다량 생산하기 때문에 메틸렌블루의 환원시간을 단축한다.

메칠렌블루의 환원은 수소이외에도 효소가 요구되며 세균, 광선 등 요인에 의해 영향을 받기 때문에, 루코메칠렌블루로의 환원시간과 정액의 질과의 상관관계에 있어서 정확한 기준을 설정하는 것은 어렵다.

표본정액을 난황구연산희석액으로 희석한 다음 희석정액에 메틸렌블루용액을 첨가하여 혼합한다. 메틸렌블루용액은 3.6% 구연산나트륨용액 100ml에 메칠렌블루 50mg을 용해하여 제조한다. 염색액과 혼합한 정액이 들어있는 시험관에 mineral oil로 덮어 밀봉한 다음, 시험관을 45℃의 항온수조에 정치하여 청색이 소멸되는 시간을 측정한다.

양질의 정액은 3~6분 이내에 청색이 소멸되는데, 9분 이상 청색을 그대로 유지하는 정액은 살아있는 정자가 적거나 거의 없는 것으로 판정한다.

3.3.4 정자의 수정능력검사

정액의 질을 분석하기 위한 정자의 현미경적 평가나 화학적 진단만으로 정액의 수정능력을 예시하기에는 다소 부족하다. 따라서 정자의 수정능력을 쉽고 빠르고 정확하게 평가할 수 있는 방법이 요구되어 왔다.

3.3.4.1 정자의 난자침투성 시험

투명대를 제거한 햄스터난자(zona pellucida free hamster oocyte)내로 정자가 침투하려는 성질을 이용하여 정자의 수정능을 평가하는 방법이 가장 많이 이용되고 있다. 햄스터난자를 이용한 정자침투성 시험은 정자의 준비, 햄스터의 배란유도와 난자의 투명대제거, 정자와 난자의 공배양 및 난자의 평가 등으로 구성된다.

시험에 이용되는 기구와 유리제품은 150℃에서 1시간 동안 건열로 살균하고, 배양액은 공극크기가 0.22μm인 살균된 여과지를 통과시켜 제균하여 준비한다.

표본정액을 적당한 배양액으로 희석한 다음 원심분리하여 세척한다. 세척한 정액으로부터 swim-up기법으로 양질의 정자를 회수한다. 햄스터에 PMSG(30IU)와 HCG(30IU)를 주사하여 다난포발육과 배란을 유도한다. 난관에서 난자를 회수하여 0.1% hyaluronidase로 주변 난구세포를 제거하고, 0.1% trypsin용액에 배양하여 투명대를 제거한다. 투명대를 제거한 햄스터난자와 반복 세척하여 수정능력을 획득한 정자를 37.5℃에서 4시간 정도 공배양하여 수정을 유도한다. 배양 후 난자를 acetoalcohol로 고정한 다음 0.3% aceto-lacmoid액으로 염색하여 수정여부를 판정한다. 염색한 난자에서 팽창한 정자의 두부나 웅성전핵과 주변에 정자의 미부가 발견되면 난자는 정자에 의해 침투된 것으로 간주한다.

수정능을 알고자 하는 정액에 대해서 최소한 30개의 난자를 조사한다. 이때, 이미 알려진 가임수컷과 불임수컷의 정액을 대조구로 이용하면 판정의 신뢰성을 높일 수 있다.

3.3.4.2 정자 팽창시험

정자막의 기능적 완전성을 평가하는 저장액내 정자 팽창시험(hypo-osmotic swelling test)은 정자의 수정능을 평가하는 데 있어서 간단하고 경제적인 방법이다.

먼저 표본정액을 과당(fructose)과 구연산나트륨(sidium citrate)이 함유된 150mOsm의 저장성 용액과 동량으로 희석한다. 희석정액을 37℃에서 30~60분간 배양한 다음 위상차현미경으로 정자를 관찰하여 미부가 팽창한 정자의 비율을 조사한다.

정자 팽창시험은 정자의 수정능획득이나 난자침투성시험과는 높은 상관이 있지만, 난자침투성시험과 일반 정액판정간에는 상관관계가 낮다. 따라서 정자 팽창시험과 일반 정액판정을 조합한다면 정자의 수정능을 좀 더 정확하게 예시할 수 있을 것이다.

3.3.4.3 정자두부 단백질 검사

정자두부의 DNA와 관련 단백질을 생화학적 방법으로 측정하여 정자의 질을 예시할 수 있다. 정액의 생화학적 평가는 임상적 작업으로, 물리적 평가와 병용하여 사용하면 수컷의 수정능력을 효율적으로 평가할 수 있을 것이다.

3.3.4.4 정자의 ATP농도 측정

정자내 ATP농도는 bioluminescence technique를 이용하여 측정하며, 정액내 운동성을 가진 정자의 수와 상관관계가 있다. 따라서 ATP평가는 실험실에서 정자의 질을 판정하는 데 이용할 수 있다

3.3.4.5 정자의 수정능획득과 체외수정

체외에서 heparin을 이용하여 정자의 수정능획득을 유도하고 체외성숙한 난포난자와 체외에서 수정하여 정자의 수정이나 발생여부를 조사하거나, chondroitin sulfate를 이용하여 정액간 정자의 첨모반응율의 차이를 조사하여 종모우의 수태능력을 평가할 수 있다.

3.3.4.6 정자분리시험

정액을 밀도가 높은 배양액에서 일반 배양액으로 유영하여 빠져나오는 정자(swim up seperation)의 능력은 체내 수정력과 관련이 있으며, 유영하여 나온 정자의 수는 수태율과 높은 상관관계가 있다.

3.3.4.7 유동세포측정

유동세포측정(flow cytometry)은 다양한 형광표식자(fluorescent)로 정자를 염색하여 염색되는 형태에 따라서 분류하고 분석하는데, 이 기술은 정액내 다른 특징을 가진 정자군을 조사하는 데 이용되며 특히 정자의 성감별에 이용되고 있다.

3.4 정액의 평가와 수정율

정액은 채취한 직후 가능하면 신속하고 정확하게 평가하여 정액의 질과 수정율을 보존토록 하여야 한다. 정액의 수정율을 정확하게 예측할 수 있는 유일한 평가 방법은 없다. 따라서 몇 가지 평가 방법을 조합하여 상대적으로 높은 수태율이 예상되는 정액을 선발하여 인공수정에 이용하여야 한다.

신선정액의 경우 정액이 우유빛을 띄고 활력(motility)이 50% 이상이며 정자기형율(abnomality)이 5% 이하인 정액에서는 높은 수태율이 예상된다. 그러나 투명하여 정자농도

(concentration)가 ml당 500만 이하이고, 활력이 30% 이하이며 기형율이 25% 이상인 정액으로는 수태가 되지 않는다.

한편, 동결정액의 융해후 활력과 발정 비재귀율(non-return rate) 간에는 상관관계가 없으나, 적어도 융해후 정자의 활력이 40%가 되어야 인공수정에서 적정한 수태율을 기대할 수 있는데, 동결정액의 경우 약 1천만의 전진운동 정자를 주입하여야 한다. 또한 정액의 기형율과 동결정액의 55일 발정비재귀율(50-day NRR)간에는 상관관계가 있으며, 적정한 수태율을 얻기 위해서는 동결정액내 기형율이 30%를 초과해서는 안된다.

4. 정액의 희석

정액이 사정되면 새로운 환경에 노출되어 정자의 생존성이 변하게 된다. 특히 외부온도는 정자의 대사에 영향을 미치는데, 체온보다 높은 온도에서는 대사가 증진되어 에너지의 고갈로 조기에 죽게 되고, 저온에 노출되면 저온충격으로 생존성과 운동성이 현저히 저하된다. 또한 정자는 세포내에 제한된 양의 plasmanogen과 정자세포주변에 있는 당, 지방산 및 유리아미노산을 대사기질로 이용할 수 있다. 따라서 지속적으로 에너지원을 공급하지 않으면 정자는 체외에서 정상적인 생명을 유지할 수 없게 된다.

본 장에서는 체외에서 정자를 적절히 보호하기 위한 희석과 희석액에 관한 내용을 설명하고자 한다.

4.1 희석 목적

정액의 희석(dilution)은 정자 환경의 개선, 정자의 생존성 연장 및 정액량의 증가에 목적을 두고 실시된다.

정액의 희석은 원정액(raw semen)의 나쁜 환경을 개선함으로서 정자를 장시간 보존을 할 수 있게 한다. 원정액은 단위용적당 정자의 농도뿐만 아니라 전해질 농도가 높아서 해당능이 높기 때문에, 체외에서 보존하는 동안 젖산의 축적으로 정액의 산성화가 촉진되어 정자가 해를 입게 된다.

정액의 희석은 정자의 생존기간을 연장시킨다. 정자의 희석에 사용되는 희석액은 대사기질, pH 완충제 및 정자 보호물질을 함유하고 있어서 정자의 생존성을 증진시킬 수 있다.

정액의 희석은 정액량을 증가시킨다. 원정액에 있는 정자의 수와 그 종모우의 수태능력에 따라서 정액을 30~250배 정도로 희석할 수 있다. 따라서 한 번의 사출 정액이 자연교미시 빈우 한마리에게 사용되지만, 인공수정에서는 희석하여 300~1000두 이상의 빈우에게 수정시킬 수 있다.

4.2 희석 요령

정액은 채취 후 가능하면 빨리 희석하고, 희석하는 동안 온도나 희석에 의해 정자가 손상되지 않도록 하여야 한다. 이러한 정자의 온도충격이나 희석충격은 정자의 생존성을 저하시킨다.

정자가 온도충격(heat shock)을 받지 않도록 채취한 정액을 30℃나 실온에 정치하여 희석액과 등온이 되게 유도한 후 희석한다. 또한, 정자가 희석충격(dilution shock)을 받지 않도록 가능하면 천천히 희석하는데, 정액을 희석할 때 갑작스런 희석액의 도입은 정자에게 희석충격을 주어 생존성을 떨어뜨린다. 따라서 정액에 소량의 희석액을 천천히 첨가하고 충분히 혼합되도록 하여야 한다. 또한 고배율로 희석해야 하는 경우 시간 간격을 두고 몇 단계로 나누어 희석하여 충격을 최소화해야 한다.

4.3 희석 배율

정액내 생존정자의 농도와 수태율간에는 상관관계가 있으나, 인공수정에서 적정 수준이상으로 정자의 수를 증가시켜도 수태율은 증진되지 않는다. 따라서 적정한 수태를 보장하면서 증량 가능한 정도에서 정액의 희석배율을 결정하여야 한다.

희석정액으로 적절한 수태율을 얻기 위하여, 액상정액(unfrozen semen)은 적어도 ml당 5~10 × 10^6 정자를 함유해야 하며, 동결정액(frozen semen)의 경우 융해후 운동성을 가진 정자가 10~20 × 10^6정도 포함되어야 한다. 한편 수태율이 평균 수준 이하인 수소의 경우 융해후 운동정자가 1,500만 이상이 되어야 한다.

정액을 채취하여 액상정액과 동결정액으로 이용하기 위하여 희석할 때, 정액의 희석배율과 희석정액량은 표 4와 같다.

표 4. 정액의 희석배율과 희석정액량

조건: 정액 사정량 7ml, 정자의 농도 10억/ml, 운동정자비율 70%	
액상정액의 희석배율 계산	
원정액 ml당 운동 정자수	700,000,000
희석정액 ml당 요구되는 운동 정자수	10,000,000
희석 배율	700,000,000/10,000,000 = 70
희석정액량	7 × 70 = 490ml
동결정액의 희석배율 계산	
원정액 ml당 운동정자수	700,000,000
동결정액 ml당 요구되는 운동정자수	14,000,000
동결전 ml당 운동정자수 (30%사멸)	20,000,000
희석배율	700,000,000/20,000,000 = 35
희석정액량	7 × 35 = 245ml

4.4 희석액의 조건

희석액은 정액의 증량이외에도 정자의 생존성을 연장시키는 조건을 충족시켜야 한다. 또한 희석액은 경제적이고 제조하기에 쉬워야 하며 구성분을 쉽게 구할 수 있어야 한다(표 5).

표 5. 정액 액상보존용 희석액 조성

	난황구연산희석액	트리스희석액	Caprogen 희석액
보존온도	5℃	5C, RT	RT
트리스		3.028(g/ml)	
구연산나트륨(sodium citrate)	3.6		2
포도당(glucose)		1.25	0.3
구연산(citric acid)		1.675	1
글리신(glycine)			0.014
글리세롤(glycerol)		8	1.25
카탈라제(catalase)			0.003
카포릭산(caporic acid)			0.025
난황(%)	50	25	5

4.4.1 에너지원과 보호물질

희석액에 첨가되는 포도당, 과당, 유당 및 갈락토오스 같은 당류는 정자의 에너지원(energy source)으로 이용된다. 또한 당류는 적정 삼투압을 유지하며 온도충격을 완화할 목적으로 이용된다.

난황과 우유는 대사물질을 함유하고 있으며 저온충격으로부터 정자를 보호하는 성분을 함유하고 있다. 또한 지단백질이나 카제인과 같은 콜로이드성 단백질을 함유하고 있어서 염류에 의한 정자의 변성을 억제하는 기능이 있다.

4.4.2 전해질과 완충제

삼투압과 수소이온농도를 적정히 유지하면서 정자의 생존에 요구되는 전해질(electrolytes)이 희석액(diluents)에 첨가되어야 한다. 희석액에는 Na^{+}, K^{+}, Mg^{++} 및 Ca^{++} 등의 양이온이 주로 첨가되는데, 첨가량이 지나치면 정자의 생존에 영향을 미치게 된다.

희석액은 정액과 등장이어야 한다. 따라서 희석액의 삼투압(osmolarity)은 280-300 mOsm/kg H_2O가 되도록 조정한다. 만약 희석액이 저장성(hypotension)이나 고장성(hypertension)일 경우 정자의 기형율이 증가하고 생존율이 감소한다. 한편, 동결정액의 제조과정에 첨가되는 글리세롤(glycerol)은 희석액의 삼투압을 증가시키나 세포침투성이기 때문에 정자의 운동성과 생존성에 미치는 효과는 적다.

희석액은 원정액과 유사한 pH를 유지하여야 한다. 따라서 중성에 가까운 pH를 유지하기 위하여 구연산염, 인산염, 중탄산염, 황산염 및 주석산염 등 염완충액이나 tris(hydroxymethyl) aminomethane, Tricien, TES, MES 및 HEPES와 같은 유기완충액을 희석액에 첨가하고 있다.

4.4.3 정자의 대사 촉진제 및 억제제

정자의 대사를 억제하여 정자의 생존성을 연장시킬 수 있다. 즉, 채취한 정액을 가급적 좁은 관에 넣고 밀봉하여 공기와의 접촉을 차단하고 지나친 흔들림을 억제하여 정자의 대사를 줄임으로서 불필요한 노화를 방지한다. 또한 희석액 중에 이산화탄소를 첨가하여 대사를 억제하기도 한다.

난황이 첨가된 희석액에 과산화수소분해효소(catalase)를 첨가하여 정자의 생존성을 연장시킬 수 있다.

희석액에 첨가되는 호르몬(thyroxine)과 비타민(vitamins B, B1, & C)은 정자의 생존성과 운동성을 증진시킨다.

정자의 대사를 가역적으로 억제하기 위하여 romanic acid, benzoate, cyanide, hydroquinone 및 dinitrophenol등을 희석액에 첨가하거나, chloropromazine sulfoxide hydrochloride와 같은 진정제를 동결보존용 희석액에 첨가하기도 한다.

4.4.4 항생물질

건강한 수소로부터 위생적으로 채취한 정액에서도 상당량의 세균이 혼입된다. 정액에 혼입된 세균은 채취 대상과 장소에 따라서 차이가 있으나, 대체로 쌍구균, 연쇄상구균, 포도상구균, 대장균 및 고초균등이 있다. 이러한 세균은 생존과 증식을 위하여 정자의 대사기질을 이용하고 나아가서 세균의 대사산물은 정자의 생존성에 해를 끼치게 된다. 또한 정액과 함께 생식도관내에 주입된 세균은 수정을 방해하거나 자궁내 병변을 유발하여 임신을 방해하기도 한다.

정액내 미생물의 성장을 방지하고 정액의 질을 보존하기 위하여 다양한 항생물질(antibiotics)이 이용되고 있다. 페니실린(penicilline)과 스트렙토마이신(streptomycin)은 각각 그람양성균(Gram positive)과 그람음성균(Gram negative)의 성장을 억제하는 효과가 있어서 널리 사용되고 있으며, kanamycin, gentamycin, polymyxin과 sulfanilamide도 항균제로 희석액에 첨가된다. 한편, minocin은 정액내 ureaplasm 또는 mycoplasm을 통제하기 위해 이용되는 데, 일부 희석액에서는 정자를 사멸시키는 효과를 나타내기도 한다.

4.4.5 정액의 표식

다른 품종 및 수컷으로부터 채취한 정액을 구분하기 위하여 정자에 해가 없는 음식첨가용 또는 야채용 염색액을 희석정액 10ml에 1방울 정도 첨가한다. 염색액으로는 strawberry shade red(5.2%), emerald green(2.7%), purple shade grape(4.1%) 및 brown(3.7%) 등을 이용하고 있다.

유우정액을 표식하기 위하여 NAAB(National Association of Animal Breeders)에서는 홀스타인(holstein)은 녹색(green), 에어셔(ayrshire)는 자색(purple), 브라운스위스(brown swiss)는 갈색(brown), 저어지(jersey)는 적색(red) 및 거언지(guernsey)는 난황색(uncolored egg yolk)으로 정액의 색을 구분하고 있다. 육우의 경우 유우와 동일한 품종은 유우의 표식과 유사한 색으로 표식하며, 앵거스(Angus)는 오렌지색(orange), 쇼트호온(M.shorthorn)은 회녹색(lime green), 헤어포드(Hereford)는 연갈색(light brown/nut brown) 및 샤로레(Charolais)는 분홍색(pink rose)으로 표시한다.

우리나라에서 한우는 적색, 젖소검정우는 검정색, 젖소등록우는 유백색, 샤로레는 주황색, 헤어포드는 초록색, 시멘탈은 연녹색 및 앵거스는 청색으로 염색하여 인공수정에 이용되는 정액을 구분하고 있다.

4.5 희석액의 종류

완충계(buffering system) 성분을 첨가한 난황희석액(egg yolk diluent)이나 열처리한 유즙 희석액(milk diluent)으로 소 정액을 희석할 수 있다. 그러나 사용의 편리성과 경험에 따라서 희석액을 선택하며, 어떠한 희석액도 열등한 정액을 양질의 정액으로 만들 수 없다.

4.5.1 난황완충액

난황완충액에 첨가되는 난황은 건강한 개체로부터 산란한 1일이내의 신선 계란을 사용한다. 먼저 부드러운 세척제로 씻고 온수로 행군 다음 다시 증류수로 씻어 준비한 계란을 isopropyl alcohol이나 70% alcohol로 소독하여 건조한다. 난각을 깨뜨려 정자에 유해한 흰자로부터 노란자를 분리한 다음, 소독된 유리막대로 난황막을 뚫고 난황을 회수한다. 준비한 난황은 사용되는 염용액에 따라서 적량을 첨가하여 정액의 희석에 이용한다.

사용되는 완충제에 따라서 구연산염완충액과 인산염완충액 및 트리스염완충액으로 구분할 수 있다. 구연산염용액으로는 난황만 20% 첨가한 난황구연산염희석액, 당을 첨가한 난황당구연산염용액(Minnesota GO extender), 중탄산염으로 완충계를 보강한 난황구연산중탄산염희석액(Cornell University extenders) 등이 있으며, 완충계를 인산염으로 대치한 희석액으로는 난황인산염희석액이 있다. 한편 완충계를 주로 트리스 유기완충제를 이용한 희석액으로는 난황트리스염희석액이 있는데, 현재 우리나라 유우개량사업소에서는 희석액 100ml에 Tris 3.028g, citric acid 1.78g, glucose 0.3g, fructose 0.3g, glycine 0.468g, catalase 0.02g과 항생물질 penicilline 30mg, streptomycin 15mg, gentamycine 50mg, lincomycin 30mg, spectinomycin 60mg 및 tylosin 10mg 등이 첨가된 난황구연산트리스염 희석액을 이용하여 정액을 희석하고 있다.

4.5.2 우유희석액

신선우유나 저온살균유, 균질유 및 저온살균탈지유를 이용하여 희석액을 제조하는데, 이들은 정자에게 해로운 효소를 함유하고 있기 때문에 93~95℃로 10분간 가열하여 이 효소를 파괴한 다음 상온으로 냉각하여 유피를 제거하고 항생물질을 첨가하여 희석액(Pennsylvania State University extender)으로 이용한다.

4.5.3 기타

난황을 첨가한 희석액은 사용할 때마다 새롭게 준비해야 하며 제조시간이 많이 소요되고 바이러스감염이나 알레르기 반응을 유발할 수 있으며, 또한 난황내 아미노산이 분해되면서 발생하는 과산화수소가 정자의 생존을 저해하는 등 단점을 가지고 있다. 따라서 난황의 이용을 가능한 줄이려는 노력과 함께 난황을 2%정도만 함유한 희석액(Caprogen diluent)이 개발되었으며, 난황을 첨가하지 않은 지질과 당을 첨가한 인산염희석액(Lipid-glucose-buffer-gum,LGB)과 생리식염수(saline)와 당과 pepton을 첨가한 희석액(Milovanow, 1933) 등도 단시간 정자를 저장할 목적으로 이용되고 있다.

한편 Van Demark와 Bartlett(1958)는 난황희석액과 코코넛유(coconut milk)에 CO_2를 혼입하여 제조한 희석액(Illinois Variable Temperature extender, IVT)으로 실온에서 정자를 저장할 수 있었다.

5. 정액의 보존

5.1 정액의 액상보존

정액은 저온충격을 받지 않도록 주의하여 위생적으로 채취하며, 채취한 정액의 일부를 취하여 평가에 이용하고 나머지는 30℃에서 희석액과 혼합한다.

희석액으로는 난황희석액이나 우유희석액이 주로 이용되고 있으며, 단지 증량을 목적으로 생리식염수가 이용되거나 단기간 저장을 위하여 밀로바노우희석액이 사용되고 있다. 또한 상온에서 정액을 저장할 목적으로 Illinois Variable Temperature extender(IVT)가 개발되었으며, 특히 방목하는 유우의 수정을 위하여 Caprogen diluent가 보급되고 있다.

정액의 희석은 적정 수정율을 보장할 수 있는 정도의 정자가 포함되도록 하여야 한다. 수정에 요구되는 정자세포수는 주입부위에 따라 달라지는데, 자궁경내 또는 질내에 주입할 때보다 자궁경을 통과하여 주입할 때 더 적은 수의 정자가 요구된다. 동결정액에 비해서 액상정액으로 인공수정하면, 정액을 더 많이 희석시킬 수 있는데, 대체로 정액을 200~300배로 희석하고 운동정자가 500만인 희석정액으로 높은 수태율을 얻을 수 있다.

희석한 정액을 30℃에서 30분간 정치하여 희석액내 항생물질이 충분히 작용하도록 유도한 다음, 천천히 5℃로 냉각한다. 정액의 냉각은 1시간에 걸쳐 30℃에서 5℃로 균일하게 냉각한다.

인공수정을 위하여 수송할 정액은 정액의 충진과 포장에 있어서 특히 주의하여야 한다. 냉각한 액상정액을 적절히 표시한 용기에 충진하고 밀봉한다. 수송용기에 정액을 충진할 때, 과도한 공기층을 없애기 위하여 가능한 정액을 가득 채우거나 용기의 공기층을 mineral oil로 채운다.

정액을 충진 밀봉한 다음, 정액이 빛에 노출되지 않도록 하고, 정액의 온도상승을 억제하기 위하여, 용기를 두꺼운 종이로 여러 겹 둘러싸고 주변을 얼음으로 채운다. 다시 용기와 얼음통을 고도의 절연종이로 단단히 둘러싸고 잘 포장된 선적용 컨테이너에 옮겨서 단단히 고정하여 수송한다.

만약 수송에 오랜 시간이 소요될 경우에는 적절한 냉각장치를 부착하거나 냉매를 외부로부터 철저히 격리해야 한다.

액상정액은 정액을 채취 후 48시간이내에 사용하여야 한다. 대체로 정자는 5~7℃에서 약 20일간 살아 있지만, 약 12시간 정도만 수정능력을 보존할 수 있다.

5.2 정액의 동결보존

가축의 정액이 50여년전 동결보존(cryopreservation)된 이래 정자의 동결에 관한 기술은 계속해서 발전되어 왔다. 특히, 희석액과 동해방지제의 개발, 동결방법의 개선 및 새로운 냉매로의 대체 등에 힘입어 동결정액으로 높은 수태율을 얻을 수 있게 되었다.

동결정액의 출현으로 장소와 시간에 구애받지 않고 정액을 이용할 수 있게 됨으로서 인공수정의 이점을 극대화할 수 있게 되었는데, 특히 우수한 종모축이 노령으로 정액을 생산하지 못하거나 사망한 후, 여름철 정액성상이 저하되는 시기, 또는 생식기관의 전염병이 만연하는 시기에도 이전에 제조한 동결정액을 이용하여 산자를 얻을 수 있다.

동결상태로 정액을 보존하면 정자의 대사가 억제되기 때문에 정자의 노화로 인한 정액의 낭비가 없고 정액의 수송비를 감소시킬 수 있으며 또한, 안정하게 일정량 비축할 수 있다. 동결과정에 항생물질이 첨가된 희석액으로 정액을 희석하여 6시간 동안 보존한 다음 동결함으로서 비브리오균의 전파를 억제할 수 있다.

한편 동결정액의 이용이 다소 제한되는데, 이는 정자의 동결성 즉 동결정액의 융해후 생존성이 종이나 동종의 개체간에 차이가 있어서 모든 가축과 개체에 동일한 효과를 기대하면서 적용하는 것이 어렵다. 또한, 정액을 효율적으로 동결하기 위해서는 세포의 동결에 관한 지식과 경험, 상당한 시설과 설비 및 유지비가 소요되는 단점이 있다.

소정액의 동결보존을 위해 다양한 방법이 제안되고 있으나, 대부분 소정액의 종결은 정액의 채취, 검사, 희석, 글리세롤 평형, 충진, 예동, 동결 순으로 이루어진다(그림 13).

5.2.1 정자와 환경온도

정자의 주변온도가 정자의 생리현상에 중요한 영향을 미치는데, 체온 부근의 온도대(20~40℃)에서 정자는 정상적인 생명활동을 수행하지만 40℃ 이상이 되면 대사와 운동이 급격이 증가하고, 54~56℃에서는 원형질이 응고되고 효소단백질이 변성되어 정자는 죽게 된다.

한편 외부온도가 20℃ 이하로 낮아지면 대사가 증진되지만, 10℃이하에서는 정자세포의 대사와 운동성이 생명을 유지하는 수준으로 저하되며, 정자는 저온충격을 받게 된다.

저온충격을 받은 정자는 생존성과 수정능력이 저하되고, 호흡과 해당 관련 대사능이 감소되며, 능동수송능이 상실되고 농도균배에 의해 화학적 조성이 변하며 첨모가 손상된다. 외부

① 정액채취

(1회 채취시 평균)
- 정자수: 6~15억/㎖
- 정액량: 5㎖

⇒

② 정액검사

- 정자수 계산
- 정자 활력 및 생존율
- 일반 성상 검사

③ 1차 희석 및 냉각

- 10㎖ 희석액 + 정액
- 희석정액 5℃로 냉각
  (4기간 소요)

⇒

④ 2차 희석

- 5℃에서 동량희석
- 1차 희석정액에 2차희석액(15% glycerol)
- 20분간격으로 4회로 나누어 분주첨가

⑤ 3차 희석

- 0.5㎖에 A(+++)급 생존정자
  2,000~2,500만 조정 희석
  (융해후 생존 정자)

⇒

⑥ 글리세릴 평형

- 5℃에서 1시간이상 평형유도

⑦ 예비동결융해검사

- -140℃까지 12~14분에 걸쳐
  예비동결후 액체질소내에 10분간
  침지

⇒

⑧ 동결정액제조(봉함)

- 종축별 개체별 분류
- 스트로당 3,000~3,500만 충진
- 0.5㎖ 스트로 자동분주

⑨ 동결정액 포장 및 검사

- ⑦과 동일방법으로 동결
- 자동포장기로 포장
- 최종 동결검사후 인계
  -30℃에서 20초간 융해
  -검사판정: A(+++)급 생존정자
  45%이상

⇒

⑩ 동결정액공급

그림 13. 소 동결정액 제조과정 모식도

온도가 정자의 유해온도역인 0℃이하로 낮아지면 정자의 생존성이 급격히 저하되고, 정자의 위해온도역인 -15℃ ~ -25℃사이에서는 동해에 의해 정자가 죽게 된다. 이 두 온도대에서 나타나는 과냉각상태와 빙정형성 및 염해에 의해 정자는 대사능력과 생존성을 잃게 된다.

즉, 급냉충격에 의해 정자는 생존성과 대사능력이 저하되며, 빙점에서도 동결되지 않는 과냉각상태에서 대사관련 효소의 기능이 중지되어 정자의 생존에 요구되는 대사경로가 기능하지 못한다.

과냉각시기가 지나 정자세포 외부의 동결로 수분이 얼게 되면 세포외 용질이 농축되어 삼투압이 상승하고 pH가 변하는데, 이러한 변화는 세포의 탈수를 유발하고 세포막의 지질을 용해하며 원형질막의 응고를 촉진하여 정자의 생존성을 저하시킨다.

또한 제한된 용기내 빙정량이 증가하여 기계적, 물리적 충격을 가함으로서 정자의 사멸을 조장하게 된다. 정자세포외의 빙정이 침투하고 세포내 수분이 동결되면 원형질콜로이드 상태가 파괴되어 정자에게 치명적인 손상을 입히게 된다. 또한 정자를 동결보존하는 동안 미량의 대사가 일어나지만 중간대사산물이 부족하여 정자의 생존성이 저하된다.

정자의 생존성을 위협하는 온도대를 지나 -60℃ 이하가 되면 물분자의 이동이 억제되어 정자의 유해도가 감소한다. 정자의 동결에 이용되는 냉매로 주로 드라이아이스(-79℃)와 액체질소(-196℃) 및 액체헬륨(-269℃) 등이 사용된다.

5.2.2 동해와 동해방지제

정액을 그대로 동결하면 정자는 전부 사멸하며, 동해방지제(cryoprotectants)를 첨가하고 가장 우수한 방법으로 동결하여도 정자의 1/3~1/2 정도는 죽게 된다. 정액의 동결과정에서 정자는 손상을 입게 되어 죽거나 비정상적으로 형태가 변하거나 기능이 달라지는데, 특히 정자의 첨모가 변형되고 원형질막이 파열되어 첨모내용물이 누출된다.

정자막의 손상과 관련된 효소의 누출은 정자내 acidphosphatase isoenzyme의 감소와 세포외 배양액내 동일효소의 증가를 조사함으로서 확인할 수 있다. 또한 미토콘드리아의 내부구조가 변성되고 정자의 대사기능이 저하되어 호흡과 해당량이 감소한다. 뿐만 아니라 동결처리에 의해 소정자의 지질함량이 감소하며 무기물의 함량도 변하게 된다.

따라서 동결과정에 예상되는 정자의 동해를 방지하기 위하여 정액 희석액에 동해방지제를 첨가하는데, 동해방지제는 희석액에 영향을 미치지 않는 중성물질이어야 하며, 희석액에 고루 분산되도록 수소이온형성이 용이한 친수성이어야 하고, 세포내 빙정형성을 억제하기 위하여 세포막투과성이어야 한다. 또한 정자의 생존을 위협하는 독성이 없어야 한다.

일반적으로 선호되는 동해방지제는 정자세포내 침투성인 글리세롤(glycerol)과 디메칠설폭사이드(dimethylsulfoxide, DMSO), 비침투성인 락토즈(lactose)나 라피노즈(raffinose)와 같은 당이 이용되고 있으며, 다가 알코올이나 amide류도 종특이적으로 이용되고 있다.

동해방지제로 많이 사용되는 글리세롤은 분자량이 92.09 daltons인 3가 알코올이며 정자의 대사기질로 이용되고 독성이 없으며 세포투과성이 높다. 글리세롤은 물에 용해되어 비등점과 빙점을 변하게 하는데, 공빙점(eutectic point)이 낮아서 동결시 빙정량을 감소시키고 염해를 억제할 수 있다.

또한 세포침투성이 높고 친수성이 강하여 세포내 수분의 완전 탈수를 억제함으로서 원형질 콜로이드상의 변화를 방지할 수 있다. 주로, 난황구연산희석액, 난황트리스희석액이나 열처리된 탈지유, 균질유나 재조정분유에 첨가하여 널리 사용되며, 글리세롤의 첨가농도는 동결속도에 따라 차이가 있는데, 대체로 완만동결시 7%, 급속동결시 5~6% 및 정제화 동결시 3.5%가 적당하다.

동해방지제 DMSO는 공빙점(-132℃)이 매우 낮고 세포막 투과성이 높으나 정자에 대한 독성이 강해서 토끼정자의 동결에만 주로 이용되고 있다. 아미드는 세포투과성이 높고 친수성이 강하지만 세포독성이 강하여 사용이 제한되는데, 주로 정자의 동결에 사용되는 아미드는 초산아미드(acetamide)와 유산아미드(lactamide)가 있다. 다가 알코올인 메탄올(methanol)은 동해방지효과가 있으나 -30℃이하에서는 그 효과가 다소 떨어진다. 소 희석정액을 드라이아이스위에서 펠렛동결하는 경우 raffinose나 lactose(11%)와 같은 당을 동해방지제로 이용한다.

당의 분자량이 클수록 동해방지 효과는 커지는데, 이러한 당의 동해방지 효과는 당의 수산기(OH)가 수소결합을 쉽게 만들기 때문인 것으로 추측된다.

5.2.3 정액의 동결

5.2.3.1 시설 및 기구의 준비

정액을 동결하기 위해서는 비커, 플라스크, 눈금이 있는 실린더, 스트로 또는 유리앰플, 냉각조 및 온도계 등이 요구된다. 또한 정액의 동결, 저장 및 수송을 위하여 액체질소가 있어야 하며, 이를 수용할 액체질소용기가 있어서 동결된 정액을 보관할 수 있어야 한다(그림 14). 또한 정액을 동결하는 과정에 요구되는 시설로서는 앰플충진기, 밀봉기, 표식인쇄기 등이 있다.

5.2.3.2 정액의 채취, 희석 및 냉각

채취한 정액은 30℃의 항온수조에 보관하여 희석하기 전에 저온충격을 받지 않도록 주의한다. 수정율을 고려하여 적정한 비율로 정액을 희석한다. 이때, 아무리 우수한 동결조건을 부여한다고 하더라도 정자의 약 15~30%가 동결과정에서 죽기 때문에, 정액을 동결하여 적정한 수태율을 얻기 위해서는 희석정액 ml당 $1.2 \sim 1.5 \times 10^6$의 정자가 포함되도록 한다. 희석한 정액은 동일 온도에 정치하여 항생물질의 작용을 유도한다. 희석액으로는 난황희석액과 우유희석액을 주로 이용하는데, 희석정액은 30℃에서 5℃로 1시간에 걸쳐 천천히 냉각한다(표 6).

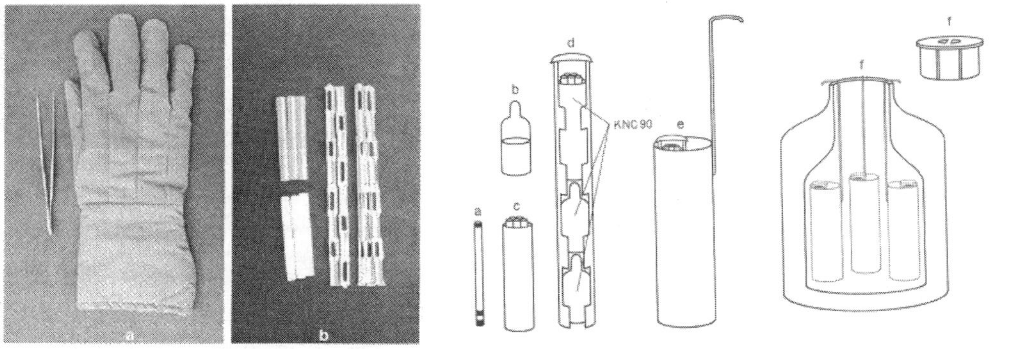

그림 12. 정액 동결 및 취급과정에 필요한 기구. 좌로부터 우측으로 핀셋, 장갑, 고블렛, 고블렛홀더, 스트로, 앰플, 고블렛(스트로팩), 앰플/스트로팩홀더, 캐니스트, 액체질소탱크등이 소요된다.

표 6. 정액 동결보존용 희석액 조성 (g/100ml)

구 분	트리스-과당-난황	구연산-난황-과당	네덜란드 희석액
트리스(Tris)	2.4		3.152
글리세롤(glycerol)	8.8	7.2	6
과당(fructose)	1	1	1
구연산(citric acid monohydrate)	1.354		1.23
구연산나트륨(sodium citrate dihydrate)		2.32	
난황(ml)	20	20	20

5.2.3.3 동해방지제의 첨가

동해방지제의 첨가 시기, 농도 및 방법은 희석액, 동결방법 및 정액의 종에 따라 다양하다 (Berndtson, 1978; Foote, 1975b; Graham, 1978; Saacke, 1978; Salisbury 등, 1978). 글리세롤은 일반적으로 5℃로 냉각한 다음 희석정액에 첨가하지만, 동결직전에 글리세롤을 첨가하는 것이 저온충격에 대한 보호효과가 더 크다. 한편, 글리세롤의 첨가농도는 희석액의 종류에 따라서 차이가 있는데, 난황당배양액에 5%로부터 우유희석액에 10%까지 다양하다. 글리세롤의 첨가방법은 연구자에 따라서 다른데, 한 방울씩 떨어뜨리거나 소량씩 1시간에 걸쳐 천천히 첨가하거나 또는 한 번에 모두 첨가하기도 한다.

한편, 정액을 정제화하여 동결하는 경우, 동해방지제가 첨가된 희석액으로 정액을 상온에서 희석하여야 하는데, 희석액으로는 트리스염희석액이나 당희석액이 주로 이용된다. 다른 대부분의 희석액과는 달리, 이들 희석액에 글리세롤을 첨가하여 정액을 희석한 다음 상온에 노출하여도 정자에 손상을 주지 않는다.

정액을 글리세롤이 첨가된 희석액으로 희석한 다음, 동결전 4~6시간동안 5℃에 정체시켜 정자세포내외에 글리세롤이 농도평형을 이루도록 유도한다. 그러나 글리세롤이 평형을 이루는 데는 거의 시간이 요구되지 않기 때문에 동결직전에 글리세롤을 첨가할 수 있다.

5.2.3.4 정액의 충진

동결정액을 포장하는 방법에 따라서 동결방법이 달라지는데, 주로 이용되는 포장재는 유리앰플, 폴리비닐 스트로 등이 있으며, 정액을 직접 냉매에 노출시켜 정제화하여 동결하기도 한다.

정액을 동결하는 기술이 발달하던 초기에는 정액충진제로서 유리앰플이 거의 절대적으로 이용되었다. 앰플은 살균된 용기로서 자동으로 표식, 충진 및 봉함이 가능하였다. 각 앰플은 1회 주정에 요구되는 충분한 정자를 포함하며, 6~8개의 앰플을 금속통(metal cane)에 장착하고 수소 개체의 표식을 부착한다.

이후 폴리비닐 클로라이드 스트로(polyvinyl chloride straw)가 Cassou에 의해 개발되었다. 스트로는 앰플에 비해 저장공간이 적게 소요되며 동결특성도 다소 우수하고 자동으로 표식, 충진 및 밀봉할 수 있다. 각 스트로에 정액을 분주한 다음 스트로파우더나 젤라틴 또는 스트로밀봉기를 이용하여 밀봉한다. 스트로파우더는 적, 황, 청색이 있어서 품종 및 개체의 표식에 이용할 수 있다. 밀봉이 끝난 스트로는 종모축의 번호 또는 이름과 제작년월일 및 일련번호를 인쇄한 다음 동결조작에 들어가게 된다. 스트로의 기하학적 형태는 동결과 융해과정에서 유연성을 제공한다. 스트로에 동결된 정자의 경우 융해속도가 빠를수록 정자의 생존율이 높은데, 융해후 정자의 생존율은 동결율, 융해율 및 글리세롤농도에 의해 영향을 받게 된다. 스트로에 충진하여 동결한 정액은 거의 정자의 손실없이 인공수정 할 수 있다.

정제화 동결정액은 드라이아이스 위 작은 홈에 희석정액을 소량 떨어뜨려 제조한다. 이러한 방법으로 동결한 정액은 융해후 정자의 생존율이 양호하다. 또한 이 방법은 정액을 대량으로 저장할 때 거의 공간을 차지하지 않아서 가장 값싼 저장 방법이기도 하다. 한편 정액을 동결하는 동안에 수소개체가 표시된 작은 종이조각을 삽입하여 정액을 구분할 수 있으나, 정제화한 동결정액마다 수소개체의 표식이 어렵다는 것과 정액간에 적당한 간격이 없어서 정자나 미생물에 의한 상호 감염이 일어날 수 있다는 단점이 있다.

이외에도 정액충진방법으로 정액을 직접 정액주입용 카데터에 충진하여 동결하는 방법도 있다.

5.2.3.5 정액의 동결방법

정액을 충진하는 재질에 따라서 동결방법도 달라져야 한다. 즉 스트로에 충진한 희석정액은 보통 액체질소증기에서 동결되어 -196℃에서 저장되는 데, 스트로의 넓은 표면적과 얇은 벽 때문에 열전달이 신속하여 보통 수 초이내에 정액이 동결된다. 앰플에 충진된 정액은 분당 3℃의 동결속도로 -15℃까지 동결되고 이온도에서 동결속도는 점차 증가하여 -150℃에 도달한다. 그런 다음 -196℃인 액체질소로 침적하여 보관한다. 정제화용 희석정액은 드라이아이스위에 떨어진 후 수초이내에 동결되고 수 분 이내에 -79℃까지 내려가면 -196℃의 액체질소에 옮겨 보관한다.

전반적으로 스트로에서 동결되는 정액은 정제화방법으로 동결되는 정액에서 보다는 느리지만 앰플에서 동결되는 정액에 비해 빠른 동결속도를 요구한다.

동결용 냉매로서 드라이아이스(dry ice), 액체공기(liquid air), 액체산소(liquid oxygen) 및 액체질소(liquid nitrogen)를 이용한 동결기 모두 성공적으로 이용되고 있다. 그 중에서도 액체질소가 가장 널리 이용되고 있는데, 이는 폭발성이 없고 취급이나 수송에 안전하며 -196℃의 낮은 온도에서 장시간 정액을 저장할 수 있기 때문이다. 드라이아이스(-79℃)와 알코올은 동결정액제조 초기에 이용되었으나, -79℃를 유지할 수 있는 냉동기계설비가 사라짐에 따라서 이용이 제한되게 되었다. 일부에서는 액체공기를 이용하여 정액을 동결하기도 한다. 액체산소를 이용하여 정액을 동결할 수 있으나 폭발가능성 때문에 이용이 제한되고 있다.

정액의 동결은 동결속도에 따라서 완만동결, 급속동결, 2단계동결 등 달리 명명되는데, 대체로 사용되는 동해방지제와 정액의 종류에 의해 동결속도가 결정된다. 동결속도가 너무 빠르면 정자에 온도충격을 주고 세포내 얼음결정이 형성되며, 동결속도가 느리면 세포내 수분이 세포 밖으로 유출되어 얼기 때문에 염농도가 증가하여 염해를 입게 된다. 동결속도는 빙정형성에 영향을 미치며 융해속도를 선택할 때 고려하여야 한다.

완만동결법(slow freezing)은 -15~0℃사이에 분당 2℃이하로 동결하고 이후 분당 3~5분의 동결율로 -79℃까지 45분이 소요되는 동결방법이다. 주로 사용되는 글리세롤은 분자량이 적고 공정점이 낮아 완만동결에서 동해 방지효과가 높다.

급속동결(rapid freezing)은 -79℃에서 0℃까지 2~60초이내에 동결하는 방법이다. 급속동결은 수소결합을 만들기 용이하며 분자량이 커서 공융점이 높은 당이나 다가알콜과 같은 동해방지제를 이용함으로서 가능하게 되었다.

한편 2단계 동결법(2 step freezing)은 -30~-27℃ 온도대를 비교적 완만히 통과하면서 가능한 완전한 탈수를 유도하고 이후 급속히 동결시켜 세포내 동결을 억제하는 방법이다.

5.2.4 동결정액의 저장과 수송 및 취급

정액을 동결 보관하기 시작하던 시기에는 동결정액을 드라이아이스위에 두었으나 최근에는 액체질소에서 보관하고 있다. 액체질소는 안정된 낮은 온도뿐만 아니라 거의 무한하게 동결정액을 저장할 수 있기 때문에 널리 이용되고 있다. 그러나 정액을 액체질소에서 장기간 저장하기 보다는 신속하게 이용하는 것이 경제적으로 바람직하다.

다양한 형태의 액체질소냉동고가 스트로나 앰플에 충진된 정액을 저장하기 위하여 이용되고 있으며, 냉동고의 크기에 따라 액체질소의 저장능력은 차이가 있다. 냉동고내에 액체질소를 모두 소모하면 온도가 상승하여 정액이 동결상태를 유지한다 하더라도 모든 정자가 죽기 때문에, 정기적으로 액체질소 냉동고를 조사하여 액체질소의 적정수준을 유지하여야 한다.

액체질소내에서 보관한 동결정액은 이동용 액체질소용기(portable liquid nitrogen container)를 이용하여 효율적으로 수송할 수 있다. 이동용 액체질소용기는 다량의 정액을 안전하게 수 주일간 액체질소를 재충진하지 않고 수송할 수 있다.

가을과 겨울에 채취한 정액을 동결하여 보관하고, 동결정액은 가급적 빨리 인공수정에 이용되어야 하며, 만약 정액이 1년 이상 저장되어야 한다면 정액주입량은 대략 1/3정도 정자가 더 함유되도록 해야 한다. 그러나 동결정액으로 최대한의 수태율을 얻으려면 1년 이내 사용하도록 한다.

동결정액은 바람이나 직사광선이 없는 곳에서 이동하여야 하고 정액이 중앙저장고나 트럭에서 이동할 때 정액을 받는 소형탱크는 액체질소로 가득 채워야 한다. 정액은 쉽고 빠르게 빼낼 수 있도록 캐니스터에 보관되어야 하며 정액을 내재하고 있는 캐니스터는 액체질소탱크의 목 부위에 있는 서리가 생기는 부위이상으로 들어 올려서는 안된다. 동결정액을 10초이상 온도가 상승하도록 해서는 안되며 외부에 노출되는 빈도를 최소한으로 줄여야한다(그림 15).

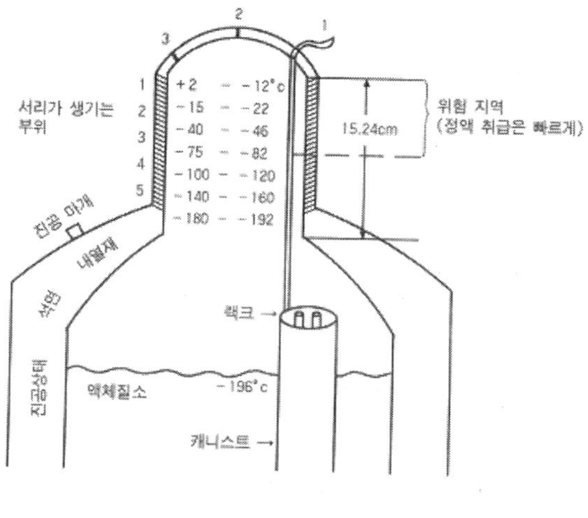

그림 15. 액체질소탱크의 내부온도

5.2.5 동결정액의 융해

동결정액은 정액의 충진방법이나 동결속도에 따라 다양한 융해액과 온도에서 융해(thawing)되어진다. 융해액의 조성은 정자의 활력과 수태율에 영향을 미치는데(표 7), 따라서,

액체질소에서 동결보존되고 있는 정액을 끄집어 낼때는 시술자는 안전방비를 착모, 동해를 받지 않도록 주의해야 하며, 또한 사용할 정액 이외의 동결정액이 온도상승으로 인한 피해를 입지 않도록 주의해야 한다(그림 16). 스트로에서 동결한 정액은 융해액을 따로 준비하지 않고 얼음물이나 65℃이상에서 성공적으로 융해할 수 있으며(Berndtson, 1978; Gilbert와 Almquist, 1978; Graham, 1978; Saacke, 1978), 37℃에서 융해하여 높은 정상첨모정자율과 전진운동정자비율을 얻을 수 있다(Pace와 Sullivan, 1978; Pace 등, 1981).

앰플에서 동결한 정액은 주로 얼음물에서 융해한다. 정제화한 동결정액을 융해하기 위해서 새로운 융해액이 요구되며, 융해액의 조성은 수태율에 영향을 미친다. 또한 정제화 동결정액을 38~]40℃보다는 55℃에서 융해하는 것이 더 높은 수태율을 얻을 수 있다. 한편 현장에서는 얼음물에서 융해하는 것이 쉽고 또한 이 방법으로 만족한 결과를 얻을 수 있다(Pickett 등, 1965).

표 7. 동결정액의 융해온도에 따른 수태율

융해온도 (℃)	수정두수	인공수정 회수에 따른 임신두수			
		1	2	3	계
5	137	76	30	15	122(88.3)
15	89	48	19	11	79(87.6)
37	78	42	27	9	78(88.7)

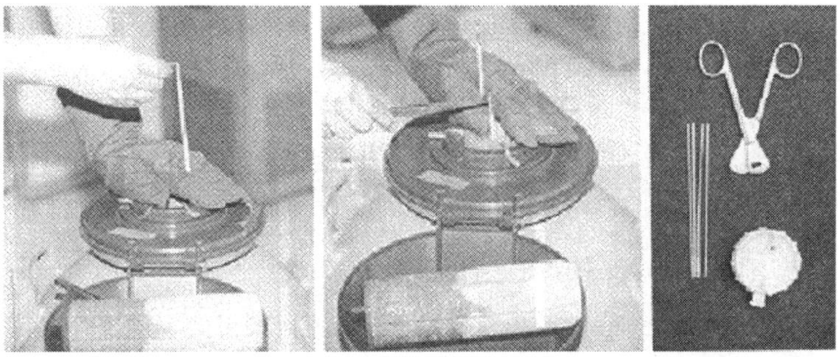

그림 16. 액체질소탱크에서 동결정액을 꺼내는 요령과 스트로 절단기

매일 융해조에는 깨끗한 물을 채워야 하며 동결정액을 가급적 신속하게 융해조로 옮기고 충분히 융해하여야 한다. 앰플에 정액을 충진한 경우 융해하는 앰플에 얼음이 형성되지 않도록 하고 몇 개의 앰플을 동시에 융해할 때 함께 동결되지 않도록 주의하여야 한다.

융해하는 동안 앰플을 흔들어선 안되며, 1시간 이상 융해한 앰플은 이용하지 말고, 앰플을 개열하기 전에 철저히 건조시키고 바로 세운 상태로 개열해야 한다. 이렇게 융해하여 준비된 정액은 정액주입기에 장착하여 발정빈우에게 주입된다.

6. 정액의 주입

우군의 개량및 번식효율화를 위하여 인공수정소는 최신의 정액 품목을 유지하고 있어야 하며, 정규적으로 인공수정사를 훈련시켜 잘못된 수정기술을 보완하고, 인공수정사는 시술전 동결정액을 평가한 다음 시술해야한다. 정액주입을 위해 먼저 동결정액을 융해한 다음 스트로 절단기(그림 16)로 스트로를 자르고 주입기에 장착한다. 발정빈우를 보정하고 직장검사를 실시하여 빈우의 발정유무와 생식기의 정상성을 확인한 다음, 정액주입기를 삽입하고 자궁경을 통과시켜 정액을 주입한다(그림 17).

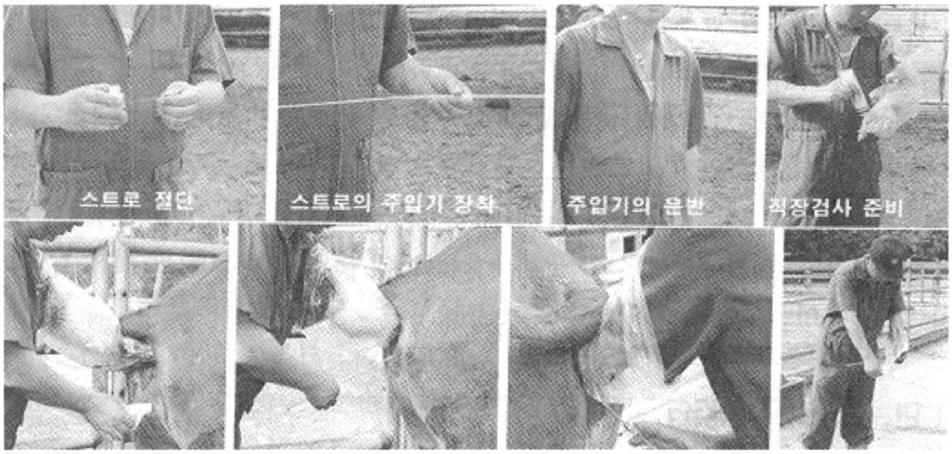

그림 17. 융해한 동결정액을 이용 소 인공수정 과정

6.1 발정빈우의 준비

높은 수태율을 얻기 위해 양질의 정액을 건전한 번식조건에 있는 건강한 빈우에게 발정주기중 적절한 시기를 선택하여 인공수정하여야 한다.

활력이 있고 수정능력을 획득한 정자가 배란 직후 난자와 수정할 수 있도록 하기 위해 빈우의 배란시기를 알아야 하지만 배란시기를 정확하게 아는 것이 어렵기 때문에 배란과 밀접한 관련이 있는 발정을 기준으로 정액을 주입하는 시기를 결정하게 된다.

6.1.1 발정징후

교미를 위한 성적 욕구인 발정(estrus)은 축종 및 개체에 따라 징후가 다르지만, 대체로 외부 및 내부 생식기와 행동에서 변화가 나타난다.

소의 경우 발정주기에 따라 외부생식기에서 뚜렷한 변화가 나타나는데, 발정전기(pro-estrus)에는 외음부가 팽창하고 붉게 충혈하기 시작하며, 발정기(estrus)에는 최대로 팽창, 충혈하고 질 분비물과 누출되는 자궁경점액을 관찰할 수 있다. 발정후기(postestrus)에는 팽창하였던 외음부가 퇴축하고 분홍색으로 퇴색하며, 발정휴지기(diestrus)에는 외음부에서 팽창이나 충혈의 흔적을 찾아 볼 수 없게 된다.

직장검사(rectal palpation)를 통하여 내부생식기관을 촉진할 수 있는데, 난소의 구조물은 발정주기에 따라서 뚜렷한 차이를 나타낸다. 주로 발정전기에는 발육중인 난포를, 발정기에는 성숙난포를 촉진할 수 있으며, 발정후기에는 배란으로 난포가 파열된 후 형성된 황체를, 발정휴지기에는 성숙한 황체를 촉진할 수 있다.

또한 발정주기(estrus cycle)에 따라 빈우의 행동이 뚜렷이 달라지는데, 발정기를 제외한 다른 시기에는 다른 모우와 빈우의 승가를 거부한다. 또한 발정우는 식욕이 감퇴하여 사료를 기피하고, 반추수가 감소하며, 신경질적이며 보행수가 증가하고 자주 큰소리로 운다. 또한 착유우의 경우 산유량이 감소하게 된다.

6.1.2 발정관찰

발정은 생식기관과 분비물 및 행동의 변화를 관찰하여 판정하게 된다. 일반 농가에서는 방목 또는 운동장에 내보내기 전과 착유 또는 우사에 계류하기 전에 매일 20~30분간 외음부를 관찰하거나 승가허용징후를 확인할 수 있다.

질점액의 물리적 및 화학적변화를 검사하여 발정을 진단할 수 있다. 발정초기의 질점액은 진하고 흰색이지만 종부적기인 발정최성기에서는 물처럼 투명하고 흐르는 상태가 된다. 또한 발정이 되면 질점액의 전기전도성이 변하기 때문에 전기전도성 측정기를 이용하여 발정을 진단할 수 있다.

자궁경점액도 발정주기에 따라 변하기 때문에 발정진단에 이용된다. 대체로 발정전기와 발정최성기사이에서는 자궁경 점액의 현미경상이 소형 결정형에서 중형의 양치상 결정형으로 변하며 적혈구와 각화상피세포가 발견된다. 한편 발정최성기와 발정후기사이에서는 대형 양치상 결정형에서 부정형으로 변하고 적혈구나 백혈구는 없으나 각화상피가 발견된다. 발정후기와 황체형성기 사이에서는 결정상이 없어지고 수지상 결정형이 형성된 후 서서히 소실되며, 적혈구는 없고 백혈구와 호중구가 간혹 출현하며 각화상피세포도 없다.

발정빈우는 다른 암소나 수소의 승가를 허용하기 때문에 승가의 허용여부가 발정의 진단에 이용되고 있다. 발정과 수정여부를 구분하기 위하여 빈우의 미근부위에 페인트를 칠하여 승가에 의한 탈색을 관찰하는데, 페인트는 붉은색, 노란색 및 파란색을 이용하며 이는 각각 발정, 수정 및 재수정을 의미한다. 또한 수정능력은 없지만 성욕이 있어서 발정빈우에 승가할 수 있는 시정우를 이용하여 발정을 진단할 수 있는데, 시정우에 친볼(chin ball)이나 물감주머니 또는 크레용을 달아주어 승가허용우 즉 발정우에 표식을 남기도록 유도한다. 또한 발정시

분비되는 냄새를 구별하도록 훈련된 개를 이용하여 발정축을 식별할 수 있다.

6.1.3 발정주기동기화

발정관찰이 어려운 다두사육과 특히 추운지방에서 많이 이용되고 있는 발정주기동기화(estrus synchronization)는 다두 동시 발정 및 배란을 유발하고 발정축에 인공수정하거나 수정난을 이식하여 신생자를 생산하는 등 계획적인 번식관리를 가능하게 한다.

발정주기를 동기화하기 위하여 주로 황체호르몬, 프로스타글란딘, 발정호르몬 및 성선자극호르몬이 단독 또는 동시에 이용되고 있다.

황체호르몬(progesterone)을 이용하여 빈우의 발정을 동기화할 수 있다. 즉, 황체호르몬 또는 그 유사물질을 2-3주간 경구투여하거나 주사 또는 질내 주입하여 발정을 억제하다가 호르몬의 투여를 중단함으로서 발정이 유도된다. 한편 배란반응을 효율적으로 유도하기 위하여 성선자극호르몬방출호르몬(GnRH)을 병용하기도 한다.

프로스타글란딘(prostaglandin F2)을 이용하여 발정을 동기화할 수 있는데, 황체가 존속하는 빈축에 PGF2 또는 그 유사물질을 주사하여 황체를 퇴행시키고 발정을 유도한다. 한편 발정동기화를 위하여 PGF2 를 반복 처리한 빈우에서 수태율이 감소하는 경향이 있다.

난포자극호르몬(FSH, PMSG)과 황체형성호르몬(LH, HCG)을 이용하여 발정을 동기화할 수 있다. 즉, 대상 우군에 3-5일간 난포자극호르몬을 투여하여 난포의 발달을 유도하고, 이어서 황체호르몬을 주사하여 발육한 난포를 동시에 배란되도록 유도한다. 이외에도, 자궁내에 기구(IUD, intrauterine device)를 이식하여 임신물로 착각하게 하여 일정시간 황체를 존속시키다가 이 기구를 제거함으로서 발정동기화를 유도할 수 있다.

6.1.4 수정적기

한 발정기 중 수정에 의해 가장 높은 수태율을 얻을 수 있는 시기를 수정적기라고 하며, 수정적기는 배란시기, 배란된 난자의 수정능력 보유시간, 정자의 수정부위 도달시간과 수정능 획득 소요시간, 정자의 수정능력 보유시간 등에 의해서 결정된다.

빈우의 발정주기는 평균 21~22일이고 발정은 20시간 정도 지속된다. 배란은 혈중 LH농도가 최고치를 형성한 다음 약 24시간 후에 일어나는데, 대체로 발정개시로 부터 29~32시간 후, 또는 발정종료로 부터 8~11시간 후에 배란이 일어난다. 한편 배란된 난자는 난관내에서 18~20시간 정도 생존하지만, 배란 후 5~6시간이 경과하면 정상적으로 발생하는 수정난의 수는 현저하게 감소한다. 따라서 수정율을 높이기 위하여 배란 후 5~6시간 이내에 정자와 결합하여 수정이 이루어지도록 유도하여야 한다.

질내에 주입된 정자는 자성생식도관의 수축에 의해 수정부위인 난관팽대부로 이동하지만,

자궁경관, 자궁난관접속부, 협부에서 팽대부 및 난자를 통과할 때는 정자 편모의 운동에 의존한다. 교미 후 십 수분이 지나면 정자의 일부가 이미 난관팽대부에 도달하지만, 수정에 관여하는 정자는 교미 후 8시간이 지나서 난관 협부에 도달하여 배란될 난자를 기다린다. 수정부위에 도달하는 동안 정자는 수정능력을 획득하게 된다.

빈우의 생식기관내에 주입된 정자는 30~50시간동안 생명을 유지할 수 있으나, 실제 수정능력을 유지할 수 있는 시간은 24~40시간 전후이다.

높은 수태율을 얻기 위하여 수정능력을 획득한 신선한 정자가 갓 배란된 난자와 결합하도록 수정시기를 정하는 것이 중요한데, 이상의 요인들을 고려할 때, 소의 교배적기는 발정종료 전후의 수 시간이 적당하다(표 8).

표 8. 발정시기와 수정적기

발정배란	개시	발정종료	배란
발정개시후 시간	0	20	30시간
수정시기	이르다	적기	늦다
예상수태(원인)	감소(정자노화)	최고	감소(난자노화)

그러나 인공수정 대상인 빈우의 품종과 개체에 따라서 발정길이와 배란시기가 다르기 때문에, 적정한 수태율을 얻기 위해서는 일정범위의 수정시기를 선택하는 것이 필요하다. 일반적으로 하루에 두 번 발정을 관찰하는 농가에서는 오전에 발정이 관찰된 빈우는 같은 날 오후에, 저녁에 발정을 관찰한 빈우는 다음날 아침에 각각 인공수정한다.

발정기 전반부에 인공수정하면 수태율이 낮아지는 경향이 있으며, 또한 발정을 발견한 후 13.5~33시간에 수정하면 첫 인공수정에 의한 수태율은 가장 낮게 나타난다. 또한 분만한 빈우의 경우 분만 후 50일 이내에 수정하면 수태당 수정빈도가 증가한다.

6.2 정액의 주입

6.2.1 주입방법

정액의 주입방법은 정액의 주입부위나 주입기의 형태에 따라서 질법, 질경법 및 직장질법으로 구분할 수 있다(그림 18).

질법은 고무구나 주사기를 연결한 정액주입관내에 정액을 충진시킨 다음 질에 정액을 주입하는 방법으로 수태율이 높지 못하기 때문에 대체로 사용이 제한된다.

질경법은 질경이나 도대(speculum)을 질에 삽입하고 손전등을 이용하여 자궁경을 확인한 다음 정액주입관을 자궁경외구에 삽입하여 정액을 주입하거나, 확인된 자궁경 돌출부를 겸자(forceps)로 끄집어내어 정액을 주입하는데, 역시 수태율이 낮은 단점이 있다.

직장질법은 일명 스트로법(straw method)이라고도 불리는데, 1940대에 유럽에서 정액충진제로서 스트로를 이용하면서부터 전세계적으로 널리 이용되고 있다. 스트로내 정액을 원하는 부위에 주입하기 위하여 정액주입기외통과 피스톤으로 구성된 스트로건(straw gun)을 이용한다.

6.2.2 주입 실제

인공수정 할 빈우를 선정하고 보정한 다음 외음부를 깨끗이 씻고 말린다. 비눗물이나 윤활제를 바른 왼손을 빈우의 직장으로 삽입하여 직장후방부에 있는 분을 배출시키고, 자궁경, 자궁 및 난소를 촉진하여 인공수정에 적합한 지를 판정한다.

정액주입기 선단을 몸체로부터 분리하여 이곳에 정액이 들어있는 스트로를 삽입하고, 선단부와 몸체부를 다시 결합한다. 이때 피스톤은 주입기 후방으로 당겨 둔 상태여야 하며, 정액주입기를 결합시킨 다음, 정액이 약간 밖으로 비칠 때까지 피스톤을 앞으로 밀어둔다. 정액주입기를 질내에 삽입하고 직장내 왼손을 이용하여 자궁경으로 유도한 다음, 자궁경관을 통과시켜 자궁내에 이르게 한다. 정액주입관이 적정 부위에 도달하면 정액을 천천히 주입하고 정액주입기를 회수한다.

일부 빈우에 있어서 자궁경의 통과가 불가능한 경우가 있다. 이러한 빈우에게는 정액주입기를 자궁경에서 약간 뒤로 물러나게 하여 정액을 주입한다. 또한 발정정도에 따라서 부위를 달리하여 정액을 주입하는데, 배란이 가까워질수록 자궁각 가까운 곳에 주정하는 것이 수태율을 증가 시킬 수 있다.

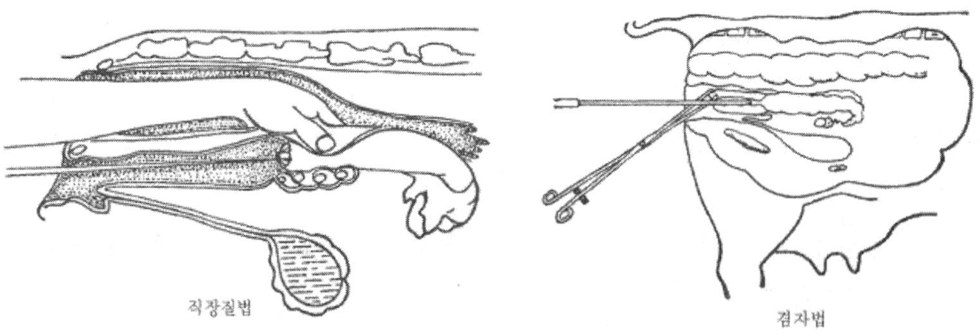

그림 18. 직장질법, 겸자법에 의한 정액의 주입

Ⅲ 인공수정효율화 방안

높은 번식효율성은 축산업에 있어서 가장 중요하게 인식되는 항목으로서 우군의 건강과 영양관리 및 정확하고 효율적인 발정관찰에 의해 영향을 받게 된다. 또한 전문적 지식, 기술적 숙련과 발정기 동안 수정적기에 관한 세심한 관심, 적절한 정액의 취급 및 정확한 부위에 정액의 주입 등은 높은 수태율을 보장한다.

현장에서 분만율에 영향하는 요인들의 상대적 중요성을 조사한 연구에서 발정관찰 후 24시간이내에서는 분만율에 차이가 적었으나, 인공수정사간에는 13%, 종모우간에는 20%의 차이가 나타났다. 즉, 종모우, 인공수정사 및 수정시기 순으로 분만율에 영향을 미친다.

1. 종모우의 관리

종모우는 수태능력이 우수한 모축에서 선발하며, 정상크기의 정소를 가지고 있어서 양질의 정액을 다량 생산하며, 질병이 없어야 한다. 인공수정소에서는 정기적으로 종모우의 수태율을 조사하고 영향을 미치는 모든 요소를 평가하여야 하며 일정 기준에 미치지 못하는 모우는 도태한다. 또한 정기적으로 건강을 진단하고. 위생적으로 정액을 채취할 수 있도록 모우의 포피 주변은 항상 깨끗하게 유지하여야 한다.

2. 정액의 처리

정액의 채취와 주입에 이용되는 모든 기구는 깨끗하고 위생적으로 준비해야 한다. 정액을 채취하는 사람은 일회용 플라스틱 장갑을 착용하며, 의빈대 또는 의빈우는 반복된 채취로 부터 감염이 되지 않게 해야 한다.

인공질용 라이너는 끓는 증류수로 철저히 씻고 알코올(isopropyl alcohol)로 세척하여 소독한다. 소독한 라이너는 사용하기 전에 완전히 건조하여야 한다. 모든 유리용기는 조심스럽게 세척하고 증류수로 철저히 헹군 다음 150℃ 이상의 건조기에서 적어도 1시간 이상 소독되어야 한다.

채취한 정액 중에서 양질의 정액만을 이용하고, 항생물질이 첨가된 희석액으로 희석하여 정액의 질을 보존하여야 한다. 적절한 방법으로 정액을 동결하며, 융해 후 동결정액의 질을 조사하여 열등한 정액은 인공수정에 사용해서는 안된다.

3. 빈우의 관리

인공수정을 하기 전에 미리 빈축에 대한 정보를 얻는 것이 무엇보다 우선되어야 한다. 즉, 이전의 번식상황과 현재의 수정기록 등 기본적인 기록은 모든 품종의 번식관리에 중요하다.

또한 빈축이 적절한 번식조건에 있어야 하고, 정확한 발정관찰이 무엇보다 중요하며 적기에 수정되도록 하여야 한다.

특히, 정확한 발정의 관찰은 우군의 수태율을 증진시키는 중요한 요인 중에 하나이다. 또한 시각적 발정관찰과 아울러 인공수정 시 직장검사를 통한 발정의 확인은 유우군의 번식효율을 증진시킨다. 한편 임신우의 3-5%가 임신초기에 발정징후를 나타내기 때문에 직장검사를 통해서 수정여부를 결정하여야 한다.

4. 정액의 주입

수정에 사용될 장비와 기구는 정자에 해가 없으며 조작이 간편하고 세척과 소독이 용이해야 하고 파손될 염려가 없으며 구조가 간단해서 수리가 용이해야 한다. 정액주입기나 질경은 고온멸균 또는 20~30분간 끓여서 살균하는 등 번거로움을 주는 데, 오늘날 플라스틱 정액주입기 등 일회용품의 등장으로 수정과정이 간소화되는 경향이 있다.

정액 주입부위가 수태율에 미치는 영향에 관해서 다양한 결과가 보고되고 있다. 자궁경에 주입하는 것에 비하여 자궁체나 자궁각에 정액을 주입하는 것이 수태율을 높일 수 있으며 자궁각과 자궁체의 정액 주입에 의한 수태율간에는 차이가 없으나, 양쪽자궁각에 비해서 자궁체에 정액을 주입하였을 때 수태율이 높다.

최근에는 초음파장치를 이용하여 정확한 부위에 수정되는 지를 확인할 수 있으며, 이러한 방법은 인공수정사의 평가와 교육에 효율적으로 이용될 수 있다.

한 번 사용된 정액주입용 카데터는 다시 자궁내로 넣어서는 안된다. 동결정액을 인공수정하는 경우 액상정액에 비해서 더 많은 정자를 주입하여야 한다. 일회 이상으로 수정회수를 증가시키면 수태율이 증가하는데, 이는 배란시기나 수정적기를 정확하게 선택하는 것이 어렵기 때문이다.

5. 수정 후 관리

인공수정을 마친 후 30초간 음핵마사지(clitoral massage)로 자궁의 수축을 자극하면, 처녀우에서 수태율이 높아진다. 음핵의 자극이 자궁경관을 확장하여 정자가 쉽게 통과하도록 도와주는 것으로 알려져 있다.

결론적으로 개량을 위한 인공수정의 효율을 극대화하기 위해서는 우군의 건강(Herd Health), 적절한 영양관리(Proper Nutrition for Reproductive Efficiency), 실제훈련(Practical Training on Live Cattle), 종모우의 평가, 선택(Sire Evaluation & Selection), 인공수정장비의 이용(A.I. Equipment Utilization), 액체질소탱크의 관리(Liquid Nitrogen Container Care), 신체조건/도태(Body Condition/Culling Practices), 체중, 체측 및 기록 유지(Weights, Measures, Record Keeping) 등의 항목에 세심한 배려가 요구된다. 끝으로 인공수정사는 장화를 착용하고 깨끗하게 유지하여 목장간 질병의 전파를 방지하는 데 관심을 기울여야 한다.

제 10 장

돼지 인공수정과 발전방안

Ⅰ 서론

1. 인공수정센터의 현황
2. 양돈농가의 현황

Ⅱ 인공수정과정

1. 인공수정 준비
2. 정액의 채취
3. 정액의 검사
4. 정액의 희석및 보존
5. 정액의 주입

Ⅲ 인공수정 발전방안

1. 연구와 기술개발
2. 종모돈 개량
3. 관련정책 및 제도

Ⅰ 서론

우리나라에 돼지인공수정이 처음으로 소개된 1955년 이후 1970년대까지는 활발하게 보급되어 왔으나 1980년 이후에는 침체기를 거쳤고 1994년도에 "정액등처리업허가" 규정에 의하여 상업용 인공수정센터 5개소가 농림부의 허가를 받아서 정액을 판매하면서부터 본격적인 인공수정이 활성화 되었다고 할 수 있다(표 1).

1994년 이후 만 10년 동안 우리나라 돼지인공수정 센터수는 약 10배, 인공수정 보급률은 약 27배 이상으로 증가하였으며, 인공수정관련 기자재도 외국으로 수출하는 등 양과 질적인 면에서 크게 발전하여 양돈 산업에서 아주 중요한 요소로 자리 잡았음은 잘 알려진 사실이다(표 1).

표 1. 우리나라 돼지 인공수정 발전 상황

연도	주 요 내 용
1955	우리나라 최초 인공수정, 10두, 이용빈
1970	인공수정 11만두
1980	인공수정 3만 8천두, 냉동정액 최초 도입
1983	돼지 인공수정 자율화
1994	"정액등처리업허가" 규정에 의거 상업용 돼지 AI 센터 허가 : 5개소
1998	허가 업체 : 45개소
1999	"정액등처리업등록기준" 변경 : 농림부 장관 허가 → 시・도 지사 등록
2004	"우수정액등처리업인증제" 추진 중
2004	허가 업체 : 66개소(56개소 운영 중)

1994년 이후, 5년이 경과한 시점인 지난 1998년도에 돼지인공수정 현황에 대한 실태를 조사한 바 있으며, 10년이 경과한 현 시점에서 돼지인공수정 현황과 문제점을 조사하여 앞으로의 발전방향을 모색코자 2004년 7월부터 "정액등처리업허가" 규정에 의거 돼지인공수정센터로 등록되어 있는 전국 66개소 센터를 대상으로 조사하였으나, 휴업 또는 폐업 등으로 사실상 운영하지 않는 10개 센터를 제외한 56개소 돼지인공수정센터를 대상으로 실태조사를 실시하였다(표 1).

돼지 인공수정센터 뿐만 아니라 양돈농가의 인공수정에 대한 현황과 인식을 조사하여 인공수정 발전방안을 마련코자 무작위로 선정된 172개 비육 양돈 농가를 대상으로 설문조사를 실시하였다.

1. 인공수정센터의 현황

1.1 돼지 인공수정센터 등록수 및 보급률 추이

"정액등처리업" 등록 센터 수는 '94년도에 5개소에 불과하였으나 5년이 경과한 '98년도에는 45개소로 9배가 증가 하였고, 다시 5년이 경과한 2004년도에는 66개소로 늘어났으나 실제로 운영되고 있는 센터 수는 56개소로 조사되었다.

지역별로는 충남도내에 15개소가 집중되어 전체 센터의 27%를 차지하고 있었으며, 경기도 8개소(14%), 대구경북 및 부산경남 각각 7개소(12%), 전북 6개소(11%), 충북 5개소(9%), 광주전남 4개소(7%), 강원 및 제주 각 2개소(4%)로 각각 분포되어 있다(그림 1). 인공수정 보급률은 '94년 3%, '98년 40%, '04년 80%로 추정 된다(그림 2).

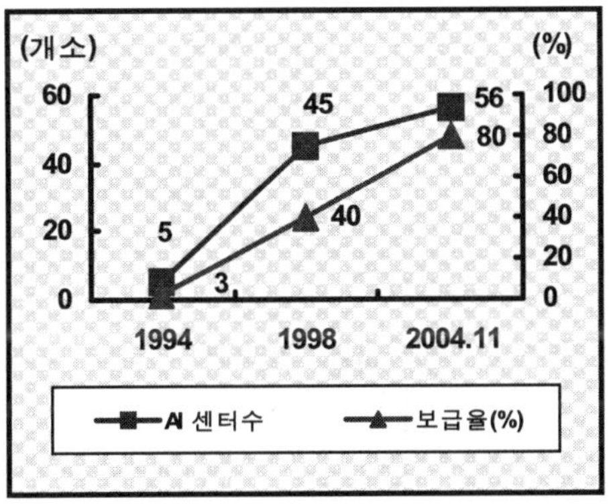

그림 1. 지역별 돼지 인공수정센터 현황 (비율)

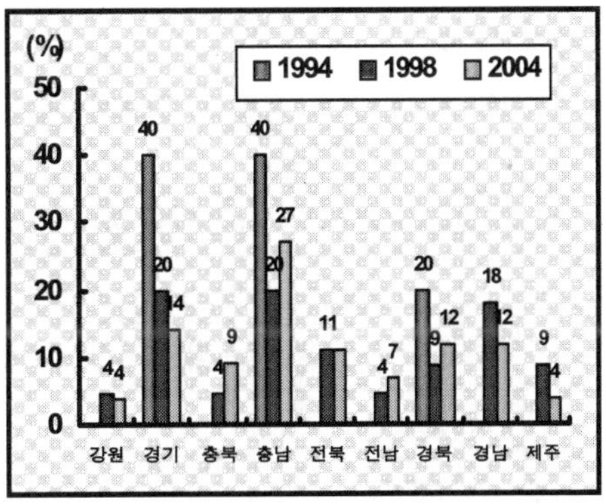

그림 2. 우리나라 돼지 인공수정센터 수 및 보급률

1.2 종모돈 보유 규모별 AI센터 변화

98년도에는 "정액등처리업" 허가기준인 종모돈 10두 이하 보유 센터가 5개소로 전체의 11.1%, 11~20두 보유는 18개소로 39%, 51~70두를 보유하고 있는 센터는 3개소에 불과하여 규모가 영세한 상황이었으나 2004년에는 31~50두 규모가 16개소로 28%, 101~150두 규모 센터도 3개소(5%)가 되었고, 센터 당 평균 보유두수는 53.4두로 나타나 전반적으로 대규모화가 되고 있으며, 앞으로도 더욱 대형화가 될 것으로 예상 된다(그림 3).

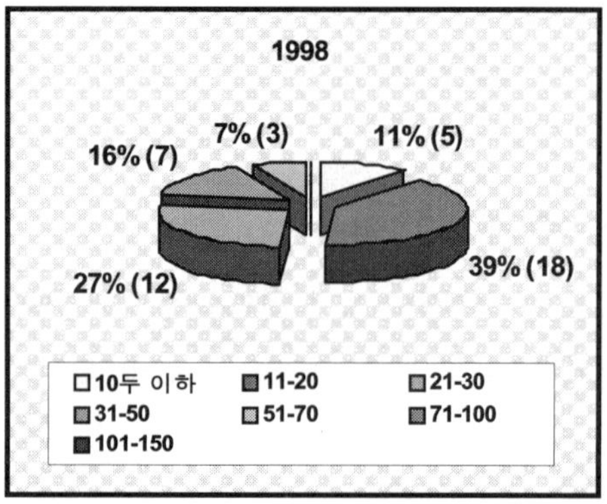

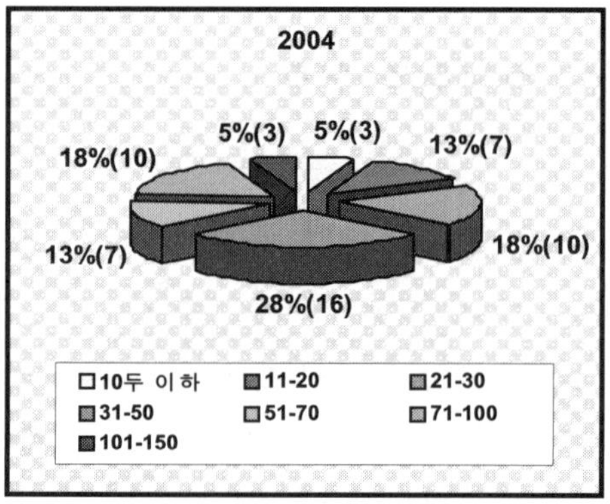

그림 3. 종모돈 보유 규모별 돼지 인공수정센터 분포

1.3 경영 형태별 돼지 AI센터 등록 업체 수, 종모돈 보유두수 및 정액공급 현황

2004년 현재 등록된 업체 56개소 중 순수 민간업체는 27개소로 전체의 48%를 차지하고 있으며, 각 지자체 관공서에서 운영하는 센터는 7개로 13%였고 영농법인, 농 축협, 및 대학교 등에서 운영하는 센터는 22개로 39%를 차지하고 있다(표 2).

표 2. 돼지 인공수정센터 경영형태별 변화

구 분	1998		2004	
	개소	비율 (%)	개소	비율 (%)
민간업체	32	71	27	48
관 공 서	2	4	7	13
영농법인	7	16	13	23
농 축 협	3	7	7	13
대학 등 기타	1	2	2	3
계	45	100	56	100

종모돈의 보유두수 및 정액의 공급 비율을 살펴보면 전체 2,704두의 종모돈에서 월간 129천두 분 즉, 년 간 1,549천두 분의 정액을 공급하고 있다. 그중 민간 업체가 1,445두를 보유하고 있으며 정액은 56.3%를 공급하고, 관공서는 197두에서 4.6%, 영농법인등 단체에서 24.2%의 정액을 공급하는 것으로 조사되었으며, 종모돈 1두당 평균 정액판매량은 45.1두 분(년간 541두 분)을 생산하고 있어 종모돈의 활용도는 비교적 높은 것으로 조사되었다(표 3과 4).

표 3. 경영형태별 종모돈 보유두수

구 분	2004년	
	두수	비율(%)
민간업체	1,445	53.4
관 공 서	197	7.3
영농법인	655	24.2
농 축 협	295	10.9
대학 등 기타	112	4.2
계	2,704	100.0

표 4. 경영형태별 정액공급 및 판매량

구 분	정액공급		종모돈1두당 평균 정액판매량 (두분/월)
	두분/월	비율(%)	
민간업체	72,595	56.3	48.5
관 공 서	5,995	4.6	27.2
영농법인	31,275	24.2	45.4
농 축 협	13,198	10.2	37.7
대학 등 기타	· 6,000	4.7	40.2
계	129,063 (1,549천두/년)		45.1

1.4 품종별 종모돈 보유 현황

1998년도에 AI센터별 보유 종모돈의 품종비율을 보면 듀록 종이 58%, 대요크셔 종 24%, 랜드레이스 종 16%, 그리고 기타품종 2%로 조사되었으나, 2004년도에는 듀록 종이 1,979두(73%), 대요크셔 종 410두(15%), 랜드레이스 종 246두(9%), 햄프셔 종 6두(0.3%) 및 버크셔 종 47두(2%)로 조사되어 5년 사이에 양돈농가에서 선호하는 품종의 변화가 매우 크게 나타났고 특히 최근 육질 개선에 대한 요구가 커짐에 따라서 버크셔 품종의 사육이 눈에 띄게 증가하고 있는 것은 주목할 만한 현상이다(그림 4와 5).

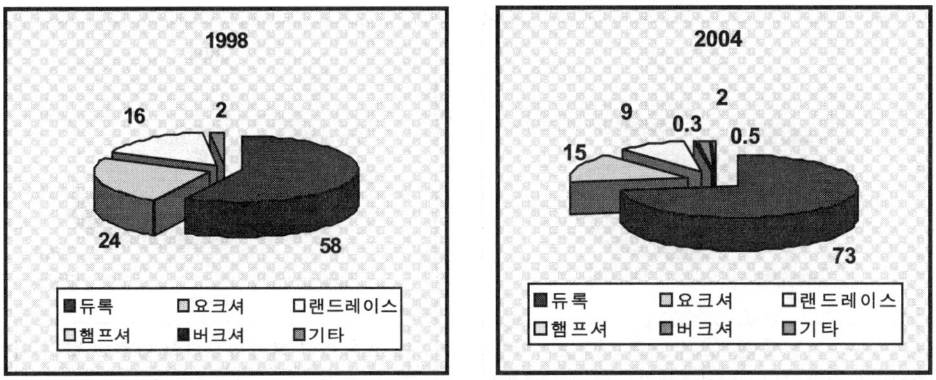

그림 4. 돼지 인공수정센터 종모돈 품종별 보유현황(%)

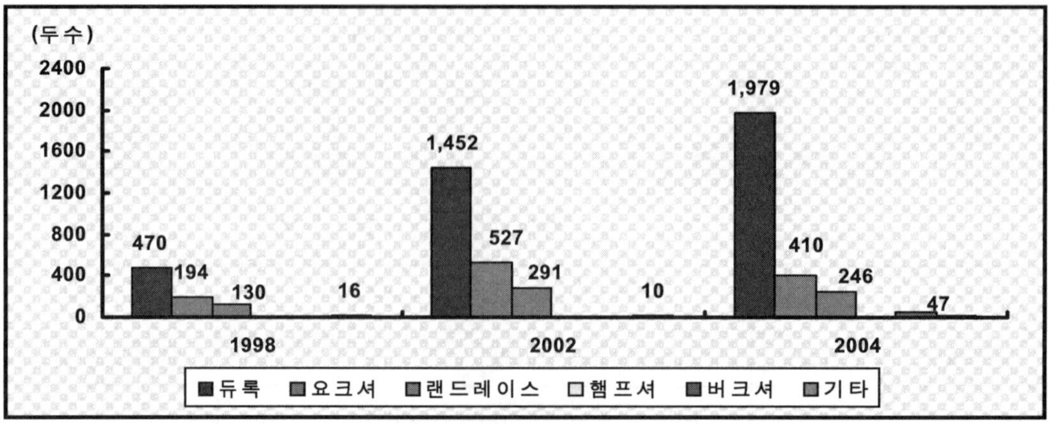

그림 5. 돼지 인공수정센터 종모돈 품종별 보유현황 변화 (두수)

1.5 돼지 AI센터 보유 종모돈의 능력

1.5.1 종모돈의 확보 방법

"정액등처리" 업체들이 돼지 AI센터를 운영하면서 가장 크게 어려움을 느끼는 부분은 우수한 종모돈을 확보하는 문제라고 생각된다. 양돈농가에서는 유전능력이 우수하고 다양한 형태의 종모돈 정액을 공급해주기를 끊임없이 희망하고, AI센터 운영자들은 강건하고 정액생산이 잘되는 종모돈을 보유하기를 희망하지만 현실적으로 이러한 조건을 충족하는 종모돈을 확보하기가 쉽지 않다.

전국 AI 센터에서 보유하고 있는 종모돈들은 1998년도에는 농장검정을 필한 종모돈 비율이 34%였으나 2004년도에는 58%로 증가하였고 검정소 검정종모돈은 21%에서 15%로, 외국으로부터 수입한 종모돈의 비율은 33%에서 26%로 감소하는 추세를 나타내었다(그림 6).

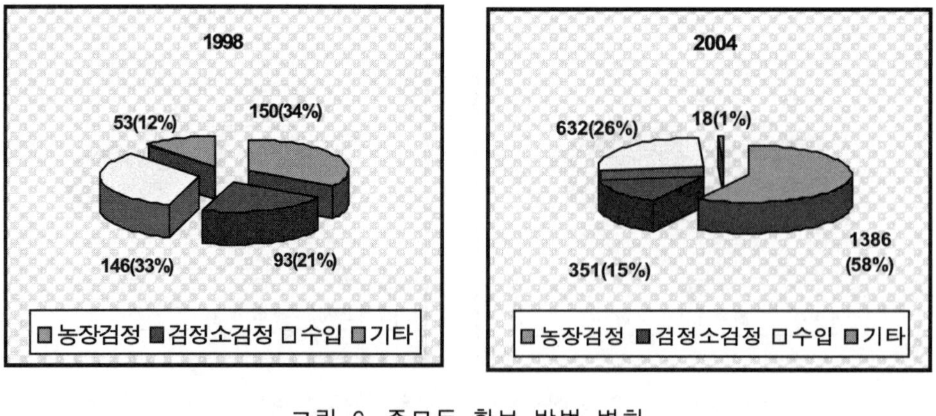

그림 6. 종모돈 확보 방법 변화

우리나라의 돼지개량을 조속히 확립해나가기 위해서는 일정한 능력이상의 우수한 인공수정용 종모돈의 원활한 공급이 체계적으로 이루어져야 할 것이다.

1.5.2 인공수정용 종모돈의 능력

2004년도 8월까지 조사된 AI용 종모돈의 능력은 (표 5) 및 (표 6)에서 보는 바와 같이 검정소 검정 종모돈이 농장검정 종모돈에 비해 일당증체량이 우수하나 등지방두께는 상대적으로 두꺼운 것으로 조사되었다.

표 5. 검정소 검정 종모돈 능력

품 종	조사두수	일당증체량 (g)	등지방두께 (cm)	선발지수
D	458	1,149.2	1.36	249.7
Y	137	1,125.6	1.27	249.5
L	62	1,080.7	1.43	238.1
H	1	1,017.0	1.61	228.0
B	11	1,090.8	1.27	247.8

*자료: 한국종축개량협회 등록 종모돈 중 돼지인공수정센터 보유분(2000년 이후)

표 6. 농장검정 종모돈 능력

품 종	조사두수	일당증체량 (g)	90kg도달일령 (일)	등지방두께 (cm)
D	1,401	999.0	131.9	1.13
Y	404	917.6	132.1	1.10
L	169	926.1	132.7	1.08
H	1	1,180.3	151.0	1.06
B	13	952.7	148.5	1.35

*자료: 한국종축개량협회 등록 종모돈 중 돼지인공수정센터 보유분(2000년 이후)

외국으로부터 수입한 종모돈들은 주로 미국, 캐나다에 편중 되어 있으며, 검정성적은 수입국별로 검정체계나 표현방법이 상이하여 직접적인 비교가 불가능하고 우리나라 검정기준으로 보정하는 데에도 많은 문제점이 있어 수출국별 검정성적에 대한 수입기준 마련이 시급한 실정이다.

1.6 돼지 인공수정용 정액 유통 및 기술적인 현황

1.6.1 정액유통 및 판매 가격

2004년도 현재 월간 정액 판매량이 5,000~10,000두 분을 판매하는 AI센터가 15개소(27%)로 가장 많았고 10,000두 분 이상 판매하는 센터는 6개소로 전체 AI센터의 11%를 차지하여 대규모화가 진행되고 있음을 보여주고 있다(그림 7).

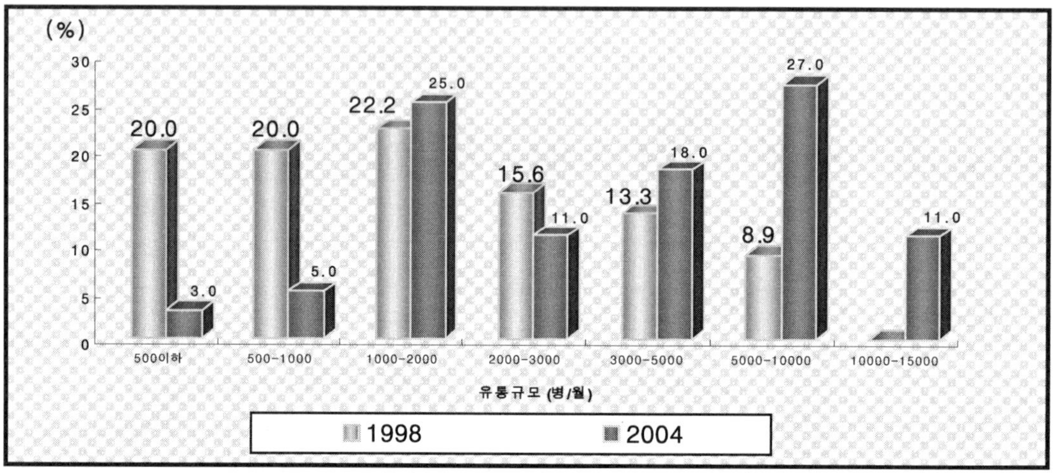

그림 7. 돼지 인공수정용 정액유통 현황

정액 1두 분 판매가격도 1998년도에 14,900원이던 것이 12,500원으로 오히려 인하되었다.

그동안의 물가상승률 등을 고려해볼 때 정액 판매가격이 인하된 것은 AI센터의 대규모화와 관련업체의 발전과 수정기구 등의 대량 유통 체계가 확립된 것이 도움이 된 것으로 사료된다(그림 8).

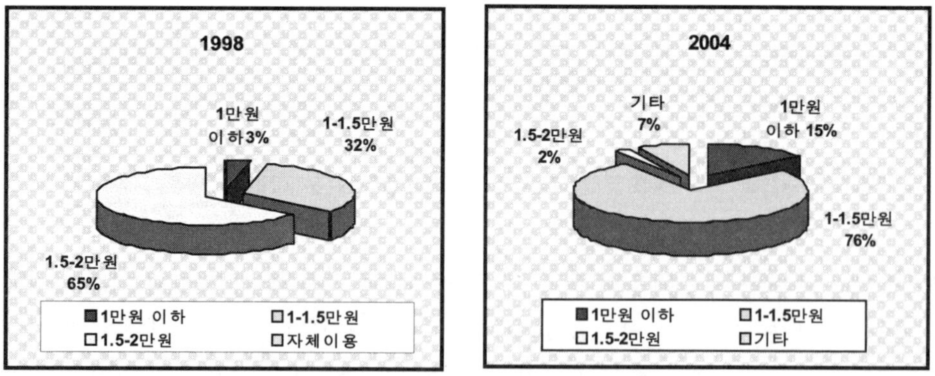

그림 8. 돼지 인공수정용 정액 유통가격

1.6.2 유통정액의 기술적인 측면

액상정액 포장용기는 1998년도에는 병 형태가 가장 많았으나(44%), 최근에는 비닐 팩(68%) 혹은 알미늄팩(7%)의 형태로 전환되고 있음을 알 수 있었으며(그림 9), 1회 주입하는 정액의 정자 농도는 1998년도에 100ml 당 평균 35억 마리에서 최근에는 29.2억 마리로 적어지고 있는 것으로 조사되었다. 이것은 양돈농가와 AI센터 종사원들의 기술적인 면에 대한 자신감이 증가된 것으로 생각된다(그림 10).

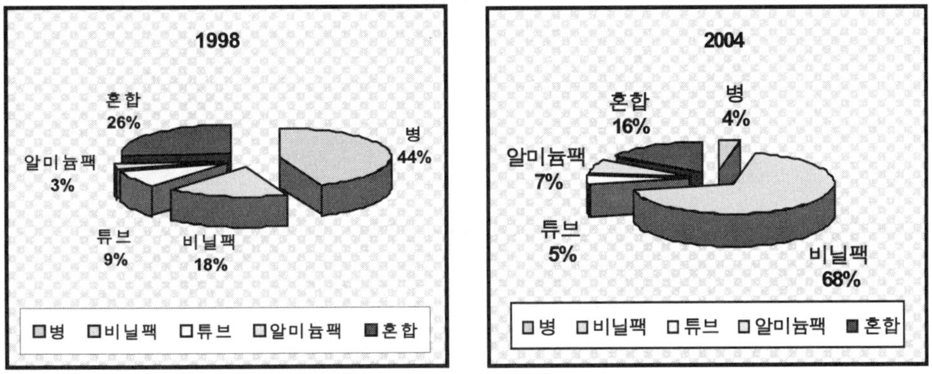

그림 9. 돼지 인공수정 센터별 정액 포장방법

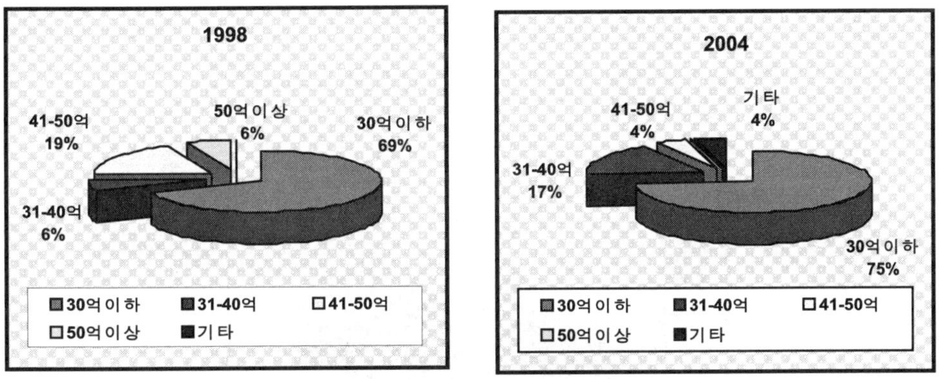

그림 10. 돼지 인공수정 센터별 정액 농도

돼지AI센터에 종사하는 인력은 2004년에 가축인공수정사 자격증 보유자 99명, 수의사 10명으로 평균 1.95인 이었으며, 정액수송 등 보조 인력도 156명이 종사하고 있어 AI센터 당 평균 인력은 4.7명으로 조사되었다(표 7).

표 7. 돼지 인공수정 센터 인력현황

	1995	1998	2004
센터수(개소)	17	45	56
가축인공수정사	40	90	99
수의사	4	12	10
기타(수송인력)	-	-	156
합계	44	102	265
센터당 평균	2.6	2.3	4.7

1.7 양돈장에서 정액을 구매할 때 희망하는 사항

양돈농가가 AI센터로부터 정액을 공급받기를 원할 때 어떤 종모돈의 정액을 희망한다고 생각하는지를 AI센터 종사원들에 질문한 결과는 다음과 같다

1.7.1 양돈농가가 정액을 구입할 때 고려하는 내용

AI센터 종사원들이 생각할 때 양돈농가에서는 정액의 품질(34%)을 가장 중요시 할 것으로 생각하고 있으며, 그 다음으로 종모돈의 능력(32%), 정액의 가격(30%) 이었고 정액수송이나 서비스, 교육 등은 중요하게 생각하지 않는 것으로 답변하였다(그림 11).

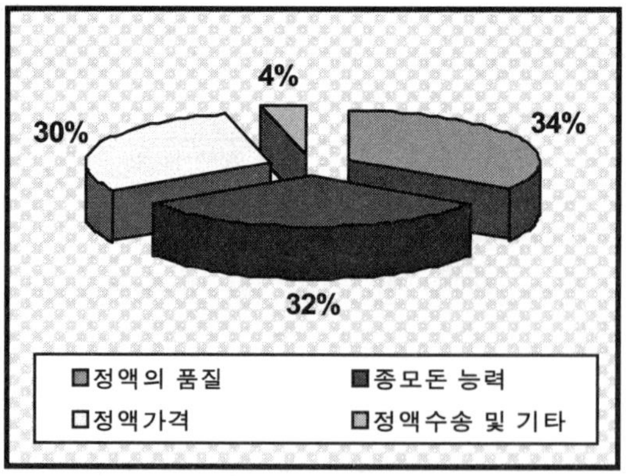

그림 11. 양돈장에서 정액구입시 고려하는 사항

1.7.2 양돈농가가 선호하는 종모돈의 체형 및 경제형질

약 67%의 AI센터 종사원들은 양돈농가에서 희망하는 종모돈의 체형을 체장이 긴 종모돈이라고 대답하였으며, 그 다음으로 강건성(12%), 흉폭(10%), 지제(8%), 및 체고(3%)로 답하였고, 농가가 선호하는 종모돈의 경제형질은 일당증체량(40%), 등지방두께(29%), 산자수(19%), 육질(8%) 그리고 사료요구율(4%)의 순으로 각각 응답하였다(그림 12, 그림 13).

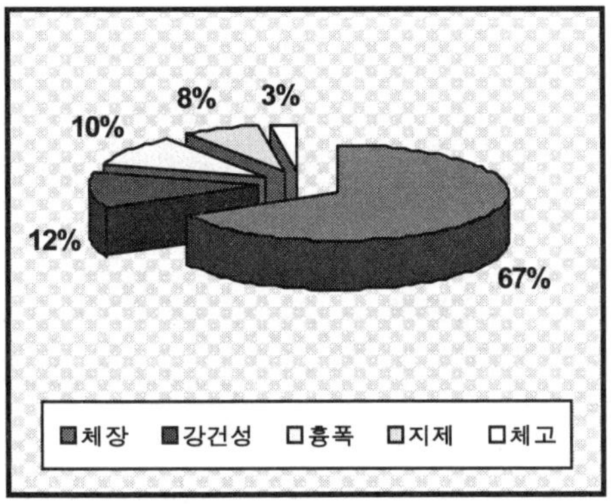

그림 12. 양돈장에서 선호하는 종모돈의 체형

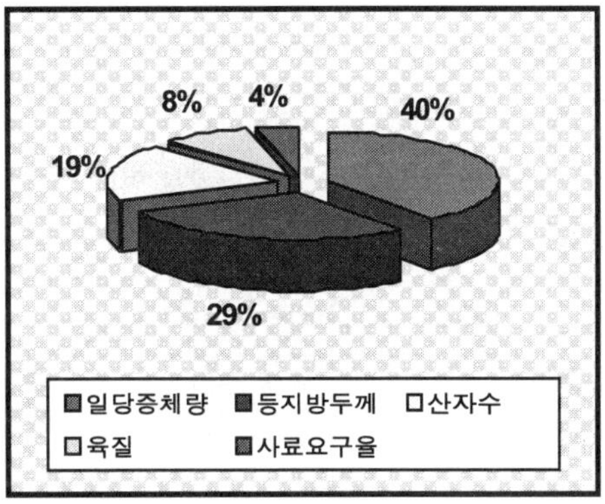

그림 13. 양돈장에서 선호하는 종모돈의 경제형질

여기에서 등지방두께는 얇은 것을 선호한다는 의미가 아니라 현재의 기준보다는 두꺼운 등지방두께의 종모돈을 의미한다고 답하였는데 이것도 최근 도체등급제 실시에 따른 영향이 있음을 보여주고 있었다.

1.8 우리나라 돼지 AI 센터 주소록(가 나 다 순)

전국 AI 센터 현황 리스트				
센 타 명	주 소	대 표	웅돈 보유 두수	전화번호 (page)
거성AI센터	충북 음성군 대소면 오류리 1-12	김영호	64	043-877-6052
경기도축산위생연구소	경기도 용인시 남사면 동명리 638-3	소 장	41	031-322-6046
경북AI센터	경북 영천시 대창면 대창리 324	한용호	43	054-336-9770
경남첨단양돈연구소AI센터	경남 산청군 신안면 정현리 15-1	소 장	17	055-970-7474
경북축산기술연구소AI센터	경북 영주시 안정면 묵리 산 66-1	소 장	18	054-638-5013
경산양돈영농조합법인AI센터	경북 경산시 압량면 신월리 248-1	장경복	25	054-817-9555
교항양돈AI센터	강원 강릉시 주문진읍 교항리 산 222-5	김용환	24	033-661-4579
금오AI센터	경북 구미시 고아읍 문성리 400	이인호	10	054-454-8027
김제AI센터	전북 김제시 백산면 수록리 333	박현식	80	063-544-7065
김해AI센터	경남 김해시 한림면 장방리 390-1	박삼곤	22	055-342-7756
나주AI센터	전남 나주시 산포면 산제리 334-2	최시영	65	061-336-1347
남강AI센터	경남 진주시 진성면 구천리 644	이동문	30	055-747-0468
남부AI센터	경남 고성군 고성읍 기월리 122-5	박권호	50	055-672-7749
농협영광종돈사업소AI센터	전남 영광군 대마면 홍교리 산 55-3	소 장	62	061-352-3851
다비AI 조치원센터	충남 연기군 전동면 노장리 311-1	민동수	150	041-863-7661
다비AI 중원센터	충북 충주시 노은면 연화리 527-3	민동수	112	043-855-7661
당진영농AI센터	충남 당진군 정미면 승산리 8-4	이제만	35	041-350-5554
당진축협AI센터	충남 당진군 합덕읍 소소리 3-2	김기원	36	041-363-1396
대상농장㈜ 남부AI센터	전북 장수군 장수읍 대성리 1021	정호철	25	063-353-5240
대전충남양돈조합AI센터	충남 천안시 목천면 천정리 36	조합장	70	041-572-9713
동부SEMEN BANK	대구 달성군 구지면 내리 763	신창엽	125	053-616-0079
문경영농AI센터	경북 문경시 산북면 희룡리 132-1	김재원	14	054-554-2221
백월영농AI센터	충남 홍성군 홍북면 갈산리 359-1	한흥재	74	041-633-7770
보령AI센터	충남 보령시 천북면 사호리 206-1	주흡노	85	041-641-9601
북부유전자	경기 연천군 청산면 초성리 28-7	이준길	120	031-835-3733
산수골농장AI센터	경북 경주시 안강읍 신대리 252	최상기	40	054-767-1300
삼화육종AI센터	충남 홍성군 광천읍 신죽리 247-2	배성황	80	041-642-1605

전국 AI 센터 현황 리스트

센 타 명	주 소	대 표	웅돈 보유 두수	전화번호 (page)
서부지앤비	충남 홍성군 홍성읍 옥암리 1038	정관석	80	041-632-6731
선진영농AI센터	충북 청원군 미원면 구방리 364-6	홍재호	28	043-222-0053
성현AI 홍성센터	충남 홍성군 갈산면 운곡리 503-3	김영길	30	041-631-5855
성현AI 양주센터	경기 양주군 백석면 가업리 53-4	김영길	80	031-879-7199
순천축협AI센터	전남 순천시 승주읍 도정리 1477	조합장	28	061-755-6700
양산AI센터	경남 양산시 상북면 신전리 산 34	김길재	42	055-374-2939
연암양돈유전자원AI센터	충남 천안시 성환읍 수향리 산 3-1	학 장	230	041-631-5855
영서AI센터	강원 원주시 지정면 신평리 783	김장섭	100	033-732-3232
예산양돈협회AI센터	충남 예산군 산양면 황계리 148의 1필지	성실제	28	041-331-2746
용인AI센터	경기 용인시 백암면 옥산리 산 71	황현상	60	031-339-3370
우리AI센터	경기 평택시 고덕면 문곡리 14-1	고미자	72	031-664-4070
유전자원㈜AI센터	충북 진천군 진천읍 장관리 596-15	홍정호	24	043-533-7513
이천AI센터(1센터)	제1센터:경기 여주군 점동면 뇌곡리 321-1	이종영	84	031-883-4412
이천AI센터(2센터)	제2센터:경기도 이천시 율면 월포리 64	박정식	84	031-641-7541
임실영농AI센터	전북 임실군 관촌면 복흥리	이봉의	18	063-642-7055
전남축산시험장AI센터	광주 광산구 동산동 산 75	장 장	56	062-944-2440
정말AI센터	전북 익산시 춘포면 신동리 118-3	이현택	90	063-831-7888
제주축산진흥원AI센터	제주 제주시 노형동 315-7	원 장	86	064-712-6636
중부지앤비	충남 논산시 양촌면 석서리 397-1	정관석	150	041-742-7451
진안무주축협AI센터	전북 진안군 마령면 계서리	조합장	65	063-432-0207
충남AI센터	충남 천안시 성남면 신사리 213	배상종	115	041-567-8232
카익AI센터	포천군 포천읍 신읍리 71-7 중원빌딩 6층	안성길	20	031-533-8300
탐라AI센터	제주 북제주군 한림읍 금악리 1159-3	이근원	31	064-796-0944
파주축협도토미양돈조합AI센터	경기 파주시 적성면 마지리 246	조합장	60	031-959-8259
함안축협 SGI Korea 가축개량센터	경남 함안군 가야읍 산서리 684-513	안병열	60	055-580-2287
합천양돈협회AI센터	경남 합천군 합천읍 용계리 222	김익기	23	055-931-0580
호남AI센터	전북 김제시 만경읍 장산리 1구978-2	김기훈	52	063-542-3393

2. 양돈농가의 현황

2.1 일반현황

조사대상은 무작위로 선정된 172개 농장으로 각 도별로 골고루 분포되도록 하였으며 규모별로는 모돈 100두 미만 31개 농장(18%), 100~300두 규모 100개 농장(64%) 및 300두 이상 31개 농장(18%)이었다(그림 14, 15).

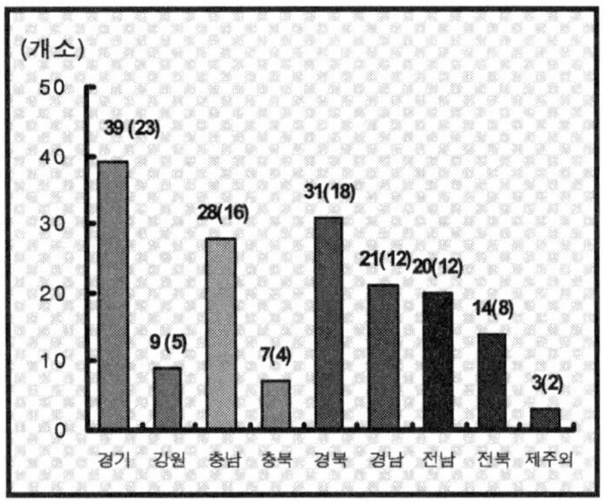

그림 14. 조사대상 농가 지역별 분포

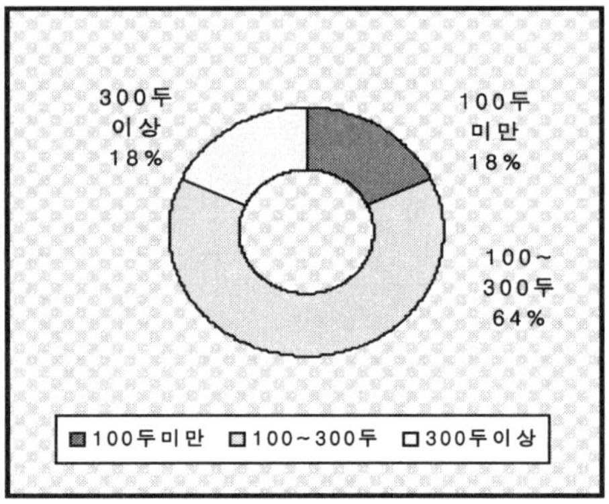

그림 15. 조사대상 농가규모 (모돈기준)

농장의 번식형태는 전 두수 인공수정만 하는 경우가 77%, 인공수정과 자연교배를 혼합하는 농장이 13% 그리고 자연교배만 하는 농장도 10%로 각각 조사되었다(그림 16).

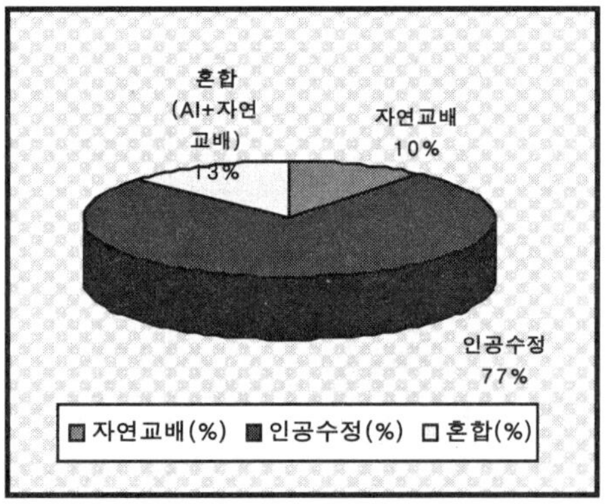

그림 16. 농장별 번식형태

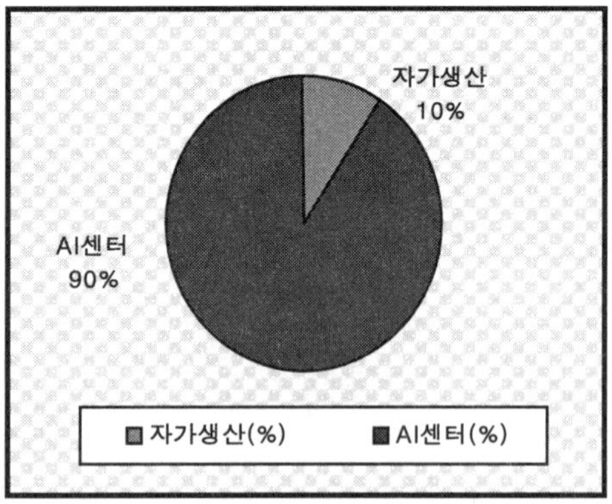

그림 17. 양돈농장의 정액취득 형태

인공수정을 실시하는 농가 중 90%는 상업용 돼지 인공수정센터에서 정액을 구입 이용하였으며 농장자체에서 생산된 정액으로 자가인공수정 하는 농가는 10%였다(그림 17).

인공수정센터에서 공급 받은 정액을 2일까지 보관하면서 사용하는 농장이 가장 많았고(41%), 당일 사용이 35%, 3일까지 사용이 20%, 3일 이상 사용 4%로 대부분 3일 이내에 공급받은 정액을 사용하는 것으로 조사되었다(그림 18).

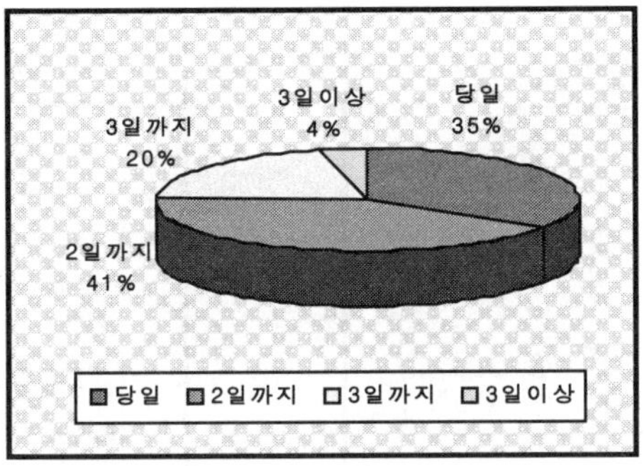

그림 18. AI정액 농가 보관일수

2.2 인공수정 번식성적

인공수정에 의한 번식성적은 평균 수태율 85.2% 및 산자수 10.8두라고 응답하였으며 농장 규모별로는 100두 미만 농장이 82.7%, 10.5두, 100~300두 규모농장 85.6%, 11.0두 그리고 300두 이상 농장이 86.3%, 10.7두로 각각 조사되었다(그림 19, 20).

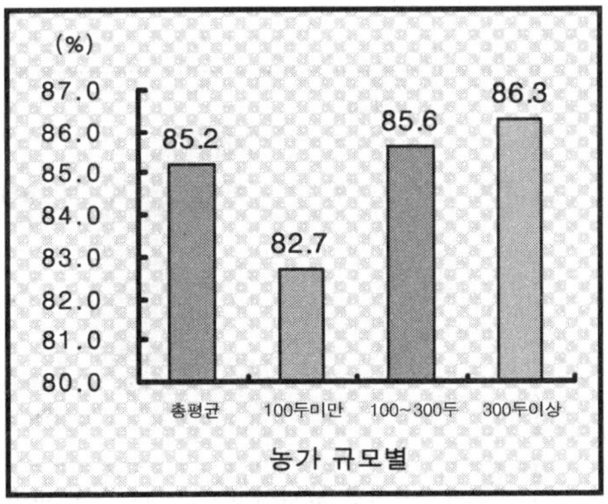

그림 19. AI센터 공급정액 수태율 비교

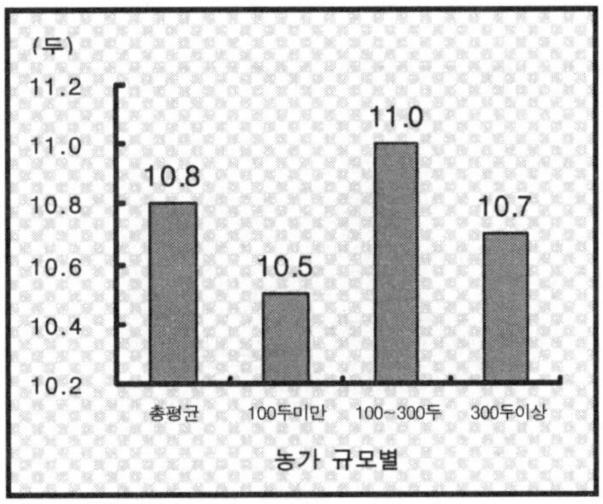

그림 20. AI센터 공급정액 산자수 비교

이러한 번식성적에 대해서 60%의 농장은 만족한다고 하였으나 8%의 농장은 불만이라고 답하였다(그림 21). 그러나 만족스럽지 못한 번식성적을 보인 농장의 가장 큰 원인은 수정적기 포착이 어렵다(57%)고 하였으며 25%의 농장은 정액의 활력이 나쁘다고 생각하고 있고, 18%의 농장이 정액주입기술 부족이나 정액보관에 잘못이 있는 것으로 응답하여 대부분 농장 자체의 문제점으로 인식하고 있는 것으로 조사되었다(그림 22).

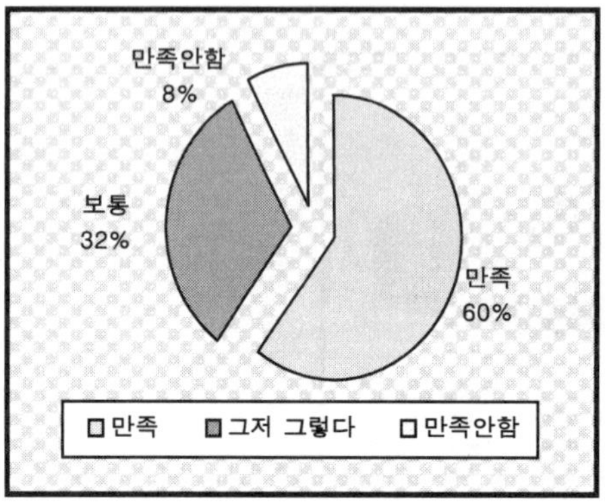

그림 21. 돼지 AI센터 정액이용 시 번식성적 만족도

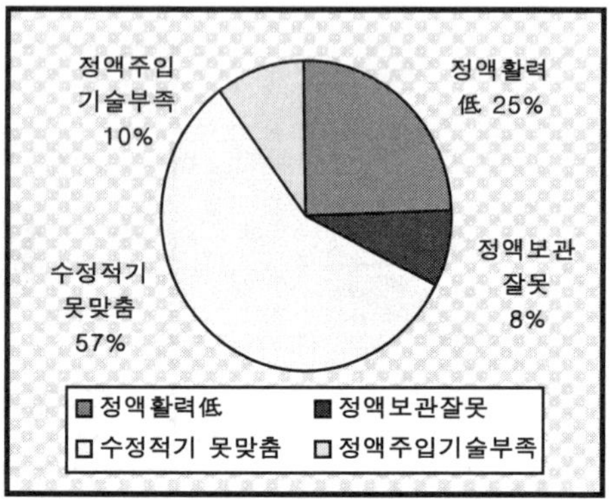

그림 22. 돼지 AI센터 정액이용 시 번식성적 불만족 이유

2.3 인공수정용 종모돈에 대한 선호도

인공수정센터에서 공급되는 종모돈의 체형이나 외모에 대한 선호도는 강건성(42%), 체장(36%), 체폭(14%), 지제(5%) 및 체고(3%)의 순으로 응답하였다(그림 23).

종모돈에 대한 경제형질은 일당증체량(37%)이 가장 중요하다고 하였으며, 산자수(31%), 등지방두께(19%) 및 육질(13%) 순으로 응답하여 산육능력이 우수한 종모돈의 정액을 희망하지만 산자수나 육질에 대한 관심이 높아지고 있음을 알 수 있었다(그림 24).

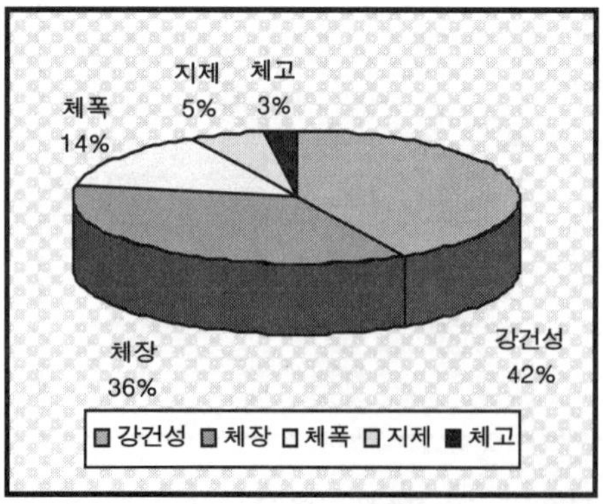

그림 23. AI센터에서 공급받고자 희망하는 종모돈 외모형태 성적 만족도

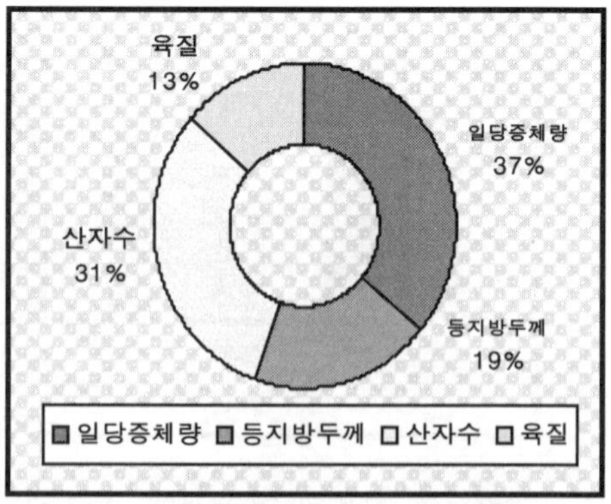

그림 24. AI센터에서 공급받고자 희망하는 종모돈의 경제형질

양돈농가가 희망하는 적정 등지방두께는 1.2~1.4 cm가 28%로 가장 많았으며, 1.4~1.6 cm(23%), 1.0~1.2 cm(20%), 1.6 cm이상(26%)로 조사되어 일정한 경향을 보이지 않았으며, 기존 돈군의 능력에 따라 다양한 두께의 종모돈이 필요할 것으로 사료 된다(그림 25).

인공수정센터 보유종모돈은 검정소 검정 종모돈(55%)을 가장 선호하였으나 외국산 수입종모돈도 37%의 농가가 희망하는 것으로 조사되었다(그림 26).

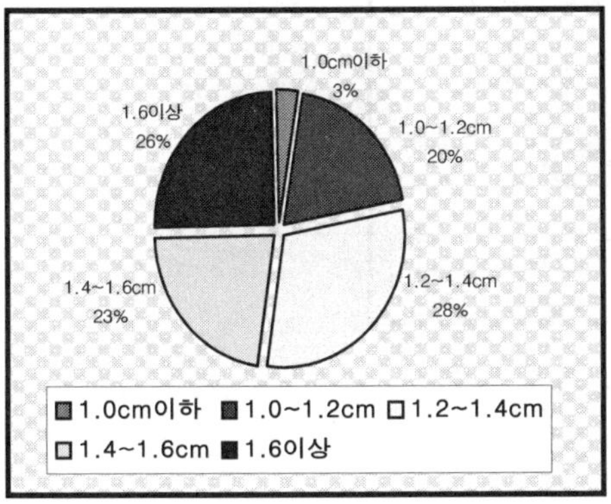

그림 25. 양돈농가 희망 등지방 두께

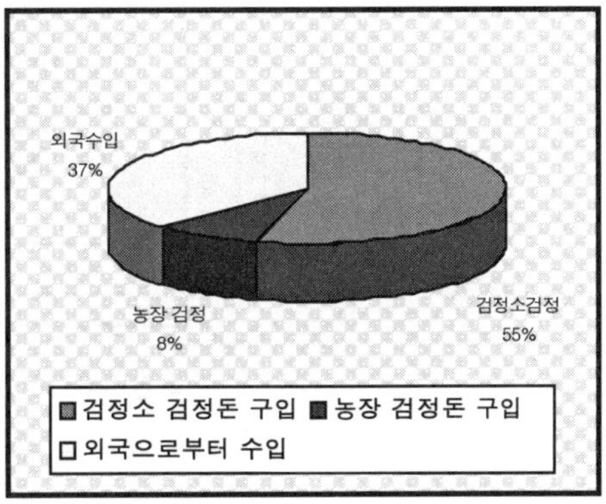

그림 26. AI센터보유 종모돈의 바람직한 확보방법

2.4 인공수정용 정액가격

돼지 인공수정센터에서 판매하는 정액가격은 '04년에는 1두 분에 12,500원으로 조사되었으나 '05년 양돈농가에서 구입하는 가격은 평균 약 12,000원으로 조사되었다(그림 27).

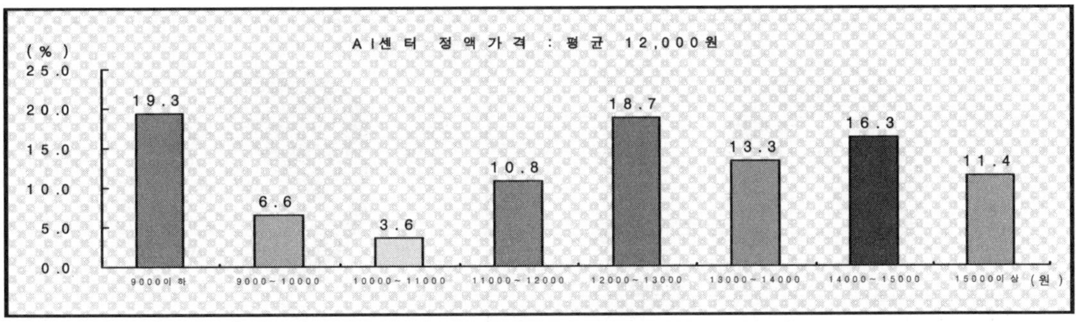

그림 27. AI센터에서 구입하는 정액가격 (1두분)

그러나 55% 농가가 현재의 가격이 적당하거나 저렴하다고 한 반면 45%의 농가는 비싸다고 응답하였다(그림 28).

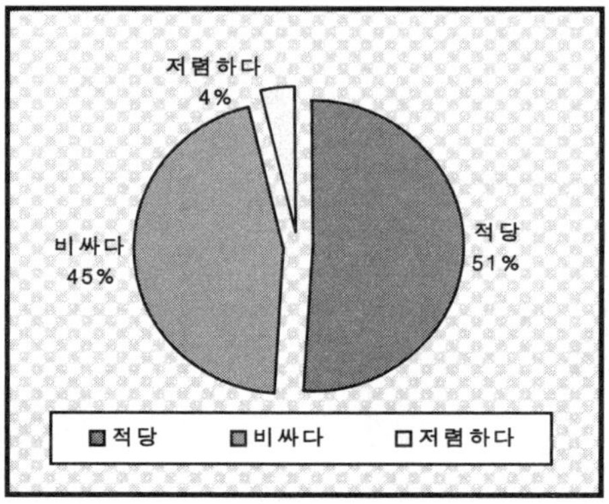

그림 28. AI센터 정액구입 가격 만족도

2.5 돼지 인공수정에 대한 양돈농가의 인식

양돈농가가 인공수정을 활용하는 가장 큰 목적은 능력이 우수한 종모돈의 정액을 활용(37%)하고 자연교배에 비하여 간편하여 시간 절약 등 노동력절감(35%)이 주요 요인인 것으로 조사되어 돼지 인공수정센터에 보유하고 있는 종모돈의 능력과 위생이 중요함을 알 수 있었다(그림 29).

따라서 기존의 돼지인공수정센터와 차별성이 있는 「우수정액등처리업」 인증을 받은 돼지인공수정센터가 있다면 정액가격이 다소 비싸더라도 구입하여 사용하겠다는 농가가 72%로 조사되었다(그림 30).

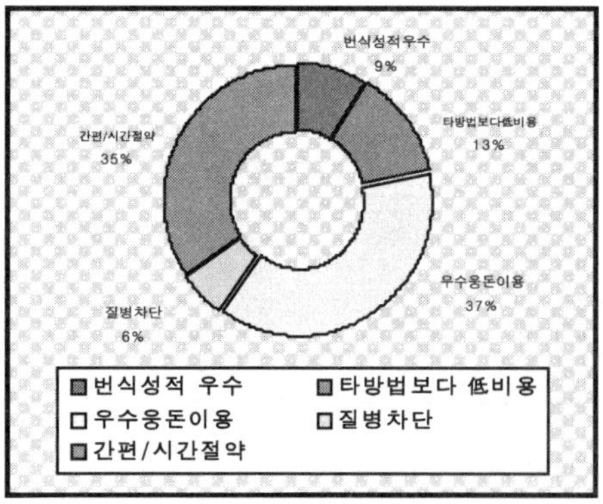

그림 29. 돼지 AI센터 정액이용 시

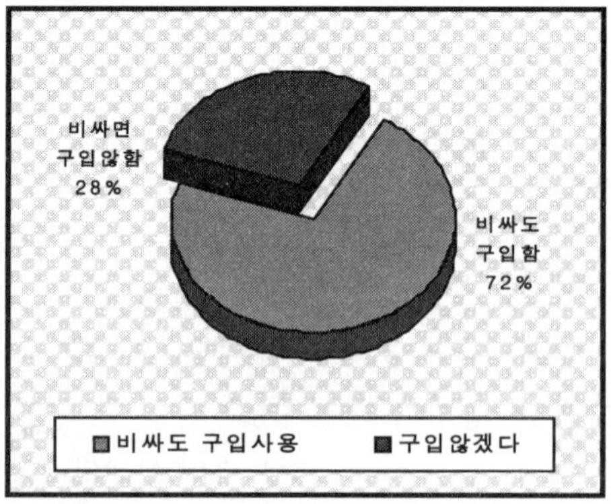

그림 30. 우수업체로 인증된 AI센 터가 농가 만족 이유 있다면

농장에서 정액을 구입할 때 가장 중요하게 생각하는 항목은 정액의 품질(40%), 종모돈의 유전능력(35%), 서비스(13%), 정액의 위생상태(7%) 및 정액의 가격(5%)으로 각각 조사되었다(그림 31).

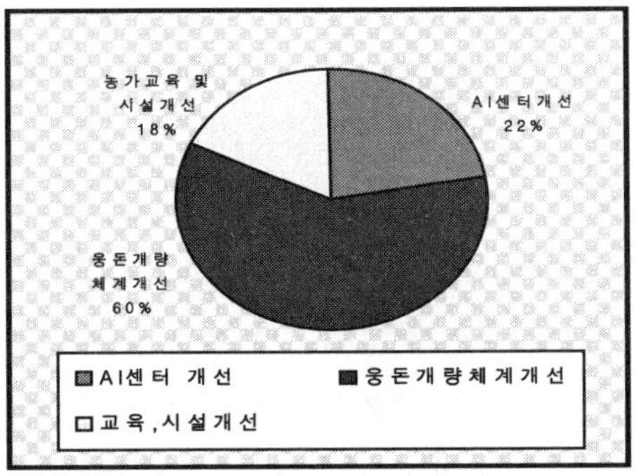

그림 31. AI정액 구입 시 중요항목

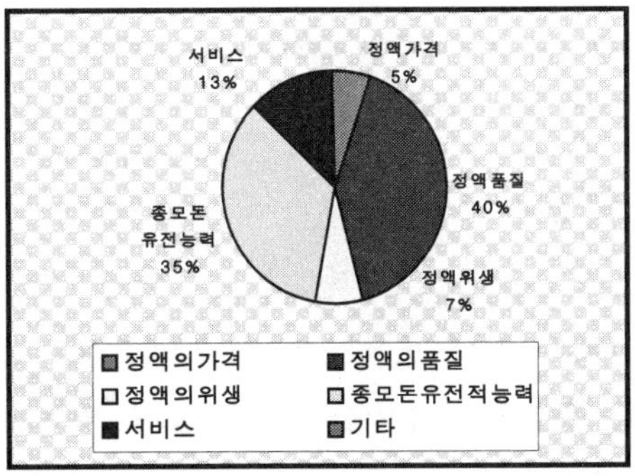

그림 32. 인공수정 발전 중요항목

우리나라의 돼지 인공수정 산업의 발전을 위한 주요항목은 종모돈의 개량 체계 개선(60%), 인공수정센터개선(22%) 및 농가에 대한 교육과 시설 개조(18%)로 각각 응답하여 돼지 인공수정에서 종모돈이 가장 중요함을 알 수 있었다(그림 32).

II. 인공수정 과정

돼지 인공수정을 하기 위하여서는 시판되는 액상정액이나 냉동정액을 구입하여 수정할 수 있겠으나, 양돈농가가 직접 정액을 채취하여 자가 인공수정 하는 것을 전제로 하여 정액채취에서부터 정액주입요령까지 과정별로 알아보고자 한다.

1. 인공수정 준비

인공수정을 도입하는 목적은 돼지개량을 위한 수단으로 이용되어야 하며, 경영비 절감이나 번식성적 개선 등에도 도움이 되지만 사전 준비 없이 인공수정을 시도하거나 유전능력이 불량한 종모돈의 정액을 이용하였을 경우 피해가 많을 수 있으므로 인공수정에 대한 사전지식과 필요한 장비나 기구 확보 그리고 신중한 종모돈 선택 등의 기반이 필요하다.

1.1 사전지식습득

돼지인공수정에 대한 사전지식을 습득하기 위해서는 민간인공수정소에서 정액을 공급받기 전에 정액의 취급요령, 정액주입방법, 기구소독요령 등의 교육을 받거나 직접 정액을 제조해서 인공수정코자 하는 경우에는 축산연구소등 에서 실시하는 인공수정 실기교육을 받는 것이 바람직하며 정액주입 실습은 도태예정인 돼지를 이용하여 여러 번 연습하는 것도 도움이 된다.

1.2 기구 및 장비 준비

인공수정센터로부터 정액을 공급받을 경우에는 정액보관고, 정액주입기, 카테타, 소독기, 자외선살균상 등의 기구만 갖추면 가능하나 자가인공수정을 하고자 할 경우에는 표 8의 장비 및 기구가 필요하다.

1.3 인공수정 도입절차

1.3.1 점차적인 인공수정 도입

인공수정을 처음으로 시작하는 농장은 인공수정 성적이 불량할 경우 큰 피해가 예방되기 때문에 점차적으로 인공수정 비율을 늘려나가는 것이 바람직하다. 처음에는 주간 번식예정 돼지의 10~20%만 인공수정하고 나머지는 자연종부하면서 정액주입요령 및 발정관찰 요령을 숙지한 후 한달 정도 후부터는 인공수정 비율을 점차 늘려나간다.

1.3.2 자연종부와 인공수정 혼합

번식대상 암퇘지 발정 시 1회는 자연종부로, 2~3회는 인공수정하면서 암퇘지의 발정개시부터 종료까지의 진행상태를 숙지한다.

이러한 방법으로 3~4개월 인공수정한 후 같은 기간에 자연종부한 번식성적과 비교해보고 자신감이 생겼을 때 인공수정의 비율을 높인다.

1.3.3 주간관리체계 (Batch System) 도입

주간관리 체계는 번식 모돈의 이유를 동시에 실시하여 발정관찰, 인공수정, 재발정확인, 분만관리, 자돈관리, 출하, 축사소독 등의 돈군 관리를 일괄처리 하여 작업의 효율성을 높이고자하는 관리체계이다. 자연종부에 의존하는 농장은 웅돈 사용의 집중화 때문에 주간관리체계가 불가능하나, 인공수정을 할 경우에는 주간관리체계에 의해 이유를 동시에 시켜 제조 또는 구입한 정액을 집중 사용하도록 관리해야 한다.

표 8. 돼지 인공수정용 장비 및 재료

구 분	품 명	규 격	용 도
장비류	의빈대	105×32×62㎝	정액채취
	현미경	쌍안 100~400배	정액검사
	현미경가온판	37℃	〃
	항온수조	20~50℃	정액제조
	화학천평	0.01~50g	보존액제조
	교반기	20 × 20㎝	〃
	마이크로피펫	50~1,000㎕	정액제조
	P.H메타		〃
	정액보관고	이동용	정액보관, 수송
	멸균소독기		기구소독
	자외선살균상		〃
	냉장고		
소모품류	정액주입병	100㎖	정액제조 및 주입
	정액주입기	1회용, 다회용	정액주입
	정액채취병	보온용	정액채취
	마이크로피펫팁	50~1,000㎕	정액검사

구 분	품 명	규 격	용 도
	혈구계산판		〃
	슬라이드그라스		〃
	카바그라스		〃
	온도계	0 ~ 100℃	〃
	보존액		정액제조

2. 정액채취

2.1 정액채취 기구

돼지의 정액채취는 의빈대(擬牝台)를 사용하면서 인공질 또는 수압법(手壓法)으로 채취하는 방법이 있는데 대부분 맨손으로 채취하는 수압법을 많이 이용하고 있다.~0~100℃

2.1.1 의빈대

의빈대는 암돼지를 모방한 것으로 철제나 목제로 제작하면 되는데 수퇘지의 크기에 따라 높이를 조절할 수 있도록 만드는 것이 편리하며 의빈대 덮개를 씌울 때는 스폰지를 적당히 넣고 질긴 텐트지를 씌우면 되는데 텐트지와 스폰지 사이에 방수천을 한 겹 깔아주면 오줌이나 분비물에 젖는 것을 막아주기 때문에 위생적으로 사용할 수 있다. 의빈대가 완성되면 발정이 발현된 암돼지가 있는 돈방에 의빈대를 넣어두어 암돼지 채취가 베이게 한 후에 수퇘지를 승가 시키면 수퇘지가 승가를 잘한다(그림 33). 의빈대는 미끄럽지 않은 곳에 설치해서 수퇘지의 발이 다치지 않도록 주의하며 의빈대가 바닥에 밀려다니지 않도록 고정해야 한다.

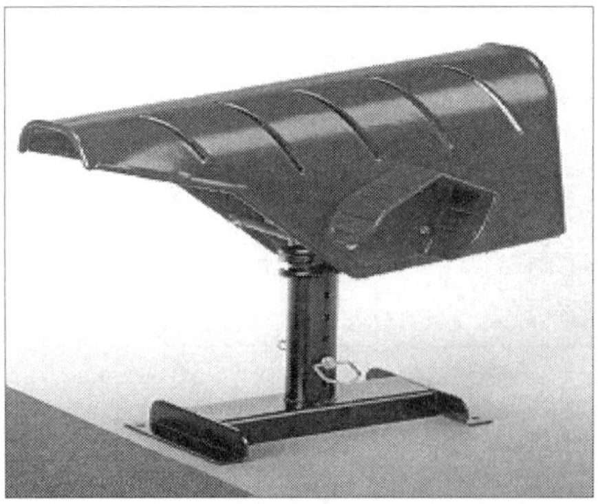

그림 33. 돼지정액채취용 의빈대

2.1.2 정액 채취병

돼지정액은 1회 사출량이 200~500㎖정도로 양이 많고 개체에 따라 차이가 많으므로 충분한 크기의 채취병을 준비하고, 채취병에 눈금이 있으면 채취된 정액의 양을 쉽게 알 수 있어서 좋다. 특히 외기 온도가 낮을 때는 정액이 저온충격을 받지 않도록 보온장치를 충분히 하는 것이 매우 중요하다. 정액 채취병은 여러 가지 형태로 만들 수 있고 시판되는 제품도 다양하나 보온효과가 좋고 소독이 편리하여 위생적으로 사용할 수 있는 것을 선택하는 것이 좋다(그림 34).

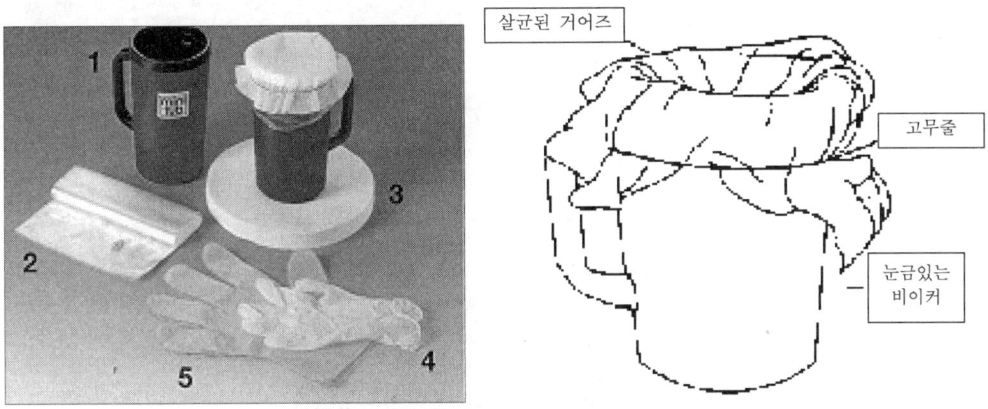

그림 34. 정액 채취병

2.2 정액채취 요령

정액채취 경험이 없는 수퇘지는 의빈대 승가훈련을 수차례 반복하여야 하며 이때 의빈대에 암퇘지의 오줌이나 질 분비물을 발라서 유도하면 훈련이 쉽다. 정액채취용 수퇘지는 포피주위의 털을 깨끗하게 잘라주는 것이 작업하기가 용이하고 위생적이다. 수퇘지가 의빈대에 승가 하여 발기된 음경 선단이 포피 밖으로 나올 때 오른손의 엄지, 집게 및 가운데 손가락으로 음경을 잡고 적당히 압력을 가하여 사정이 되도록 한다. 동시에 왼손으로는 채취병을 잡고 정액을 받는다.

돼지의 사정중추 자극은 자연교미시에 음경에 가해지는 자궁경관의 압박감이 주 영향을 미치며 압박감은 개체마다 다르기 때문에 맨손법으로 정액을 채취할 때는 음경에 가해지는 온도보다 압박감에 세밀하게 신경을 기울여야 한다. 채취자는 유백색의 농후한 정액만 채취병에 받을 수 있도록 해야 하며 채취병 입구를 소독된 거즈로 덮어서 정액이외의 교양물질이나 털과 같은 이물을 걸러 버릴 수 있도록 한다(그림 35). 때로는 수퇘지의 음경에 가해지는 압력이 부적당하거나 승가자세가 불량할 때 의빈대에서 다시 내려오는 경우가 있는데 이때는 보조자가 수퇘지의 뒤를 밀어주어 이를 막을 수 있다. 최근에는 정액을 자동으로 채취 할 수 있는 장치가 개발되어 보급될 것으로 전망된다.

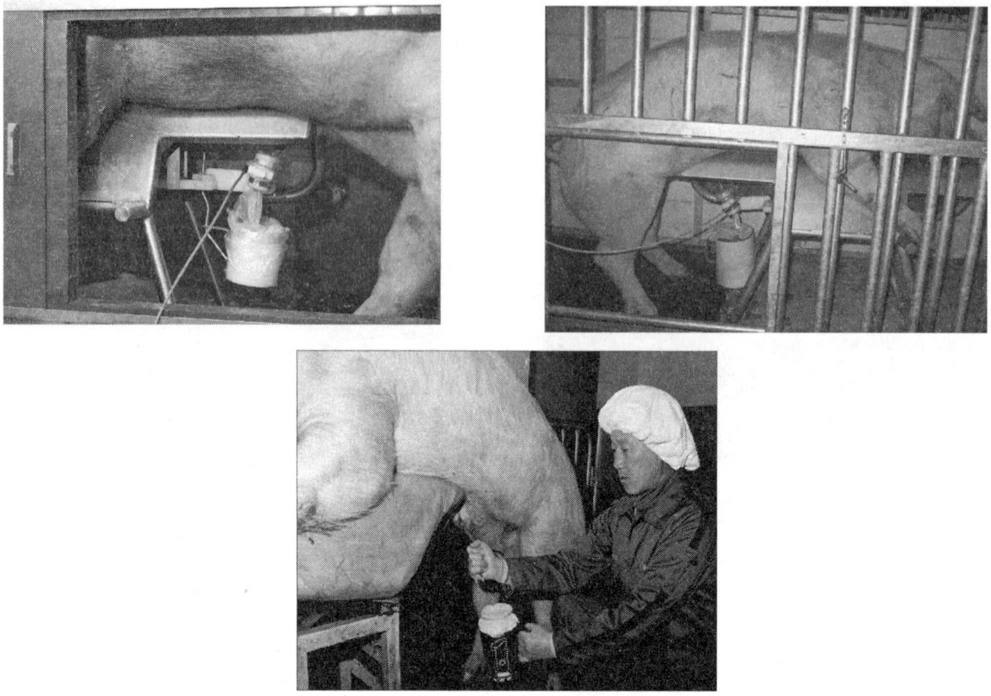

그림 35. 돼지정액채취(맨손법 및 자동 정액채취장치)

2.3 정액사정형태

수퇘지의 정액 사정형태는 특이한데, 처음에는 무색 또는 약간 오줌색을 띤 소량의 액체가 사출되며 본격적인 사정은 유백색의 농후한 정액이 사출 되면서 시작된다. 사정이 시작되어서부터 끝날 때까지 동일한 상태의 농후정액만 사출 되는 것이 아니고 양과 질의 변화가 일어나면서 사출 되며 1회 사정으로 끝나는 개체가 있는가 하면 4회 이상 사정하는 개체도 있으므로 사정형에 따라 사정(채취) 소요시간과 정액성상 등에 차이가 많다.

2.4 돼지 정액의 성상 및 채취 빈도

수퇘지는 품종 연령, 건강상태, 사양관리 및 채취조건 등에 다라 사출 정액량과 정자수가 크게 다르게 나타나는데, 표 9는 분리 채취한 돼지정액의 일반성상이며 일반적으로 1회 사정시 평균 250㎖(150~400㎖)의 정액을 사정함과 동시에 정액성분의 대부분이 단백질이기 때문에 사정회수가 많으면 그 만큼 사료도 충분히 급여하여야 한다.

수퇘지의 정액은 육안으로 볼 때 약 80%의 액체부와 약 20%의 교양물로 구성되어있는데 액체부에 무수히 많은 정자가 들어있다. 또한 정액은 정자와 정장으로 구분할 수도 있는데, 정자는 정소에서 만들어진 후 주로 정소상체 미부에 저장되어 있다가 사출된 것이며, 정장은 주로 정낭선, 전립선, 카우퍼선의 분비물로 이루어진다.

교양물은 카우퍼선에서 분비되는 백색 또는 회백색의 반투명 점착성 물질이며, 자연교배시 자궁경관에서 응고되어 정액의 역류를 방지하는 기능을 가지고 있다.

돼지정액의 이러한 특성으로 인해 정액채취 시 사정형태를 보면 투명하거나 반투명한 정장 물질과 정자농도가 매우 높은 유백색의 농후한 정액 그리고 교양물질을 번갈아 사정하는 것을 볼 수 있다.

수퇘지의 정액량은 평균 200~250ml(50~680ml)인데 품종, 연령, 계절 ,영양상태 및 개체에 따라 차이가 많으며, 동일 개체에서도 사정 또는 채취조건 등에 따라 상당히 다르다. 사정된 정액 1ml중에 들어있는 정자수는 4천만~7억 3천으로 그 범위가 매우 크며 평균 2억 5천이다. 수퇘지의 효율적인 이용 면에서 볼 때 3일 간격(주 2회)으로 채취하고 휴식시키는 것이 추천된다.

표 9. 분리 채취된 돼지 정액의 성상

구 분	정 액 성 상	
	평 균	범 위
총 정 액 량 (A)	230 mℓ	65~680 mℓ
액 체 량	180 mℓ	38~580 mℓ
교 질 량 (B)	47 mℓ	10~200 mℓ
교 질 비 율 (B/A)	20 %	5~48 %
정 자 수 (mℓ당)	2.5 억	0.4~7.3 억
총 정 자 수	440 억	51~1,425 억
사정소요시간	7.4 분	--
활 력	90 %	80~95 %
기 형 율	5.6 %	0.2~16.5 %
PH	7.06 (7.33)	6.8~7.2

2.5 정액 채취 시 주의사항

정액채취 전에 모든 인공수정기구는 더운물로 깨끗하게 씻고 소독하여야 하며 비눗물이나 소독제가 남아있지 않도록 철저히 씻어낸다. 수퇘지는 정액 채취 전에 포피선단과 하복부를 온수로 깨끗이 씻어주면서 정액채취의 뜻을 알려주고 깨끗한 수건이나 휴지로 물기를 잘 닦

아낸 후에 정액채취를 시작한다.

채취병은 갈색병을 이용하거나 채취병에 차광이 되도록 조치하고 가급적 실내 또는 햇빛을 기릴 수 있는 곳에서 하는 것이 좋다. 갑작스러운 온도자극은 정자 생존율을 현저히 저하시킨다. 될 수 있는데로 돼지의 체온과 비슷한 조건에서부터 서서히 온도가 하강하도록 할 것이며 특히 겨울에는 수퇘지의 사정시간이 긴 것을 감안하여 채취장소와 정액채취병의 보온대책이 절대적으로 필요하다.

돼지는 사정시간이 길고 사정형태가 다양하기 때문에 사정도중에 가끔 중지 되는 경우가 있는데 이런 경우가 반복되면 성질이 나빠질 수 있다. 충분히 사정한 후 스스로 의빈대를 내려올 때까지 완전히 사정시킨다.

발기된 음경은 충혈 되어있기 때문에 약간의 자극에도 상처를 입기 쉽다. 항상 의빈대 주위에 위험물이 있는지 사전에 점검하여 제거하여야하며 채취직후에는 소독액 등으로 포피 내부를 세척한다.

3. 정액의 검사

정액과 정자의 검사는 수퇘지의 수정능력 판정 및 번식장애 원인규명을 위하여 필요하나, 인공수정에 있어서는 채취전 정액의 사용여부 판정과 정자농도에 따른 희석비율을 결정하기 위하여 반드시 필요하다. 채취한 정액은 즉시 간단한 검사를 실시하고 시간이 많이 소요되는 검사는 최소량의 정액을 검사용으로 남겨놓고 바로 희석보존 과정으로 이행한다.

3.1 육안적 검사

눈으로 검사할 수 있는 정액의 성상은 정액의 사정량(정액량), 색깔, 점조도, pH 등이며 색깔은 유백색이며 점조도가 높아 운무상의 출현상태로 보이는 것이 정자농도가 높은 경향이다. 채취시 털이나 먼지와 같은 이물질이 섞인 것은 인공수정용으로 사용하지 않는 것이 바람직하다.

3.2 현미경적 검사

정자의 활력과 생존율, 정자의 농도(정자수), 기형정자의 분류 등 정자를 세밀히 관찰하기 위한 목적에 따라 현미경 배율은 100배, 400배 또는 1,000배로 확대하여 검사한다(그림 36).

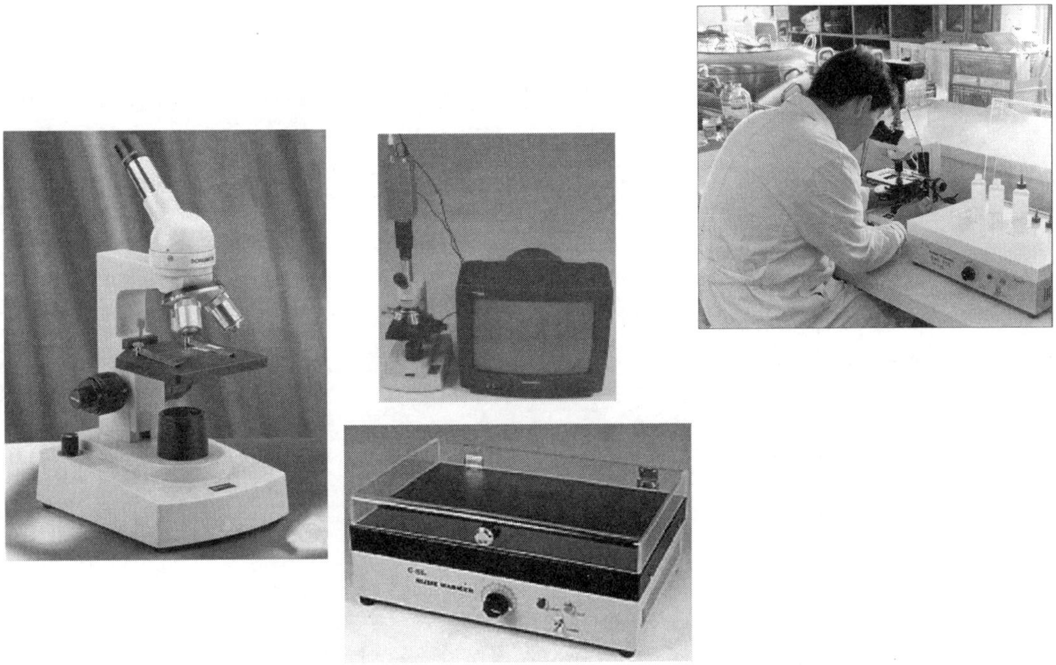

그림 36. 정액 검사장비

3.2.1 정자의 활력과 생존율

배율 100~400배의 현미경과, 검사하는 동안 정액을 가온하여 정자의 운동성을 유지하기 위한 목적으로 정액가온판(슬라이드 가온장치)을 준비하여 정액성상 검사판이나 슬라이드그라스위에 백금이나 마이크로피펫을 이용하여 잘 혼합된 정액 1방울을 떨어뜨리고 카바크라스를 덮은 후 최소한 4~5군데로 현미경 시야를 옮기면서 정액을 관찰한다. 관찰한 정자의 활력과 생존율을 표기하는 방법은 0에서 5까지의 기준을 이용하거나 +++, ++, +, ±, - 의 기준을 이용하기도 한다. 즉, 0에서 5로 표시하는 경우 다음과 같은 운동성 및 운동정자 비율을 의미한다.

5 : 최상의 활력 : 80%이상의 정자가 매우 빠른 전진운동으로 소용돌이치는 모양을 보여 개체별 정자의 운동을 구별하기 어려운 상태

4 : 상당히 좋은 활력 : 약 70~80% 정자가 활발한 전진운동을 하여 빠른 속도로 움직이며 현미경 시야를 벗어난다.

3 : 좋은 활력 : 약 50~70%의 정자가 운동하여 비교적 빠른 움직임을 보인다.

2 : 보통활력 : 20~50% 정도가 운동하나 소용돌이 모양을 보이지 않는다.

1 : 빈약한 운동 : 30%이하의 정자가 운동하여 전진운동은 없고 제자리를 맴도는 진자운동을 보인다.

0 : 운동정지 : 전체적으로 운동성이 없이 사멸한 경우

운동성을 +++ 등의 기호로 생존율을 %로 표시하는 방법

+++ : 가장 활발한 전진운동을 하며 소용돌이 모양

++ : 활발한 전진운동

\+ : 미약한 전진운동

± : 선회 또는 진자운동

\- : 운동성 없음

예를 들어 60^{+++}, 20^{++}, 10^{+}로 표시하면 60%의 정자가 +++의 활력을, 20%정자가 ++의 활력을, 그리고 10%정자는 + 의 활력을 가지고 있다고 표현되는 것이다.

이러한 방법들은 검사자의 주관에 다라 달라질 수 있으나 숙달되면 매우 정확하게 판단할 수 있다. 최근에는 정자의 활력, 생존율, 기형율 뿐만 아니라 농도와 정자가 움직이는 궤적을 관찰할 수 있는 자동분석기가 개발되어 이용되기도 한다.

3.2.2 돼지정자의 가사상태

채취한 정액을 실온에서 약 2시간이상 정치해두면 정자층과 정장층으로 분리되며, 정자는 가사상태(anabiosis)로 들어가 운동을 정지하게 된다. 일단 가사상태에 들어간 정자는 적당한 온도(38℃)로 가온 하더라도 다른 가축에서처럼 곧바로 활력이 회복되지 않는다. 실온에서 약 2시간 교반 한 다음에 35~38℃의 가온수조 속에 침지 하게 될 때 비로소 +++의 운동력을 회복하게 된다. 가사상태가 일어나는 원인은 정액이 상층과 하층으로 분리되게 되면 정자층(하층)에는 효소의 공급이 차단되기 때문이며, 또한 돼지 정액 중에는 당류의 함량이 낮아 산소가 없는 조건하에서는 정자의 해당 작용이 약화되어 운동에너지를 획득할 수 없기 때문이다.

이점을 고려하여 돼지 정액을 검사할 때는 두 층으로 분리된 정액을 잘 혼합하여 소량의 정액 (0.5~1ml 정도)을 작은 시험관에 넣고 뚜껑을 막은 후 호주머니 속이나 품안에서 1~2시간 움직이면서 가온한 다음 검사하거나, 또는 30~38℃정도의 가온수조에서 20~30분간 진탕한 후 38℃로 가온된 슬라이드가온판 위에서 검사해야 실질적인 정자의 활력을 평가할 수 있다.

3.2.3 정자의 농도

정자농도(㎖당 정자수)의 산출은 그림 37에서 제시한 기구를 사용해서 측정할 수 있으며, 수퇘지의 정액을 채취할 때마다 정액량과 정자농도가 다르기 때문에 인공수정으로 주입되는 정액의 1회 주입당 정자수를 정확하게 산출하기 위하여 정액제조 과정에서 희석배율을 결정하는데 반드시 필요하다.

3.2.3.1 혈구계산판 이용법

혈액내 적혈구와 백혈구를 계산하기 위해 고안된 기구를 이용하는데 정자농도가 매우 높고, 살아서 움직이는 정자를 현미경하에서 세어야 하기 때문에 정자를 사멸시켜 움직이지 않게 하고 농도를 묽게할 목적으로 3% 생리식염수를 100배 또는 200배로 희석한 정액을 혈구계산판 계산실내에 정치시켜 그 숫자를 세는 방법이며 많은 시간과 숙달이 필요하나 비교적 정확한 방법이다.

3.2.3.2 광전비색계 이용법

어떤 물질의 혼탁도에 따라 빛의 투과량이 달라지는 원리를 이용한 방법으로 역시 3% 생리식염수에 100~200배 희석한 정액에 빛을 투과하여 농도를 결정하는 방법이다. 즉, 정자농도가 높으면 빛의 투과량이 적고, 정자농도가 낮으면 빛의 투과량이 높은 원리를 이용하는 방법으로 여러 마리의 정액농도를 측정할 때 매우 편리하다. 최근에는 소량의 원정액을 검사판에 바르면 즉시 계산된 정자수를 숫자로 보여주는 기계가 개발되어 이용되고 있다.

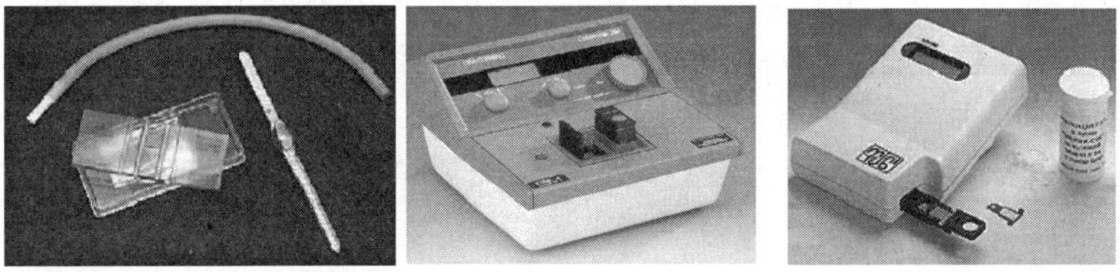

그림 37. 정자농도측정 기구 (혈구계산판, 광전비색계, 정자수 자동 계산기)

3.2.4 기형정자의 검사

정자의 기형은 크게 두부, 중부, 미부 기형으로 나눌 수 있는데(그림 38), 기형정자의 비율이 많으면 정자운동의 장애를 받게 되며 따라서 수정능력에도 장애를 받게 된다. 질이 좋은 정액은 기형율이 5~15%를 초과하지 않으나 보통의 정액은 10~20% 정도의 기형율을 가지며 30%이상의 기형율을 가진 정액은 사용하지 않는 것이 좋다. 기형정자의 검사는 슬라이드 그라스에 도말, 염색하여 400~1,000 배로 검경하여야 두부기형을 자세히 관찰할 수 있다. 100개의 정자를 세어 그 중 기형정자의 수를 비율로 나타낸다.

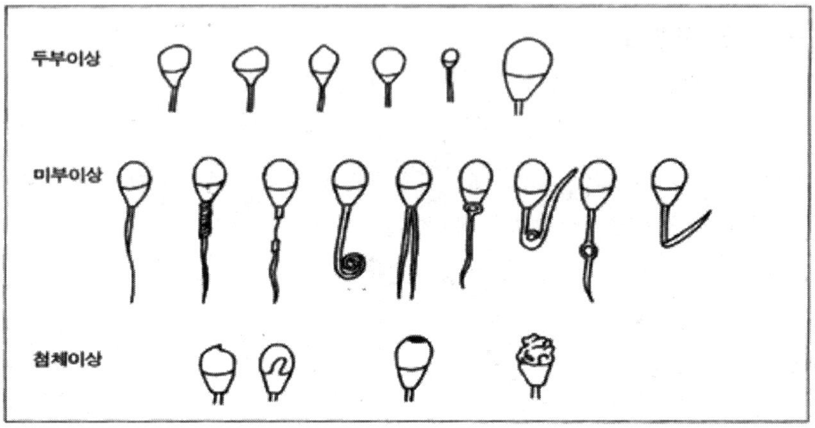

그림 38. 돼지의 기형정자 형태

3.3 기타 검사

정자의 대사능력과 온도충격에 대한 저항성을 검사하여 정액의 수정능력과 보존능력을 추정하기 위한 목적으로 정자의 생사염색법, 메틸렌블루환원시간 검사(M. R. T. : Methylene-blue Reduction Time), 저온충격 저항성검사(cold shock test), 고온배양법, pH 변화 측정, 과당지수 측정, 산소소비량 측정 등의 방법을 실험적으로 연구할 경우에 많이 활용되기도 한다.

4. 정액의 희석 및 보존

4.1 정액 희석 목적 및 보존온도

채취된 정액을 보존액과 희석하는 목적은 첫째, 정액의 양을 증가시켜 우수한 종모돈의 정액을 여러 마리의 암퇘지에 수정할 수 있으며 둘째, 체외에 사출된 정자의 불리한 환경을 개선해주어 생존성과 활력을 보존시켜 줌으로서 정액보존 시간을 연장시켜주는데 목적이 있다.

채취한 정액을 실온에서 보존할 때는 적절한 보존액을 희석하여 15~20℃의 온도에서 약

2~3일간 양호한 생존성과 활력을 유지할 수 있으며, 4~5℃ 저온에서 보관 시는 보존시간이 3~4일로 다소 길어지나 15~20℃에 보관할 때보다 정자의 생존성과 운동성이 떨어질 뿐만 아니라 수태율도 낮다.

4.2 보존액

돼지정액의 장시간 보존을 위하여 여러 종류의 보존액이 개발되었으며 농장에서 자가인공수정 할 경우 직접 제조해서 사용할 수 도 있고 최근에는 작은 포장단위로 제조된 보존액이 시판되고 있으므로 손쉽게 이용할 수 있으며 국내에서 많이 이용되고 있는 보존액의 조성은 표 9와 같다.

4.3 희석방법 및 배율

채취된 정액의 온도는 32~35℃가 되며, 채취즉시 검사용 정액을 소량 남겨두고 정액과 같은 온도로 미리 준비된 보존액을 정액과 같은 비율로 1차 희석을 한 후 상온(약 20℃)에서 방치한 상태에서 정액 검사를 하고 정자농도에 따라 보존액(표 10)을 추가로 희석한다. 보존액은 한꺼번에 희석하지 말고 2~3회에 나누어서 서서히 희석해야하며 보존온도인 18℃까지 약 2시간이상에 걸쳐 서서히 온도를 낮추어야 저온충격과 희석충격을 방지할 수 있다.

희석배율은 채취된 총 생존 정자수에 따라 결정해야 하지만 보통 채취된 정액량의 3~4배 정도 희석하여 사용하고 농후정액만을 분리채취 했을 때는 약 5~10배정도로 희석할 수 있다. 그러나 최종정자의 농도가 100ml당 30억 이상이 되도록 희석해야 하는데 정자수의 계산 없이 어림짐작으로 희석하는 것은 주입정자수가 희박하게 되거나 때로는 필요이상 많은 정자 주입으로 낭비가 될 수도 있다.

보존액 희석배율 결정하는 방법을 예를 들어보면 다음과 같다.

● 채취정액량 : 300 ml
● ml당정자수 : 3 억 -- 혈구계산판 또는 광전비색계
● 총정자수 : 900 억 -- 채취정액량 300ml × ml당 정자수 3억
● 생존율 : 70 % -- 현미경검사
● 생존총정자수: 630 억 -- 총정자수 900억 × 생존율 70%

▶ 1회 주입할 정액량 : 병당100 ml
▶ 병당 생존정자수 : 30 억

▶ 정액제조량 : 약21병(생존총정자수 630억 ÷ 병당정자수 30억)

▶ 희석해야할 보존액량 : 1,800 ml(21병 × 100ml - 원정액량 300ml)

따라서 희석액 1,800ml은 원정액 300ml의 6배에 해당된다.

표 10. 보존액 조성표(1,000ml당)

시 약 명 / 보 존 액	BTS	MODENA	ANDROHEP	EDTA
Glucose	37.00 g	25.00 g	26.00 g	60.00 g
Sodium citrate dehydrate	6.00	-	8.00	3.75
Sodium bicarbonate	1.25	1.00	1.20	1.20
E.D.T.A.	1.25	2.25	2.40	3.70
Potassium chloride(KCL)	0.75	-	-	-
Citric acid, trisodium salt	-	6.90	-	-
Citric acid	-	2.00	-	-
Tris	-	5.65	-	-
B.S.A.	-	3.00	2.50	-
Cystein	-	0.05	-	-
Hepes	-	-	9.50	-
P.H.	7.24	7.24	6.80	7.24
항생제	Penicillin : 100만IU S.M. : 1 g			

4.4 액상정액의 보존 및 수송

희석이 완료된 정액은 주입병에 나누어 담아 정액 보관고에 보관하거나 수송하면서 필요시 꺼내어 사용한다. 보관 또는 수송 중에도 정액의 온도가 일정 하도록 주의해야 하며 보관중 정자층이 침전되었을 경우 조용히 흔들어 정장층과 혼합되도록 해주는 것이 장시간 보관에 도움이 된다(그림 39).

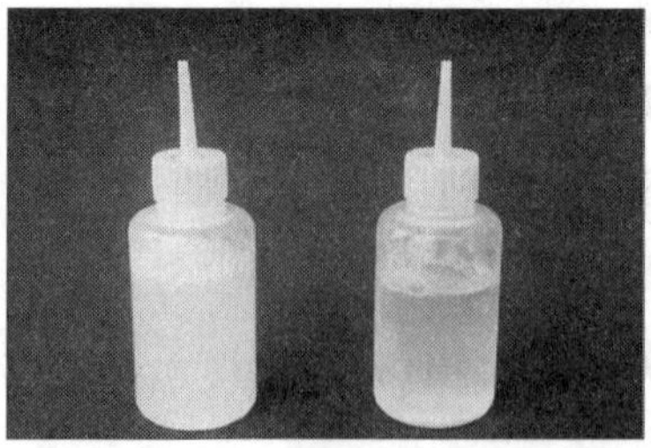

그림 39. 정액 보관중 침전상태

채취 직후의 정액온도는 34~35℃로 체온과 비슷하며 이때 정자의 운동성이 가장 좋다. 그러나 이 온도에서 장시간 유지될 경우 정자는 활발한 운동으로 에너지를 다량 소비하고 노화가 빠르게 진행되어 사멸하게 되므로 장시간 보관하면서 사용할 경우에는 에너지 소비량을 최소화할 수 있도록 보존온도를 낮추어 주는 것이 중요한데 4~5℃의 저온에서 보관하면 보존시간은 연장되지만 정자는 저온충격으로 수태율이나 산자수가 떨어지게 된다. 돼지정액은 15℃ 이하가 되면 저온충격을 받게 되고 20℃ 이상에서는 에너지소비량이 많아지는 특성상 적절한 보존온도는 15~20℃(17~18℃)가 중요한 것이다. 따라서 정액보관이나 수송 중에도 일정한 온도를 유지할 수 있는 정액보관고(온장고)가 반드시 필요하다(그림 40).

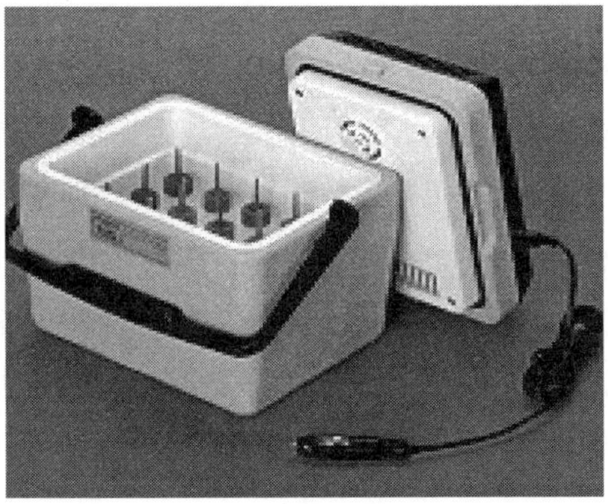

그림 40. 휴대용 정액보관고

4.5 냉동정액의 필요성과 문제점

돼지에 있어서 냉동정액은 소의 경우와는 달리 아직까지 만족할 만한 수태율과 산자수를 얻을 수 는 없지만 종돈 개량을 위한 목적이나 외국으로부터 우수종돈의 수입이 어려운 경우 또는 액상정액을 적기에 공급받기 어려운 경우에는 매우 높은 활용가치가 있다. 그러나 돼지정액은 동결, 융해 과정에서 저온에 대한 저항성이 약하여 정자의 활력과 생존율이 낮아질 뿐만 아니라 정자의 두모에 손상을 입는 비율이 증가하여 수태율이 낮아지는 중요한 원인이 되고 있다. 또한 냉동정액의 융해 후 정액 성상과 수태율은 품종, 개체별 그리고 환경조건 등에 따라 차이가 많으며, 특수한 장비와 기구가 별도로 필요하고 정액 융해과정이 다소 복잡하여 기술과 숙련이 요구된다.

5. 정액의 주입

5.1 발정빈돈의 준비

일반적으로 이유한 암퇘지는 보통 이유 후 4~7일경에 발정이 오게 되는데 돼지는 다른 가축에 비해 발정지속 기간이 3~6일로 길기 때문에 정확한 수정적기를 파악하기가 쉽지 않다. 특히 인공수정 시에는 자연종부시보다 훨씬 적은 정자수와 정액량을 주입할 뿐만 아니라 정자의 운동성과 생존율 및 암퇘지 생식기내 생존시간이 저조하므로 정확한 시기에 수정할 수 있도록 주의 깊게 발정관찰 하여 수정적기를 포착하는 것이 수태율 향상에 필수적이다. 인공수정시 발정관찰과 수정적기 포착이 중요시되는 이유는 표 11에서 그 차이점을 살펴보면 알 수 있다.

1회 주입되는 정액은 자연교미시 정액량 200~500ml, 총정자수 400~1,000억, 정자의 생존율은 90% 이상 그리고 정자의 활력도 매우 우수하다. 특히 암퇘지의 생식기도 내에서 정자의 수정능력 보유시간은 25~30시간 정도인데 비해서 인공수정으로 주입되는 정액은 자연교미시 보다 정액량은 80~100ml로 1/2~1/5의 적은 량과 총정자수도 30억 내외로 자연교미의 1/10~1/30에 불과하고 정자의 생존율과 활력도 현저히 낮으며 수정능력 보유시간도 12~18시간 정도 짧다. 이러한 불리한 여건의 정액을 인공수정하여 자연교미와 같은 번식성적을 얻기 위해서는 정확한 발정적기 파악과 수정이 반드시 필요하다.

표 11. 수정방법에 따라 주입되는 정액비교

구 분	자연교미	액상정액	냉동정액
총정액량 (ml)	200~500	80~100	80~100
총정자수 (억)	400~1,000	30~50	30~ 50
정자생존율 (%)	90 이상	70~80	40~50
정자활력	+++	++~+++	+~++
정자기형율 (%)	10 이하	10~20	40~50
정자수정능력보유시간 (시간)	25~30	10~12	6~7

5.1.1 발정 관찰 요령

5.1.1.1 육안관찰

이유 후 3일째부터는 하루에 두 차례(오전 6~7시, 오후 5~6시)이상 주의 깊게 관찰하고 발정징후가 나타나면 다음의 발정징후에 의하여 자세히 시간대별로 비교하면서 관찰하면 수정적기 판단이 쉽다. 특히 아래에서 지적한 사항을 유념하여 관찰한다.

- ㅇ 외음부가 붓고 충혈 되었는가?
- ㅇ 외음부로부터 점액이 누출되는가?
- ㅇ 수퇘지에 관심을 보이는가? 즉, 수퇘지를 따라다니기보다는 수퇘지의 승가를 허용하는가?
- ㅇ 사람이 등, 허리부분을 눌러줄 때 피하지 않고 꿀꿀거리는 독특한 소리를 내면서 뒷다리를 견고하게 하여 승가허용 자세를 취하면서 귀를 쫑긋 하는가?

이상의 모든 상태를 발정징후로 볼 수 있지만 그 중에서도 사람이나 수퇘지의 접근을 허용하는 시기를 승가허용기(standing estrus)라고 하며 발정징후를 보이기 시작하고부터 대략 30~40시간 후 가되며 수정적기를 판단하는 것은 최초 승가허용시기를 기준으로 결정해야 한다(그림 41).

그림 41. 발정 암퇘지 승가허용

5.1.1.2 시정모돈 및 발정 탐지기구 이용 관찰

거세한 수퇘지를 수정대상 암퇘지들이 들어있는 돈방에 합사 하거나 주위를 돌게하면 발정관찰이 용이할 뿐만 아니라 암퇘지들의 발정도 촉진할 수 있고 승가허용 장면을 관찰할 수 있어 정확한 발정관찰이 가능하다.

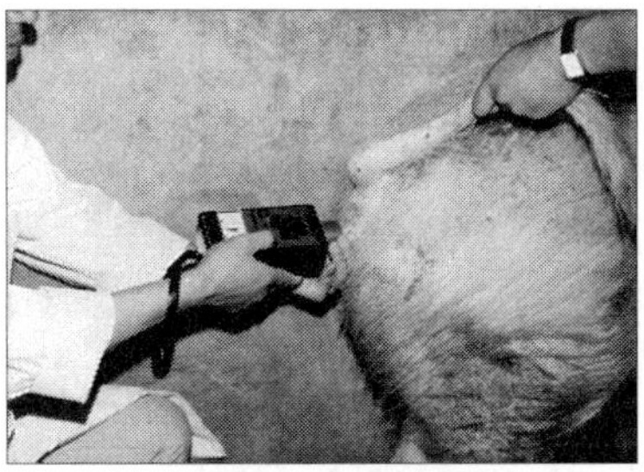

그림 42. 기구를 이용한 수정적기 점검

발정탐지 보조기구는 발정기중 질점액의 pH 변화를 이용한 발정탐지기구가 수정적기 파악에 보조적으로 사용되고 있으나 실용상에 제약이 많고 수태율 향상에 크게 도움이 되지 않는다(그림 42).

5.1.2 수정적기 판단

돼지는 배란시기와 인공수정 시간과의 차이에 따라 수태율과 산자수가 많이 달라진다. 일반적으로 배란은 승가허용 시간으로부터 36~44시간(평균 40시간)에 일어나므로 정자의 난관내 이동시간, 정자의 암퇘지 생식기관내 생존시간 등을 고려하여 볼 때 배란 12시간 전에 수정하는 것이 적기라고 할 수 있으므로 이에 맞추어 수정해야한다.

그러나 발정상태에 따라서 대략적인 배란시기를 예측할 수는 있지만 승가허용 개시시간을 정확히 포착하기 어렵기 때문에 배란이 가까운 시간에 운동성이 좋은 정자를 공급하기 위해서는 발정지속기간 내에 12시간간격으로 2회 수정하는 것이 필요하게 되는데 그 적기는 표 12에서 보는바와 같이 액상정액 인공수정 시는 미경산돈은 승가허용 후 18 및 28시간 그리고 경산돈은 승가허용 후 22 및 32시간에 각각 수정하고 냉동정액은 미경산돈의 경우 24시간 및 30시간에 경산돈의 경우 24시간과 34시간에 각각 수정해야 좋은 성적을 얻을 수 있다.

만일 12시간 간격으로 2회 수정한 후에도 계속 발정증세를 보이면서 수퇘지 승가를 허용한다면 6~12시간 후에 다시 한번 더 수정하는 것이 바람직하므로 2회 수정이 끝나더라도 승가허용 하지 않을 때까지 계속 발정점검을 시도한다.

표 12. 인공수정 적기(승가허용 시간으로부터)

구 분	액 상 정 액		냉 동 정 액	
	1회 수정	2회 수정	1회 수정	2회 수정
미경산돈	24 시간	1차 : 18 2차 : 28	29 시간	1차 : 24 2차 : 30
경 산 돈	28 시간	1차 : 22 2차 : 32	33 시간	1차 : 24 2차 : 34

5.2 정액주입

5.2.1 암퇘지 생리

5.2.1.1 암퇘지 생식기 구조

암퇘지의 생식기는 난소, 난관, 자궁(자궁각, 자궁체, 자궁경), 질, 질전정 및 외음부로 구분할 수 있다. 난소에서 형성된 난자는 배란 후 난관에서 정자와 만나 수정이 이루어지며, 수정된 난자는 자궁각에서 착상되어 태아로 발육하게 된다.

난소는 난관간막의 넓은 난소망에 의하여 싸여있으며 성숙한 암퇘지의 난소 표면은 여러 개의 난포와 황체가 돌출 되어 있기 때문에 표면이 불규칙하다. 난소의 크기는 길이 2.5~4 cm, 폭 1.5~3cm이며, 무게는 3~7g 정도이다.

난관은 난소와 자궁을 연결하는 꾸불꾸불하고 가느다란 관으로서 자궁쪽은 좁게 되어있고, 난소쪽은 넓어져 난관누두부를 이루어 배란된 난자를 수용하기 쉽도록 되어있다. 난관의 길이는 15~30 cm 정도가 된다.

돼지의 자궁은 자궁각이 45~110cm로 아주 긴 반면에 자궁체는 짧아 3~6cm에 불과한 쌍각자궁 형태를 하고 있고 자궁경관의 길이가 10~22cm로써 수퇘지의 음경에 적합하도록 나선상으로된 8~9개의 단단한 추벽이 있다. 자연교미시 이 자궁경관 추벽에 수퇘지의 음경 선단부가 결합되면서 정액 사정이 일어난다.

5.2.1.2 암퇘지 생식기내에서의 난자의 생리

배란시기: 암퇘지의 배란 시기는 대개 승가허용 후 38.5~42.3시간(평균 40시간)이다.

난자의 수정능력 보유시간: 배란된 난자의 수정능력 보유시간이란 난자가 수정되어 정상적으로 발생할 수 있는 신선한 상태의 최대시간을 말한다. 돼지에서는 이 시간은 10~21시간 정도이나 실제로 수태가 가능한 시간은 정자보다 훨씬 짧은 수 시간 이내일 것으로 생각된다. 난자는 난관의 협부에 이르자마자 곧 수정능력을 상실하며, 자궁에 도착한 후에는 전혀 수정될 수 없다.

종부를 늦게 시킬 경우에 난자는 그 수정능력 보유시간의 말기에 수정된다. 이러한 수정란은 착상되지 못할 수도 있으며, 이상임신(異常妊娠)이나 난자수의 감소 등이 일어난다. 단태동물에서는 난자가 노화되면 유산, 배아흡수 및 이상발생 등이 일어나기도 한다. 정자가 노화되어도 이와 같은 현상이 있을 수 있다. 이러한 노화된 배우자 때문에 축군에 따라서는 수태율이 저하되기도 한다.

5.2.1.3 암퇘지 생식기내에서의 정자의 생리

암퇘지 생식기내에서의 정자의 이동: 돼지는 자연교미시 자궁경관내에 사정하며 사출된 정자는 난관상부까지 수송된다. 사정 후 수분~30분 정도에서 소수의 정자가 도착되지만 수정에 충분한 정자가 도달하는 시간 즉, 난관 팽대부의 정자수가 최대로 되는 데에는 15~16 시간이 걸리는 것으로 보고되고 있다. 정자 이동의 기전은 질내의 모세관작용, 난관의 섬모운동 및 정자의 운동성등과 특히 자궁의 흡인작용을 포함한 암컷생식기의 수축운동이 중요한 요인으로 생각된다. 자궁내의 정자는 자궁난관 연결부에서 난관협부를 통과하여 난관팽대부로 이동하면서 그 수가 감소하고, 소수의 정자에 의한 수정으로 다정자침입현상이 방지된다.

난관에서의 정자이동의 기전에 관한 요인으로는 난관의 연동 및 역연동운동, 난관점막의 주름과 난관막간의 복합적인 수축운동, 섬모운동에 의한 분비액의 이동, 자궁난관 연결부의 관의 개폐 등이 관여하는 것으로 보고되어 있다. 자궁 및 난관에 이동한 정자 중에서 수정하지 못한 대부분의 정자들은 분해되어 관벽으로 흡수되거나 강내에서 백혈구의 식균작용으로 며칠내에 제거된다. 또한 계속해서 자궁운동에 의하여 질로 역류되거나 난관채를 통하여 복강내로 방출 소실된다. 이와 같이 정자의 이동을 위하여 필요한 자궁 및 난관의 수축운동은 발정휴지기와 임신기에는 활발하지 못하며, 발정전기와 발정기에는 강하게 일어난다.

정자의 생존기간: 암컷 생식기내에서 정자 생존기간은 수정율에 중요한 요인이 된다. 수정능력의 유지시간은 상당히 짧다고 보고되고 있다. 소, 및 돼지에 있어서는 암컷 생식기관내에서 정자가 생명을 유지하는 시간은 40시간 전후가 되나 실제로 수정능력을 보유하는 시간은 25~30시간 정도이다.

정자의 수정능획득(capacitation): 대개의 동물에서 암컷 생식기내에 들어온 직후의 정자는 운동성은 있으나 난자를 수정시킬 능력이 없으며, 자궁 및 난관에서 적어도 2~3시간이 지나야 한다. 그 동안 정자는 형태적, 생리적 및 생화학적으로 변화하여 난자의 난구, 방사관층 및 투명대를 침입할 수 있게 되는데, 이를 수정능획득이라 한다. 보통 배란되기 훨씬 이전에 종부가 되며, 정자는 자궁 및 난관을 급속히 이동하여 난자보다 몇 시간 전에 수정부에 도착하므로 그 동안에 정자는 수정능력을 획득하게 된다.

수정능 획득인자에 관하여도 많은 연구를 하여 왔는데, pyruvate, lactate, 포도당, 중탄산염, albumin을 포함한 몇 가지 단백질분해 등의 복합인자이며 단일물질은 아닌 것으로 보고있다. 정장에는 단백질 분해효소의 억제물질과 수정능파괴인자(decapacitation factor, DF)등의 물질들이 있다. 정자에서 어떤 물질을 제거하여 침체효소를 활성화시키면 난자를 침입할 수 있다. 수정능을 일단 획득한 정자도 DF에 의하여 수정능을 잃게 되나, 이 정자를 다시 자궁내에 주입시켜서 수정능재획득(recapacitation)을 시킬 수 도 있다.

5.2.2 정액주입방법

5.2.2.1 정액주입 기구

자연교미시 자궁경관 추벽에 수퇘지의 음경이 결합되어 정액을 사정하게 되는 것과 같이 인공수정용 주입기도 수퇘지 음경모양을 본떠 만들어진 것과 주입기 선단에 정액의 역류를 방지하기 위한 스폰지를 부착한 것 등 형태가 다양하나 소독의 번거로움을 피하고 자궁경관에 잘 맞도록 만들어진 1회용 플라스틱 제품이 많이 사용되고 있다(그림 43). 최근에는 자궁체내 심부에 정액을 주입할 수 있도록 고안된 주입기가 사용되기도 한다.

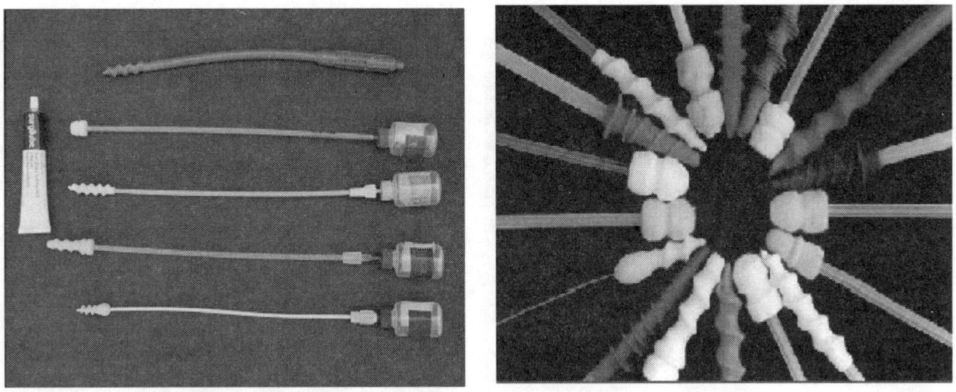

그림 43. 돼지 정액주입기 형태

5.2.2.2 정액주입요령

인공수정 시에는 암퇘지가 체내에 생리적인 준비가 갖춰지도록 시술자가 인위적으로 도와주면 좋은데 자연교미때의 수퇘지 행동처럼 시술자나 보조자가 암퇘지의 등을 눌러준다든지 옆구리를 부드럽게 마찰하고 외음부를 자극하는 등 암퇘지를 안정시키고 수정할 준비를 갖추도록 도와주는 것이 바람직하다.

주입기를 삽입하기 전에 먼저 외음부를 알콜솜이나 물로 깨끗하게 소독하고 한손으로 돼지의 외음부를 최대한 벌려서 주입기가 가능한 질 내 깊숙히 들어가도록 한 다음 처음 10~15cm 깊이 까지는 주입기의 선단을 30℃정도 위로 향하여 경사지게 삽입하다가 방광입구를 지난 다음부터는 주입기를 수평으로 유지하면서 서서히 삽입한다. 약 25~30cm 정도 깊이에 이르러 주입기 선단이 자궁경관 입구에 도달하면 저항감을 느끼게 되는데 이때부터는 주입기를 시계반대방향으로 돌리면서 서서히 밀어 넣으면 주입기 선단이 자궁경관 추벽을 2~3개정도 지나치는 촉감을 느낄 수 있다. 주입기는 가능한 한 자궁경관 추벽 깊숙이 삽입 되도록 해야 하나 무리하게 삽입해서 질이나 자궁경관에 상처가 생기지 않도록 주의해야 한다.

주입기 삽입이 완료되면 정액병의 선단을 위생적으로 자르고 정액병을 주입기 뒷부분에 연결하여 서서히 정액이 흘러들어 가도록 주입병에 압력을 가한다. 정액 주입시 정액이 역류되거나 주입병에 압력을 가해도 정액이 들어가지 않으면 주입기를 조금 빼내서 다시 결합해 보도록 한다.

정액 주입이 끝나면 주입기를 시계바늘방향으로 돌리면서 서서히 빼낸 후 돼지가 안정을 취할 수 있도록 해주고 정액 주입량과 역류된 정액량을 기록해두어 다음 주입 시에 참고하도록 한다(그림 44).

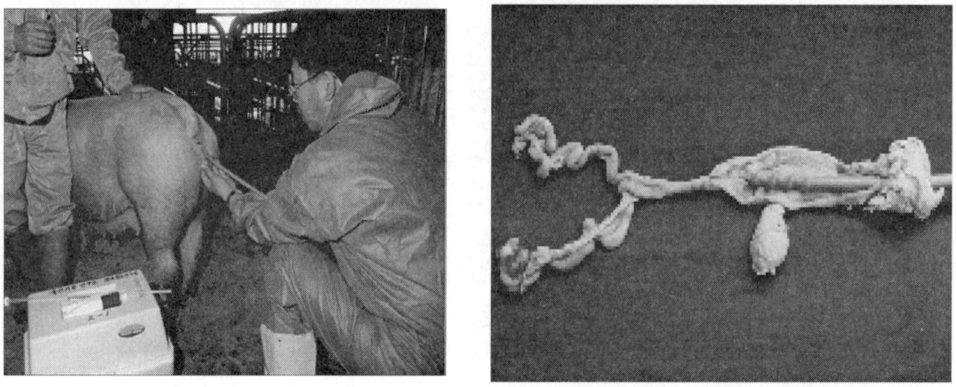

그림 44. 주입기 삽입요령 및 주입기가 생식기 내에 삽입된 모습

주입기는 사용 전에 소독을 철저히 해야 하며 윤활제를 이용하면 삽입이 용이하다. 정액주입은 5~10분간에 걸쳐 서서히 하고 주입시간 동안에도 정액이 저온충격을 받거나 직사광선에 노출되지 않도록 세심하게 주의해야하며 암퇘지가 항상 기분 좋은 상태가 되도록 인내심을 가지고 부드럽게 다루는 것이 중요하다.

5.2.2.3 정액취급요령

돼지정액은 보관온도에 따라 보존시간과 번식성적에 크게 영향을 미칠 수 있으므로 일정한 온도를 유지할 수 있는 조치가 매우 중요하다.

정액은 반드시 17~18℃를 유지하는 정액전용 보관고에 보관 또는 수송토록 한다(그림 45). 정액보관고에 보관할 경우에도 정전이나 고장에 대비하여 온장고 내부에 최저 최고 온도계를 넣어두고 수시로 온도를 점검하는 것이 필요하다.

외기 온도가 15℃ 이하일 경우 보관중인 정액을 수송하기 위해 보관고에서 꺼내어 돈사로 이동할 때에도 급격한 온도변화를 막기 위해서 스티로폼박스 등의 보온 조치가 필요하다. 보관고에 장시간 보관한 정액은 정자층과 정장층이 분리되어 정자층이 가라앉게 되므로 1일 2회 정도 가볍게 흔들어 섞어주는 것이 좋다.

정액의 이동이나 주입시 직사광선에 노출되지 않도록 주의한다. 정액주입병 선단을 절단할 때 소독된 절단기구를 사용하여 정액이 오염되지 않도록 한다. 장시간 보관한 정액은 현미경을 이용하여 활력검사 후 사용하는 것이 안전하다.

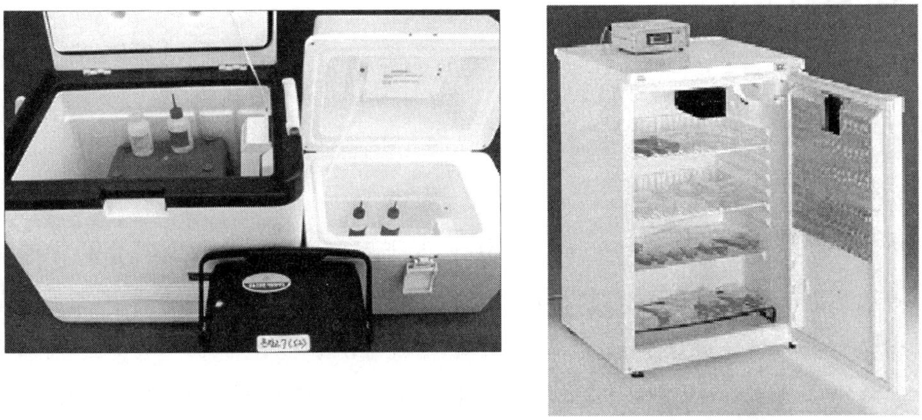

그림 45. 여러 가지 형태의 정액 보관고

5.3 수정기록

수정기록을 정확하게 유지하면 돈군내의 번식성적을 일목요연하게 알 수 있고, 번식성적이 불량할 경우 특정한 날짜나 특정한 종모돈으로 수정한 암퇘지가 재 발정이 왔는지 등의 원인을 쉽게 분석하여 조치함으로서 번식성적 향상에 도움이 된다. 수정기록부는 표 13을 참고하여 농장여건에 맞도록 활용한다.

표 13. 돼지 인공수정기록부

<정액인수일 : 월 일, 인수량 : 개>

No.	종모돈(♂)		모 돈(♀)		수정일(월/일)			재발일(월/일)	분 만 예정일(월/일)	분만일(월/일)	산자수(두)				비고
											총산자수			실산 자수	
	품종	명호	품종	명호	1 차	2 차	3 차				♂	♀	계		
					/	/	/	/	/	/					
					/	/	/	/	/	/					
					/	/	/	/	/	/					
					/	/	/	/	/	/					
					/	/	/	/	/	/					
					/	/	/	/	/	/					
					/	/	/	/	/	/					

Ⅲ 인공수정 발전방안

1. 연구 및 기술개발

1.1 인공수정용 정액 품질개선

최근 문제가 되고 있는 정액내 유해세균을 조사하여 세균의 오염도와 오염과정을 구명하여 AI센터와 자가인공수정을 실시하는 농장에 적절한 항생제를 처방하거나 정액 제조과정을 위생적으로 개선하는 연구와 정액검사를 의무화하고 검사비용을 정부에서 지원하는 제도가 필요하다. 특히 정액의 품질평가기준을 세부적으로 설정하여 AI센터에서 공급되는 정액은 이러한 기준을 엄격하게 적용하여 농가의 피해를 예방할 수 있도록 하는 노력이 요구된다.

또한 현재는 17℃에서 보관, 수송되는 액상정액을 5℃ 또는 상온에서 취급해온 정액의 품질에 영향을 미치지 않는 기술이 개발되면 정액의 수송과 보관에 획기적인 변화가 있을 것으로 예상된다.

1.2 모돈의 번식성적 향상

양돈농장에서 인공수정시 많은 어려움을 느끼는 정확한 수정적기 포착을 위한 간편수정적기판정 Kit를 개발하여 농가에 보급함으로서 번식효율을 개선할 수 있을 것이다. 또한 비용이 저렴하고 효율이 높은 발정동기화 기술은 개발하면 모돈의 번식성적 향상에 크게 도움이 될 것으로 생각된다. 발정동기화에 의한 정해진 시각에 인공수정하는 기술과 이유 2~3일전에 발정동기화를 유도하여 번식기간을 단축할 수 있는 기술의 연구도 필요하다.

1.3 정액주입 최소화 및 정액 첨가물질

인공수정시 1회 주입하는 정자수와 정액량을 현재의 30억, 80~100ml에서 1~3억, 10~20ml로 최소화하면 종모돈의 활용도를 높이고 개량효과를 극대화할 수 있고 비용을 절감할 수 있을 것이다. 최소정자수를 자궁심부 또는 자궁각 선단에 주입할 수 있는 심부정액주입기 등의 개발은 인공수정 효율을 향상시킬 수 있을 뿐만 아니라 향후 기대되는 X-Y분리정액의 인공수정 실용화에도 도움이 될 것으로 예상된다.

또한 최근 양돈농가에서 많이 실행하고 있는 정액 주입시 첨가하는 호르몬제(Oxytocin, $PGF_2α$)뿐만 아니라 정액의 생존기간을 연장하거나 수정율을 향상시킬 수 있는 첨가 물질에 대한 추가적인 연구를 통하여 적절한 사용법과 사용 시기 등에 대한 기술보급이 필요하다.

1.4 동결정액 및 X-Y분리정액의 인공수정 실용화

돼지에서 동결정액은 많은 장점과 필요성에도 불구하고 번식성적이 저조하고 사용법이 불편하여 실용화가 어려운 실정이나 항동해제의 개발, 동결 속도등의 개선 그리고 포장 및 융해방법의 간편화기술이 개발되면 양돈장에서 실용적으로 활용되고 종모돈의 활용도도 훨씬 개선 될 것이다.

또한 Flow-cytometry를 이용한 X-Y정액의 분리기술이 가능해 짐으로서 돼지에서도 원하는 성비를 인위적으로 조절할 수 있게 되었으나(그림 46), 현재는 X-Y정액의 분리시간과 비용이 많이 소요되어 실용화하기에는 아직은 이른감이 있지만 관련 장비와 기술개발이 빠르게 진행되고 있어 머지않아 성감별된 정자를 이용한 수정란이식, 난자내정자직접주입법(ICSI) 등의 첨단기술을 이용하여 산자의 성비를 조절할 수 있게 될 것이다.

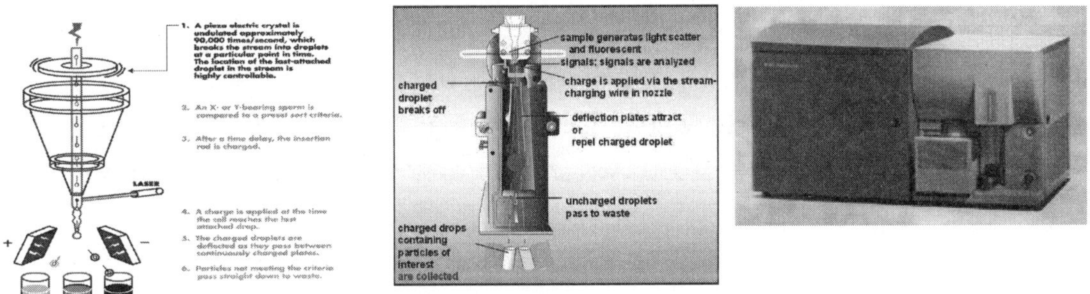

그림 46. Flow-cytometry 를 이용한 X-Y정액의 분리기술 원리

2. 종모돈의 개량

2.1 종모돈의 유전능력 개량

AI센터에서 공급되는 인공수정용 정액은 종모돈의 유전능력에 의해 크게 좌우되므로 우수한 능력의 종모돈이 AI센터에 원활하게 보급될 수 있도록 검정소 또는 농장검정을 필한 종모돈의 일부 또는 전부를 AI센터에 우선적으로 보내는 등의 방안이 강구되어야한다. 현재 산육형질위주로 개량되고 있는 종모돈의 능력 및 평가기준을 산자수, 산육형질 및 육질평가 등으로 다양하게 개량하여 소비자의 수요에 맞추는 노력이 필요하다.

2.2 종모돈의 수정능력 조기평가

종모돈 정액의 수정능력을 조기에 평가할 수 있는 기술 개발로 후보종모돈으로 선발되기 전에 수정능력을 평가함으로서 종모돈의 사육두수 및 비용을 절감하고, 수정능력이 우수한 정액공급으로 농가 인공수정에 대한 번식성적의 향상을 유도할 수 있다.

3. 관련 정책 및 제도

3.1 우수정액등처리업인증제 (돼지 인공수정센터) 활성화 및 사후관리

돼지인공수정의 질적인 발전을 위해서는 전국에 영업중인 56개 인공수정센터를 규제, 단속하기 보다는 센터의 운영과 품질에 대한 자율적인 개선이 이루어지도록 해야한다. "우수정액등처리업체인증" 제도가 마련되고 농림부령 제 1460호로 축산법시행규칙이 개정되어 2003. 12. 30 공포되었지만, 많은 기대를 가지고 있으나 아직까지 한건도 시행되지 않고 있는 상황이다.

현재의 규정은 종모돈의 능력 기준이 현실적으로 충족하기 어려울 뿐만 아니라 정액등처리업의 등록 기준과 비교해 볼 때 차별성이 미약한 점 등 몇 가지 문제점이 있으므로 이에 대한 세부기준을 마련하고 있는 중이며, 앞으로 인증위원회를 구성하여 세부평가기준을 마련하고 종모돈 구입비 등에 대한 보조금 우선 지원 등 인센티브 지급 방안이 구체화 되어야 활성화 될 것이다.

한편 지자체 감독공무원들의 정기적 관리감독 강화로 무허가 인공수정센터 및 무자격 종모돈 정액유통을 단속하여 선량한 인공수정센터를 보호하고 각 도별 담당 공무원들에 대한 보수교육도 필요하다.

3.2 교육 및 컨설팅

양돈농가 뿐만 아니라 AI센터 종사원들에 대한 정기적인 교육을 통하여 새로운 기술을 보급하고 돼지개량의 중요성과 위생적인 정액처리 및 방역 분야에 대하여 인공수정센터 종사원들의 교육을 강화하고 의무화할 필요가 있다.

제 11 장

소, 수정란이식현황과 수태율 증진방안

1. 수정란이식 국내·외 현황

2. 수정란이식 수태율에 영향하는 요인

1. 수정란이식 국내·외 현황

1.1 국내

표 1은 2006년도 국내에서 체내수정란의 생산실적을 나타내었다. 한우 및 젖소 공란우 551두를 과배란처리하여 수정란 채란을 실시한 공란우는 87.8% 이었다. 공란우당 평균 회수난자는 9.2개였고 그 중 이식가능수정란은 5.4개였다. 공란우의 비율은 한우가 69.5% 이었으며, 공란우당 이식가능 수정란은 한우 5.5개, 젖소 5.4개로 한우와 젖소에서 비슷한 성적을 나타내었다. 2006년 국내에서 생산된 수정란은 2006년도 세계에서 회수된 수정란의 0.34%, 아시아에서의 2.13%를 차지하였으며, 공란우 채란두수는 일본의 5.07%에 해당하였다.

표 1. 국내 소 체내수정란 생산 현황

품 종	과 배 란 처리두수	채란두수	수정란 회수(/채란두수)	
			회수란수	이식가능란수
한 우	383	330	3,119(9.5)	1,800(5.5)
젖 소	168	154	1,343(8.7)	826(5.4)
계	551	484	4,462(9.2)	2,626(5.4)

표 2는 2006년 국내에서 생산한 체외수정란을 나타내었다. 체외수정란은 한우에서만 생산되었으며, 도축난소유래 체외수정란 34,081개, 복제수정란 1,205개 등 35,286개를 생산하였다. 이는 2006년도 세계의 7.80% 아시아의 40.6%에 해당하였다.

표 2. 국내 소 체외수정란 생산 현황

품 종	도 축 난 소 유래수정란수	복 제 수정란수	계
한 우	34,081	1,205	35,286
젖 소	0	0	0
계	34,081	1,205	35,286

표 3과 표 4는 2006년 국내에서 이루어진 수정란 성상 및 품종별 이식두수를 나타내었다. 체내수정란 1,324두, 체외수정란 8,270두, 복제수정란 51두 등 9,645두를 이식하였다. 체내수정란은 이식수정란 13.7%에 해당하였고, 신선수정란 이식은 95.2% 이었다. 이식수정란중 한우

수정란이 97.2%로 대부분을 차지하였다.

표 3. 국내 소 수정란 성상별 이식 현황

구 분	이식두수 (%)		
	신선수정란	동결수정란	계
체내수정란	1,044	280	1,324 (13.7)
체외수정란	8,086	184	8,270 (85.7)
복제수정란	51	0	51 (0.5)
계	9,181(95.2)	464(4.8)	9,645(100.0)

표 4. 국내 소 수정란 품종별 이식 현황

구 분	이식두수 (%)		
	한우수정란	젖소수정란	계
체내수정란	1,052	272	1,324 (13.7)
체외수정란	8,270	0	8,270 (85.7)
복제수정란	51	0	51 (0.5)
계	9,373(97.2)	272(2.8)	9,645(100.0)

표 5. 국내 소 수정란 이식형태별 이식 현황

구 분	이식두수 (%)			
	1	2≥	AI+	계
체내수정란	1,207	117	0	1,324 (13.7)
체외수정란	3,490	4,523	257	8,270 (85.7)
복제수정란	44	7	0	51 (0.5)
계	4,741(49.2)	4,647(48.2)	257(2.6	9,645(100.0)

1; 1개 이식, 2≥; 2개 이상 이식, AI+; 인공수정후 수정란 이식

수정란이식 형태별로는 1개 수정란의 이식이 49.2%, 2개 이상 수정란의 이식이 48.2%, 인공수정후 수정란추가이식이 2.6%로 국내 수정란이식은 쌍자 생산을 위한 이식이 50.8%로 많이 이루어지고 있음을 알 수 있다(표 5).

수란우 품종별 수정란이식은 한우 수정란을 젖소 수란우에 이식하는 것이 73.4%로 많은 부분을 차지하고 있다(표 6). 이것은 젖소 농가가 우유 쿼터제로 인하여 젖소 송아지 대신 한우 송아지의 생산을 희망하고, 송아지 가격 면에서도 한우송아지의 생산이 유리하기 때문이다. 또한 젖소 농가가 한우 농가로 전환하기 위해서 한우 송아지 입식시 브루셀라의 유입이 우려되어 젖소를 대리모로 이용한 수정란이식에 의해 한우 송아지의 증식을 바라기 때문이다.

표 6. 국내 소 수정란 수란우 품종별 이식 현황

수 정 란	수란우 (%)		
	한 우	젖 소	계
한 우	2,295(23.8)	7,078(73.4)	9,373 (97.2)
젖 소	0(0.0)	272(2.8)	206 (0.8)
계	2,295(23.8)	7,350(76.2)	9,645(100.0)

표 7. 국내 소 수정란이식 수태율

구 분		이식두수	임신두수	수태율(%)
체내수정란	신선란	1,038	496	47.8
	동결란	280	93	33.2
	계	1,318	589	44.7
체외수정란	신선란	7,182	3,259	45.4
	동결란	151	56	37.1
	계	7,333	3,315	45.2

표 7은 2006년에 수정란 이식된 수란우중 임신진단을 실시한 8,651두의 결과를 나타내었다. 체내수정란에서 신선수정란이식 47.8%, 동결수정란이식 33.2%였으며, 체외수정란에서는 신선수정란이식 45.4%였고, 동결수정란이식 37.1%였다. 따라서 신선수정란의 이식이 동결수정란

의 이식보다 수태율이 높게 나타났다.

1.2 세계

세계 각국에서 2006년도에 이루어진 소 체내 수정란 생산실적은 표 8에서 보는 바와 같다. 121,912두의 공란우에서 777,747개의 이식가능한 수정란을 회수하여 공란우당 평균 6.4개를 생산하였다. 그 중 북미가 415,596개를 회수하여 53.4% 차지하므로서 가장 많은 수정란을 생산하였고, 다음은 아시아 17.9%, 남미 12.8%, 유럽 12.1%, 오세아니아 2.0%, 아프리카 1.8%순이었다. 공란우당 평균 이식가능수정란수는 아프리카가 8.5개로 가장 성적이 좋았으며, 다음은 아시아 7.4개, 북미 6.4개, 유럽 5.9개, 남미 5.5개, 오세아니아 5.4개 순이었다.

표 9는 2006년 세계 각국에서 이식된 소 체내수정란 수를 나타낸 것으로 670,711개의 수정란이 이식되었다. 그 중 북미에서 292,605개를 이식하여 43.6%를 차지하였고, 아시아 27.4%, 남미 13.2%, 유럽 13.1%, 오세아니아 1.9%, 아프리카 0.8%순이었다. 한편 수정란의 상태별로는 신선수정란이 46.9%, 동결수정란이 53.1%로 신선수정란의 이식율이 높았으며, 북미와 남미, 아프리카도 신선수정란을 동결수정란보다 더 많이 이식되었다. 그러나 아시아와 유럽은 동결수정란을 신선수정란보다 높은 비율로 이식되었다.

표 8. 세계 체내수정란 생산 현황

지 역	채란두수(A)	회수이식가능 수정란수(B)	비율(%)	A/B
아프리카	1,607	13,660	1.8	8.5
북미	64,711	415,596	53.4	6.4
남미	18,000	99,627	12.8	5.5
아시아	18,919	139,534	17.9	7.4
유럽	15,859	94,090	12.1	5.9
오세아니아	2,816	15,240	2.0	5.4
계	121,912	777,747	100.0	6.4

(Thibier, 2007)

표 9 . 세계 체내수정란 이식 현황

지 역	이식수정란수			
	신선란	동결란	계	비율(%)
아 프 리 카	2,063	3,118	5,181	0.8
북 미	131,510	161,095	292,605	43.6
남 미	76,521	11,740	88,261	13.2
아 시 아	60,730	123,195	183,925	27.4
유 럽	36,033	51,808	87,841	13.1
오세아니아	7,849	5,049	12,898	1.9
계	314,706	356,005	670,711	100.0

(Thibier, 2007)

표 10은 2006년에 유럽과 북미를 제외한 상위 6위 이내 소 체내수정란을 이식한 국가를 나타내었다. 가장 많은 수정란을 이식한 국가는 중국으로 123,672개를 이식하였으며, 그 다음은 브라질 70,386개로 2위이며, 3위는 일본으로 58,530개를 이식하였고, 알젠티나, 호주, 남아프리카 순으로 이식하고 있었다. 중국과 일본은 동결수정란을 각각 65.7% 및 71.0%를 이식하였으나 브라질은 이식수정란의 99.3%를 신선수정란으로 이식하였다. 수정란 채란두수는 브라질이 13,837두로 가장 많았고, 다음이 일본과 중국이 각각 9,548두와 8,785두 였다.

한편 중국과 일본은 아시아에서 수행된 채란두수의 96.9%, 이식 체내수정란의 67.2%와 31.8%를 각각 차지하였다.

표 10. 유럽 및 북미를 제외한 상위 6위 이내 체내수정란이식 국가

국 가	채란두수	이식수정란수		
		신선란	동결란	계
중 국	8,785	42,470	81,202	123,672
브 라 질	13,837	69,886	500	70,386
일 본	9,548	17,001	41,529	58,530
알 젠 티 나	3,917	6,151	10,587	16,738
호 주	2,388	6,350	4,175	10,525
남아프리카	1,258	2,016	3,000	5,016

(Thibier, 2007)

표 11은 2006년도에 세계 각국에서 이루어진 소 체외수정란 생산 및 이식실적이다. 체외수정란은 441,364개가 생산되었으며, 그 중 남미에서 204,469개를 생산하므로서 세계의 46.3%를 차지하고 있다. 다음은 북미에서 30.4%가 생산되어 체외수정란의 생산은 남미와 북미에서 집중적으로 이루어지고 있음을 알 수 있다.

체외수정란의 이식은 291,845개가 이식되었고 그 중 남미가 196,791개로 67.4%, 아시아 82,307개로 28.2%, 유럽이 6,845개로 2.3%, 북미에서 1.5% 순으로 이식되었다. 이식 수정란의 상태로는 신선수정란 77.5%, 동결수정란 22.5%였다. 남미는 신선수정란이 100%의 비율로 이식되는 반면 아시아는 동결수정란을 74.7% 비율로 이식되었다.

표 11. 세계 체외수정란 생산 및 이식 현황

국 가	수정란생산	이식수정란수		
		신선란	동결란	계
아프리카	-	-	-	-
북 미	134,162	4,306	3	4,309
남 미	204,469	196,759	32	196,791
아 시 아	86,945	20,859	61,448	82,307
유 럽	13,942	2,763	4,082	6,845
오세아니아	1,846	1,390	203	1,593
계	441,364	226,077	65,768	291,845

(Thibier, 2007)

1.2.1 북미

2006년도 미국에서 소 체내수정란 생산과 이식 현황은 표 12, 표 13과 같다. 젖소와 육우 공란우에서 각각 16,570두와 35,323두로부터 90,387개와 229,316개의 이식가능수정란을 회수하여 공란우당 각각 5.5개와 6.5개의 수정란을 회수하였다. 전체 공란우중 육우 공란우가 68.1%를 차지하였고, 생산수정란의 71.7%가 육우 수정란이었다. 또한 두당 이식수정란 회수도 육우 공란우가 젖소 공란우 보다 많았다.

수정란이식은 신선수정란을 105,519개 이식하였으며, 동결수정란은 glycerol 동결융해한 수정란 6,787개, ethylene glycol 동결융해한 수정란을 직접이식법(DT)으로 127,226개를 이식하므로서 동결수정란이 134,013개가 이식되었고, 전체 239,532개의 수정란이 이식되었다.

수정란이식 수태율은 신선수정란 62.4%, Glycerol로 동결융해한 수정란 50.5%, 직접이식법 56.9%를 나타내었다.

표 12. 미국의 체내수정란 생산 현황(2006)

품 종	채란두수	회수수정란수	회수수정란수 /채란두수
젖 소	16,570	90,387	5.5
육 우	35,323	229,316	6.5
계	51,893	319,703	6.2

(AETA, 2007)

표 13. 미국의 체내수정란 이식 현황(2006)

구 분	신 선 수정란	동결수정란			계
		Glycerol	DT	소계	
이식두수	105,519	6,787	127,226	134,013	239,532
수태율(%)	62.4	50.5	56.9		

(AETA, 2007)

미국에서 소 수정란이식 기술이 산업화된 1975년에서 25년 후인 1999년에 품종별 등록협회에 수정란이식한 소의 등록현황을 보면 수정란이식 초창기에는 등록중 홀스타인종은 0.7% 수준이었으나 1999년도에는 5.5%의 수준이었고, 앵거스종은 0.1%에서 7.1%로 증가율이 높았고, 헤어포드종은 0.5%에서 2.1%의 수준을 유지하고 있다. 전체 등록두수는 홀스타인종은 1990년 기점으로 감소하나 앵거스종은 1985년부터 증가하는 추세를 보여 육우(앵거스종)에서 수정란이식이 점차 증가하고 있다.

2006년도 캐나다에서 소 체내수정란 생산과 이식 현황은 표 14 및 표 15와 같다. 캐나다에서는 14,623두의 공란우로부터 96,285개의 수정란을 회수하여 공란우당 평균 6.6개의 이식가능 수정란을 생산하였다. 수정란 생산에 활용된 공란우는 전체 공란우중 젖소가 77.3%였고, 수정란의 생산도 젖소가 72.9%를 차지하므로서 미국과는 다른 양상을 보이고 있다.

표 14. 캐나다의 소 체내수정란 생산 현황(2006)

품 종	채란두수	회수수정란수	회수수정란수 /채란두수
젖 소	11,307	70,082	6.2
육 우	3,316	26,203	7.9
계	14,623	96,285	6.6

(CETA, 2007)

2006년도 캐나다에서는 53,003개의 수정란이 이식되었으며, 이식 수정란중 젖소 수정란이 42,490개가 이식되어 80.2%를 차지하였고, 성판별 수정란도 2,324개를 이식하였다(표 15). 신선수정란이식은 성판별수정란을 포함하여 49.3%가 이식되어 동결수정란이식과 비슷한 비율로 이식되고 있다. 그리고 수정란이식 수태율은 신선수정란이 61.0%, 동결수정란이 58.1%를 나타내었다.

표 15. 캐나다의 소 체내수정란 이식 현황(2006)

품 종	신선수정란	동결수정란	성판별수정란		계
			신선란	동결란	
젖 소	21,438	18,825	1,337	890	42,490
육 우	3,289	7,127	70	27	10,513
계	24,727	25,952	1,407	917	53,003

(CETA, 2007)

1.2.2 일본

일본에서 소 수정란이식 기술은 우량한 소의 효율적인 증식에 의한 개량의 촉진과 소비자가 선호하는 육용소(흑모화우)의 증식 등에 활용하고 있는 번식 관련 신기술로 축산분야에서의 바이테크·하이테크 기술의 대표적인 것이다. 1964년 일본 축산시험장에서 비외과적 수정란이식방법으로 송아지 생산에 성공한 이래 가축개량센터의 전신인 종축목장 등에서 실용화를 위한 기술의 개발과 개선이 진행되고 있다.

일본은 2006년 9,548두의 공란우에서 수정란을 채란하여 58,530개의 수정란이 수란우에 이식되었으며, 동결수정란 71.0%, 신선수정란 29.0%의 비율로 이식되었다.

일본에 있어서 수정란이식 기술의 큰 특징은 농가의 사육 규모 등을 반영하여 동결수정란 이식이 많이 이루어지고 있으며, 공란우와 수란우의 활용에서 흑모화우를 공란우, 유용(홀스타인)종을 수란우로 많이 이용한다. 이는 소비자에게 국산의 맛있는 흑모화우의 쇠고기를 안정적으로 공급하는 기술체계의 기반으로 수정란이식 기술의 보급과 정착을 추진해 온 결과로 생각한다.

젖소는 북해도를 중심으로 고능력 젖소를 공란우로 이용하여 우군개량이나 종모우 생산 목적에 활용되고 있으며 젖소 산자는 약 20%를 차지하고 있다.

또한 도축장 유래 화우 난소로부터 채취한 미성숙 난자를 이용한 체외수정 기술이 개발되어 특히 화우 수정란의 저비용 생산기술로서 이용되고 있고, 일부에서는 상업측면에서 이용이 시작되어 가축개량사업단에서 2006년 약 20,000개의 수정란이 공급되고 있으며, 수태율은 45% 수준이다.

일본에서 체내수정란의 이식동향을 보면 육우 수정란이식이 83.4%로 대부분을 차지하고 있고, 젖소 수정란이식은 16.0%, 교잡우 수정란이식은 0.6% 수준이었다. 그 중에서 육우 수정란을 젖소 수란우에 이식하여 육우 송아지를 생산하는 것이 51.8%로 가장 높은 비율을 나타내었다(표 16).

표 16. 일본의 수정란 및 수란우 품종별 체내 수정란이식 현황

수정란	수란우	이식두수	비율
젖 소	젖 소	7,789	14.8
	육 우	583	1.1
	교잡우	44	0.1
	소 계	8,416	16.0
육 우	젖 소	27,239	51.8
	육 우	11,896	22.6
	교잡우	4,742	9.0
	소 계	43,877	83.4
교잡우	젖 소	22	0.0
	육 우	76	0.1
	교잡우	239	0.5
	소 계	337	0.6
계		52,630	100.0

(Okuji, 2003)

2. 수정란이식 수태율에 영향하는 요인

수정란이식의 궁극적인 목적은 수정란이식으로 희망하는 산자를 생산하는 것으로 수태율이 높게 되면 산자의 생산율이 높아진다. 수태율에 영향을 미치는 요인으로는 크게 수정란, 수란우 및 이식기술로 구분할 수 있다.

수정란에는 수정란의 질, 발육단계, 동결 여부, 동결방법, 공란우 상태 등에 따라 수태율이 다르게 나타난다. 수란우에서는 수란우의 산차, 수란우의 발정동기화 방법, 수정란과 발정동기화 시간 차이, 수란우의 사양관리, 수란우의 보정, 수란우의 건강상태, 황체상태, 대난포 보유 여부 등에 따라 차이가 있다. 그리고 수정란이식 시술자에서는 숙련도, 시술부위, 황체선발 기술, 위생적인 시술 등을 들 수 있다. 한편, 수정란이식 시술장소의 환경, 이식계절, 황체기능 증강제 투여, 프라스타그란딘 분비억제제 투여 등도 영향을 미친다.

2.1 수정란

이식수정란의 유래에 따라 수정란이식 수태율이 차이가 있음을 표 17을 통하여 알 수 있다. 체내 수정란이 체외수정란보다 수태율이 높으며, 체외수정란도 배양액의 조성성분에 따라 수정란의 발달율이 다르고 수정란이식 수태율도 다르다.

표 17. 수정란의 유래에 따른 수정란이식 수태율

수정란	이식두수	임신두수(%)	
		임신 35일	임신 60일
체외(FBS)	37	10(27.0)	9(24.3)
체외(BSA)	35	13(37.1)	8(22.8)
체외(PVA)	56	31(55.4)	27(48.2)
체내수정란	174	107(61.5)	102(58.6)

*FBS; fetal bovine serum, BSA; bovine serum albumin, PVA; polyvinyl alcohol.
(Lim 등, 207)

수정란이식의 성공에서 수정란 부분에서는 수정란의 발달단계와 수정란의 품질이 좌우한다. Aguilar 등(2002)은 실체현미경(stereomicroscopy), 생물현미경(light microscopy) 및 전자현미경(electron microscopy)을 사용하여 수정란의 형태학적으로 평가를 비교하였을 때 각각 다르게 나타났다고 했으며, 실체현미경은 수정란의 질에 대한 평가로 분류하고, 생물현미경과

전자현미경은 수정란 세포의 변성된 것을 확인한 결과 실체현미경에 의한 판정은 주관적 평가로 차이가 있다고 보고하였다. 이에 Alvarez 등(2007)은 표 18과 같이 상실기 1등급과 3등급의 체내수정란과 3등급의 상실기 수정란을 24시간 체외배양후 이식한 결과 1등급 상실기 수정란은 58.1%였고, 3등급은 17.1%였으나 3등급 상실기 배양하여 배반포기 수정란으로 이식하였을때 51.1%로 1등급 수정란과 유사한 수태율을 나태었다. 그리고 표 19와 같이 3등급 상실기 수정란을 24시간 배양후 배반포기를 이식하였을때 1등과 2등급은 각각 65.0%, 60.0%의 높은 수태율을 나타내었으나 3등급은 29.4%였다. 따라서 저등급의 체내수정란은 채란즉시 이식하지 않고 24시간 배양후 양질의 수정란을 이식하므로서 수태율을 높일 수 있다.

표 18. 상실기 체내수정란과 저등급 상실기 수정란의 체외배양후 이식 수태율 비교

수정란성상	수정란 등급	이식수정란	임신두수	수태율(%)
상실기	1	31	18	58.1
상실기	3	35	6	17.1
배반포기	1~3	47	24	51.1

(Alvarez 등, 2007)

표 19. 저등급 상실기 체내 수정란의 체외배양후 배반포기 수정란의 이식 수태율

배양후 등급	이식수정란	임신두수	수태율(%)
1	20	13	65.0
2	10	6	60.0
3	17	5	29.4

(Alvarez 등, 2007)

2.2 수란우

수란우의 산차에 따른 수태율은 표 20에서 보는 바와 같이 젖소 수란우에서는 미경산우가 경산우보다 수태율이 신선수정란과 동결수정란 모두 높게 나타났으며, 육우 수란우에서는 경산우와 미경산우에서 큰 차이를 보이지 않았다. 이것은 착유우에서 착유의 스트레스 및 분만후 자궁의 회복, 세균감염 상태 등이 수태율에 영향을 미치고 있는 것으로 추정된다.

표 20. 수란우 산차에 따른 수정란이식 수태율

수란우	신선수정란		동결수정란	
	이식두수	수태율(%)	이식두수	수태율(%)
젖소 미경산우	6,612	70.5	3,477	60.9
젖소 경산우	844	52.8	5187	47.1
육우 미경산우	267	65.9	252	60.0
육우 경산우	835	68.6	461	58.6

(Hasler, 2001)

표 21. $PGF_{2}\alpha$ 및 Ovsynch+CIDR 처리에 의한 발정동기화 및 이식율

구 분	처리두수	발정동기화 두수(%)	수정란이식 두수(%)
PGF	18	12(66.7)	11(61.1)
Ovsynch+CIDR	19	19(100)	19(100)

(Noritoshi 등, 2007)

분만후 32~65일된 포유중인 흑모화우 수란우에 $PGF_{2}\alpha$ 및 Ovsynch+CIDR 처리에 의한 발정동기화율과 수정란이식율은 표 21과 같이 Ovsynch+CIDR처리가 각각 100%를 나타내었으며, 표 22와 같이 처리두수에 따른 임신율은 Ovsynch+CIDR처리구가 57.9%였고 수정란이식두수에 따른 수태율은 $PGF_{2}\alpha$처리구가 81.1%를 나타내었다. 즉, 포유중인 화우에서 분만후 단기간내에 발정동기화 및 수정란이식율을 높이기 위해서는 $PGF_{2}\alpha$보다 Ovsynch+CIDR 처리가 효과적이었으나 임신율에서는 비슷한 성적을 나타내었다. 한편 배란후 황체기에서 혈중 progesterone 농도는 두처리구에서 유사하였다.

표 22. $PGF_{2\alpha}$ 및 Ovsynch+CIDR 처리에 의한 수정란이식 임신율과 수태율

구 분	임신율		수태율	
	처리두수	임신두수(%)	이식두수	임신두수(%)
PGF	18	9(50.0)	11	9(81.1)
Ovsynch+CIDR	19	11(57.9)	19	11(57.9)

(Noritoshi 등, 2007)

표 23. 발정동기화 방법에 따른 수정란이식 수태율

발정동기화	이식두수	임신두수	수태율(%)
자연발정	193	79	40.9
PG 1차	575	236	41.0
PG 2차	334	116	34.7
CRESTAR	226	102	45.1
CIDR	138	69	50.0

*PG; D-cloprostenol, CRESTAR; ear implant, CIDR; Intravaginal Inserts
(Benyei 등, 2006)

발정동기화방법에 따른 수태율은 표 23에서 보는 바와 같이 차이가 있다. 자연발정이나 PG처리에 의한 발정동기화 보다 프로게스테론 물질을 귀에 임플랜드(implant)하거나 질에 삽입하는 방법으로 발정동기화한 수란우가 수태율이 높았다.

표 24. 무발정 수란우의 CIDR에 의한 발정동기화가 수태율에 미치는 영향

수 란 우	CIDR삽입두수	발정발현두수(%)	이식두수(%)	수태율(%)
무발정우	321	161(50.1)	140(87.0)	56(40.0)
발정주기우	376	338(89.9)	311(92.0)	202(66.2)

(Stroud 등, 2006)

CIDR을 이용하여 수란우를 발정동기화시 무발정상태에 있는 수란우를 처리하면 발정발현율, 수정란이식율 및 수태율이 저조하므로 발정주기중에 있는 수란우를 처리하는 것이 효과적이다(표 24). 또한 목장의 사양관리 상태가 양호한 곳이 불량한 곳보다 수태율이 높았다(표 25).

표 25. 목장의 수란우 영양 및 관리 상태에 따른 수태율

사양관리	이식두수	임신두수	수태율(%)
양 호	1,150	489	42.5
불 량	316	113	35.8

(Benyei 등, 2006)

표 26. 공란우 및 수란우의 PUN(plasma urea nitrogen) 수준에 따른 수태율

수란우 PUN(mg/dl)	고PUN 공란우		중PUN 공란우	
	이식두수	수태율(%)	이식두수	수태율(%)
25.2±1.5	18	16.7	12	33.3
7.7±0.9	27	7.4	25	36.0
계	45	11.1	37	35.1

*고PUN 공란우; 24.4±1.0mg/dl, 중PUN 공란우; 15.5±0.7mg/dl.
(Rhoads 등, 2006)

공란우와 수란우의 혈중 요소태 질소함량과 수정란이식 수태율을 조사한 결과 24.4±1.0mg/dl의 고수준의 PUN을 보유한 공란우에서 회수한 수정란을 이식한 수란우는 수태율이 낮았으며, 15.5±0.7mg/dl의 적정수준의 공란우에서 회수한 수정란을 이식하였을때가 수태율이 높았다(표 26).

2.3 수정란이식 시술자

표 27. 수정란이식 시술소에 따른 수정란이식 수태율

시술소	신선수정란		동결수정란	
	이식두수	수태율(%)	이식두수	수태율(%)
EmT-W	5,345	73.2	2,879	61.5
EmT-1	1,173	62.2	707	56.0
EmT-2	2,505	61.0	1,711	54.1

(Hasler, 2001)

표 27에서는 보는 바와 같이 신선수정란이 동결수정란보다 수태율이 높게 나타난다. 그리고 시술소에 따라 수태율이 차이가 나타나는 것으로 보아 시술자의 기술 및 경험에 따라 수태율의 차이가 있음을 알 수 있다.

수정란이식부위에 따른 수태율을 보면 심부에 이식한 수란우가 천부에 이식한 수란우보다 수태율이 높다(표 28). 즉, 시술자의 숙련과 경험이 수태율에 영향을 미칠 수 있음을 알 수 있다.

표 28. 수정란이식 부위에 따른 수태율

이식부위	수정란 1등급		수정란 2등급		계	
	이식두수	수태율(%)	이식두수	수태율(%)	이식두수	수태율(%)
심부	18	72.2	23	60.9	41	65.9
천부	12	25.0	15	33.3	27	29.6

(Beal 등, 1998)

표 29. 수정란이식 회수에 따른 수태율

수정란이식 회수	이식두수	임신두수	수태율(%)
1회	753	489	64.9
2회	420	222	52.9
3회	193	79	40.9

(Looney, 2006)

동일한 수란우에 반복하여 수정란이식을 하였을 경우 1회째보다 2회째, 3회째로 반복할 수록 수태율이 낮아진다(표 29).

표 30. 수란우 hCG투여에 의한 수태율 향상

처리구	처리일	이식두수	임신두수	수태율(%)
hCG	day 1	40	17	42.5
hCG	day 6	40	27	67.5
무처리	day 6	40	18	45.0

(Nishigai 등, 2002)

hCG는 황체기능을 증강시키고 부황체를 형성하여 수태율을 높인다고 알려져 있으며, 적정 투여시기를 알아보기 위해 표 30과 같이 발정후 1일째와 발정 6일째에 hCG 1,500IU를 투여하고 다음날 수정란을 이식한 결과 hCG를 투여하지 않은 대조구와 발정후 1일째 hCG 투여구보다 발정 6일째에 투여한 시험구에서 수태율이 높았다. 따라서 hCG 투여는 발정후 6일째 투여시 수태율이 향상될 것이다.

수태율 향상에 관하여 많은 연구자들에 의해 매우 다양하게 보고가 되고 있다. 그러나 수정란, 수란우 및 시술자의 조건에 따라 차이가 날 수 있다. 그러므로 현장에서 수태율 향상을 위해서는 수정란을 적절하게 보존하였다가 이식하고, 수란우는 사전에 안정을 취한 후 스트레스를 받지 않은 상태에서 수정란을 이식하고, 시술자는 위생적인 방법으로 무리하지 않게 이식하는 등 규정된 원칙을 지켜서 시술하는 것이 무엇보다도 중요하다.

참고문헌

[국내논문: 정자 및 정액]

이성수, 김진호, 정준, 박노형. 2002. 한우 종모우의 소 성장호르몬 유전자 다형과 정액성상과의 관계. 한국동물자원과학회지 44(6):693~700,

류범용, 신현아, 방명걸, 한정호, 오선경, 김석현, 문신용. 2000. 소정자에 있어서 항산화제 처리가 정자 기능과 지방산화에 미치는 영향. 인구의학연구논집 13(1):20~27.

노상호, 이병천, 황우석. 1999. 체외배양 소 난관상피세포의 정자에 대한 결합 및 활력유지능. 대한수의학회지 39(1)220~225.

김계성, 노상호, 이강남, 이병천, 황우석 . 1997. 소 항정자항체가 소 정자의 수태능력에 미치는 영향. 대한수의학회지 37(4):925~934.

우복희, 손영수, 정혜원, 이명화, 김향미, 오승은. 1993. 소의 혈청 알부민과 배양시간이 소 정자의 운동성 및 첨제반응에 미치는 영향. 대한산부인과학회지 36(9):3444~3456.

곽수동, 강원화, 박성식. 1993. 한우 정액에 B - body 보유 정자와 마우스 조직에 F - body 부유세포의 출현율. 대한수의학회지 33(4): 591~596.

이재홍, 이성호, 박영석. 1986. 한우의 정자발생에 관한 연구. 대한수의학회지 26(2):201~210.

배대식. 1984. 한우의 정자완성과 정자의 미세구조에 관한 전자현미경적연구. 한국동물자원과학회지 26(6):509~526.

배대식, 김종욱. 1979. 한우 정자의 미세구조에 관한 연구. 한국동물자원과학회지 21(6): 535~542.

김정익, 박희규. 1976. 한우의 정자완성과 정자의 미세구조에 관한 전자현미경적연구. 한국동물자원과학회지 18(1):11~15.

윤창현. 1976. 한우 정자의 내동성에 관한 연구. 축산진흥연구소보 4:1~5.

임경순, 서국성, 김중계, 설동섭, 이용빈. 1975. 한우정자의 일반성상 , 보존성 및 내동성에 관한 연구. 한국동물자원과학회지 17(3):271~274.

장현용, 박춘근, 정희태, 김종택, 이학교, 임석기, 양부근. 2007. 돼지 정자의 체외보존에 있어 Pyruvate, Taurine 및 Melatonin의 항산화효과와 평가방법의 상관관계 분석. 한국동물자원과학회지 49(6):729~736.

김용준. 1992. Hamster test 를 이용한 가축정자의 수정능력 검정 - 1. 돼지정자의 보존온도 비교 및 돼지와 개정자의 hamster test 결과. 대한수의학회지 32(3):435~450.

박창식, 한성욱, 소중섭, 김덕임, 정홍기, 류창구. 1992. 5ml 스트로에 보존한 돼지 액상정액의 정자농도에 따른 수정능력에 관한 연구. 한국동물자원과학회지 34(2):97~100.

정용균, 임경순, 이용빈. 1986. 혈장단백질이 돼지동결정자의 생존성 , 두모형태 및 수태에 미치는 영향. 한국동물자원과학회지 28(2):66~72.

상병찬, 김인철, 노진식, 김호중, 박태진, 조윤연, 지설하, 임경순. 1984. 도입한 돼지동결정액의 정자활동과 번식능력. 한국동물자원과학회지 26(8):658~662.

이용빈, 서국성, 여정수, 정용기. 1980. 전기영동과 산알카리처리 결합방법에 의한 돼지정액의 X 와 Y 정자 분리에 관한 연구. 한국동물자원과학회지 22(4):323~327.

박노형, 이성수, 정준, 원유석 , 김내수. 2003. 한우 종모우의 고환둘레와 정액생산 및 번식과의 관계. 한국동물자원과학회지 45(4):517~522.

이성수, 박노형, 원유석, 박동헌, 김종복, 양부근. 2000. 한우 후보종모우에 selenium 과 vitamin E 투여가 정액성상에 미치는 영향. 대한수의학회지 40(2):403~414.

이성수, 김진호, 장윤호, 박노형, 원유석. 1998. 영양수준 , 연령 및 체중이 한우 정액성상에 미치는 영향. 한국동물자원과학회지 40(4):359~372.

이강남, 이병천, 김정태, 박종임, 신태영, 황우석. 1998. 컴퓨터 정액자동분석에 의한 동결융해 한우 정액의 운동특성 연구. 대한수의학회지 38(4):898~908.

곽수동 강원화, 박성식. 1993. 한우 정액에 B - body 보유 정자와 마우스 조직에 F - body 부유세포의 출현율. 대한수의학회지 33(4):591~596.

윤창현. 1980. 한우정액의 이화학적 성상과 저온보존법에 관한 기초연구. 축산진흥연구소보 7:1~23.

김희석, 정길생. 1979. 한우정액의 이화학적 성장에 관한 연구. 한국동물자원과학회지 21(4):351~362.

김선환, 박희규, 김경주.1979. 한우 정액성상 (精液性狀) 에 관한 연구. 한국낙농학회지 1(1):27~34.

유재원, 김인철, 이장희, 조규호, 지달영, 이주형, 김일, 이종완, 윤희진, 방명걸, 류범용, 정영채, 김창근. 2006. 돼지에서 정액 성상 및 인공수정 분만율과 염색질 구조 분석(SCSA)과의 상관관계에 관한 연구. 한국동물자원과학회지 48(6):777~784.

김명철, 김용준, 조정곤, 이수진, 이재일, 김인철, 손동수. 2001. 돼지 액상정액을 위한 희석액 및 저온보존에 관한 연구. 한국임상수의학회지 18(4):345~349.

문승주, 김광현. 1990. Lysine 급여수준이 돼지의 정액성성에 미치는 영향. 한국동물자원과학회지 32(12):767~771.

김광현, 문승주. 1990. Methionine 급여수준이 돼지의 정액성상에 미치는 영향. 한국동물자원과학회지 32(12):800~804.

김학규 , 고문석 , 김인철 , 정행기 , 이광원 , 손동수 , 김현 , 지설하 , 박창식. 1989. 액체질소콘테이너를 이용한 돼지정액의 동결. 한국동물자원과학회지 31(3):155~157.

상병찬, 김인철, 노진식, 김호중, 박태진, 조윤연, 지설하, 임경순. 1984. 도입한 돼지동결정액의 정자활동과 번식능력. 한국동물자원과학회지 26(8):,658~662.

임경순. 1983. 돼지 동결정액의 제조와 이용. 한국동물자원과학회지 25:515~528.

윤창현. 1975. 돼지 정액의 동결보존에 관한 연구. 축산진흥연구소보 3:21~24.

박병호, 김시동, 조광현, 최재관, 이영창, 서강석. 2006. 젖소의 주요경제형질에 대한 국내생산 및 수입정액의 능력비교. 한국동물자원과학회지 48(1):15~20.

황우석 , 신태영 , 노상호 , 박종임 , 이병천. 1998. 핵이식 기법을 이용한 한우 쌍태생산에 관한 연구 ; 2. Ovum pick - up (OPU) 유래 공여핵 및 활성화 유도 수핵난자의 핵이식. 대한수의학회지 38(3):652~658.

용환율, 김현일, 이은송, 이병천, 황우석. 1996. 난포크기 및 난자직경과 관련된 한우 체외배양 난자의 핵성숙에 관한 연구. 대한수의학회지 36(4):929~939.

김상근, 이만휘. 2002. 핵 이식을 위한 돼지난자의 활성화 및 핵 이식 배와 공배양에 따른 체외발생에 관한 연구. 대한수의학회지 42(1):29'33.

변태호, 이중한, 박성수, 이상호. 1991. 돼지 난자 체외성숙중 난자 - 난구세포 복합체의 단백질 합성. 한국동물자원과학회지 33(7):543~551.

수정란

조상래, 최선호, 김현종, 최창용, 진현주, 조창연, 손동수. 2007. 한우 수정란의 Biopsy 후 배발달율과 동결-융해후 생존성 및 성비. 한국동물자원과학회지 49(2):287~294.

이병천, 황우석, 이동원. 2000. 과배란 처치시 우세난포 조절에 의한 한우 수정란 생산성 향상에 관한 연구 2 - 과배란 처치 시기에 따른 난소반응. 대한수의학회지 40(4):769~775.

황우석 , 신태영 , 노상호 , 이병천. 1998. 핵이식 기법을 이용한 한우 쌍태생산에 관한 연구 : 1. Ovum pick - up (OPU) , 전기적 세포융합 및 체외배양 기법을 이용한 복제수정란 생산. 대한수의학회지 38(1):209~216.

최상용, 공일근, 주영국, 노규진, 김용권, 박충생. 1993. 한우 난포란의 체외수정 및 체외수정란의 동결보존에 관한 연구. 대한수의학회지 33(4):757~762.

고광두, 정길생, 이기만. 1981. 한우의 수정란 이식에 관한 연구 ; 제1보 . GTH 단독투여에 의한 한우의 쌍태 유기. 한국동물자원과학회지 23(4):315~321.

고광두, 정길생, 이기만. 1981. 한우의 수정란 이식에 관한 연구 ; 제1보 . GTH 와 PGF2α 투여에 따른 난소반응. 한국동물자원과학회지 23(4):322~330.

고광두, 정길생, 이기만. 1981. 한우의 수정란 이식에 관한 연구 ; 제3보 . 수정란의 비외과적 채취와 이식. 한국동물자원과학회지 23(4):331~337.

안병석, 고문석, 김준식, 손동수, 김일화, 이광원, 김내수. 1997. 홀스타인 젖소에 있어서 수정란 생산에 미치는 제요인 효과. 한국동물자원과학회지 39(1):35~39.

김일화, 손동수, 이광원, 장인호. 1992. 젖소의 신성수정란의 동결수정란의 비외과적 이식에 관하여. 대한수의학회지 32(1):143~151.

이병천, 조충호, 황우석. 1989. 젖소 동결수정란의 비외과적 이식시 수란우의 혈장 progesterone , estradiol - 17β 치 및 혈청화학치가 수태율에 미치는 영향. 대한수의학회지 29(4):589~599.

이은송, 조충호, 황우석. 1989. 젖소 동결수정란의 비외과적 이식에 있어서 수정란의 상태 및 이시조건이 수태율에 미치는 영향. 대한수의학회지 29(3):361~371.

김희석. 1998. 돼지에 있어서 자궁각 단축술에 의한 수정란의 비외과적 채란에 관한 연구 - 2. 자궁각 단축이 발정주기 및 혈청 중 호르몬 수준변화에 미치는 영향. 한국임상수의학회지 15(1):94~99.

김희석. 1997. 돼지에 있어서 자궁각 단축술에 의한 수정란의 비외과적 채란에 관한 연구 -1. 자궁각 단축이 난소, 자궁각 길이와 수정란의 회수에 미치는 영향. 한국임상수의학회지 14(2):223~229.

유형진, 최승철, 박성수, 이상호. 1994. 전핵의 가시화와 DNA 미세주입에 따른 돼지 수정란의 체외 발생. 한국동물자원과학회지 36(1):25~31.

김희석, 소도민 , 상마정. 1990. 돼지의 수정란 이식에 관한 연구 ; 1 . 채란시기 및 반복채란이 수정란의 생산에 미치는 영향. 한국동물자원과학회지 32(1):9~14.

김희석, 소율기언. 1990. 돼지의 수정란 이식에 관한 연구 ; 2 . 수태율 및 산자수에 영향을 미치는 요인에 관한 연구. 한국동물자원과학회지 32(3):125~130.

정진관, 장원경, 유승환. 1990. 돼지 수정란의 동결에 관한 연구. 한국동물자원과학회지 32(8):445~449.

이광원, 손동수, 김상철, 김일화, 전대규, 유일선, 이종관, 지설하, 박창식, 석호봉. 1988. 돼지 수정란이식에 관한 연구 ; 2 . 수정란의 회수 및 이식. 한국동물자원과학회지 30(7):403~405.

손동수, 이광원, 최진성, 김경남, 강만석, 지설하, 박창식. 1987. 돼지 수정란 이식에 관한 연구 ; 1 . 발정동기화 및 과배란유기. 한국동물자원과학회지 29(12):549~551.

유재원, 김인철, 이장희, 조규호, 지달영, 이주형, 김일, 이종완, 윤희진, 방명걸, 류범용, 정영채, 김창근. 2006. 돼지에서 정액 성상 및 인공수정 분만율과 염색질 구조 분석(SCSA)과의 상관관계에 관한 연구. 한국동물자원과학회지 48(6):777~784.

유일정, 김용준, 이경광. 1999. 햄스터 H-Y 항체와 중합효소연쇄반응을 이용한 소 수정란의 성감별. 대한수의학회지 39(1):189~203.

오봉국, 황규춘, 이원유, 이병천, 황우석, 한재용. 1996. 웅성특이 염기서열을 이용한 소의 초기 수정란의 성감별에 관한 연구. 한국동물자원과학회지 38(1):43~51.

[국외논문: 정자와 정액]

Adams CE. Species specificity in fertilization. Basic Life Sci. 1974;4(PT. B):69-79.
Althouse GC, Lu KG. Bacteriospermia in extended porcine semen. Theriogenology. 2005 Jan 15;63(2):573-84.

Amann RP. Endocrine changes associated with onset of spermatogenesis in Holstein bulls. J Dairy Sci. 1983 Dec;66(12):2606-22.

Amir D. The spermicidal effect of ethylene dibromide in bulls and rams. Mol Reprod Dev. 1991 Jan;28(1):99-109.

Arumugam K. Sperm dysfunction in partners of infertile patients with minimal or mild endometriosis. Clin Exp Obstet Gynecol. 1993;20(1):43-7.

Austin CR. Sperm fertility, viability and persistence in the female tract. J Reprod Fertil Suppl. 1975 Apr;(22):75-89.

Bailey JL, Tardif S, Dubé C, Beaulieu M, Reyes-Moreno C, Lefièvre L, Leclerc P. Use of phosphoproteomics to study tyrosine kinase activity in capacitating boar sperm. Kinase activity and capacitation. Theriogenology. 2005 Jan 15;63(2):599-614.

Barros C. Bioassay of gamete membrane fusion: the past, present and future. Arch Biol Med Exp

(Santiago). 1989 Apr;22(1):37-46.

Barros CM, Pegorer MF, Vasconcelos JL, Eberhardt BG, Monteiro FM. Importance of sperm genotype (indicus versus taurus) for fertility and embryonic development at elevated temperatures. Theriogenology. 2006 Jan 7;65(1):210-8.

Berndtson WE. Methods for quantifying mammalian spermatogenesis: a review. J Anim Sci. 1977 May;44(5):818-33.

Brouwers JF, Silva PF, Gadella BM. New assays for detection and localization of endogenous lipid peroxidation products in living boar sperm after BTS dilution or after freeze-thawing. Theriogenology. 2005 Jan 15;63(2):458-69.

Brown BW. A review of nutritional influences on reproduction in boars, bulls and rams. Reprod Nutr Dev. 1994;34(2):89-114.

Calvete JJ, Sanz L. Insights into structure-function correlations of ungulate seminal plasma proteins. Soc Reprod Fertil Suppl. 2007;65:201-15.

Cates WF. Some nutritional and genetic considerations in the performance testing of beef bulls. Vet Clin North Am Food Anim Pract. 1991 Mar;7(1):59-76.

Cavalieri J, Van Camp SD. Bovine seminal vesiculitis. A review and update. Vet Clin North Am Food Anim Pract. 1997 Jul;13(2):233-41.

Chakrabarti R, Cheng L, Puri P, Soler D, Vijayaraghavan S. Protein phosphatase PP1 gamma 2 in sperm morphogenesis and epididymal initiation of sperm motility. Asian J Androl. 2007 Jul;9(4):445-52.

Chang MC. The meaning of sperm capacitation. A historical perspective. J Androl. 1984 Mar-Apr;5(2):45-50.

Chenoweth PJ. Sexual behavior of the bull: a review. J Dairy Sci. 1983 Jan;66(1):173-9.

Claus R. Physiological role of seminal components in the reproductive tract of the female pig. J Reprod Fertil Suppl. 1990;40:117-31.

Colenbrander B, Feitsma H, Grooten HJ. Optimizing semen production for artificial insemination in swine. J Reprod Fertil Suppl. 1993;48:207-15.

Colenbrander B, Kemp B. Factors influencing semen quality in pigs. J Reprod Fertil Suppl. 1990;40:105-15.

Cooper TG, Yeung CH. Acquisition of volume regulatory response of sperm upon maturation in the epididymis and the role of the cytoplasmic droplet. Microsc Res Tech. 2003 May 1;61(1):28-38.

Corteel JM. Effects of seminal plasma on the survival and fertility of spermatozoa kept in vitro. Reprod Nutr Dev. 1980;20(4A):1111-23.

Coulter GH. Bovine spermatozoa in vitro: A review of storage, fertility estimation and manipulation. Theriogenology. 1992 Aug;38(2):197-207.

Dacheux JL, Castella S, Gatti JL, Dacheux F. Epididymal cell secretory activities and the role of proteins in boar sperm maturation. Theriogenology. 2005 Jan 15;63(2):319-41. Review. Erratum in:

Theriogenology. 2005 Sep 15;64(5):1244.

Dacheux JL, Druart X, Fouchecourt S, Syntin P, Gatti JL, Okamura N, Dacheux F. Role of epididymal secretory proteins in sperm maturation with particular reference to the boar. J Reprod Fertil Suppl. 1998;53:99-107.

de Ruigh L, Bosch JC, Brus MC, Landman B, Merton JS. Ways to improve the biosecurity of bovine semen. Reprod Domest Anim. 2006 Aug;41(4):268-74.

Dejarnette JM. The effect of semen quality on reproductive efficiency. Vet Clin North Am Food Anim Pract. 2005 Jul;21(2):409-18.

Dell A, Morris HR, Easton RL, Patankar M, Clark GF. The glycobiology of gametes and fertilization. Biochim Biophys Acta. 1999 Dec 6;1473(1):196-205.

Dobrinski I. Germ cell transplantation and testis tissue xenografting in domestic animals. Anim Reprod Sci. 2005 Oct;89(1-4):137-45.

Drobnis EZ, Overstreet JW. Natural history of mammalian spermatozoa in the female reproductive tract. Oxf Rev Reprod Biol. 1992;14:1-45.

Dunbar BS, Shivers CA. Immunological aspects of sperm receptors on the zona pellucida of mammalian eggs. Immunol Commun. 1976;5(5):375-85.

Eddy EM, Toshimori K, O'Brien DA. Fibrous sheath of mammalian spermatozoa. Microsc Res Tech. 2003 May 1;61(1):103-15.

Ellington JE. The bovine oviduct and its role in reproduction: a review of the literature. Cornell Vet. 1991 Jul;81(3):313-28.

Evenson DP. Loss of livestock breeding efficiency due to uncompensable sperm nuclear defects. Reprod Fertil Dev. 1999;11(1):1-15.

Fini C, Cannistrado S. 5'-Nucleotidase from bull seminal plasma. Biochemical and biophysical aspects. Andrologia. 1990;22 Suppl 1:33-43.

Flowers WL. Management of boars for efficient semen production. J Reprod Fertil Suppl. 1997;52:67-78.

Foote RH. Factors influencing the quantity and quality of semen harvested from bulls, rams, boars and stallions. J Anim Sci. 1978;47 Suppl 2:1-11.

Foote RH. Value of testicular and sperm profiles in optimizing reproductive success:
França LR, Avelar GF, Almeida FF. Spermatogenesis and sperm transit through the epididymis in mammals with emphasis on pigs. Theriogenology. 2005 Jan 15;63(2):300-18.

Franchimont P, Chari S, Demoulin A. Hypothalamus-pituitary-testis interaction. J Reprod Fertil. 1975 Aug;44(2):335-50.

Fraser LR. Role of fertilization promoting peptide (FPP) in modulating mammalian sperm function. Front Biosci. 1998 Dec 1;3:D1187-91.

Gadea J. Sperm factors related to in vitro and in vivo porcine fertility. Theriogenology. 2005 Jan 15;63(2):431-44.

Gadella BM, Rathi R, Brouwers JF, Stout TA, Colenbrander B. Capacitation and the acrosome reaction in equine sperm. Anim Reprod Sci. 2001 Dec 3;68(3-4):249-65.

Garner DL. Ancillary tests of bull semen quality. Vet Clin North Am Food Anim Pract. 1997 Jul;13(2):313-30.

Gillan L, Evans G, Maxwell WM. Flow cytometric evaluation of sperm parameters in relation to fertility potential. Theriogenology. 2005 Jan 15;63(2):445-57.

Graham JK. Assessment of sperm quality: a flow cytometric approach. Anim Reprod Sci. 2001 Dec 3;68(3-4):239-47.

Graham JK. Methods for induction of capacitation and the acrosome reaction of stallion spermatozoa. Vet Clin North Am Equine Pract. 1996 Apr;12(1):111-7.

Guérin B, Pozzi N. Viruses in boar semen: detection and clinical as well as epidemiological consequences regarding disease transmission by artificial insemination. Theriogenology. 2005 Jan 15;63(2):556-72.

Hammerstedt RH, Parks JE. Changes in sperm surfaces associated with epididymal transit. J Reprod Fertil Suppl. 1987;34:133-49.

Harrison RA, Gadella BM. Bicarbonate-induced membrane processing in sperm capacitation. Theriogenology. 2005 Jan 15;63(2):342-51.

Harrison RA. Sperm plasma membrane characteristics and boar semen fertility. J Reprod Fertil Suppl. 1997;52:195-211.

Hawk HW. Sperm survival and transport in the female reproductive tract. J Dairy Sci. 1983 Dec;66(12):2645-60.

Hawk HW. Transport and fate of spermatozoa after insemination of cattle. J Dairy Sci. 1987 Jul;70(7):1487-503.

Hewitson L, Simerly C, Schatten G. Inheritance defects of the sperm centrosome in humans and its possible role in male infertility. Int J Androl. 1997;20 Suppl 3:35-43.

Hidiroglou M, Knipfel JE. Zinc in mammalian sperm: a review. J Dairy Sci. 1984 Jun;67(6):1147-56.

Hill JR, Dobrinski I. Male germ cell transplantation in livestock. Reprod Fertil Dev. 2006;18(1-2):13-8.

Holt WV, Medrano A. Assessment of boar sperm function in relation to freezing and storage. J Reprod Fertil Suppl. 1997;52:213-22.

Hong CY. Application of a trans-membrane migration method in the study of human sperm motility: a review. Zhonghua Yi Xue Za Zhi (Taipei). 1991 Sep;48(3):163-70.

Hoskins DD, Brandt H, Acott TS. Initiation of sperm motility in the mammalian epididymis. Fed Proc. 1978 Sep;37(11):2534-42.

Hoskins DD, Casillas ER. Hormones, second messengers, and the mammalian spermatozoon. Adv Sex Horm Res. 1975;1:283-324.

Hunter RH. Physiological aspects of sperm transport in the domestic pig, Sus scrofa. II. Regulation, survival and fate of cells. Br Vet J. 1975 Nov-Dec;131(6):681-90.

Hunter RH. Oviduct function in pigs, with particular reference to the pathological condition of polyspermy. Mol Reprod Dev. 1991 Aug;29(4):385-91.

Johnson LA, Weitze KF, Fiser P, Maxwell WM. Storage of boar semen. Anim Reprod Sci. 2000 Aug 18;62(1-3):143-72.

Johnson LA, Welch GR, Rens W. The Beltsville sperm sexing technology: high-speed sperm sorting gives improved sperm output for in vitro fertilization and AI. J Anim Sci. 1999;77 Suppl 2:213-20.

Johnson WH. The significance to bull fertility of morphologically abnormal sperm. Vet Clin North Am Food Anim Pract. 1997 Jul;13(2):255-70.

Johnston DS, Russell LD, Griswold MD. Advances in spermatogonial stem cell transplantation. Rev Reprod. 2000 Sep;5(3):183-8.

Jones AR. Chemical interference with sperm metabolic pathways. J Reprod Fertil Suppl. 1998;53:227-34.

Jones R, James PS, Howes L, Bruckbauer A, Klenerman D. Supramolecular organization of the sperm plasma membrane during maturation and capacitation. Asian J Androl. 2007 Jul;9(4):438-44.

Jones R. Identification and functions of mammalian sperm-egg recognition molecules during fertilization. J Reprod Fertil Suppl. 1990;42:89-105.

Kahrs RF, Gibbs EP, Larsen RE. The search for viruses in bovine semen, a review. Theriogenology. 1980 Aug;14(2):151-65.

Kastelic JP, Cook RB, Coulter GH. Scrotal/testicular thermoregulation and the effects of increased testicular temperature in the bull. Vet Clin North Am Food Anim Pract. 1997 Jul;13(2):271-82.

Koller R. Fate of spermatozoa in the female genital tract of domestic animals. Wien Tierarztl Monatsschr. 1968;55(5):288-309.

Kunavongkrit A, Suriyasomboon A, Lundeheim N, Heard TW, Einarsson S. Management and sperm production of boars under differing environmental conditions. Theriogenology. 2005 Jan 15;63(2):657-67.

Kuster C. Sperm concentration determination between hemacytometric and CASA systems: why they can be different. Theriogenology. 2005 Aug;64(3):614-7.

Lenzi A, Lombardo F, Gandini L, Dondero F. Metabolism and action of L-carnitine: its possible role in sperm tail function. Arch Ital Urol Nefrol Androl. 1992 Jun;64(2):187-96.

Levasseur MC, Thibault C. Recent advances on sperm migration in female genital tract (author's transl). Contracept Fertil Sex (Paris). 1975 Jan;3(1):23-8.

Levis DG, Reicks DL. Assessment of sexual behavior and effect of semen collection pen design and sexual stimulation of boars on behavior and sperm output--a review. Theriogenology. 2005 Jan 15;63(2):630-42.

Li Y, Liu J. Progress in researches on A-kinase anchor proteins in sperm. Zhonghua Nan Ke Xue. 2004 Sep;10(9):692-4.

Long SE. The fertility of bulls born twin to freemartins: a review. Vet Rec. 1979 Mar 10;104(10):211-3.

Love CC. The sperm chromatin structure assay: a review of clinical applications. Anim Reprod Sci. 2005 Oct;89(1-4):39-45.

Majumder GC, Dey CS, Haldar S, Barua M. Biochemical parameters of initiation and regulation of sperm motility. Arch Androl. 1990;24(3):287-303.

Malassiné A. Morphological variability and placental function. Gynecol Obstet Fertil. 2001 Jul-Aug;29(7-8):489-96.

Manjunath P, Bergeron A, Lefebvre J, Fan J. Seminal plasma proteins: functions and interaction with protective agents during semen preservation. Soc Reprod Fertil Suppl. 2007;65:217-28.

Mann T, Lutwak-Mann C. Evaluation of the functional state of male accessory glands by the analysis of seminal plasma. Andrologia. 1976;8(3):237-42.

Mann T. Advances in male reproductive physiology. Fertil Steril. 1972 Oct;23(10):699-707.

Mann T. Secretory function of the prostate, seminal vesicle and other male accessory organs of reproduction. J Reprod Fertil. 1974 Mar;37(1):179-88.

Martin-DeLeon PA. Epididymal SPAM1 and its impact on sperm function. Mol Cell Endocrinol. 2006 May 16;250(1-2):114-21.

Mastroianni L Jr, Komins J. Capacitation, ovum maturation, fertilization and preimplantation development in the oviduct. Gynecol Invest. 1975;6(3-4):226-33.

Maxwell WM, Johnson LA. Physiology of spermatozoa at high dilution rates: the influence of seminal plasma. Theriogenology. 1999 Dec;52(8):1353-62.

McGovern PT. The barriers to interspecific hybridization in domestic and laboratory mammals. II. Hybrid sterility. Br Vet J. 1976 Jan-Feb;132(1):68-75.

Meizel S. Stimulation of sperm fertility in vitro by exogenous molecules. Reproduccion. 1981 Jul-Sep;5(3):169-76.

Metz CB. Role of specific sperm antigens in fertilization. Fed Proc. 1973 Oct;32(10):2057-64.

Miller DJ, Burkin HR. Gamete adhesion molecules. Reprod Suppl. 2001;58:147-58.

Miyano T, Manabe N. Oocyte growth and acquisition of meiotic competence. Soc Reprod Fertil Suppl. 2007;63:531-8.

Nakano M, Yonezawa N, Hatanaka Y, Noguchi S. Structure and function of the N-linked carbohydrate chains of pig zona pellucida glycoproteins. J Reprod Fertil Suppl. 1996;50:25-34.

Nakano M, Yonezawa N. Localization of sperm ligand carbohydrate chains in pig zona pellucida glycoproteins. Cells Tissues Organs. 2001;168(1-2):65-75.

Navara CS, Hewitson LC, Simerly CR, Sutovsky P, Schatten G. The implications of a paternally derived centrosome during human fertilization: consequences for reproduction and the treatment of male factor infertility. Am J Reprod Immunol. 1997 Jan;37(1):39-49.

Navara CS, Simerly C, Schatten G. Imaging motility during fertilization. Theriogenology. 1995 Dec;44(8):1099-114.

Nebel RL, Vishwanath R, McMillan WH, Saacke RG. Microencapsulation of bovine spermatozoa for use in artificial insemination: a review. Reprod Fertil Dev. 1993;5(6):701-12.

Nehring H, Blottner S, Jenichen W, Peter W. Attempt at separation of sperm genotypes based on motility differences. Arch Exp Veterinarmed. 1983 Sep;37(5):729-39.

O'Leary S, Robertson SA, Armstrong DT. The influence of seminal plasma on ovarian function in pigs--a novel inflammatory mechanism? J Reprod Immunol. 2002 Oct-Nov;57(1-2):225-38.

Olds P. Sperm ultrastructure as an indication of sterility. Adv Biosci. 1973;10:261-70.

Oliphant G, Reynolds AB, Thomas TS. Sperm surface components involved in the control of the acrosome reaction. Am J Anat. 1985 Nov;174(3):269-83.

ORTAVANT R, COUROT M. PROBLEMS CONCERNING THE ACTION OF GAMETOKINETIC HORMONES ON MAMMALIAN SPERMATOGENESIS. Arch Biol (Liege). 1964;75:625-68.

Parks JE, Lee DR, Huang S, Kaproth MT. Prospects for spermatogenesis in vitro. Theriogenology. 2003 Jan 1;59(1):73-86.

Pertoft H. Fractionation of cells and subcellular particles with Percoll. J Biochem Biophys Methods. 2000 Jul 10;44(1-2):1-30.

Peterson RN, Russell LD. The mammalian spermatozoon: a model for the study of regional specificity in plasma membrane organization and function. Tissue Cell. 1985;17(6):769-91.

Pickett BW, Berndtson WE, Sullivan JJ. Influence of seminal additives and packaging systems on fertility of frozen bovine spermatozoa. J Anim Sci. 1978;47 Suppl 2:12-47.

Popov LS, Rekesh AN. Molecular mechanisms of regulating mammalian sex and problems of fractionating spermatozoa. Mol Biol (Mosk). 1991 Jan-Feb;25(1):22-42.

Raeside JI, Christie HL, Renaud RL, Sinclair PA. The boar testis: the most versatile steroid producing organ known. Soc Reprod Fertil Suppl. 2006;62:85-97.

Rath D, Töpfer-Petersen E, Michelmann HW, Schwartz P, Ebeling S. Zona pellucida characteristics and sperm-binding patterns of in vivo and in vitro produced porcine oocytes inseminated with differently prepared spermatozoa. Theriogenology. 2005 Jan 15;63(2):352-62.

Rath D, Töpfer-Petersen E, Michelmann HW, Schwartz P, von Witzendorff D, Ebeling S, Ekhlasi-Hundrieser M, Piehler E, Petrunkina A, Romar R. Structural, biochemical and functional aspects of sperm-oocyte interactions in pigs. Soc Reprod Fertil Suppl. 2006;62:317-30.

Robertson SA. Seminal fluid signaling in the female reproductive tract: lessons from rodents and pigs. J Anim Sci. 2007 Mar;85(13 Suppl):E36-44.

Rodriguez-Martinez H, Larsson B, Pertoft H. Evaluation of sperm damage and techniques for sperm clean-up. Reprod Fertil Dev. 1997;9(3):297-308.

Rodríguez-Martínez H, Saravia F, Wallgren M, Tienthai P, Johannisson A, Vázquez JM, Martínez E, Roca J, Sanz L, Calvete JJ. Boar spermatozoa in the oviduct. Theriogenology. 2005 Jan 15;63(2):514-35.

Rodriguez-Martinez H, Tienthai P, Suzuki K, Funahashi H, Ekwall H, Johannisson A. Involvement of oviduct in sperm capacitation and oocyte development in pigs. Reprod Suppl. 2001;58:129-45.

Rodríguez-Martínez H. Can we increase the estimated value of semen assessment? Reprod Domest Anim. 2006 Oct;41 Suppl 2:2-10.

Rodriguez-Martinez H. Role of the oviduct in sperm capacitation. Theriogenology. 2007 Sep 1;68 Suppl 1:S138-46.

Rutllant J, López-Béjar M, López-Gatius F. Ultrastructural and rheological properties of bovine vaginal fluid and its relation to sperm motility and fertilization: a review. Reprod Domest Anim. 2005 Apr;40(2):79-86.

Saacke RG. Semen quality in relation to semen preservation. J Dairy Sci. 1983 Dec;66(12):2635-44.

Salisbury GW, Hart RG, Lodge JR. The fertile life of spermatozoa. Perspect Biol Med. 1976 Winter;19(2):213-30.

Salisbury GW, Hart RG. Gamete aging and its consequences. Biol Reprod. 1970 Jun;2:Suppl 2:1-13.

Sathananthan AH. Mitosis in the human embryo: the vital role of the sperm centrosome (centriole). Histol Histopathol. 1997 Jul;12(3):827-56.

Schütte B. New diagnostic procedures in assessing male fertility. Z Hautkr. 1989 Apr 15;64(4):292, 295-8, 301.

Scott TW. Lipid metabolism of spermatozoa. J Reprod Fertil Suppl. 1973 Jul;18:65-76.

Setchell BP. Secretions of the testis and epididymis. J Reprod Fertil. 1974 Mar;37(1):165-77.

Seya T, Nomura M, Murakami Y, Begum NA, Matsumoto M, Nagasawa S. CD46 (membrane cofactor protein of complement, measles virus receptor): structural and functional divergence among species (review). Int J Mol Med. 1998 May;1(5):809-16.

Sitaram N, Nagaraj R. Seminal plasmin. Bioessays. 1995 May;17(5):415-22.

Smith LC, Alcivar AA. Cytoplasmic inheritance and its effects on development and performance. J Reprod Fertil Suppl. 1993;48:31-43.

Spanò M, Evenson DP. Flow cytometric analysis for reproductive biology. Biol Cell. 1993;78(1-2):53-62.

Spencer TE, Hayashi K, Hu J, Carpenter KD. Comparative developmental biology of the mammalian uterus. Curr Top Dev Biol. 2005;68:85-122.

Strzezek J, Wysocki P, Kordan W, Kuklińska M. Proteomics of boar seminal plasma - current studies and possibility of their application in biotechnology of animal reproduction. Reprod Biol. 2005 Nov;5(3):279-90.

Strzezek J. Secretory activity of boar seminal vesicle glands. Reprod Biol. 2002 Nov;2(3):243-66.

Suarez SS. Formation of a reservoir of sperm in the oviduct. Reprod Domest Anim. 2002 Jun;37(3):140-3.

Suarez SS. Interactions of spermatozoa with the female reproductive tract: inspiration for assisted reproduction. Reprod Fertil Dev. 2007;19(1):103-10.

Sun QY. Cellular and molecular mechanisms leading to cortical reaction and polyspermy block in mammalian eggs. Microsc Res Tech. 2003 Jul 1;61(4):342-8.

Sutovsky P, Manandhar G, Wu A, Oko R. Interactions of sperm perinuclear theca with the oocyte: implications for oocyte activation, anti-polyspermy defense, and assisted reproduction. Microsc Res Tech. 2003 Jul 1;61(4):362-78.

Sutovsky P. Ubiquitin-dependent proteolysis in mammalian spermatogenesis, fertilization, and sperm quality control: killing three birds with one stone. Microsc Res Tech. 2003 May 1;61(1):88-102.

Sylvester SR, Griswold MD. The testicular iron shuttle: a "nurse" function of the Sertoli cells. J Androl. 1994 Sep-Oct;15(5):381-5.

Takasaki S, Mori E, Mori T. Structures of sugar chains included in mammalian zona pellucida glycoproteins and their potential roles in sperm-egg interaction. Biochim Biophys Acta. 1999 Dec 6;1473(1):206-15.

Terada Y. Human sperm centrosomal function during fertilization, a novel assessment for male sterility. Hum Cell. 2004 Dec;17(4):181-6.

Thun R, Gajewski Z, Janett F. Castration in male pigs: techniques and animal welfare issues. J Physiol Pharmacol. 2006 Nov;57 Suppl 8:189-94.

Todorov P, Ivanova E, Dimitrov I, Nachev A, Stamenov G. Effect of different co-culture systems on human sperm motility and longevity. Akush Ginekol (Sofiia). 2001;42(2):26-8.

Töpfer-Petersen E, Calvete JJ. Molecular mechanisms of the interaction between sperm and the zona pellucida in mammals: studies on the pig. Int J Androl. 1995 Dec;18 Suppl 2:20-6.

Töpfer-Petersen E, Calvete JJ. Sperm-associated protein candidates for primary zona pellucida-binding molecules: structure-function correlations of boar spermadhesins. J Reprod Fertil Suppl. 1996;50:55-61.

Töpfer-Petersen E, Romero A, Varela PF, Ekhlasi-Hundrieser M, Dostàlovà Z, Sanz L, Calvete JJ. Spermadhesins: a new protein family. Facts, hypotheses and perspectives. Andrologia. 1998 Aug-Sep;30(4-5):217-24.

Vadnais ML, Galantino-Homer HL, Althouse GC. Current concepts of molecular events during bovine and porcine spermatozoa capacitation. Arch Androl. 2007 May-Jun;53(3):109-23.

Van Camp SD. Common causes of infertility in the bull. Vet Clin North Am Food Anim Pract. 1997 Jul;13(2):203-31.

van Oirschot JT. Bovine herpesvirus 1 in semen of bulls and the risk of transmission: a brief review. Vet Q. 1995 Mar;17(1):29-33.

Van Soom A, Vandaele L, Goossens K, de Kruif A, Peelman L. Gamete origin in relation to early embryo development. Theriogenology. 2007 Sep 1;68 Suppl 1:S131-7.

Vanha-Perttula T, Rönkkö S, Lahtinen R. Hydrolases from bovine seminal vesicle, prostate and Cowper's gland. Andrologia. 1990;22 Suppl 1:10-24.

Vazquez JM, Martinez EA, Roca J, Gil MA, Parrilla I, Cuello C, Carvajal G, Lucas X, Vazquez JL. Improving the efficiency of sperm technologies in pigs: the value of deep intrauterine insemination. Theriogenology. 2005 Jan 15;63(2):536-47.

Ventura WP, Freund MJ. Mechanisms of sperm transport in the male and female tract. Adv Biosci. 1973;10:181-95.

Vishwanath R, Shannon P. Do sperm cells age? A review of the physiological changes in sperm during storage at ambient temperature. Reprod Fertil Dev. 1997;9(3):321-31.

Vishwanath R, Shannon P. Storage of bovine semen in liquid and frozen state. Anim Reprod Sci. 2000 Aug 18;62(1-3):23-53.

Waberski D, Magnus F, Mendonca Ferreira F, Petrunkina AM, Weitze KF, Töpfer-Petersen E. Importance of sperm-binding assays for fertility prognosis of porcine spermatozoa. Theriogenology. 2005 Jan 15;63(2):470-84.

Waberski D, Petrounkina A, Weitze KF, Töpfer-Petersen E. In vitro assessment of semen for the prediction of fertility. Tierarztl Prax Ausg G Grosstiere Nutztiere. 1999 Feb;27(1):1-7.

Waberski D. Effects of semen components on ovulation and fertilization. J Reprod Fertil Suppl. 1997;52:105-9.

Waldschmidt M, Karg H. Review on metabolic and enzymic studies of spermatozoa from the ampullae ductus deferentiae of bulls. Adv Biosci. 1973;10:169-80.

Weyand I, Godde M, Frings S, Weiner J, Müller F, Altenhofen W, Hatt H, Kaupp UB. Cloning and functional expression of a cyclic-nucleotide-gated channel from mammalian sperm. Nature. 1994 Apr 28;368(6474):859-63.

White IG. Lipids and calcium uptake of sperm in relation to cold shock and preservation: a review. Reprod Fertil Dev. 1993;5(6):639-58.

White IG. Metabolism of spermatozoa with particular relation to the epididymis. Adv Biosci. 1973;10:157-68.

Woelders H, Matthijs A. Phagocytosis of boar spermatozoa in vitro and in vivo. Reprod Suppl. 2001;58:113-27.

Wrathall AE, Simmons HA, Van Soom A. Evaluation of risks of viral transmission to recipients of bovine embryos arising from fertilisation with virus-infected semen. Theriogenology. 2006 Jan 20;65(2):247-74.

Yonezawa N, Kanai S, Nakano M. Structural significance of N-glycans of the zona pellucida on species-selective recognition of spermatozoa between pig and cattle. Soc Reprod Fertil Suppl. 2007;63:217-28.

Adams GP, Jaiswal R, Singh J, Malhi P. Progress in understanding ovarian follicular dynamics in cattle. Theriogenology. 2008 Jan 1;69(1):72-80.

Agca Y, Liu J, Peter AT, Critser ES, Critser JK. Effect of developmental stage on bovine oocyte plasma membrane water and cryoprotectant permeability characteristics. Mol Reprod Dev. 1998 Apr;49(4):408-15.

Arav A, Zvi R. Do chilling injury and heat stress share the same mechanism of injury in oocytes? Mol Cell Endocrinol. 2008 Jan 30;282(1-2):150-2.

Armstrong DG, Gong JG, Webb R. Interactions between nutrition and ovarian activity in cattle: physiological, cellular and molecular mechanisms. Reprod Suppl. 2003;61:403-14.

Armstrong DT, Kotaras PJ, Earl CR. Advances in production of embryos in vitro from juvenile and prepubertal oocytes from the calf and lamb. Reprod Fertil Dev. 1997;9(3):333-9.

Ball GD, Leibfried ML, Ax RL, First NL. Maturation and fertilization of bovine oocytes in vitro. J Dairy Sci. 1984 Nov;67(11):2775-85.

Bavister BD, Squirrell JM. Mitochondrial distribution and function in oocytes and early embryos. Hum Reprod. 2000 Jul;15 Suppl 2:189-98.

Berkholtz CB, Shea LD, Woodruff TK. Extracellular matrix functions in follicle maturation. Semin Reprod Med. 2006 Sep;24(4):262-9.

Betteridge KJ, Smith C, Stubbings RB, Xu KP, King WA. Potential genetic improvement of cattle by fertilization of fetal oocytes in vitro. J Reprod Fertil Suppl. 1989;38:87-98.

Bevers MM, Izadyar F. Role of growth hormone and growth hormone receptor in oocyte maturation. Mol Cell Endocrinol. 2002 Nov 29;197(1-2):173-8.

Bjerregaard B, Maddox-Hyttel P. Regulation of ribosomal RNA gene expression in porcine oocytes. Anim Reprod Sci. 2004 Jul;82-83:605-16.

Boland MP, Lonergan P, O'Callaghan D. Effect of nutrition on endocrine parameters, ovarian physiology, and oocyte and embryo development. Theriogenology. 2001 Apr 1;55(6):1323-40.

Bols PE. Puncture of immature ovarian follicles in bovine assisted reproduction. Verh K Acad Geneeskd Belg. 2005;67(3):177-202.

Braw-Tal R. The initiation of follicle growth: the oocyte or the somatic cells? Mol Cell Endocrinol. 2002 Feb 22;187(1-2):11-8.

Brevini TA, Cillo F, Antonini S, Gandolfi F. Cytoplasmic remodelling and the acquisition of developmental competence in pig oocytes. Anim Reprod Sci. 2007 Mar;98(1-2):23-38.

Brevini TA, Cillo F, Antonini S, Tosetti V, Gandolfi F. Temporal and spatial control of gene expression in early embryos of farm animals. Reprod Fertil Dev. 2007;19(1):35-42.

Campbell BK, McNeilly AS. Follicular dominance and oocyte maturation. Zygote. 1996 Nov;4(4):327-34.

Channing CP, Anderson LD, Hoover DJ, Kolena J, Osteen KG, Pomerantz SH, Tanabe K. The role of nonsteroidal regulators in control of oocyte and follicular. J Reprod Fertil Suppl. 1990;40:197-210.

Channing CP, Hillensjo T, Schaerf FW. Hormonal control of oocyte meiosis, ovulation and luteinization in mammals. Clin Endocrinol Metab. 1978 Nov;7(3):601-24.

Coy P, Romar R. In vitro production of pig embryos: a point of view. Reprod Fertil Dev. 2002;14(5-6):275-86.

Crozet N. Manipulation of oocytes and in-vitro fertilization. J Reprod Fertil Suppl. 1991;43:235-43.

De Sousa PA, Caveney A, Westhusin ME, Watson AJ. Temporal patterns of embryonic gene expression and their dependence on oogenetic factors. Theriogenology. 1998 Jan 1;49(1):115-28.

Driancourt MA, Thuel B. Control of oocyte growth and maturation by follicular cells and molecules present in follicular fluid. A review. Reprod Nutr Dev. 1998 Jul-Aug;38(4):345-62.

Driancourt MA. In vitro folliculogenesis: a woman is not a mouse!. Contracept Fertil Sex. 1997 Jul-Aug;25(7-8):543-8.

Driancourt MA. Regulation of ovarian follicular dynamics in farm animals. Implications for manipulation of reproduction. Theriogenology. 2001 Apr 1;55(6):1211-39.

Driancourt MA. Regulation of ovarian follicular dynamics in farm animals. Implications for manipulation of reproduction. Theriogenology. 2001 Apr 1;55(6):1211-39.

Dubé F, Amireault P. Local serotonergic signaling in mammalian follicles, oocytes and early embryos. Life Sci. 2007 Dec 14;81(25-26):1627-37.

Einspanier R, Gabler C, Bieser B, Einspanier A, Berisha B, Kosmann M, Wollenhaupt K, Schams D. Growth factors and extracellular matrix proteins in interactions of cumulus-oocyte complex, spermatozoa and oviduct. J Reprod Fertil Suppl. 1999;54:359-65.

Einspanier R, Lauer B, Gabler C, Kamhuber M, Schams D. Egg-cumulus-oviduct interactions and fertilization. Adv Exp Med Biol. 1997;424:279-89.

Fair T, Carter F, Park S, Evans AC, Lonergan P. Global gene expression analysis during bovine oocyte in vitro maturation. Theriogenology. 2007 Sep 1;68 Suppl 1:S91-7.

Fortune JE, Cushman RA, Wahl CM, Kito S. The primordial to primary follicle transition. Mol Cell Endocrinol. 2000 May 25;163(1-2):53-60.

Fortune JE, Kito S, Byrd DD. Activation of primordial follicles in vitro. J Reprod Fertil Suppl. 1999;54:439-48.

Foxcroft GR, Vinsky MD, Paradis F, Tse WY, Town SC, Putman CT, Dyck MK, Dixon WT. Macroenvironment effects on oocytes and embryos in swine. Theriogenology. 2007 Sep 1;68 Suppl 1:S30-9.

Gandolfi F. Intra-ovarian regulation of oocyte developmental competence in cattle. Zygote. 1996 Nov;4(4):323-6.

Gilchrist RB, Ritter LJ, Armstrong DT. Oocyte-somatic cell interactions during follicle development in mammals. Anim Reprod Sci. 2004 Jul;82-83:431-46.

Greve T, Callesen H, Hyttel P. Follicular correlates with in-vitro fertilization in cattle. J Reprod Fertil Suppl. 1989;38:117-26.

Grøndahl C. Oocyte maturation. Basic and clinical aspects of in vitro maturation (IVM) with special emphasis of the role of FF-MAS. Dan Med Bull. 2008 Feb;55(1):1-16.

Guthrie HD, Garrett WM. Apoptosis during folliculogenesis in pigs. Reprod Suppl. 2001;58:17-29.

Gwazdauskas FC, Kendrick KW, Pryor AW, Bailey TL. Impact of follicular aspiration on folliculogenesis as influenced by dietary energy and stage of lactation. J Dairy Sci. 2000 Jul;83(7):1625-34.

Hansel W. The potential for improving the growth and development of cultured farm animal oocytes. Anim Reprod Sci. 2003 Dec 15;79(3-4):191-201.

Hazeleger W, Soede NM, Kemp B. The effect of feeding strategy during the pre-follicular phase on subsequent follicular development in the pig. Domest Anim Endocrinol. 2005 Aug;29(2):362-70.

Hendriksen PJ, Vos PL, Steenweg WN, Bevers MM, Dieleman SJ. Bovine follicular development and its effect on the in vitro competence of oocytes. Theriogenology. 2000 Jan 1;53(1):11-20.

Hunter MG, Brankin V, Quinn RL, Ferguson EM, Edwards SA, Ashworth CJ. Oocyte-somatic cell-endocrine interactions in pigs. Domest Anim Endocrinol. 2005 Aug;29(2):371-84.

Hunter MG, Robinson RS, Mann GE, Webb R. Endocrine and paracrine control of follicular development and ovulation rate in farm species. Anim Reprod Sci. 2004 Jul;82-83:461-77.

Hunter MG. Oocyte maturation and ovum quality in pigs. Rev Reprod. 2000 May;5(2):122-30.

Hunter RH. Vital aspects of Fallopian tube physiology in pigs. Reprod Domest Anim. 2002 Aug;37(4):186-90.

Hyttel P, Greve T, Callesen H. Ultrastructural aspects of oocyte maturation and fertilization in cattle. J Reprod Fertil Suppl. 1989;38:35-47.

Hyttel P, Viuff D, Fair T, Laurincik J, Thomsen PD, Callesen H, Vos PL, Hendriksen PJ, Dieleman SJ, Schellander K, Besenfelder U, Greve T. Ribosomal RNA gene expression and chromosome aberrations in bovine oocytes and preimplantation embryos. Reproduction. 2001 Jul;122(1):21-30. R

Ikeda S, Kitagawa M, Imai H, Yamada M. The roles of vitamin A for cytoplasmic maturation of bovine oocytes. J Reprod Dev. 2005 Feb;51(1):23-35.

Inskeep EK. Preovulatory, postovulatory, and postmaternal recognition effects of concentrations of progesterone on embryonic survival in the cow. J Anim Sci. 2004;82 E-Suppl:E24-39.

Kane MT. A review of in vitro gamete maturation and embryo culture and potential impact on future animal biotechnology. Anim Reprod Sci. 2003 Dec 15;79(3-4):171-90.

Kimura N, Hoshino Y, Totsukawa K, Sato E. Cellular and molecular events during oocyte maturation in mammals: molecules of cumulus-oocyte complex matrix and signalling pathways regulating meiotic progression. Soc Reprod Fertil Suppl. 2007;63:327-42.

Knight PG, Glister C. Local roles of TGF-beta superfamily members in the control of ovarian follicle development. Anim Reprod Sci. 2003 Oct 15;78(3-4):165-83.

Krisher RL, Brad AM, Herrick JR, Sparman ML, Swain JE. A comparative analysis of metabolism and viability in porcine oocytes during in vitro maturation. Anim Reprod Sci. 2007 Mar;98(1-2):72-96.

Krisher RL. The effect of oocyte quality on development. J Anim Sci. 2004;82 E-Suppl:E14-23.

Lechniak D. Quantitative aspect of gene expression analysis in mammalian oocytes and embryos. Reprod Biol. 2002 Nov;2(3):229-41.

Leibo SP. Cryopreservation of oocytes and embryos: optimization by theoretical versus empirical analysis. Theriogenology. 2008 Jan 1;69(1):37-47.

Lonergan P, Rizos D, Gutierrez-Adan A, Fair T, Boland MP. Oocyte and embryo quality: effect of origin, culture conditions and gene expression patterns. Reprod Domest Anim. 2003 Aug;38(4):259-67.

Lonergan P, Rizos D, Ward F, Boland MP. Factors influencing oocyte and embryo quality in cattle. Reprod Nutr Dev. 2001 Sep-Oct;41(5):427-37.

Lucy MC. Regulation of ovarian follicular growth by somatotropin and insulin-like growth factors in cattle. J Dairy Sci. 2000 Jul;83(7):1635-47.

Maddox-Hyttel P, Svarcova O, Laurincik J. Ribosomal RNA and nucleolar proteins from the oocyte are to some degree used for embryonic nucleolar formation in cattle and pig. Theriogenology. 2007 Sep 1;68 Suppl 1:S63-70.

Maddox-Hyttel P, Svarcova O, Laurincik J. Ribosomal RNA and nucleolar proteins from the oocyte are to some degree used for embryonic nucleolar formation in cattle and pig. Theriogenology. 2007 Sep 1;68 Suppl 1:S63-70.

Manabe N, Goto Y, Matsuda-Minehata F, Inoue N, Maeda A, Sakamaki K, Miyano T.
Mattioli M. Cell to cell communication in the cumulus-oocyte complex and cytoplasmic maturation in pig oocytes. Bull Assoc Anat (Nancy). 1991 Mar;75(228):85-8.

McNatty KP, Heath DA, Lundy T, Fidler AE, Quirke L, O'Connell A, Smith P, Groome N, Tisdall DJ. Control of early ovarian follicular development. J Reprod Fertil Suppl. 1999;54:3-16.

Mermillod P, Lonergan P, Carolan C, Khatir H, Poulin N, Cognié Y. In vitro oocyte maturation in domestic ruminants. Contracept Fertil Sex. 1996 Jul-Aug;24(7-8):552-8.

Mermillod P, Oussaid B, Cognié Y. Aspects of follicular and oocyte maturation that affect the developmental potential of embryos. J Reprod Fertil Suppl. 1999;54:449-60.

Merton JS, de Roos AP, Mullaart E, de Ruigh L, Kaal L, Vos PL, Dieleman SJ. Factors affecting oocyte quality and quantity in commercial application of embryo technologies in the cattle breeding industry. Theriogenology. 2003 Jan 15;59(2):651-74.

Mihm M, Bleach EC. Endocrine regulation of ovarian antral follicle development in cattle. Anim Reprod Sci. 2003 Oct 15;78(3-4):217-37.

Miyano T, Manabe N. Oocyte growth and acquisition of meiotic competence. Soc Reprod Fertil

Suppl. 2007;63:531-8.

Miyano T. Bringing up small oocytes to eggs in pigs and cows. Theriogenology. 2003 Jan 1;59(1):61-72.

Monget P, Bondy C. Importance of the IGF system in early folliculogenesis. Mol Cell Endocrinol. 2000 May 25;163(1-2):89-93.

Moor R, Dai Y. Maturation of pig oocytes in vivo and in vitro. Reprod Suppl. 2001;58:91-104.

Moor RM, Seamark RF. Cell signaling, permeability, and microvasculatory changes during antral follicle development in mammals. J Dairy Sci. 1986 Mar;69(3):927-43.

Moor RM, Seamark RF. Cell signaling, permeability, and microvasculatory changes during antral follicle development in mammals. J Dairy Sci. 1986 Mar;69(3):927-43.

Motlik J, Fulka J. In vitro maturation of mammalian oocytes. Ontogenez. 1981;12(5):435-42.

Motlik J, Pavlok A, Kubelka M, Kalous J, Kalab P. Interplay between CDC2 kinase and MAP kinase pathway during maturation of mammalian oocytes. Theriogenology. 1998 Jan 15;49(2):461-9.

Nagai T, Funahashi H, Yoshioka K, Kikuchi K. Up date of in vitro production of porcine embryos. Front Biosci. 2006 Sep 1;11:2565-73.

Nagai T. The improvement of in vitro maturation systems for bovine and porcine oocytes. Theriogenology. 2001 Apr 1;55(6):1291-301.

Niwa K. Effectiveness of in vitro maturation and in vitro fertilization techniques in maturation. Recent Prog Horm Res. 1982;38:331-408.

Pfeffer PL, Sisco B, Donnison M, Somers J, Smith C. Isolation of genes associated with developmental competency of bovine oocytes. Theriogenology. 2007 Sep 1;68 Suppl 1:S84-90.

Picton HM, Danfour MA, Harris SE, Chambers EL, Huntriss J. Growth and maturation of oocytes in vitro. Reprod Suppl. 2003;61:445-62.
pigs. J Reprod Fertil Suppl. 1993;48:49-59.

Pope WF. Embryogenesis recapitulates oogenesis in swine. Proc Soc Exp Biol Med. 1992 Mar;199(3):273-81.

Prather RS. Basic mechanisms of fertilization and parthenogenesis in pigs. Reprod Suppl. 2001;58:105-12.

Prunier A, Quesnel H. Influence of the nutritional status on ovarian development in female pigs. Anim Reprod Sci. 2000 Jul 2;60-61:185-97.

Rath D, Töpfer-Petersen E, Michelmann HW, Schwartz P, Ebeling S. Zona pellucida characteristics and sperm-binding patterns of in vivo and in vitro produced porcine oocytes inseminated with differently prepared spermatozoa. Theriogenology. 2005 Jan 15;63(2):352-62.

Rodriguez KF, Farin CE. Gene transcription and regulation of oocyte maturation. Reprod Fertil Dev. 2004;16(2):55-67.

Rodriguez-Martinez H, Tienthai P, Suzuki K, Funahashi H, Ekwall H, Johannisson A. Involvement of oviduct in sperm capacitation and oocyte development in pigs. Reprod Suppl. 2001;58:129-45.

Sato E, Yokoo M. Morphological and biochemical dynamics of porcine cumulus-oocyte complexes: role of cumulus expansion in oocyte maturation. Ital J Anat Embryol. 2005;110(2 Suppl 1):205-17.

Sato E. Morphological dynamics of cumulus-oocyte complex during oocyte maturation. Ital J Anat Embryol. 1998;103(4 Suppl 1):103-18.

Sauer MV, Paulson RJ. Oocyte and embryo donation. Curr Opin Obstet Gynecol. 1995 Jun;7(3):193-8.

Schams D, Berisha B, Kosmann M, Einspanier R, Amselgruber WM. Possible role of growth hormone, IGFs, and IGF-binding proteins in the regulation of ovarian function in large farm animals. Domest Anim Endocrinol. 1999 Oct;17(2-3):279-85.

Schams D, Berisha B. Steroids as local regulators of ovarian activity in domestic animals. Domest Anim Endocrinol. 2002 Jul;23(1-2):53-65.

Schellander K, Hoelker M, Tesfaye D. Selective degradation of transcripts in mammalian oocytes and embryos. Theriogenology. 2007 Sep 1;68 Suppl 1:S107-15.

Seidel GE Jr. Mammalian oocytes and preimplantation embryos as methodological components. Biol Reprod. 1983 Feb;28(1):36-49.

Sirard MA, Desrosier S, Assidi M. In vivo and in vitro effects of FSH on oocyte maturation and developmental competence. Theriogenology. 2007 Sep 1;68 Suppl 1:S71-6.

Sirard MA, Dubuc A, Bolamba D, Zheng Y, Coenen K. Follicle-oocyte-sperm interactions in vivo and in vitro in pigs. J Reprod Fertil Suppl. 1993;48:3-16.

Sirard MA, Dufort I, Coenen K, Tremblay K, Massicotte L, Robert C. The use of genomics and proteomics to understand oocyte and early embryo functions in farm animals. Reprod Suppl. 2003;61:117-29.

Sirard MA, Richard F, Blondin P, Robert C. Contribution of the oocyte to embryo quality. Theriogenology. 2006 Jan 7;65(1):126-36.

Sirard MA, Richard F, Mayes M. Controlling meiotic resumption in bovine oocytes: a review. Theriogenology. 1998 Jan 15;49(2):483-97.

Sirard MA. Developmental capacity acquisition requires exposure of uncondensed chromosomes before maturation of bovine oocytes. Bull Assoc Anat (Nancy). 1991 Mar;75(228):93-8.

Sirard MA. Resumption of meiosis: mechanism involved in meiotic progression and its relation with developmental competence. Theriogenology. 2001 Apr 1;55(6):1241-54.

Skoblina MN. In vitro maturation of mammalian oocytes. II. Structural and biochemical transformations and the capacity for fertilization. Ontogenez. 1982;13(1):18-27.

Spicer LJ, Echternkamp SE. Ovarian follicular growth, function and turnover in cattle: a review. J Anim Sci. 1986 Feb;62(2):428-51.

Sun QY, Nagai T. Molecular mechanisms underlying pig oocyte maturation and fertilization. J Reprod Dev. 2003 Oct;49(5):347-59.

Sun QY. Cellular and molecular mechanisms leading to cortical reaction and polyspermy block in mammalian eggs. Microsc Res Tech. 2003 Jul 1;61(4):342-8.

Sutovsky P, Manandhar G, Wu A, Oko R. Interactions of sperm perinuclear theca with the oocyte: implications for oocyte activation, anti-polyspermy defense, and assisted reproduction. Microsc Res Tech. 2003 Jul 1;61(4):362-78.

Telfer EE, Binnie JP, McCaffery FH, Campbell BK. In vitro development of oocytes from porcine and bovine primary follicles. Mol Cell Endocrinol. 2000 May 25;163(1-2):117-23.

Telfer EE. In vitro development of pig preantral follicles. Reprod Suppl. 2001;58:81-90.

Telfer EE. In vitro models for oocyte development. Theriogenology. 1998 Jan 15;49(2):451-60.

Thatcher WW, Santos JE. Control of ovarian follicular and corpus luteum development for the synchronization of ovulation in cattle. Soc Reprod Fertil Suppl. 2007;64:69-81.

Thibault C, Gerard M, Menezo Y. Preovulatory and ovulatory mechanisms in oocyte maturation. J Reprod Fertil. 1975 Dec;45(3):605-10.

Thibault C, Szöllösi D, Gérard M. Mammalian oocyte maturation. Reprod Nutr Dev. 1987;27(5):865-96.

Thompson JG, Lane M, Gilchrist RB. Metabolism of the bovine cumulus-oocyte complex and influence on subsequent developmental competence. Soc Reprod Fertil Suppl. 2007;64:179-90.

Tsafriri A, Pomerantz SH. Oocyte maturation inhibitor. Clin Endocrinol Metab. 1986 Feb;15(1):157-70.

Van den Hurk R, Abir R, Telfer EE, Bevers MM. Primate and bovine immature oocytes and follicles as sources of fertilizable oocytes. Hum Reprod Update. 2000 Sep-Oct;6(5):457-74.

van den Hurk R, Spek ER, Hage WJ, Fair T, Ralph JH, Schotanus K. Ultrastructure and viability of isolated bovine preantral follicles. Hum Reprod Update. 1998 Nov-Dec;4(6):833-41.

Van Soom A, Tanghe S, De Pauw I, Maes D, de Kruif A. Function of the cumulus oophorus before and during mammalian fertilization. Reprod Domest Anim. 2002 Jun;37(3):144-51.

Webb R, Campbell BK. Development of the dominant follicle: mechanisms of selection and maintenance of oocyte quality. Soc Reprod Fertil Suppl. 2007;64:141-63.

Webb R, Garnsworthy PC, Campbell BK, Hunter MG. Intra-ovarian regulation of follicular development and oocyte competence in farm animals. Theriogenology. 2007 Sep 1;68 Suppl 1:S22-9.

Webb R, Garnsworthy PC, Gong JG, Armstrong DG. Control of follicular growth: local interactions and nutritional influences. J Anim Sci. 2004;82 E-Suppl:E63-74.

Wrenzycki C, Herrmann D, Niemann H. Messenger RNA in oocytes and embryos in relation to embryo viability. Theriogenology. 2007 Sep 1;68 Suppl 1:S77-83.

Wright RW Jr, Bondioli KR. Aspects of in vitro fertilization and embryo culture in domestic animals. J Anim Sci. 1981 Sep;53(3):702-29.

Yang X, Kubota C, Suzuki H, Taneja M, Bols PE, Presicce GA. Control of oocyte maturation in cows--biological factors. Theriogenology. 1998 Jan 15;49(2):471-82.

[국외논문: 발정과 배란 및 인위적 유도]

Baruselli PS, de Sá Filho MF, Martins CM, Nasser LF, Nogueira MF, Barros CM, Bó GA. Superovulation and embryo transfer in Bos indicus cattle. Theriogenology. 2006 Jan 7;65(1):77-88.

Bó GA, Baruselli PS, Chesta PM, Martins CM. The timing of ovulation and insemination schedules in superstimulated cattle. Theriogenology. 2006 Jan 7;65(1):89-101.

Bó GA, Baruselli PS, Martínez MF. Pattern and manipulation of follicular development in Bos indicus cattle. Anim Reprod Sci. 2003 Oct 15;78(3-4):307-26.

Bó GA, Baruselli PS, Moreno D, Cutaia L, Caccia M, Tríbulo R, Tríbulo H, Mapletoft RJ. The control of follicular wave development for self-appointed embryo transfer programs in cattle. Theriogenology. 2002 Jan 1;57(1):53-72.

Bó GA, Guerrero DC, Adams GP. Alternative approaches to setting up donor cows for superstimulation. Theriogenology. 2008 Jan 1;69(1):81-7.

Braun WF. A review of prostaglandin therapeutics in reproduction. Vet Med Small Anim Clin. 1980 Apr;75(4):649-56.

Brenner KV, Grün E. Physiological importance and action of prostaglandins in reproduction of livestock. Monatsh Veterinarmed. 1976 Sep 1;31(17):666-72.

Casida LE. The seventh annual Carl G. Hartman lecture. Ovulation studies with particular reference to the pig. Biol Reprod. 1976 Feb;14(1):97-107.

Cavalieri J, Hepworth G, Fitzpatrick LA, Shephard RW, Macmillan KL. Manipulation and control of the estrous cycle in pasture-based dairy cows. Theriogenology. 2006 Jan 7;65(1):45-64.

D'Occhio MJ, Aspden WJ. Endocrine and reproductive responses of male and female cattle to agonists of gonadotrophin-releasing hormone. J Reprod Fertil Suppl. 1999;54:101-14.

Day ML. Hormonal induction of estrous cycles in anestrous Bos taurus beef cows. Anim Reprod Sci. 2004 Jul;82-83:487-94.

Driancourt MA. Regulation of ovarian follicular dynamics in farm animals. Implications for manipulation of reproduction. Theriogenology. 2001 Apr 1;55(6):1211-39.

Feuerhake F. Studies on the oestrus synchronization in applied pig-breeding. Dtsch Tierarztl Wochenschr. 1970 Dec 15;77(24):646-9.

Grunert E. Modification of corpus luteum function and estrus induction in cattle by PGF2alpha. Dtsch Tierarztl Wochenschr. 1987 Sep;94(8):466-70.

Hansel W, Convey EM. Physiology of the estrous cycle. J Anim Sci. 1983 Jul;57 Suppl 2:404-24.

Holtz W, Schlieper B. Superovulation in swine. Dtsch Tierarztl Wochenschr. 1985 May 7;92(5):191-5.

Insler V, Lunenfeld B. Ovulation induction in the era of recombinant gonadotropins and GnRH analogues. Isr J Med Sci. 1996 Feb;32(2):79-89.

Jöchle W. Forty years of control of the oestrous cycle in ruminants: progress made, unresolved problems and the potential impact of sperm encapsulation technology. Reprod Fertil Dev. 1993;5(6):587-94.

Johnson L, Harrison JH, Hunt C, Shinners K, Doggett CG, Sapienza D. Nutritive value of corn silage as affected by maturity and mechanical processing: a contemporary review. J Dairy Sci. 1999 Dec;82(12):2813-25.

Jones AL, Lamb GC. Nutrition, synchronization, and management of beef embryo transfer recipients. Theriogenology. 2008 Jan 1;69(1):107-15.

Kafi M, McGowan MR. Factors associated with variation in the superovulatory response of cattle. Anim Reprod Sci. 1997 Aug;48(2-4):137-57.

Kanitz W, Becker F, Schneider F, Kanitz E, Leiding C, Nohner HP, Pöhland R. Superovulation in cattle: practical aspects of gonadotropin treatment and insemination. Reprod Nutr Dev. 2002 Nov-Dec;42(6):587-99.

Kinder JE, Bergfeld EG, Wehrman ME, Peters KE, Kojima FN. Endocrine basis for puberty in heifers and ewes. J Reprod Fertil Suppl. 1995;49:393-407.

Kinder JE, Kojima FN, Bergfeld EG, Wehrman ME, Fike KE. Progestin and estrogen regulation of pulsatile LH release and development of persistent ovarian follicles in cattle. J Anim Sci. 1996 Jun;74(6):1424-40.

Kirkwood RN, Thacker PA. Management of replacement breeding animals. Vet Clin North Am Food Anim Pract. 1992 Nov;8(3):575-87.

Lagar JJ. Synchronization of the estrous cycle with prostaglandin F2 alpha for use of artificial insemination in cattle (a review). Vet Med Small Anim Clin. 1977 Jan;72(1):87-92.

Lamming GE, Foster JP, Bulman DC. Pharmacological control of reproduction cycles. Vet Rec. 1979 Feb 24;104(8):156-60.

Lucy MC, McDougall S, Nation DP. The use of hormonal treatments to improve the reproductive performance of lactating dairy cows in feedlot or pasture-based management systems. Anim Reprod Sci. 2004 Jul;82-83:495-512.

Macmillan KL, Segwagwe BV, Pino CS. Associations between the manipulation of patterns of follicular development and fertility in cattle. Anim Reprod Sci. 2003 Oct 15;78(3-4):327-44.

Mapletoft RJ, Steward KB, Adams GP. Recent advances in the superovulation in cattle. Reprod Nutr Dev. 2002 Nov-Dec;42(6):601-11.

Martinat-Botté F, Bariteau F, Badouard B, Terqui M. Control of pig reproduction in a breeding programme. J Reprod Fertil Suppl. 1985;33:211-28.

McCue PM. Superovulation. Vet Clin North Am Equine Pract. 1996 Apr;12(1):1-11.

Mitchell AD. Impact of research with cattle, pigs, and sheep on nutritional concepts: body composition and growth. J Nutr. 2007 Mar;137(3):711-4.

Odde KG. A review of synchronization of estrus in postpartum cattle. J Anim Sci. 1990 Mar;68(3):817-30.

Patterson DJ, Kiracofe GH, Stevenson JS, Corah LR. Control of the bovine estrous cycle with melengestrol acetate (MGA): a review. J Anim Sci. 1989 Aug;67(8):1895-906.

Pelletier J, Carrez-Camous S, Thiery JC. Basic neuroendocrine events before puberty in cattle, sheep and pigs. J Reprod Fertil Suppl. 1981;30:91-102.

Pressing AL. Pharmacologic control of swine reproduction. Vet Clin North Am Food Anim Pract. 1992 Nov;8(3):707-23.

Price CA, Carrière PD, Gosselin N, Kohram H, Guilbault LA. Effects of superovulation on endogenous LH secretion in cattle, and consequences for embryo production. Theriogenology. 1999 Jan 1;51(1):37-46.

Roche JF, Austin EJ, Ryan M, O'Rourke M, Mihm M, Diskin MG. Regulation of follicle waves to maximize fertility in cattle. J Reprod Fertil Suppl. 1999;54:61-71.

Short RE, Bellows RA, Staigmiller RB, Berardinelli JG, Custer EE. Physiological mechanisms controlling anestrus and infertility in postpartum beef cattle. J Anim Sci. 1990 Mar;68(3):799-816. Erratum in: J Anim Sci 1990 May;68(5):1490.

Tenhagen BA. Factors influencing conception rate after synchronization of ovulation and timed artificial insemination--a review. Dtsch Tierarztl Wochenschr. 2005 Apr;112(4):136-41.

Thatcher WW, Bilby TR, Bartolome JA, Silvestre F, Staples CR, Santos JE. Strategies for improving fertility in the modern dairy cow. Theriogenology. 2006 Jan 7;65(1):30-44.

Thatcher WW, Chenault JR. Reproductive physiological responses of cattle to exogenous prostaglandin F2alpha. J Dairy Sci. 1976 Jul;59(7):1366-75.

Thatcher WW, Moreira F, Santos JE, Mattos RC, Lopes FL, Pancarci SM, Risco CA. Effects of hormonal treatments on reproductive performance and embryo production. Theriogenology. 2001 Jan 1;55(1):75-89.

Thatcher WW, Santos JE. Control of ovarian follicular and corpus luteum development for the synchronization of ovulation in cattle. Soc Reprod Fertil Suppl. 2007;64:69-81.

Tucker HA, Petitclerc D, Zinn SA. The influence of photoperiod on body weight gain, body composition, nutrient intake and hormone secretion. J Anim Sci. 1984 Dec;59(6):1610-20.

Twagiramungu H, Guilbault LA, Dufour JJ. Synchronization of ovarian follicular waves with a gonadotropin-releasing hormone agonist to increase the precision of estrus in cattle: a review. J Anim Sci. 1995 Oct;73(10):3141-51.

Voss HJ, Holtz W. Regulation of the sexual cycle in cattle. Dtsch Tierarztl Wochenschr. 1984 Sep 7;91(9):331-40.

Whitley NC, Jackson DJ. An update on estrus synchronization in goats: a minor species. J Anim Sci. 2004;82 E-Suppl:E270-276.

Wright PJ, Malmo J. Pharmacologic manipulation of fertility. Vet Clin North Am Food Anim Pract. 1992 Mar;8(1):57-89.

Yamada K. JSAR Innovative Technology Award. Development of ovulation synchronization and fixed time artificial insemination in dairy cows. J Reprod Dev. 2005 Apr;51(2):177-86.

Yániz JL, Murugavel K, López-Gatius F. Recent developments in oestrous synchronization of postpartum dairy cows with and without ovarian disorders. Reprod Domest Anim. 2004 Apr;39(2):86-93.

[국외논문: 성감별]

Bredbacka P. Recent developments in embryo sexing and its field application. Reprod Nutr Dev. 1998 Nov-Dec;38(6):605-13.

Cran DG. XY sperm separation and use in artificial insemination and other ARTs. Soc Reprod Fertil Suppl. 2007;65:475-91.

Garner DL, Seidel GE Jr. History of commercializing sexed semen for cattle. Theriogenology. 2008 Apr 15;69(7):886-95.

Garner DL, Seidel GE Jr. History of commercializing sexed semen for cattle. Theriogenology. 2008 Apr 15;69(7):886-95. Epub 2008 Mar 17.

Garner DL. Flow cytometric sexing of mammalian sperm. Theriogenology. 2006 Mar 15;65(5):943-57.

Garner DL. Sex-Sorting mammalian sperm: concept to application in animals. J Androl. 2001 Jul-Aug;22(4):519-26.

Hamano K. Sex preselection in bovine by separation of X- and Y-chromosome bearing spermatozoa. J Reprod Dev. 2007 Feb;53(1):27-38.

Johnson LA, Rath D, Vazquez JM, Maxwell WM, Dobrinsky JR. Preselection of sex of offspring in swine for production: current status of the process and its application. Theriogenology. 2005 Jan 15;63(2):615-24.

Johnson LA, Welch GR, Rens W. The Beltsville sperm sexing technology: high-speed sperm sorting gives improved sperm output for in vitro fertilization and AI. J Anim Sci. 1999;77 Suppl 2:213-20.

Johnson LA, Welch GR. Sex preselection: high-speed flow cytometric sorting of X and Y sperm for maximum efficiency. Theriogenology. 1999 Dec;52(8):1323-41.

Johnson LA. Advances in gender preselection in swine. J Reprod Fertil Suppl. 1997;52:255-66.

Johnson LA. Gender preselection in mammals: an overview. Dtsch Tierarztl Wochenschr. 1996 Aug-Sep;103(8-9):288-91.

Johnson LA. Sex preselection by flow cytometric separation of X and Y chromosome-bearing sperm based on DNA difference: a review. Reprod Fertil Dev. 1995;7(4):893-903.

Johnson LA. Sexing mammalian sperm for production of offspring: the state-of-the-art. Anim Reprod Sci. 2000 Jul 2;60-61:93-107.

Lopes RF, Forell F, Oliveira AT, Rodrigues JL. Splitting and biopsy for bovine embryo sexing under field conditions. Theriogenology. 2001 Dec 1;56(9):1383-92.

Maxwell WM, Evans G, Hollinshead FK, Bathgate R, De Graaf SP, Eriksson BM, Gillan L, Morton KM, O'Brien JK. Integration of sperm sexing technology into the ART toolbox. Anim Reprod Sci. 2004 Jul;82-83:79-95.

Maxwell WM, Evans G, Hollinshead FK, Bathgate R, De Graaf SP, Eriksson BM, Gillan L, Morton KM, O'Brien JK. Integration of sperm sexing technology into the ART toolbox. Anim Reprod Sci. 2004 Jul;82-83:79-95.

Seidel GE Jr, Garner DL. Current status of sexing mammalian spermatozoa. Reproduction. 2002 Dec;124(6):733-43.

Seidel GE Jr. Economics of selecting for sex: the most important genetic trait. Theriogenology. 2003 Jan 15;59(2):585-98.

Seidel GE Jr. Sexing mammalian sperm--intertwining of commerce, technology, and biology. Anim Reprod Sci. 2003 Dec 15;79(3-4):145-56.

Tominaga K. Cryopreservation and sexing of in vivo- and in vitro-produced bovine embryos for their practical use. J Reprod Dev. 2004 Feb;50(1):29-38.

Wheeler MB, Rutledge JJ, Fischer-Brown A, VanEtten T, Malusky S, Beebe DJ. Application of sexed semen technology to in vitro embryo production in cattle. Theriogenology. 2006 Jan 7;65(1):219-27.

Windsor DP, Evans G, White IG. Sex predetermination by separation of X and Y chromosome-bearing sperm: a review. Reprod Fertil Dev. 1993;5(2):155-71.

[국외논문: 생식세포 동결]

Brouwers JF, Silva PF, Gadella BM. New assays for detection and localization of endogenous lipid peroxidation products in living boar sperm after BTS dilution or after freeze-thawing. Theriogenology. 2005 Jan 15;63(2):458-69.

Brouwers JF, Silva PF, Gadella BM. New assays for detection and localization of endogenous lipid peroxidation products in living boar sperm after BTS dilution or after freeze-thawing. Theriogenology. 2005 Jan 15;63(2):458-69.

Bwanga CO. Cryopreservation of boar semen. I: A literature review. Acta Vet Scand. 1991;32(4):431-53.

Curry MR. Cryopreservation of semen from domestic livestock. Rev Reprod. 2000 Jan;5(1):46-52.

Dobrinsky JR. Advancements in cryopreservation of domestic animal embryos. Theriogenology. 2002 Jan 1;57(1):285-302.

Dobrinsky JR. Cryopreservation of swine embryos: a chilly past with a vitrifying future. Theriogenology. 2001 Nov 1;56(8):1333-44.

Fahning ML, Garcia MA. Status of cryopreservation of embryos from domestic animals. Cryobiology. 1992 Feb;29(1):1-18.

Falge R, Ehling C, Niemann H. Preservation of genetic variation in domestic animals using biotechnical methods. Dtsch Tierarztl Wochenschr. 1996 Aug-Sep;103(8-9):336-40.

Foote RH, Parks JE. Factors affecting preservation and fertility of bull sperm: a brief review. Reprod Fertil Dev. 1993;5(6):665-73.

Funk DA. Major advances in globalization and consolidation of the artificial insemination industry. J Dairy Sci. 2006 Apr;89(4):1362-8.

Guthrie HD, Welch GR. Impact of storage prior to cryopreservation on plasma membrane function and fertility of boar sperm. Theriogenology. 2005 Jan 15;63(2):396-410.

Hammerstedt RH, Graham JK, Nolan JP. Cryopreservation of mammalian sperm: what we ask them to survive. J Androl. 1990 Jan-Feb;11(1):73-88.

Holt WV, Medrano A, Thurston LM, Watson PF. The significance of cooling rates and animal variability for boar sperm cryopreservation: insights from the cryomicroscope. Theriogenology. 2005 Jan 15;63(2):370-82.

Holt WV, Medrano A. Assessment of boar sperm function in relation to freezing and storage. J Reprod Fertil Suppl. 1997;52:213-22.

Johnson LA, Weitze KF, Fiser P, Maxwell WM. Storage of boar semen. Anim Reprod Sci. 2000 Aug 18;62(1-3):143-72.

Massip A, Mermillod P, Dinnyes A. Morphology and biochemistry of in-vitro produced bovine embryos: implications for their cryopreservation. Hum Reprod. 1995 Nov;10(11):3004-11.

Pickett BW, Berndtson WE, Sullivan JJ. Influence of seminal additives and packaging systems on fertility of frozen bovine spermatozoa. J Anim Sci. 1978;47 Suppl 2:12-47.

Pickett BW, Berndtson WE. Preservation of bovine spermatozoa by freezing in straws: a review. J Dairy Sci. 1974 Nov;57(11):1287-308.

Roca J, Rodŕiguez-Martínez H, Vázquez JM, Bolarín A, Hernández M, Saravia F, Wallgren M, Martínez EA. Strategies to improve the fertility of frozen-thawed boar semen for artificial insemination. Soc Reprod Fertil Suppl. 2006;62:261-75.

Seidel GE Jr. Modifying oocytes and embryos to improve their cryopreservation. Theriogenology. 2006 Jan 7;65(1):228-35.

Shannon P. Factors affecting semen preservation and conception rates in cattle. J Reprod Fertil. 1978 Nov;54(2):519-27.

Stachecki JJ, Cohen J. An overview of oocyte cryopreservation. Reprod Biomed Online. 2004 Aug;9(2):152-63.

Tominaga K. Cryopreservation and sexing of in vivo- and in vitro-produced bovine embryos for their practical use. J Reprod Dev. 2004 Feb;50(1):29-38.

Vishwanath R, Shannon P. Storage of bovine semen in liquid and frozen state. Anim Reprod Sci. 2000 Aug 18;62(1-3):23-53.

Wang JH. A comprehensive evaluation of the effects and mechanisms of antifreeze proteins during low-temperature preservation. Cryobiology. 2000 Aug;41(1):1-9.

Wilmut I. Cryopreservation of mammalian eggs and embryos. Dev Biol (N Y 1985). 1986;4:217-47.

Woelders H, Matthijs A, Zuidberg CA, Chaveiro AE. Cryopreservation of boar semen: equilibrium freezing in the cryomicroscope and in straws. Theriogenology. 2005 Jan 15;63(2):383-95.

Woelders H. Fundamentals and recent development in cryopreservation of bull and boar semen. Vet Q. 1997 Sep;19(3):135-8.

Woods EJ, Benson JD, Agca Y, Critser JK. Fundamental cryobiology of reproductive cells and tissues. Cryobiology. 2004 Apr;48(2):146-56.

[국외논문: 인공수정]

Barber KA. Maximizing the impact of dairy and beef bulls through breeding technology. J Dairy Sci. 1983 Dec;66(12):2661-71.

Barth AD. Factors affecting fertility with artificial insemination. Vet Clin North Am Food Anim Pract. 1993 Jul;9(2):275-89.Links

Bó GA, Baruselli PS, Chesta PM, Martins CM. The timing of ovulation and insemination schedules in superstimulated cattle. Theriogenology. 2006 Jan 7;65(1):89-101.

Bó GA, Baruselli PS, Chesta PM, Martins CM. The timing of ovulation and insemination schedules in superstimulated cattle. Theriogenology. 2006 Jan 7;65(1):89-101. Epub 2005 Nov 15.

Bó GA, Cutaia L, Peres LC, Pincinato D, Maraña D, Baruselli PS. Technologies for fixed-time artificial insemination and their influence on reproductive performance of Bos indicus cattle. Soc Reprod Fertil Suppl. 2007;64:223-36.

Cavalieri J, Hepworth G, Fitzpatrick LA, Shephard RW, Macmillan KL. Manipulation and control of the estrous cycle in pasture-based dairy cows. Theriogenology. 2006 Jan 7;65(1):45-64.

Colenbrander B, Feitsma H, Grooten HJ. Optimizing semen production for artificial insemination in swine. J Reprod Fertil Suppl. 1993;48:207-15.

Crabo BG, Dial GD. Artificial insemination in swine. Vet Clin North Am Food Anim Pract. 1992 Nov;8(3):533-44.

Flowers WL, Esbenshade KL. Optimizing management of natural and artificial matings in swine. J Reprod Fertil Suppl. 1993;48:217-28.

Foote RH. Estrus detection and estrus detection aids. J Dairy Sci. 1975 Feb;58(2):248-56.

Funk DA. Major advances in globalization and consolidation of the artificial insemination industry.J Dairy Sci. 2006 Apr;89(4):1362-8.

Gadea J. Sperm factors related to in vitro and in vivo porcine fertility. Theriogenology. 2005 Jan 15;63(2):431-44.

Galina CS, Orihuela A. The detection of estrus in cattle raised under tropical conditions: what we know and what we need to know. Horm Behav. 2007 Jun;52(1):32-8.

Guérin B, Pozzi N. Viruses in boar semen: detection and clinical as well as epidemiological consequences regarding disease transmission by artificial insemination. Theriogenology. 2005 Jan 15;63(2):556-72.

Hawk HW. Sperm survival and transport in the female reproductive tract. J Dairy Sci. 1983 Dec;66(12):2645-60.

Hunter RH, Greve T. Deep uterine insemination of cattle: a fruitful way forward with smaller numbers of spermatozoa. Acta Vet Scand. 1998;39(2):149-63.
Hunter RH. Advances in deep uterine insemination: a fruitful way forward to exploit new sperm technologies in cattle. Anim Reprod Sci. 2003 Dec 15;79(3-4):157-70.

Johnson LA, Welch GR, Rens W. The Beltsville sperm sexing technology: high-speed sperm sorting gives improved sperm output for in vitro fertilization and AI. J Anim Sci. 1999;77 Suppl 2:213-20.

Kemp B, Soede NM. Consequences of variation in interval from insemination to ovulation on fertilization in pigs. J Reprod Fertil Suppl. 1997;52:79-89.

Lagar JJ. Synchronization of the estrous cycle with prostaglandin F2 alpha for use of artificial insemination in cattle (a review). Vet Med Small Anim Clin. 1977 Jan;72(1):87-92.

Langendijk P, Soede NM, Kemp B. Uterine activity, sperm transport, and the role of boar stimuli around insemination in sows. Theriogenology. 2005 Jan 15;63(2):500-13.

Larson LL, Ball PJ. Regulation of estrous cycles in dairy cattle: A review. Theriogenology. 1992 Aug;38(2):255-67.

López-Gatius F. Site of semen deposition in cattle: a review. Theriogenology. 2000 Apr 15;53(7):1407-14.

Madej A, Lang A, Brandt Y, Kindahl H, Madsen MT, Einarsson S. Factors regulating ovarian function in pigs. Domest Anim Endocrinol. 2005 Aug;29(2):347-61.

Mapletoft RJ, Steward KB, Adams GP. Recent advances in the superovulation in cattle. Reprod Nutr Dev. 2002 Nov-Dec;42(6):601-11.

Martinez EA, Vazquez JM, Roca J, Cuello C, Gil MA, Parrilla I, Vazquez JL. An update on reproductive technologies with potential short-term application in pig production. Reprod Domest Anim. 2005 Aug;40(4):300-9.

Martinez EA, Vazquez JM, Roca J, Lucas X, Gil MA, Vazquez JL. Deep intrauterine insemination and embryo transfer in pigs. Reprod Suppl. 2001;58:301-11.

Melrose DR. A review of progress and of possible developments in artificial insemination of pigs. Vet Rec. 1966 Jan 29;78(5):159-67.

Orta M, Ordoqui E, Aranzábal A, Fernández C, Bartolomé B, Sanz ML. Anaphylactic reaction after artificial insemination. Ann Allergy Asthma Immunol. 2003 Apr;90(4):446-51.

Philpott M. The dangers of disease transmission by artificial insemination and embryo transfer. Br Vet J. 1993 Jul-Aug;149(4):339-69. Review. Erratum in: Br Vet J 1994 Mar-Apr;150(2):209.

Ponsart C, Gérard O, Caplin S. Insemination: history and state of the art in animals. Gynecol Obstet

Fertil. 2004 Oct;32(10):880-6.

Rath D. Low dose insemination in the sow--a review. Reprod Domest Anim. 2002 Aug;37(4):201-5.

Roca J, Rodríguez-Martínez H, Vázquez JM, Bolarín A, Hernández M, Saravia F, Wallgren M, Martínez EA. Strategies to improve the fertility of frozen-thawed boar semen for artificial insemination. Soc Reprod Fertil Suppl. 2006;62:261-75.

Roca J, Vázquez JM, Gil MA, Cuello C, Parrilla I, Martínez EA. Challenges in pig artificial insemination. Reprod Domest Anim. 2006 Oct;41 Suppl 2:43-53.

Rorie RW. Effect of timing of artificial insemination on sex ratio. Theriogenology. 1999 Dec;52(8):1273-80.

Saacke RG, Dalton JC, Nadir S, Nebel RL, Bame JH. Relationship of seminal traits and insemination time to fertilization rate and embryo quality. Anim Reprod Sci. 2000 Jul 2;60-61:663-77.

Sellers RF. Transmission of viruses by artificial breeding techniques: a review. J R Soc Med. 1983 Sep;76(9):772-5.

Senger PL. Site of semen deposition and its effect on fertility and sperm retention: a review. Reprod Fertil Dev. 1993;5(6):659-63.

Singleton WL. State of the art in artificial insemination of pigs in the United States. Theriogenology. 2001 Nov 1;56(8):1305-10.

Soede NM, Kemp B. Expression of oestrus and timing of ovulation in pigs. J Reprod Fertil Suppl. 1997;52:91-103.

STEWART DL. Artificial insemination of cattle; a review of the work of the Reading Cattle Breeding Centre, October 1st, 1944, to September 30th, 1948. Vet Rec. 1950 Jul 8;62(27):389-95.

Suarez SS. Interactions of spermatozoa with the female reproductive tract: inspiration for assisted reproduction. Reprod Fertil Dev. 2007;19(1):103-10.

Tenhagen BA. Factors influencing conception rate after synchronization of ovulation and timed artificial insemination--a review. Dtsch Tierarztl Wochenschr. 2005 Apr;112(4):136-41.

Van Soom A, Verberckmoes S. Deep intrauterine insemination in cattle. Gynecol Obstet Fertil. 2004 Oct;32(10):911-5.

Vazquez JM, Martinez EA, Roca J, Gil MA, Parrilla I, Cuello C, Carvajal G, Lucas X, Vazquez JL. Improving the efficiency of sperm technologies in pigs: the value of deep intrauterine insemination. Theriogenology. 2005 Jan 15;63(2):536-47.

Vishwanath R. Artificial insemination: the state of the art. Theriogenology. 2003 Jan 15;59(2):571-84. Links

Yániz JL, Murugavel K, López-Gatius F. Recent developments in oestrous synchronization of postpartum dairy cows with and without ovarian disorders. Reprod Domest Anim. 2004 Apr;39(2):86-93.

Anderson GB. Embryo transfer in domestic animals. Adv Vet Sci Comp Med. 1983;27:129-62.

Armstrong DT, Kotaras PJ, Earl CR. Advances in production of embryos in vitro from juvenile and prepubertal oocytes from the calf and lamb. Reprod Fertil Dev. 1997;9(3):333-9.

Barnes FL. The effects of the early uterine environment on the subsequent development of embryo and fetus. Theriogenology. 2000 Jan 15;53(2):649-58.

Barros CM, Nogueira MF. Embryo transfer in Bos indicus cattle. Theriogenology. 2001 Dec 1;56(9):1483-96.

Baruselli PS, de Sá Filho MF, Martins CM, Nasser LF, Nogueira MF, Barros CM, Bó GA. Superovulation and embryo transfer in Bos indicus cattle. Theriogenology. 2006 Jan 7;65(1):77-88. Epub 2005 Nov 14.

Betteridge KJ, Loskutoff NM. Prospects for improving the survival rate of transferred embryos. Mol Reprod Dev. 1993 Oct;36(2):262-5.

Betteridge KJ. Reflections on the golden anniversary of the first embryo transfer to produce a calf. Theriogenology. 2000 Jan 1;53(1):3-10.

Binder H, Jakob C, Bucher P. Reproductive medicine in transition: new developments in embryo transfer. Schweiz Arch Tierheilkd. 1996;138(5):245-50.

Blandau RJ. In vitro fertilization and embryo transfer. Fertil Steril. 1980 Jan;33(1):3-11.

Block J. Use of insulin-like growth factor-1 to improve post-transfer survival of bovine embryos produced in vitro. Theriogenology. 2007 Sep 1;68 Suppl 1:S49-55.

Bó GA, Baruselli PS, Moreno D, Cutaia L, Caccia M, Tríbulo R, Tríbulo H, Mapletoft RJ. The control of follicular wave development for self-appointed embryo transfer programs in cattle. Theriogenology. 2002 Jan 1;57(1):53-72.

Bó GA, Guerrero DC, Adams GP. Alternative approaches to setting up donor cows for superstimulation. Theriogenology. 2008 Jan 1;69(1):81-7.

Boland MP, Roche JF. Embryo production: alternative methods. Mol Reprod Dev. 1993 Oct;36(2):266-70.

Bondioli KR. Nuclear transfer in cattle. Mol Reprod Dev. 1993 Oct;36(2):274-5.

Catt JW. Bovine embryo co-culture. Cell Biol Int. 1994 Dec;18(12):1155-62.

Chen SS, Wrathall AE. The importance of the zona pellucida for disease control in livestock by embryo transfer. Br Vet J. 1989 Mar-Apr;145(2):129-40.

D'Occhio MJ, Jillella D, Lindsey BR. Factors that influence follicle recruitment, growth and ovulation during ovarian superstimulation in heifers: opportunities to increase ovulation rate and embryo recovery by delaying the exposure of follicles to LH. Theriogenology. 1999 Jan 1;51(1):9-35.

Davis DL. Culture and storage of pig embryos. J Reprod Fertil Suppl. 1985;33:115-24.

Dobrinsky JR. Advancements in cryopreservation of domestic animal embryos. Theriogenology. 2002

Jan 1;57(1):285-302.

Donnay I, Partridge RJ, Leese HJ. Can embryo metabolism be used for selecting bovine embryos before transfer? Reprod Nutr Dev. 1999 Sep-Dec;39(5-6):523-33.

Eaglesome MD, Hare WC, Singh EL. Embryo Transfer: A Discussion on its Potential for Infectious Disease Control Based on a Review of Studies on Infection of Gametes and Early Embryos by Various Agents. Can Vet J. 1980 Apr;21(4):106-112.

Evans MI, Mukherjee AB, Schulman JD. Human in vitro fertilization. Obstet Gynecol Surv. 1980 Feb;35(2):71-81.

Farin CE, Farin PW, Piedrahita JA. Development of fetuses from in vitro-produced and cloned bovine embryos. J Anim Sci. 2004;82 E-Suppl:E53-62.

Farin PW, Crosier AE, Farin CE. Influence of in vitro systems on embryo survival and fetal development in cattle. Theriogenology. 2001 Jan 1;55(1):151-70.

Fehilly CB, Willadsen SM. Embryo manipulation in farm animals. Oxf Rev Reprod Biol. 1986;8:379-413.

First NL, Prather RS. Production of embryos by oocyte cytoplast-blastomere fusion in domestic animals. J Reprod Fertil Suppl. 1991;43:245-54.

First NL, Sims MM, Park SP, Kent-First MJ. Systems for production of calves from cultured bovine embryonic cells. Reprod Fertil Dev. 1994;6(5):553-62.

Foote RH. In vitro fertilization and embryo transfer in domestic animals: applications in animals and implications for humans. J In Vitro Fert Embryo Transf. 1987 Apr;4(2):73-88.

Fry RC. The effect of leukaemia inhibitory factor (LIF) on embryogenesis. Reprod Fertil Dev. 1992;4(4):449-58.

Galli C, Crotti G, Notari C, Turini P, Duchi R, Lazzari G. Embryo production by ovum pick up from live donors. Theriogenology. 2001 Apr 1;55(6):1341-57.

Galli C, Duchi R, Crotti G, Turini P, Ponderato N, Colleoni S, Lagutina I, Lazzari G. Bovine embryo technologies. Theriogenology. 2003 Jan 15;59(2):599-616.

Givens MD, Marley SD. Approaches to biosecurity in bovine embryo transfer programs. Theriogenology. 2008 Jan 1;69(1):129-36.

Goto K. Bovine microfertilization and embryo transfer. Mol Reprod Dev. 1993 Oct;36(2):288-90.

Greve T, Callesen H. Embryo technology: implications for fertility in cattle. Rev Sci Tech. 2005 Apr;24(1):405-12.

Greve T, Madison V. In vitro fertilization in cattle: a review. Reprod Nutr Dev. 1991;31(2):147-57.

Hahn J. Embryo transfer in cattle--present status and outlook. Dtsch Tierarztl Wochenschr. 1990 Jun;97(6):258-63.

Hansen PJ, Block J. Towards an embryocentric world: the current and potential uses of embryo technologies in dairy production. Reprod Fertil Dev. 2004;16(2):1-14.

Hansen PJ, Drost M, Rivera RM, Paula-Lopes FF, al-Katanani YM, Krininger CE 3rd, Chase CC Jr. Adverse impact of heat stress on embryo production: causes and strategies for mitigation. Theriogenology. 2001 Jan 1;55(1):91-103.

Hansen PJ. Exploitation of genetic and physiological determinants of embryonic resistance to elevated temperature to improve embryonic survival in dairy cattle during heat stress. Theriogenology. 2007 Sep 1;68 Suppl 1:S242-9.

Hasler JF. Current status and potential of embryo transfer and reproductive technology in dairy cattle. J Dairy Sci. 1992 Oct;75(10):2857-79.

Hasler JF. The current status and future of commercial embryo transfer in cattle. Anim Reprod Sci. 2003 Dec 15;79(3-4):245-64.

Heyman Y. Timing of transplantation and success of pregnancy in mammals. Reprod Nutr Dev. 1988;28(6B):1773-80.

Holm P, Callesen H. In vivo versus in vitro produced bovine ova: similarities and differences relevant for practical application. Reprod Nutr Dev. 1998 Nov-Dec;38(6):579-94.

Hoshi H. In vitro production of bovine embryos and their application for embryo transfer. Theriogenology. 2003 Jan 15;59(2):675-85.

Jones AL, Lamb GC. Nutrition, synchronization, and management of beef embryo transfer recipients. Theriogenology. 2008 Jan 1;69(1):107-15.

Kafi M, McGowan MR. Factors associated with variation in the superovulatory response of cattle. Anim Reprod Sci. 1997 Aug;48(2-4):137-57.

Kanitz W, Becker F, Schneider F, Kanitz E, Leiding C, Nohner HP, Pöhland R. Superovulation in cattle: practical aspects of gonadotropin treatment and insemination. Reprod Nutr Dev. 2002 Nov-Dec;42(6):587-99.

Kato H, Iritani A. In vitro fertilization in cattle. Mol Reprod Dev. 1993 Oct;36(2):229-31.

Kraemer DC. Intra- and interspecific embryo transfer. J Exp Zool. 1983 Nov;228(2):363-71.

Kuzan FB, Seidel GE Jr. Embryo transfer in animals. Dev Biol (N Y 1985). 1986;4:249-78.

Lehn-Jensen H. Deep-freezing of cow embryos. A review. Nord Vet Med. 1981 Sep-Nov;33(9-11):476-83.

Leibfried-Rutledge ML. Factors determining competence of in vitro produced cattle embryos. Theriogenology. 1999 Jan 15;51(2):473-85.

Lonergan P, Fair T. In vitro-produced bovine embryos: dealing with the warts. Theriogenology. 2008 Jan 1;69(1):17-22.

Lonergan P, Rizos D, Ward F, Boland MP. Factors influencing oocyte and embryo quality in cattle. Reprod Nutr Dev. 2001 Sep-Oct;41(5):427-37.

Lonergan P. State-of-the-art embryo technologies in cattle. Soc Reprod Fertil Suppl. 2007;64:315-25.

Looney CR, Nelson JS, Schneider HJ, Forrest DW. Improving fertility in beef cow recipients. Theriogenology. 2006 Jan 7;65(1):201-9.

Lopes RF, Forell F, Oliveira AT, Rodrigues JL. Splitting and biopsy for bovine embryo sexing under field conditions. Theriogenology. 2001 Dec 1;56(9):1383-92.

Maddox-Hyttell P, Gjørret JO, Vajta G, Alexopoulos NI, Lewis I, Trounson A, Viuff D, Laurincik J, Müller M, Tveden-Nyborg P, Thomsen PD. Morphological assessment of preimplantation embryo quality in cattle. Reprod Suppl. 2003;61:103-16.

Malafosse A. Propagation of improved breeds: the role of artificial insemination and embryo transfer. Rev Sci Tech. 1990 Sep;9(3):795-824.

Massip A, Mermillod P, Dinnyes A. Morphology and biochemistry of in-vitro produced bovine embryos: implications for their cryopreservation. Hum Reprod. 1995 Nov;10(11):3004-11.

McCue PM. Superovulation. Vet Clin North Am Equine Pract. 1996 Apr;12(1):1-11.

McEvoy TG. Manipulation of domestic animal embryos and implications for development. Reprod Domest Anim. 2003 Aug;38(4):268-75.

Merton JS, de Roos AP, Mullaart E, de Ruigh L, Kaal L, Vos PL, Dieleman SJ. Factors affecting oocyte quality and quantity in commercial application of embryo technologies in the cattle breeding industry. Theriogenology. 2003 Jan 15;59(2):651-74.

Moore NW. Ovum development and transfer. J Reprod Fertil Suppl. 1973 Jul;18:111-6.

Nasser LF, Rezende LF, Bó GA, Barth A. Induction of parturition in Zebu-cross recipients carrying in vitro-produced Bos indicus embryos. Theriogenology. 2008 Jan 1;69(1):116-23.

Nelson LD, Nelson CF. Handling and culture of bovine embryos: survey of media used by 26 embryo transfer companies in the USA. Theriogenology. 2001 Dec 1;56(9):1377-82.

Niemann H, Wrenzycki C, Lucas-Hahn A, Brambrink T, Kues WA, Carnwath JW. Gene expression patterns in bovine in vitro-produced and nuclear transfer-derived embryos and their implications for early development. Cloning Stem Cells. 2002;4(1):29-38.

Peterson AJ, Lee RS. Improving successful pregnancies after embryo transfer. Theriogenology. 2003 Jan 15;59(2):687-97.

Peura TT, Trounson AO. Recycling bovine embryos for nuclear transfer. Reprod Fertil Dev. 1998;10(7-8):627-32.

Prather RS, First NL. Cloning of embryos. J Reprod Fertil Suppl. 1990;40:227-34.

Rorie RW, Bilby TR, Lester TD. Application of electronic estrus detection technologies to reproductive management of cattle. Theriogenology. 2002 Jan 1;57(1):137-48.

Rutledge JJ. Use of embryo transfer and IVF to bypass effects of heat stress. Theriogenology. 2001 Jan 1;55(1):105-11.

Santos JE, Cerri RL, Sartori R. Nutritional management of the donor cow. Theriogenology. 2008 Jan 1;69(1):88-97.

Scherzer J, Fayrer-Hosken RA, Ray L, Hurley DJ, Heusner GL. Advancements in large animal embryo transfer and related biotechnologies. Reprod Domest Anim. 2008 Jun;43(3):371-6.

Seidel GE Jr. Applications of embryo transfer and related technologies to cattle. J Dairy Sci. 1984 Nov;67(11):2786-96.

Seidel GE Jr. Mammalian oocytes and preimplantation embryos as methodological components. Biol Reprod. 1983 Feb;28(1):36-49.

Sinclair KD, Broadbent PJ. Increasing the efficiency of suckled calf production using embryo transfer technology. Vet Rec. 1996 Oct 26;139(17):409-12.

Smeaton DC, Harris BL, Xu ZZ, Vivanco WH. Factors affecting commercial application of embryo technologies in New Zealand: a modelling approach. Theriogenology. 2003 Jan 15;59(2):617-34.

Sreenan JM. Embryo transfer procedure and its use as a research technique. Vet Rec. 1983 May 21;112(21):494-500.

Stringfellow DA, Givens MD. Infectious agents in bovine embryo production: hazards and solutions. Theriogenology. 2000 Jan 1;53(1):85-94.

Stringfellow DA, Wright JC. A review of the epidemiologic aspects of embryo transfer from Brucella abortus -infected cows. Theriogenology. 1989 May;31(5):997-1006.

Sutmoller P, Wrathall AE. The risks of disease transmission by embryo transfer in cattle. Rev Sci Tech. 1997 Apr;16(1):226-39.

Taverne MA, Breukelman SP, Perényi Z, Dieleman SJ, Vosa PL, Jonker HH, de Ruigh L, Van Wagtendonk-de Leeuw JM, Beckers JF. The monitoring of bovine pregnancies derived from transfer of in vitro produced embryos. Reprod Nutr Dev. 2002 Nov-Dec;42(6):613-24.

Thatcher WW, Moreira F, Santos JE, Mattos RC, Lopes FL, Pancarci SM, Risco CA. Effects of hormonal treatments on reproductive performance and embryo production. Theriogenology. 2001 Jan 1;55(1):75-89.

Thatcher WW, Santos JE. Control of ovarian follicular and corpus luteum development for the synchronization of ovulation in cattle. Soc Reprod Fertil Suppl. 2007;64:69-81.

Thibier M. Health surveillance of the transfer of bovine embryos fertilised in vitro. Rev Sci Tech. 1993 Sep;12(3):757-805.

Thibodeaux JK, Godke RA. In vitro enhancement of early-stage embryos with co-culture. Arch Pathol Lab Med. 1992 Apr;116(4):364-72.

Thompson JG, Mitchell M, Kind KL. Embryo culture and long-term consequences. Reprod Fertil Dev. 2007;19(1):43-52.

Thompson JG, Peterson AJ. Bovine embryo culture in vitro: new developments and post-transfer consequences. Hum Reprod. 2000 Dec;15 Suppl 5:59-67.

Thompson JG, Pugh PA, Tervit HR, Berg DK. In vitro production of domestic animal embryos: advances made at Ruakura, New Zealand. Australas Biotechnol. 1992 Oct;2(5):280-7.

Tominaga K. Cryopreservation and sexing of in vivo- and in vitro-produced bovine embryos for their practical use. J Reprod Dev. 2004 Feb;50(1):29-38.

Van Soom A, Imberechts H, Delahaut P, Thiry E, Van Roy V, Walravens K, Roels S, Saegerman C. Sanitary control in bovine embryo transfer. How far should we go? A review. Vet Q. 2007 Mar;29(1):2-17.

Van Soom A, Mateusen B, Leroy J, De Kruif A. Assessment of mammalian embryo quality: what can we learn from embryo morphology? Reprod Biomed Online. 2003 Dec;7(6):664-70.

van Wagtendonk-de Leeuw AM. Ovum pick up and in vitro production in the bovine after use in several generations: a 2005 status. Theriogenology. 2006 Mar 15;65(5):914-25. Epub 2005 Oct 25.

Watson AJ, Westhusin ME, De Sousa PA, Betts DH, Barcroft LC. Gene expression regulating blastocyst formation. Theriogenology. 1999 Jan 1;51(1):117-33.

Whittingham DG. In-vitro fertilization, embryo transfer and storage. Br Med Bull. 1979 May;35(2):105-11.

Willadsen SM. Cloning of sheep and cow embryos. Genome. 1989;31(2):956-62.

Wolfe DF, Baird AN. Female urogenital surgery in cattle. Vet Clin North Am Food Anim Pract. 1993 Jul;9(2):369-88.

Wright RW Jr, Bondioli KR. Aspects of in vitro fertilization and embryo culture in domestic animals. J Anim Sci. 1981 Sep;53(3):702-29.

Young LE, Sinclair KD, Wilmut I. Large offspring syndrome in cattle and sheep. Rev Reprod. 1998 Sep;3(3):155-63.

부록Ⅰ. 새로운 돼지 인공수정기술

1. 돼지 번식성적 향상을 위한 발정동기화 방법

(1) 연구배경 및 필요성

국내 돼지인공수정은 지속적으로 증가하여 2000년에는 보급율이 50%에 달했다. 그러나 인공수정에 의한 번식성적은 미흡하여 전국평균 수태율이 85%, 산자수는 10.5두 였다. 인공수정시 암퇘지 수정적기를 포착하거나 정액을 수급하는 것이 어렵고, 수정시간대 상이로 일괄사양시스템(Batch System) 적용에 어려움이 있다. 따라서 수정시기를 인위적으로 조절하려는 노력으로 적절한 Hormone제를 이용한 발정동기화 후 인공수정을 실시하여 번식효율을 개선하고 노동력을 절감할 수 있다.

(2) 연구결과

1) 연구내용

표 1. Hormone제 종류별 발정동기화 처리방법 및 수정시각

처리별	Hormone제 처리별
대조구	이유 → (5일) → 승가허용(12hrs) → AI(12hrs) + AI(2회)
1	이유 → Proges.(18일) → PMSG(72hrs) → hCG(24hrs) → AI(12hrs) + AI(2회)
2	이유 → PMSG(72hrs) → hCG(24hrs) → AI(12hrs) + AI(2회)
3	이유 → PG600(96hrs) → AI(12hrs) + AI(2회)

▶ Hormone제 투여 방법

- Progesterone : 사료혼합 경구투여, 두당 20㎎/일, 18일간
- PMSG : 1,000IU, 피하주사,
- hCG : 500IU, 근육주사
- PG600 : 5㎖, 근육주사

○ 공시정액 : 품종 및 개체간 무작위 혼합정액

○ 수정방법 : 농가 직접 발정동기화 유기 및 인공수정

2) 시험성적

표 2. 발정동기화 방법별 번식성적

처리별	수정두수 (A)	임신두수 (B)	분만복수 (C)	수태율 (B/A)	분만율 (C/A)	평균산자수
대조구	46	42	39	91.3[a]	84.7[b]	10.62 ± 3.51
1	47	41	41	87.2[b]	87.2[b]	11.36 ± 2.27
2	42	40	38	95.2[a]	90.4[a]	11.39 ± 2.75
3	47	44	37	93.6[a]	78.7[c]	11.13 ± 2.71

○ 수태율은 발정동기화 처리를 하지 않고 인공수정한 대조구가 91.3%, PMSG+hCG 처리구의 95.2%, PG600 처리구의 93.6%와 비슷한 경향을 나타내었으나 Progesterone제제를 이용한 발정동기화 방법이 87.2%로 가장 낮은 수태율을 나타내었다

○ 분만율은 PMSG+hCG처리구가 90.4%로 가장 높았으며 대조구 84.7%와 Proge sterone 제제를 이용한 동기화 방법 87.2% 간에는 차이가 없었고 PG600 처리구가 78.7%로 가장 낮은 분만율을 나타내었다

○ 복당 평균산자수는 대조구에 비해 발정동기화 처리구 모두 증가하였고 특히 PMSG+hCG를 이용한 동기화 방법이 가장 높은 산자수를 나타내었으나 통계적인 유의차는 없었다

(3) 활용방법

○ 이유당일 PMSG주사후 72시간 후에 hCG를 주사하고 24시간 후에 12시간 간격으로 인공수정 방법과 이유후 PG600을 주사하고 약 96시간 후에 12시간 간격 인공수정 방법이 자연발정시 인공수정보다 번식성적이 개선되었다.

(4) 기대효과

○ 발정동기화를 이용한 예정시간 집중 인공수정 가능

○ 번식효율 향상

- 이유당일 PMSG주사후 72시간 후에 hCG를 주사하고 24시간 후에 12시간 간격 인공수정 : 수태율 3.9%, 산자수 0.77두 증가
- 이유후 PG600을 주사하고 약 96시간 후에 12시간 간격 인공수정 : 수태율 2.3%, 산자

수 0.51두 증가 할 것으로 기대된다.

○ 호르몬처리에 따른 발정발현의 동기화로 예정된 시간에 인공수정을 실시할 수 있어 발정 관찰의 어려움 해소와 노동력 절감에 도움이 될 것으로 기대된다.

○ 발정의 동기화로 인공수정, 분만관리, 육성, 소독 및 출하 등의 관리 일괄처리 가능하였다.

2. 돼지 액상정액 주입전 가온 방법

(1) 연구 배경 및 필요성

○ 돼지 액상정액 주입전 가온 방법에 따른 번식성적에 대한 시험결과는 아직 없다.

○ 국내양돈농가 및 돼지 인공수정센터 종사자들로부터 돼지 액상정액의 주입전 가온이 번식 성적에 미치는 영향에 대한 많은 질문이 있었으나 이에 대한 정확한 시험 결과가 없는 상황이다.

(2) 연구결과

표 3. 돼지 액상정액 주입 전 가온 방법에 따른 번식성적

가 온 방 법 별	조사두수 (두)	수태율 (%)	총산자수 (두)
17℃ 정액 → 자궁내 직접주입	133	86.5 ± 3.0 ab	10.5 ± 0.3 ab
17℃물 → 서서히가온 → 정액 37℃ 가온 직후 주입	166	89.2 ± 2.4 a	11.4 ± 0.2 a
37℃물 → 급작가온 → 정액 37℃ 직후 주입	62	80.6 ± 5.1 ab	10.2 ± 0.4 b
37℃물 → 급작가온 → 정액 37℃가온 → 2시간후 주입	64	78.1 ± 5.2 ab	10.3 ± 0.5 ab
37℃공기 → 정액 37℃가온 직후 주입	50	76.0 ± 6.1 b	9.6 ± 0.5 b

표 4. 돼지 액상정액 가온 방법에 따른 정액의 성상 변화

정 액 검 사 방 법	소요시간(분)	활력(%)	정자형태(%)	
			미부기형율	정상두모율
제조직후		65.9±7.2	9.5	95.5±0.5a
17℃ 정액→ 비닐팩내 정액주입→ 정액 37℃ 가온 직후	5	75.9±2.3a	10.9	93.1±0.9ab
17℃물 → 서서히가온 → 정액 37℃ 가온 직후	15	68.6±8.5ab	8.3	92.6±1.5ab
37℃물 → 급작가온 → 정액 37℃ 직후	10	62.8±3.8ab	8.9	92.2±0.8b
37℃물 → 급작가온 → 정액 37℃가온 2시간 후	130	49.2±7.2c	8.4	89.2±1.4c
37℃물 → 급작가온 → 정액 37℃가온 4시간 후	250	52.3±5.4c	11.7	89.1±1.1c
37℃공기 → 정액 37℃가온 직후	90	54.8±4.9bc	11.2	93.6±0.6ab

○ 17℃보관 액상정액을 직접 주입하거나 17℃물에서 서서히 가온 했을 경우 수태율, 산자수, 정액의 활력 및 정상 두모율이 우수하였다.

○ 온도변화가 급격하거나 가온 시간이 장시간 소요되는 방법은 번식성적 및 정액성상에 나쁜 영향을 미쳤다.

(3) 활용방법

○ 주입전 가온시 서서히 가온 : 17℃ → 37℃, 15분

○ 가온후 즉시 인공수정

○ 급작 가온이나 가온 시간이 긴 방법 금지

○ 가온된 정액을 다시 17℃보관 금지

○ 많은 두수를 인공수정할 경우에 한꺼번에 많은 정액을 가온하게 되면 가온 후 주입 할 때까지 시간이 오래 경과될 우려 있음

○ 가온 후 주입 할 때까지의 시간을 가능한 단축할 수 있도록 몇 병씩 나누어 가온 하거나 여러명의 시술자가 동시에 수정하도록 함

(4) 기대효과

○ 적절한 가온방법으로 정액을 가온후에 인공수정하면 번식성적 향상

- 수태율 : 2.7%, 산자수 : 0.9두 증가

3. 돼지 액상정액 보존액 활용

(1) 연구배경 및 필요성

○ 돼지 정액의 활용도를 높이기 위하여 액상정액의 보존기간을 늘리고 수태율과 산자수를 높일 수 있는 보존액이 필요하다.

○ 국내에서 사용되고 있는 보존액은 종류와 가격이 다양하여 보존액의 특성과 번식 성적을 조사하여 번식성적이 우수하고 가격이 저렴한 보존액을 돼지 인공수정에 활용토록 하다.

(2) 연구결과

표 5. 보존액 종류별 액상정액 수태율 및 산자수

보존기간	분만율(%)				산자수(두)			
	조사두수	BTS	MO	AND	조사두수	BTS	MO	AND
1일	798두	85.7	80.5	87.6	680두	11.0	11.1	11.0
3일	366	85.6	85.0	84.0	311	10.8	10.6	10.4
5일	371	87.9	79.2	91.7	319	10.8	10.2	10.3

* BTS : Beltsville Thawing Solution, ** MO : MODENA, ***AND : ANDROHEP

표 6. 액상정액 제조비 절감효과 비교 (1ℓ 제조시)

구 분	BTS	MODENA	ANDROHEP
시약재료비(원)	997	4,392	8,760

(3) 활용방법

보존액을 농장에서 실용적으로 사용할 때 보존액 종류별간에 번식성적에 큰 차이가 없으나 가격은 매우 큰 차이가 있으므로 가격이 싸고 제조 방법이 간편한 B.T.S. 보존액을 활용하는 것이 바람직하다.

1) BTS 보존액 조성

표 7. B.T.S. 보존액 조성표

시 약 명	1,000㎖ 당
Glucose	37.00 g
Sodium citrate dehydrait	6.00
Sodium bicarbonate	1.25
E. D. T. A.	1.25
Potassium chloride	0.75
Penicillin(1,670IU/㎎)	0.60
Strepte Mycine	1.00

2) 보존액 제조 및 보관시 유의사항

가) 제조된 보존액의 pH 측정

나) 보존액은 반드시 냉장고 보관 : 5℃

다) 제조후 1주일 이내 사용

(4) 기대효과

BTS 보존액을 이용한 돼지 액상정액 인공수정시 다른 보존액과 비슷한 번식 성적을 얻으면서 제조비를 절감할 수 있다.

4. 돼지 인공수정 액상정액 주입 정자농도 감축

(1) 연구배경 및 필요성

○ 국내 돼지 인공수정 보급율이 증가하면서 우수 종모돈의 확보가 어려운 실정이며 고가의 종모돈을 외국에서 수입에 의존하고 있다.

○ 종모돈으로부터 1회 채취된 정액을 가능한 여러 마리의 암퇘지에 인공수정하는 것이 비용 절감뿐만 아니라 돼지개량의 측면에서 매우 필요하다.

○ 국내뿐만 아니라 세계적으로 돼지 액상정액 1회 주입 정자농도는 통상 100㎖ 병당 30억으로 이용하고 있으나 1회 주입 정자농도를 15억 마리로 최소화함으로써 번식비용 절감과 개량효과를 높일 수 있다.

(2) 연구결과

표 8. 액상정액의 농도별 번식성적

농도별	수정두수 (두)	수태율 (%)	분만율 (%)	총산자수 (두)	실산자수 (두)
30억	950두	86.9%	79.0%	11.0두	10.1두
25	356	88.2	82.5	11.4	10.4
20	189	87.8	82.0	11.1	10.1
15	254	85.4	79.1	11.2	10.0
계(평균)	1,749	87.0	80.1	11.1	10.2

(3) 활용방법

1) 1회 주입 정자농도 기준

채취된 원정액의 일반적인 성상을 정확하게 평가하여 활력이 우수한 정자 기준으로 80~100㎖ 병당 기준으로 15억 마리 이상의 정자가 주입될 수 있도록 정액희석액을 제조하였다.

2) 정액의 검사방법

정액과 정자의 검사는 수퇘지의 수정능력 판정 및 번식장애 원인규명을 위하여 필요하나,

인공수정에 있어서는 채취 전 정액의 사용여부 판정과 정자농도에 따른 희석비율을 결정하기 위하여 반드시 필요하다.

채취한 정액은 즉시 간단한 검사를 실시하고 시간이 많이 소요되는 검사는 최소량의 정액을 검사용으로 남겨놓고 바로 희석보존 과정으로 이행 하는 것이 좋다.

3) 정액의 희석 방법 및 배율

① 희석방법

채취된 정액의 온도는 32~35℃가 되며, 채취즉시 검사용 정액을 소량 남겨두고 정액과 같은 온도로 미리 준비된 보존액을 정액과 같은 비율로 1차 희석을 한 후 상온(약20℃)에서 방치한 상태에서 정액검사를 하고 정자농도에 따라 보존액을 추가로 희석한다. 보존액은 한꺼번에 희석하지 말고 2~3회에 나누어서 서서히 희석해야 하며 보존온도인 18℃까지 약 2시간 이상에 걸쳐 서서히 온도를 낮추어야 저온충격과 희석충격을 방지할 수 있다.

② 희석배율

희석배율은 채취된 총생존정자수에 따라 결정해야 하지만 보통 채취 정액량의 3~4배정도 희석하여 사용하고 농후정액만을 분리채취 했을 때는 약 5~10배정도로 희석할 수 있다. 그러나 최종정자의 농도가 100ml당 15억 이상이 되도록 희석해야 하는데 정자수의 계산 없이 어림짐작으로 희석하는 것은 주입정자수가 희박하게 되거나 때로는 필요이상 많은 정자수 주입으로 낭비가 될 수 도 있다.

(4) 기대효과

종모돈 1주당 1회 채취정액으로 1회 주입 정자농도를 30억으로 할 경우 평균 10~20병의 액상정액을 제조할 수 있으나 정자농도를 15억으로 감축하여 주입할 경우 20~40 병의 정액을 생산할 수 있어 유전능력의 우수한 우량종모돈의 유전자원 활용도가 증대되어 돼지 개량효과 증대와 정액제조비용 절감 그리고 종모돈 도입비용 절감들의 효과를 기대할 수 있다.

5. 돼지 동결정액 실용화

(1) 연구배경 및 필요성

○ 돼지 인공수정이 해마다 급격하게 늘어나고 있으나 주로 액상정액 위주로 사용되어지고 있다.

○ 액상정액은 사용이 간편하고 번식성적이 비교적 우수하나 보존기간이 3~5일로 제한되므로 AI센터에서 농장으로 정액 수송이 빈번하게 이루어져야 하기 때문에 방역상의 문제점이나 수송비용의 부담이 크다.

○ 동결정액은 액상정액에 비하여 번식률이 다소 저조하나 고능력 종모돈의 효율적인 이용측면에서 실용화가 필요하다.

(2) 시험결과

표 9. 연도별 동결정액 번식성적

년도	수정두수(두)	수태율(%)	산자수(두)
'95	198	71.4	9.6
'96	684	74.6	9.4
'97	397	74.3	9.5
계(평균)	1,279	(74.0)	(9.46)

표 10. 종모돈 품종별 동결정액 번식성적('97)

품종별	수정두수 (두)	수태율 (%)	분만율 (%)	총산자수 (두)	실산자수 (두)
랜드레이스	140	75.7	70.7	10.3	9.6
요 크 샤	168	70.2	64.8	10.5	9.6
듀 록	89	79.7	68.5	10.0	9.3
계(평균)	397	(74.3)	(67.7)	(10.3)	(9.5)

(3) 활용방법

1) 돼지 냉동정액의 종류 및 융해방법

현재 세계적으로 사용되고 있는 돼지 냉동정액의 동결 및 포장 방법은 펠렛과 스트로에 의한 방법이 주로 이용되고 있으며 두 가지 방법의 근본적인 원리는 비슷하나 제조와 융해과정의 차이점을 보면 다음과 같다.

① 펠렛(정제화) 방법

펠렛형태의 냉동정액 제조방법은 채취된 돼지정액을 보존액으로 희석 하여 0.2㎖정도 크기의 알약 형태로 동결시킨 후 10㎖용량의 플라스틱관에 채워 액체질소에 보관하며 융해 과정은 외부의 온도 영향을 최소화하기 위하여 스티로폼상자를 이용하며

㉠ 스티로폼 보온상자에 42℃ 온수를 담고 미리 준비된 융해액을 담은 비이커를 온수에 담궈 융해액이 42℃가 되도록 준비한다.

㉡ 액체질소 탱크내에있는 정제화된 정액을 꺼내 다른 스티로폼상자에 쏟아 넣고 액체질소가 완전히 증발하도록 약 3분간 방치한 후,

㉢ ㉠에서 준비된 42℃융해액에 정액을(펠렛) 쏟아 넣고 약 20초간 조용히 저어 완전히 녹인다.

㉣ 수정용 주입병에 옮겨 담아 가능한 빨리 주입한다.

② 스트로 방법

스트로 방법은 5㎖크기의 대형 플라스틱 스트로에 희석된 정액을 주입하여 액체질소에 직접 동결시키며 과정이 펠렛 방법에 비하여 비교적 간단하다.

㉠ 미리 준비된 융해액을 주입병에 80㎖씩 담아 항온수조 내에서 25℃가 되도록 한다.

㉡ 다른 항온수조에 52℃가 되도록 온수를 준비하고 액체질소 콘테이너속의 스트로를 꺼내 곧바로 온수에 담가 45초간 융해한다.

㉢ 융해된 스트로를 핀셋으로 건져 깨끗한 수건으로 물기를 닦고 스트로의 한쪽 끝을 가위로 절단한다.

㉣ ㉠에서 준비된 주입병에 절단면을 대고 반대편을 절단하여 스트로내의 정액이 융해액과 잘 섞이게 한다.

냉동정액의 융해 과정은 정자의 활력과 생존율 및 정상두모율 그리고 수태율에 미치는 영향이 크므로 융해장소를 상온으로 유지하고 정확한 온도와 시간을 지키며 위생적으로 처리하는 등 세심한 주의와 조작이 요구된다.

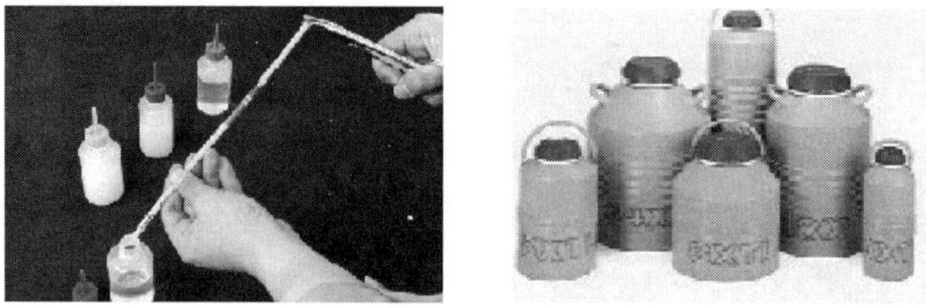

그림 1. 돼지 냉동정액(스트로) 융해 및 액체질소 탱크

2) 냉동정액의 필요성과 문제점

돼지에 있어서 냉동정액은 소의 경우와는 달리 아직까지 만족할 만한 수태율과 산자수를 얻을 수 는 없지만 종돈 개량을 위한 목적이나 외국으로부터 우수종돈의 수입이 어려운 경우 또는 액상정액을 적기에 공급받기 어려운 경우에는 매우 높은 활용가치가 있다. 그러나 돼지 정액은 동결, 융해 과정에서 저온에 대한 저항성이 약하여 정자의 활력과 생존율이 낮아질 뿐만 아니라 정자의 두모에 손상을 입는 비율이 증가되어 수태율이 낮은 중요한 원인이 되고 있다. 또한 냉동정액의 융해 후 정액 성상과 수태율은 품종, 개체별 그리고 환경조건 등에 따라 차이가 많으며, 특수한 장비와 기구가 별도로 필요하고 정액 융해과정이 다소 복잡하여 기술과 숙련이 요구된다.

(4) 기대효과

냉동정액은 우수한 능력의 종모돈 정액을 반영구적으로 보관할 수 있고 수송이 용이하여 고능력 유전자원 확보와 종돈개량을 위한 목적으로 외국으로부터 수입이 어려운 종모돈을 대신하여 정액으로 이용이 가능하다.

6. 돼지 인공수정시 정액 내 Hormone제 첨가가 번식성적에 미치는 효과

(1) 배경 및 필요성

인공수정의 보급률 증가와 함께 양돈농가에서는 인공수정 직전에 정액내에 Hormone제 (Oxytocin, $PGF_{2}\alpha$)를 첨가하여 번식성적을 향상시키기 위한 노력을 해오고 있는데 정액내 Hormone제의 첨가 효과와 정확한 사용방법 등에 대하여 외국의 연구결과를 중심으로 소개코자 한다.

(2) 연구내용 및 결과

1) Oxytocin

① Oxytocin의 생리작용 및 축산분야응용

Oxytocin의 생리작용은 크게 자궁의 수축과 유즙의 유하(流下)로 요약 할 수 있으며 분만시에 Oxytocin이 자궁근을 강하게 수축시켜 태아의 만출과 후산을 유도하고, 교미후에는 Oxytocin의 작용에 의하여 난관의 수축빈도를 증가시켜 정자와 난자를 동시에 운반하는데 관여하나 Oxytocin이 자궁 및 난관의 수축을 증가시키는 작용기전은 잘 알려져 있지 않다.

축산분야에서는 분만촉진제 또는 후산정체 치료제 및 유즙분비 촉진제로 사용되고 있다. 일부 양돈농가에서는 Oxytocin을 인공수정직전 정액에 혼합하여 주입하거나 암퇘지 외음부 또는 근육에 주사를 하는 경우가 있으나 정확한 사용방법 및 Hormone제 용량에 대한 정확한 이해가 다소 부족한 실정이다.

② 돼지 인공수정 활용

스페인에서 F. J. Pena등(1998)이 Oxytocin 처리가 암퇘지 번식성적에 미치는 영향에 대한 연구결과에 따르면 Oxytocin 4IU를 인공수정 직전 정액에 첨가하여 주입했을 때와 동량을 외음부에 주사 했을 경우에 암퇘지의 발정재귀율, 수정율 및 산자수에 미치는 영향에 대하여 계절별로 조사하였는데 Oxytocin 4IU를 정액에 첨가한 방법이 대조구에 비해 수정율과 산자수 모두 개선되었으며, 특히 하절기(7~9월)에는 수정률이 18.7%, 산자수 2.2두가 개선된 것으로 나타났으며, 외음부에 주사한 처리는 대조구에 비해 수정율은 큰 차이가 없으나 산자수가 다소 증가한 것으로 조사되어 Oxytocin의 정액내 첨가시 하절기 불임을 개선하는데 효과가 있는 것으로 보고되었다(표 11).

한편 Oxytocin 첨가는 번식성적 개선에 차이가 없다는 연구결과도 있고, Oxytocin 첨가 용량이 많을 경우 정액의 활력이 감소 한다는 보고도 있으므로 양돈장에서 Oxytocin을 이용할 경우는 적정용량을 준수하여 사용하고, 외음부에 주사하는 것보다 정액에 첨가하는 방법으로 하절기에 활용하는 것이 바람직하다.

표 11. 돼지 인공수정시 정액에 Oxytocin 첨가가 암퇘지의 발정재귀, 수정율 및 산자수에 미치는 영향

계절	구분	Oxytocin처리별		
		정액내 첨가	외음부 주사	대조구
7~9월	두수 (두)	63	64	57
	수정율(%)	73.0	56.2	54.3
	산자수(두)	10.7	10.4	8.5
1~3월	두수 (두)	61	56	71
	수정율(%)	88.5	92.8	87.3
	산자수(두)	12.2	10.7	10.1
4~6월	두수 (두)	59	62	60
	수정율(%)	86.4	80.6	76.6
	산자수(두)	11.9	11.2	10.0
10~12월	두수 (두)	64	60	63
	수정율(%)	84.3	81.6	77.7
	산자수(두)	11.1	11.3	9.8

* Oxytocin 4 IU
** F. J. Pena et al, 1998, Theriogenology 49:829-836

2) $PGF_{2\alpha}$

① $PGF_{2\alpha}$ 의 생리작용 및 축산분야 응용

Prostaglandin은 혈압, 혈액응고, 위액분비, 지방분해 그리고 신장 및 호흡기능을 비롯한 일반적 생리작용에 까지도 광범위하게 영향을 미치는 것으로 알려져 있으며, Prostaglandin중에서 가축의 번식에 응용가치가 큰 것은 Prostaglandin $F_{2}\alpha$이며(상품명 : Lutalyse) 번식생리에 관여하는 중요한 기능은 황체를 용해시켜 Progesterone의 분비를 감소시키며 분만시에 임신자궁에 영향을 미쳐 분만촉진제로서의 역할을 하며 $PGF_{2}\alpha$는 relaxin의 방출도 자극하여 자궁경을 이완시켜 분만을 돕는 작용도 있다. $PGF_{2}\alpha$의 생리적 작용을 이용하여 발정의 동기화, 분만시기의 인위적 조절 및 번식장애의 치료등에 광범위하게 응용되고 있다.

② 인공수정 활용

F. J. Pena(2000)는 인공수정 직전에 정액에 $PGF_{2}\alpha$ 5㎎을 첨가했을 경우 분만율과 산자수 모두 증가 한다고 하였으며 특히 여름에는 분만율이 15.0%, 산자수 2.25두가 개선된다고 보고 하였다(표 12).

M. kos(2004)도 $PGF_{2}\alpha$ 5㎎ 첨가시 수태율 22.2%, 산자수 1.2두가 증가하였다고 보고한 바 있다(표 13).

표 12. 돼지 인공수정시 정액에 $PGF_{2}\alpha$ 첨가 효과

계절	처리별	수정두수	재발율	분만율	산자수
여름	$PGF_2\alpha$	62	22.58	69.35	10.83
	대조구	57	43.86	54.39	8.58
가을	$PGF_2\alpha$	62	8.06	88.71	11.17
	대조구	63	19.05	77.78	9.80
겨울	$PGF_2\alpha$	48	14.58	85.42	11.72
	대조구	71	9.86	87.32	10.12
봄	$PGF_2\alpha$	56	8.98	89.29	11.03
	대조구	60	23.33	76.67	10.09

* $PGF_{2}\alpha$: 5mg/dose
** F. J. PENA, 2000, The Veterinary J. 159, 259-261

표 13. 돼지 인공수정시 정액에 $PGF_{2}\alpha$ 첨가 효과

구분	수태율	분만율	산자수	생존 산자수	년간 산자수	년간 이유두수
$PGF_2\alpha$	93.0	88.9	10.8	9.4	27.9	24.8
대조구	70.8	67.4	9.6	8.9	24.8	22.5

* $PGF_{2}\alpha$: 5mg/dose
** M. Kos, 2004, Animal Reproduction Sci. 80 113-120

(3) 활용시 유의사항

앞에서 살펴본바와 같이 Hormone제를 정액에 첨가하여 번식성적이 개선된 연구결과가 보고된 후, 양돈농가에서도 시도되고 있으나 번식성적 개선 효과에 대해서는 농장마다 다르게 나타나고 있는 실정이고 양돈농가에서는 정확한 생리기전에 대한 이해 부족과 Hormone제의 적절한 용량, 용법을 잘 지키지 않는 등의 문제점이 있다.

양돈농장에서는 번식성적 향상을 위해서는 기본적인 관리 즉, 모돈에 대한 양호한 사양관리, 정확한 수정적기 포착, 정액의 온도관리 등에 대해서 세심한 주의를 기울이는 것이 더욱 중요하며, Hormone제를 사용할 경우에는 적절한 용량과 용법을 준수하고 필요시 최소한으로 이용하는 지혜가 필요하다.

부록Ⅱ. KPN유전능력

씨수소	근교계수	육종가								종합선발지수	순위	육량지수	순위
		도체중	신뢰도	등심단면적	신뢰도	등지방두께	신뢰도	근내지방도	신뢰도				
KPN001	1.6%	-3.97	0.37	0.07	0.38	-0.88	0.37	-0.61	0.40	-2.32	637	4.20	270
KPN002	0.0%	-8.70	0.71	-0.94	0.72	-2.12	0.71	-0.91	0.73	-4.05	729	9.02	75
KPN003	0.0%	-6.24	0.38	0.19	0.39	-1.01	0.38	-0.31	0.41	-1.50	572	5.09	230
KPN004	0.0%	-5.87	0.35	-1.18	0.36	-0.49	0.35	-0.36	0.38	-2.08	618	1.68	400
KPN005	0.0%	-0.84	0.26	-0.30	0.27	-0.86	0.26	-0.51	0.28	-1.86	603	3.40	311
KPN007	0.0%	-16.26	0.60	-1.10	0.60	-0.40	0.60	0.30	0.62	-0.79	507	2.55	353
KPN008	0.0%	-7.99	0.50	-3.20	0.51	0.69	0.50	-0.70	0.54	-4.03	727	-4.78	664
KPN009	0.0%	6.70	0.61	-0.24	0.62	0.56	0.61	-0.42	0.65	-0.90	517	-3.30	623
KPN010	0.0%	10.87	0.51	1.45	0.52	0.29	0.51	0.60	0.54	3.37	133	-1.19	550
KPN011	0.0%	14.44	0.77	1.31	0.77	2.32	0.77	0.67	0.78	3.87	90	-10.20	745
KPN012	0.0%	4.22	0.40	-2.44	0.40	0.58	0.40	0.17	0.43	0.10	435	-5.06	676
KPN013	0.0%	-8.66	0.71	2.53	0.72	1.09	0.71	0.46	0.74	1.59	271	-1.35	560
KPN014	0.0%	-6.94	0.64	0.49	0.65	-1.30	0.64	-0.32	0.67	-1.48	571	6.64	144
KPN015	0.0%	-0.61	0.58	-2.47	0.59	-0.29	0.58	-0.08	0.62	-1.14	540	-0.89	532
KPN016	0.0%	14.19	0.58	4.20	0.59	-0.31	0.58	0.34	0.60	3.72	106	3.40	312
KPN017	0.0%	-0.14	0.10	0.22	0.10	-0.07	0.10	-0.04	0.11	-0.07	448	0.51	471
KPN018	0.0%	16.43	0.56	2.15	0.56	2.06	0.56	0.12	0.59	2.52	178	-8.58	730
KPN020	0.0%	1.50	0.11	0.12	0.11	-0.16	0.11	-0.22	0.13	-0.54	491	0.59	467
KPN021	0.0%	5.92	0.38	1.97	0.39	-0.02	0.38	-0.58	0.42	-0.76	504	1.16	428
KPN022	0.0%	-4.44	0.48	-1.44	0.49	-1.45	0.48	-0.10	0.52	-1.19	544	5.30	215
KPN023	0.0%	1.98	0.16	1.39	0.17	-0.36	0.16	-0.21	0.18	-0.06	446	2.51	357
KPN024	0.0%	-2.16	0.05	-0.20	0.06	-0.33	0.05	-0.09	0.06	-0.55	492	1.47	411
KPN025	0.0%	2.47	0.21	-0.19	0.22	-0.66	0.21	-0.37	0.23	-1.08	535	2.29	369
KPN026	0.0%	-3.17	0.53	-2.51	0.54	-1.37	0.53	0.03	0.57	-0.99	528	3.87	289
KPN027	0.0%	4.80	0.35	0.69	0.36	-1.26	0.35	-0.28	0.39	-0.28	464	5.32	213
KPN028	0.0%	-11.21	0.49	-0.94	0.50	0.25	0.49	-0.58	0.53	-3.18	685	-0.57	520
KPN029	0.0%	-0.04	0.10	-0.09	0.11	-0.35	0.10	-0.09	0.11	-0.33	471	1.39	416
KPN030	0.0%	0.88	0.39	-0.21	0.40	0.35	0.39	0.05	0.43	0.18	428	-1.75	572
KPN031	0.0%	0.94	0.56	0.96	0.57	-1.56	0.56	0.24	0.59	1.19	321	7.24	126
KPN032	0.0%	-13.81	0.71	-2.97	0.71	-0.10	0.71	-0.19	0.73	-2.81	666	-0.63	523
KPN033	0.0%	-20.98	0.73	-0.10	0.74	-0.33	0.73	-0.41	0.75	-3.19	687	3.69	298
KPN034	0.0%	13.31	0.69	1.96	0.70	0.29	0.69	-0.16	0.71	1.28	308	-1.00	538
KPN035	0.0%	-4.68	0.42	-1.90	0.43	-0.92	0.42	-0.25	0.46	-1.86	602	2.72	344
KPN036	0.0%	-6.52	0.66	-0.37	0.67	-1.66	0.66	0.17	0.68	-0.13	452	7.34	121
KPN037	0.0%	8.88	0.58	-0.76	0.59	0.29	0.58	0.27	0.61	1.40	294	-2.90	608
KPN038	0.0%	28.67	0.69	3.24	0.69	1.06	0.69	-0.32	0.71	2.49	182	-4.85	668
KPN039	0.0%	-0.02	0.60	-3.48	0.61	0.52	0.60	0.69	0.63	1.12	325	-5.23	678
KPN040	0.0%	-14.11	0.68	-1.43	0.69	0.52	0.68	-0.12	0.71	-2.07	615	-1.82	574
KPN041	0.0%	-6.13	0.53	-1.00	0.53	1.56	0.53	-0.31	0.56	-1.89	606	-6.69	704
KPN042	0.0%	-3.94	0.08	-1.24	0.09	-0.37	0.08	-0.27	0.10	-1.64	583	0.89	444

씨수소	근교계수	육종가								종합선발지수	순위	육량지수	순위
		도체중	신뢰도	등심단면적	신뢰도	등지방두께	신뢰도	근내지방도	신뢰도				
KPN043	0.0%	-3.48	0.67	-1.60	0.67	-0.18	0.67	0.10	0.68	-0.50	484	-0.27	509
KPN045	0.0%	-13.57	0.24	-3.07	0.25	-1.25	0.24	-0.47	0.27	-3.72	715	4.08	277
KPN046	0.0%	-1.60	0.26	-1.05	0.27	0.39	0.26	0.01	0.30	-0.46	481	-2.38	593
KPN048	0.0%	-5.24	0.57	-4.44	0.58	-0.41	0.57	-0.52	0.60	-3.64	710	-1.62	568
KPN049	0.0%	-2.81	0.37	-0.98	0.37	0.93	0.37	-0.52	0.40	-2.28	634	-4.44	654
KPN050	0.0%	-10.06	0.58	-0.91	0.58	0.05	0.58	0.44	0.60	0.27	416	0.14	489
KPN051	0.0%	0.01	0.17	-0.48	0.18	-0.30	0.17	-0.23	0.20	-0.91	519	0.81	451
KPN052	0.0%	1.84	0.78	0.24	0.78	0.32	0.78	-0.23	0.79	-0.51	488	-1.33	556
KPN053	0.0%	-0.90	0.35	-0.61	0.35	-0.30	0.35	0.32	0.39	0.77	357	0.84	447
KPN054	0.0%	10.60	0.61	3.38	0.62	0.55	0.61	-0.11	0.64	1.65	265	-0.53	516
KPN055	0.0%	-3.27	0.26	-0.20	0.26	0.26	0.26	-0.14	0.27	-0.79	508	-0.90	533
KPN056	0.0%	-3.97	0.52	0.54	0.53	0.78	0.52	0.18	0.54	0.44	395	-2.33	592
KPN057	0.0%	3.26	0.35	0.14	0.36	0.81	0.35	0.23	0.37	1.07	332	-3.63	631
KPN058	0.0%	0.97	0.42	-0.29	0.42	-0.98	0.42	-0.35	0.43	-1.15	541	3.74	294
KPN059	0.0%	-13.96	0.70	-1.51	0.71	-1.30	0.70	0.10	0.72	-1.36	556	5.68	188
KPN060	0.0%	-10.97	0.50	-0.21	0.51	-0.56	0.50	0.77	0.53	1.51	281	3.42	308
KPN061	0.0%	7.06	0.44	0.44	0.45	-0.13	0.44	0.27	0.47	1.65	266	0.12	490
KPN063	0.0%	-1.83	0.66	0.08	0.66	-2.26	0.66	-0.97	0.68	-3.31	693	9.71	64
KPN064	0.0%	-5.20	0.18	-0.24	0.19	-0.63	0.18	-0.48	0.21	-2.12	623	2.99	327
KPN065	0.0%	0.51	0.30	-2.22	0.31	-0.28	0.30	0.13	0.33	-0.27	462	-0.85	530
KPN068	0.0%	5.91	0.27	0.69	0.28	-1.07	0.27	0.34	0.30	1.84	251	4.38	258
KPN069	0.0%	13.95	0.64	3.79	0.65	-1.46	0.64	0.57	0.66	4.31	73	7.85	104
KPN070	0.0%	6.13	0.28	3.77	0.28	-0.40	0.28	0.00	0.30	1.77	256	4.29	265
KPN071	0.0%	5.82	0.26	-1.17	0.26	-0.45	0.26	-0.43	0.27	-1.32	554	0.20	488
KPN072	0.0%	-8.72	0.49	-1.27	0.50	-0.51	0.49	-0.57	0.54	-3.03	678	1.99	385
KPN073	0.0%	-3.82	0.23	-0.99	0.23	0.41	0.23	-0.27	0.26	-1.54	574	-2.16	589
KPN074	0.0%	-1.21	0.37	-0.03	0.37	-0.64	0.37	0.38	0.40	1.12	327	2.79	338
KPN075	0.0%	-2.69	0.40	0.38	0.41	0.67	0.40	-1.20	0.43	-4.06	730	-2.17	590
KPN076	0.0%	4.05	0.65	0.09	0.65	0.63	0.65	0.02	0.67	0.43	398	-3.00	612
KPN077	0.0%	-1.22	0.63	-0.23	0.63	-0.48	0.63	-0.19	0.64	-0.81	509	1.94	387
KPN078	0.0%	-4.56	0.52	-1.57	0.53	1.16	0.52	-0.83	0.56	-3.64	711	-5.69	690
KPN079	0.0%	-13.29	0.60	-1.37	0.61	-1.22	0.60	-1.00	0.61	-4.87	751	5.42	205
KPN080	0.0%	1.49	0.29	-2.78	0.30	0.45	0.29	0.14	0.32	-0.32	469	-4.52	657
KPN081	0.0%	-14.94	0.53	-4.45	0.54	-0.25	0.53	-0.77	0.56	-5.29	759	-1.16	547
KPN082	0.0%	2.41	0.15	0.50	0.16	-0.57	0.15	-0.21	0.17	-0.31	468	2.53	355
KPN083	0.0%	11.44	0.49	-2.03	0.50	0.45	0.49	-0.30	0.53	-0.66	498	-4.97	673
KPN084	0.0%	-18.34	0.64	-1.19	0.65	-0.28	0.64	0.04	0.67	-1.83	601	2.22	373
KPN085	0.0%	22.47	0.75	-1.59	0.75	-0.65	0.75	-0.13	0.77	0.96	344	-1.28	553
KPN086	0.0%	-6.68	0.60	-1.37	0.61	1.45	0.60	-0.26	0.63	-1.87	604	-6.51	703
KPN087	0.0%	-8.87	0.51	-3.03	0.52	-0.11	0.51	0.27	0.54	-0.87	515	-1.18	549
KPN088	0.0%	17.92	0.65	3.96	0.66	-0.55	0.65	-0.71	0.68	0.51	387	3.75	293
KPN089	0.0%	-6.13	0.60	3.07	0.61	-2.39	0.60	-0.58	0.63	-1.41	559	13.38	20

씨수소	근교계수	육종가								종합선발지수	순위	육량지수	순위
		도체중	신뢰도	등 심 단면적	신뢰도	등지방 두 께	신뢰도	근 내 지방도	신뢰도				
KPN090	0.0%	1.04	0.65	2.06	0.66	-1.12	0.65	0.28	0.67	1.68	260	6.36	157
KPN091	0.0%	-1.95	0.51	1.85	0.52	0.17	0.51	0.56	0.55	2.27	209	1.14	429
KPN092	0.0%	-11.22	0.46	1.11	0.47	-0.39	0.46	-0.27	0.50	-1.47	566	3.89	288
KPN093	0.0%	9.45	0.77	1.26	0.77	-0.22	0.77	-0.01	0.78	1.20	317	0.93	442
KPN094	0.0%	-9.39	0.85	-0.37	0.85	-2.18	0.85	-1.45	0.85	-5.70	762	9.83	59
KPN095	0.0%	-1.27	0.55	3.31	0.56	-0.91	0.55	-0.85	0.59	-1.81	597	6.86	137
KPN096	0.0%	-4.92	0.52	0.43	0.53	-1.44	0.52	0.29	0.56	0.67	369	6.97	134
KPN097	0.0%	3.77	0.54	0.80	0.55	-0.11	0.54	-0.62	0.58	-1.46	564	0.74	455
KPN098	0.0%	9.06	0.56	1.51	0.57	-0.13	0.56	0.12	0.60	1.68	259	0.85	446
KPN099	0.0%	-10.50	0.63	-1.06	0.64	-0.92	0.63	0.27	0.67	-0.37	477	4.10	276
KPN100	0.0%	-8.78	0.60	-0.78	0.61	0.00	0.60	0.56	0.62	0.82	354	0.33	479
KPN101	0.0%	-9.80	0.43	-1.97	0.43	-0.41	0.43	-0.23	0.45	-2.24	631	1.10	436
KPN102	0.0%	-7.50	0.66	0.43	0.67	-0.58	0.66	0.36	0.70	0.69	367	3.66	301
KPN103	0.0%	18.83	0.69	1.43	0.70	1.59	0.69	-0.16	0.72	1.56	276	-7.53	716
KPN104	0.0%	10.63	0.70	-1.70	0.71	1.53	0.70	-0.17	0.73	-0.19	457	-9.12	735
KPN105	0.0%	-1.31	0.55	0.77	0.56	-1.92	0.55	-0.56	0.61	-1.69	585	8.85	78
KPN106	0.0%	-2.73	0.21	-0.84	0.21	0.15	0.21	0.13	0.23	-0.09	449	-1.07	542
KPN107	0.0%	-0.12	0.79	-0.85	0.80	-0.44	0.79	0.61	0.80	1.70	258	1.12	432
KPN108	0.0%	9.63	0.85	0.89	0.86	0.67	0.85	-0.87	0.86	-1.74	591	-3.13	616
KPN109	0.0%	10.16	0.64	2.69	0.65	-1.79	0.64	0.18	0.66	2.36	196	8.67	82
KPN110	0.0%	-16.02	0.76	-1.88	0.76	2.04	0.76	-0.27	0.78	-2.89	669	-8.34	725
KPN111	0.0%	4.98	0.80	-1.53	0.81	1.73	0.80	-0.68	0.82	-2.31	635	-9.17	736
KPN112	0.0%	-1.20	0.36	2.59	0.37	-0.92	0.36	0.26	0.40	1.61	269	6.27	161
KPN113	0.0%	0.92	0.23	0.10	0.23	-0.52	0.23	0.10	0.26	0.44	397	2.17	376
KPN114	0.0%	1.58	0.70	0.75	0.71	0.17	0.70	-0.82	0.72	-2.32	636	-0.22	505
KPN115	0.0%	-8.38	0.15	-2.34	0.16	-0.45	0.15	-0.31	0.17	-2.50	651	0.77	454
KPN116	0.0%	10.62	0.58	4.16	0.59	-1.37	0.58	0.64	0.59	4.38	71	8.16	97
KPN117	0.0%	-6.57	0.62	-0.88	0.63	0.05	0.62	0.59	0.66	1.07	330	-0.24	506
KPN118	0.0%	-3.27	0.61	-5.22	0.62	0.51	0.61	-0.02	0.65	-2.08	616	-6.36	700
KPN119	0.0%	-5.25	0.43	-1.94	0.43	-0.43	0.43	-0.16	0.45	-1.62	581	0.70	457
KPN120	0.0%	-2.64	0.60	-0.30	0.61	-0.84	0.60	0.06	0.63	-0.13	451	3.54	306
KPN121	0.0%	-21.14	0.77	-3.73	0.78	-0.32	0.77	-0.22	0.79	-3.78	719	0.47	474
KPN122	0.0%	-1.51	0.75	-1.40	0.75	-0.52	0.75	-0.85	0.76	-3.39	697	1.10	435
KPN123	0.0%	27.81	0.83	7.41	0.83	0.72	0.83	0.19	0.83	5.48	32	0.34	478
KPN124	0.0%	6.19	0.66	-1.99	0.66	0.43	0.66	-0.46	0.67	-1.63	582	-4.25	651
KPN125	0.0%	-17.58	0.53	-0.61	0.54	-1.67	0.53	-0.24	0.58	-2.51	652	8.47	90
KPN126	0.0%	6.97	0.58	1.31	0.59	1.04	0.58	0.16	0.63	1.57	273	-3.97	643
KPN127	0.0%	-18.42	0.81	0.15	0.81	3.32	0.81	-0.49	0.82	-3.15	684	-11.60	756
KPN128	0.0%	-5.41	0.56	1.16	0.57	-0.28	0.56	0.12	0.60	0.31	409	2.82	337
KPN129	0.0%	8.97	0.75	6.41	0.76	-1.68	0.75	0.22	0.78	3.63	113	11.66	40
KPN130	0.0%	-4.20	0.41	1.08	0.42	-1.01	0.41	0.38	0.45	1.25	313	5.65	190
KPN131	0.0%	0.35	0.70	3.73	0.71	-2.30	0.70	-0.53	0.73	-0.48	483	12.84	22

씨수소	근교계수	육종가								종합선발지수	순위	육량지수	순위
		도체중	신뢰도	등심단면적	신뢰도	등지방두께	신뢰도	근내지방도	신뢰도				
KPN132	0.0%	8.63	0.68	4.21	0.69	0.00	0.68	-0.93	0.71	-0.92	522	2.74	343
KPN133	0.0%	7.20	0.39	0.61	0.39	0.99	0.39	0.29	0.40	1.77	257	-4.41	653
KPN134	0.0%	1.88	0.50	0.38	0.51	1.17	0.50	0.05	0.55	0.44	396	-4.75	661
KPN135	0.0%	10.30	0.49	2.87	0.50	-0.95	0.49	0.54	0.54	3.59	117	5.32	214
KPN136	0.0%	-6.48	0.60	-2.08	0.61	-0.82	0.60	0.32	0.63	-0.20	458	2.32	367
KPN137	0.0%	-13.30	0.84	-4.80	0.85	-0.75	0.84	0.53	0.85	-0.98	525	0.42	476
KPN138	0.0%	1.83	0.64	2.55	0.65	-1.05	0.64	0.40	0.69	2.30	204	6.43	155
KPN139	0.0%	9.24	0.66	0.35	0.67	0.72	0.66	0.43	0.70	2.32	199	-3.77	634
KPN140	0.0%	6.72	0.41	0.76	0.42	-0.61	0.41	0.41	0.46	2.18	220	2.45	359
KPN141	0.0%	6.44	0.42	4.19	0.42	-1.42	0.42	-0.09	0.45	1.63	267	8.89	77
KPN142	0.0%	-10.14	0.31	-3.63	0.32	-0.79	0.31	-0.67	0.33	-4.26	736	1.26	423
KPN143	0.0%	10.58	0.37	-0.96	0.38	-0.44	0.37	-0.12	0.39	0.21	423	-0.21	504
KPN144	0.0%	-3.88	0.60	-0.12	0.61	0.69	0.60	0.34	0.64	0.74	360	-2.56	599
KPN145	0.0%	6.10	0.87	0.53	0.87	-3.09	0.87	-1.52	0.86	-4.30	739	12.67	25
KPN146	0.0%	12.54	0.74	-0.22	0.75	1.28	0.74	0.73	0.76	3.40	130	-6.96	708
KPN147	0.0%	-3.46	0.86	1.90	0.87	-2.31	0.86	1.25	0.87	4.45	67	11.70	39
KPN148	0.0%	-11.22	0.58	3.30	0.59	0.85	0.58	0.08	0.61	0.38	403	0.64	463
KPN149	0.0%	-2.74	0.37	1.17	0.38	0.64	0.37	0.15	0.39	0.64	374	-1.31	555
KPN150	0.0%	-4.27	0.46	2.03	0.47	0.12	0.46	-0.16	0.48	-0.24	460	1.76	396
KPN151	0.0%	-2.37	0.79	-3.39	0.80	-1.77	0.79	-0.33	0.80	-2.41	645	4.67	247
KPN152	0.0%	13.30	0.37	1.49	0.38	-0.56	0.37	-0.07	0.39	1.40	293	2.15	378
KPN153	0.0%	0.62	0.17	-0.13	0.17	-0.44	0.17	-0.39	0.19	-1.27	551	1.63	403
KPN154	0.0%	-3.15	0.36	1.59	0.37	0.41	0.36	0.16	0.37	0.78	356	0.05	493
KPN155	0.0%	0.61	0.50	1.33	0.51	0.53	0.50	0.10	0.56	0.83	352	-1.10	544
KPN156	0.0%	-6.08	0.26	-1.61	0.26	0.06	0.26	-0.13	0.28	-1.47	567	-0.98	535
KPN158	0.0%	-12.05	0.29	-2.44	0.30	-0.18	0.29	0.09	0.32	-1.55	576	0.00	494
KPN159	0.0%	-12.52	0.63	-0.83	0.63	-0.75	0.63	-0.52	0.65	-3.08	681	3.82	292
KPN160	0.0%	8.88	0.29	1.06	0.29	0.84	0.29	-0.07	0.30	0.88	346	-3.60	630
KPN161	0.0%	3.02	0.23	1.54	0.23	-0.01	0.23	0.17	0.24	1.32	304	1.05	437
KPN162	0.0%	-6.00	0.38	-1.54	0.38	0.03	0.38	-0.12	0.39	-1.42	560	-0.82	528
KPN163	0.0%	0.97	0.44	-2.55	0.45	-0.36	0.44	0.43	0.47	0.64	375	-0.86	531
KPN164	0.0%	-10.29	0.37	-0.57	0.38	-1.08	0.37	-0.31	0.40	-2.10	620	5.17	224
KPN165	0.0%	9.35	0.56	1.02	0.56	0.90	0.56	0.24	0.59	1.94	238	-3.92	639
KPN166	0.0%	8.97	0.43	0.54	0.43	1.88	0.43	0.42	0.45	2.32	200	-8.39	727
KPN167	0.0%	-5.91	0.34	0.59	0.35	-1.03	0.34	-0.46	0.37	-1.83	599	5.49	199
KPN168	0.0%	2.99	0.43	-1.23	0.43	0.57	0.43	-0.67	0.45	-2.34	641	-3.80	635
KPN169	0.0%	-6.23	0.35	-0.94	0.35	-1.01	0.35	-0.27	0.37	-1.73	590	4.10	275
KPN170	0.0%	11.39	0.69	4.47	0.70	0.66	0.69	0.28	0.73	3.38	131	-0.11	500
KPN171	0.0%	-5.07	0.57	0.29	0.58	-0.23	0.57	0.14	0.59	0.12	433	1.81	393
KPN172	0.0%	3.56	0.43	-0.18	0.44	0.68	0.43	0.24	0.45	1.02	333	-3.40	624
KPN173	0.0%	0.24	0.32	-0.72	0.32	0.42	0.32	-0.27	0.34	-1.10	537	-2.41	594
KPN174	0.0%	-6.29	0.47	-1.09	0.48	-1.43	0.47	-0.56	0.49	-2.75	663	5.74	186

씨수소	근교 계수	육종가								종합 선발 지수	순위	육량 지수	순위
		도체중	신뢰도	등 심 단면적	신뢰도	등지방 두 께	신뢰도	근 내 지방도	신뢰도				
KPN175	0.0%	0.92	0.36	1.56	0.37	0.63	0.36	0.55	0.39	2.40	192	-1.34	558
KPN176	0.0%	6.82	0.47	2.22	0.46	0.91	0.47	0.99	0.49	4.57	60	-2.62	600
KPN177	0.0%	-7.36	0.36	-1.74	0.36	-0.06	0.36	-0.21	0.37	-1.88	605	-0.46	512
KPN178	0.0%	-11.07	0.38	-2.14	0.38	-0.43	0.38	0.03	0.39	-1.57	577	1.16	427
KPN179	0.0%	-11.11	0.57	2.83	0.58	0.92	0.57	0.81	0.62	2.63	169	-0.09	496
KPN180	0.0%	-1.99	0.34	-0.63	0.34	-0.52	0.34	0.03	0.36	-0.28	463	1.83	392
KPN181	0.0%	-1.10	0.44	0.62	0.45	-0.10	0.44	-0.40	0.50	-1.21	545	1.11	434
KPN182	0.0%	5.28	0.39	0.20	0.39	-0.66	0.39	0.22	0.42	1.25	312	2.32	368
KPN183	0.0%	1.74	0.48	1.58	0.49	-0.26	0.48	-0.24	0.53	-0.12	450	2.28	370
KPN184	0.0%	27.41	0.83	4.84	0.83	3.64	0.83	-0.53	0.85	2.21	215	-14.05	763
KPN185	0.0%	-4.34	0.44	-2.67	0.45	-0.27	0.44	-0.39	0.46	-2.53	653	-0.72	526
KPN186	0.0%	9.29	0.60	-0.41	0.61	0.81	0.60	1.06	0.65	4.13	77	-4.83	666
KPN187	0.0%	-25.72	0.77	-7.74	0.78	-0.57	0.77	0.02	0.78	-4.71	747	-1.49	563
KPN188	0.0%	-9.82	0.60	-1.91	0.61	-0.44	0.60	-0.18	0.62	-2.06	614	1.27	422
KPN189	0.0%	-23.79	0.70	-4.23	0.71	-0.69	0.70	0.08	0.73	-3.19	686	1.89	390
KPN190	0.0%	-1.56	0.53	1.52	0.54	-1.04	0.53	-0.27	0.56	-0.51	487	5.87	177
KPN191	0.0%	-14.06	0.65	-2.98	0.66	0.12	0.65	0.39	0.69	-0.90	518	-1.52	565
KPN192	0.0%	-4.49	0.56	-2.02	0.57	-0.87	0.56	-0.52	0.62	-2.77	664	2.36	365
KPN193	0.0%	-4.16	0.30	-0.19	0.31	-0.89	0.30	-0.25	0.33	-1.23	547	4.04	280
KPN194	0.0%	-4.61	0.63	2.85	0.64	-0.45	0.63	0.05	0.68	0.70	365	4.93	235
KPN195	0.0%	-13.01	0.63	-2.03	0.64	1.13	0.63	0.67	0.66	0.41	400	-5.01	674
KPN196	0.0%	-12.95	0.53	-0.50	0.54	-0.87	0.53	-0.36	0.57	-2.47	648	4.69	244
KPN197	0.0%	-1.07	0.32	-2.09	0.33	-0.63	0.32	-0.29	0.35	-1.74	592	0.89	445
KPN198	0.0%	-6.98	0.67	-5.83	0.67	-0.13	0.67	-0.57	0.71	-4.39	741	-3.82	636
KPN199	0.0%	0.40	0.64	1.47	0.65	0.94	0.64	-0.99	0.69	-2.72	660	-2.65	601
KPN200	0.0%	-12.07	0.83	0.30	0.84	-0.15	0.83	-0.09	0.85	-1.23	548	2.26	371
KPN201	0.0%	-6.26	0.66	0.85	0.67	-0.41	0.66	0.51	0.68	1.41	291	3.17	320
KPN202	0.0%	7.66	0.57	0.69	0.58	1.27	0.57	-0.68	0.60	-1.34	555	-5.55	685
KPN203	0.0%	-12.29	0.50	-3.05	0.51	-0.99	0.50	-0.25	0.53	-2.88	668	2.86	334
KPN204	0.0%	4.17	0.48	1.34	0.49	0.53	0.48	-0.03	0.51	0.70	366	-1.50	564
KPN205	0.0%	2.74	0.56	-0.08	0.57	-0.45	0.56	0.42	0.60	1.59	272	1.50	409
KPN206	0.0%	7.17	0.49	1.79	0.50	0.44	0.49	-0.23	0.53	0.46	394	-1.10	543
KPN207	0.0%	13.47	0.59	-4.13	0.60	0.74	0.59	-0.06	0.64	-0.40	478	-8.30	723
KPN208	0.0%	-5.52	0.45	-1.28	0.46	-0.17	0.45	-0.38	0.49	-2.15	627	0.23	487
KPN209	0.0%	-0.44	0.73	3.30	0.74	-1.34	0.73	0.75	0.78	3.53	120	8.55	86
KPN210	0.0%	4.22	0.45	0.55	0.45	-0.68	0.45	0.25	0.49	1.38	296	2.84	335
KPN211	0.0%	-13.44	0.41	-0.70	0.41	-0.28	0.41	-0.20	0.43	-2.05	613	2.09	381
KPN212	0.0%	-11.31	0.65	1.93	0.66	-1.55	0.65	0.26	0.70	0.51	388	9.48	68
KPN213	0.0%	-5.09	0.38	-3.59	0.39	-0.11	0.38	-0.01	0.40	-1.65	584	-2.11	584
KPN214	0.0%	-6.46	0.50	-1.11	0.50	-0.49	0.50	0.05	0.52	-0.77	505	1.78	394
KPN215	0.0%	-0.93	0.47	-1.49	0.48	0.03	0.47	-0.71	0.53	-2.91	672	-1.33	557
KPN216	0.0%	-11.72	0.62	-4.42	0.63	1.38	0.62	-0.87	0.67	-5.34	760	-8.33	724

씨수소	근교 계수	육종가								종합 선발 지수	순위	육량 지수	순위
		도체중	신뢰도	등 심 단면적	신뢰도	등지방 두 께	신뢰도	근 내 지방도	신뢰도				
KPN217	0.0%	13.07	0.35	1.16	0.36	0.15	0.35	-0.26	0.36	0.65	371	-1.11	546
KPN218	0.0%	23.56	0.68	-0.27	0.69	-0.47	0.68	-0.21	0.71	1.23	314	-0.99	537
KPN219	0.0%	21.83	0.81	7.89	0.82	-3.04	0.81	-0.01	0.82	4.44	68	17.15	5
KPN220	0.0%	4.85	0.39	0.11	0.40	-1.20	0.39	0.04	0.44	0.59	378	4.56	251
KPN221	0.0%	-0.71	0.39	-0.59	0.40	-0.34	0.39	0.25	0.40	0.58	380	0.99	439
KPN222	0.0%	-3.48	0.67	-5.14	0.67	1.39	0.67	0.31	0.70	-0.99	527	-9.92	743
KPN223	0.0%	-7.12	0.32	-0.68	0.33	-0.06	0.32	0.34	0.34	0.27	415	0.46	475
KPN224	0.0%	3.77	0.56	2.38	0.57	0.54	0.56	0.34	0.60	2.22	213	-0.58	521
KPN225	0.0%	-8.76	0.70	-1.75	0.71	1.31	0.70	1.04	0.72	2.08	227	-6.03	697
KPN226	0.0%	-9.10	0.70	-0.28	0.71	-0.05	0.70	-0.92	0.72	-3.89	721	1.02	438
KPN227	0.0%	-17.92	0.78	-5.71	0.79	0.80	0.78	-0.02	0.81	-3.49	704	-6.31	698
KPN228	0.0%	1.14	0.70	-5.01	0.71	-0.34	0.70	-0.26	0.72	-2.42	646	-3.15	617
KPN229	0.0%	-3.87	0.84	-1.12	0.84	1.26	0.84	-0.27	0.86	-1.60	580	-5.82	694
KPN230	0.0%	-3.25	0.70	-3.48	0.71	-0.03	0.70	0.59	0.73	0.50	389	-2.56	598
KPN231	0.0%	3.29	0.66	0.45	0.67	-0.07	0.66	-0.11	0.68	0.08	437	0.31	480
KPN232	0.0%	9.18	0.72	-0.23	0.73	1.06	0.72	0.08	0.75	0.98	342	-5.66	687
KPN233	0.0%	34.39	0.69	5.08	0.70	1.38	0.69	-0.30	0.72	3.64	111	-5.21	677
KPN234	0.0%	-8.03	0.76	-8.28	0.77	-1.00	0.76	0.26	0.77	-2.57	654	-2.20	591
KPN235	0.0%	4.59	0.72	2.52	0.73	1.08	0.72	-0.15	0.73	0.72	362	-2.80	604
KPN236	0.0%	-14.08	0.69	0.98	0.70	-1.23	0.69	-1.19	0.71	-4.79	750	7.62	114
KPN237	0.0%	12.36	0.74	0.84	0.75	-1.26	0.74	-0.23	0.75	0.57	382	4.60	250
KPN238	0.0%	-18.48	0.73	-2.89	0.73	-1.56	0.73	-0.72	0.74	-4.92	753	6.09	163
KPN239	0.0%	-7.34	0.72	2.75	0.73	-0.78	0.72	-1.16	0.74	-3.54	708	6.52	151
KPN240	0.0%	-5.43	0.57	0.09	0.59	1.08	0.57	-1.77	0.61	-6.26	766	-3.83	637
KPN241	0.0%	14.61	0.72	-0.17	0.72	0.65	0.72	-0.70	0.73	-1.11	538	-4.53	658
KPN242	0.0%	5.45	0.76	1.23	0.77	2.31	0.76	-1.45	0.77	-3.89	722	-9.18	737
KPN243	0.0%	4.96	0.87	-2.44	0.88	3.14	0.87	2.07	0.89	6.41	14	-15.85	767
KPN244	0.0%	16.33	0.77	5.82	0.78	-0.96	0.77	0.78	0.79	5.88	22	7.28	124
KPN245	0.0%	-3.49	0.73	-0.72	0.74	1.64	0.73	-1.14	0.75	-4.28	738	-7.07	710
KPN246	0.0%	-13.26	0.67	-1.81	0.68	-1.76	0.67	-0.76	0.70	-4.23	735	7.26	125
KPN247	0.0%	-12.00	0.87	-1.67	0.88	-0.73	0.87	-0.26	0.86	-2.43	647	2.96	330
KPN248	0.0%	1.71	0.77	-1.51	0.78	1.74	0.77	0.53	0.80	1.38	298	-8.79	733
KPN249	0.0%	-0.70	0.79	2.28	0.80	1.64	0.79	0.85	0.81	3.47	123	-4.77	663
KPN250	0.0%	-14.83	0.68	-7.39	0.69	-1.31	0.68	0.15	0.70	-3.24	689	0.65	462
KPN251	0.0%	0.19	0.71	1.34	0.72	-1.59	0.71	0.13	0.73	0.88	345	7.79	106
KPN252	0.0%	0.01	0.69	-0.86	0.70	0.57	0.69	0.01	0.72	-0.26	461	-3.12	615
KPN253	0.0%	-11.78	0.62	0.89	0.63	-0.93	0.62	-0.58	0.65	-2.62	657	5.99	169
KPN254	0.0%	-13.09	0.65	-0.29	0.66	-1.30	0.65	-0.78	0.68	-3.77	716	6.66	142
KPN255	0.0%	-35.21	0.70	-3.33	0.71	-1.35	0.70	-0.32	0.72	-5.19	758	6.72	140
KPN256	0.0%	17.68	0.73	-2.63	0.74	1.23	0.73	0.51	0.76	2.31	203	-9.47	738
KPN257	0.0%	-11.53	0.72	-0.51	0.73	0.08	0.72	-0.02	0.74	-1.23	546	0.54	470
KPN258	0.0%	6.88	0.58	3.39	0.59	-0.86	0.58	-0.10	0.61	1.37	299	5.77	184

씨수소	근교계수	육종가								종합선발지수	순위	육량지수	순위
		도체중	신뢰도	등심단면적	신뢰도	등지방두께	신뢰도	근내지방도	신뢰도				
KPN259	0.0%	6.75	0.70	0.61	0.71	0.54	0.70	0.02	0.72	0.85	350	-2.50	595
KPN260	0.0%	3.29	0.70	-1.19	0.71	-1.97	0.70	-0.95	0.72	-3.24	690	6.80	138
KPN261	0.0%	-8.20	0.80	-1.51	0.80	-0.85	0.80	1.50	0.82	3.73	104	3.18	319
KPN262	0.0%	-7.12	0.67	2.68	0.68	-0.93	0.67	-0.13	0.69	-0.16	454	7.06	132
KPN263	0.0%	-3.42	0.81	4.83	0.82	-3.09	0.81	1.37	0.84	5.80	23	17.54	4
KPN264	0.0%	2.57	0.71	0.01	0.72	-1.66	0.71	-0.83	0.73	-2.50	650	6.66	143
KPN265	0.0%	-2.24	0.70	-2.38	0.71	0.93	0.70	-0.24	0.72	-1.76	595	-5.73	691
KPN266	0.0%	4.79	0.70	4.37	0.71	-1.65	0.70	0.46	0.72	3.38	132	10.20	57
KPN267	0.0%	10.48	0.78	6.04	0.79	-1.30	0.78	-0.12	0.82	2.51	181	9.56	67
KPN268	0.0%	-19.12	0.66	-2.06	0.67	-0.84	0.66	-0.40	0.69	-3.64	709	3.87	290
KPN269	0.0%	4.96	0.56	0.22	0.57	-0.15	0.56	-0.35	0.60	-0.65	496	0.27	483
KPN270	0.0%	-12.62	0.75	-4.81	0.76	2.60	0.75	-0.75	0.77	-5.13	757	-13.65	762
KPN271	0.0%	-13.36	0.75	-1.79	0.76	-1.91	0.75	-0.08	0.77	-2.00	609	7.93	99
KPN272	0.0%	4.68	0.73	0.51	0.74	-1.40	0.73	-1.19	0.74	-3.34	695	5.77	185
KPN273	0.0%	24.78	0.78	3.77	0.79	3.22	0.78	0.13	0.81	3.82	95	-12.96	760
KPN274	0.0%	-10.24	0.56	-2.81	0.57	-0.39	0.56	-0.16	0.60	-2.35	642	0.31	481
KPN275	0.0%	2.33	0.69	-1.76	0.70	-1.29	0.69	-1.15	0.71	-4.15	732	3.55	305
KPN276	0.0%	16.20	0.68	6.93	0.69	-2.23	0.68	-0.39	0.71	2.40	190	13.55	19
KPN277	0.0%	-13.27	0.78	-3.87	0.79	-1.17	0.78	-1.65	0.79	-7.85	774	2.99	326
KPN278	0.0%	-14.32	0.68	2.58	0.69	-2.46	0.68	-1.10	0.70	-4.00	726	14.20	17
KPN279	0.0%	17.78	0.86	6.15	0.86	-2.88	0.86	1.80	0.88	9.47	4	15.41	11
KPN280	0.0%	6.82	0.71	-0.08	0.72	2.52	0.71	-0.81	0.73	-2.11	622	-11.36	755
KPN281	0.0%	27.85	0.76	3.26	0.77	-1.02	0.76	-0.36	0.80	2.28	208	3.95	284
KPN282	0.0%	2.93	0.66	3.94	0.67	-1.97	0.66	0.37	0.69	2.77	161	11.37	44
KPN283	0.0%	-0.79	0.63	-1.87	0.64	-1.02	0.63	-0.42	0.66	-2.08	617	2.70	345
KPN284	0.0%	-3.37	0.71	1.07	0.71	-1.51	0.71	0.14	0.74	0.53	384	7.62	115
KPN285	0.0%	-6.95	0.66	-1.28	0.67	0.03	0.66	-0.48	0.68	-2.59	656	-0.45	511
KPN286	0.0%	-1.27	0.73	0.41	0.74	-0.94	0.73	-0.14	0.75	-0.45	480	4.43	256
KPN287	0.0%	4.21	0.64	0.86	0.65	-0.45	0.64	-0.05	0.67	0.49	391	2.16	377
KPN288	0.0%	-16.86	0.59	-4.35	0.60	-0.90	0.59	-1.25	0.62	-7.01	769	1.86	391
KPN289	0.0%	3.32	0.79	-0.70	0.79	-0.46	0.79	0.19	0.81	0.67	368	0.94	441
KPN290	0.0%	18.59	0.67	3.65	0.68	-0.10	0.67	-0.17	0.70	2.26	210	1.50	410
KPN291	0.0%	-10.52	0.81	-0.45	0.82	-0.21	0.81	0.68	0.82	1.20	318	1.71	399
KPN292	0.0%	-17.79	0.60	-3.37	0.61	-1.77	0.60	-1.36	0.63	-7.10	770	6.44	154
KPN293	0.0%	7.03	0.79	5.95	0.79	-1.89	0.79	-0.39	0.80	1.29	307	12.34	28
KPN294	0.0%	-7.39	0.65	-1.95	0.66	-0.34	0.65	-0.68	0.68	-3.51	705	0.55	469
KPN295	0.0%	-11.40	0.68	4.32	0.69	0.00	0.68	-0.85	0.70	-2.33	638	5.09	229
KPN296	0.0%	-7.50	0.74	-6.27	0.75	0.43	0.74	-0.22	0.76	-3.43	700	-6.48	702
KPN297	0.0%	11.31	0.66	-0.74	0.67	0.04	0.66	-0.54	0.68	-1.04	533	-2.12	585
KPN298	0.0%	-9.98	0.74	-3.06	0.75	-0.45	0.74	-0.25	0.75	-2.69	659	0.34	477
KPN299	0.0%	14.46	0.74	6.30	0.75	-2.00	0.74	0.11	0.76	3.68	108	12.25	30
KPN300	0.0%	-19.60	0.66	-1.96	0.67	-0.25	0.66	-0.37	0.69	-3.53	707	1.57	406

씨수소	근교계수	육종가								종합선발지수	순위	육량지수	순위
		도체중	신뢰도	등심단면적	신뢰도	등지방두께	신뢰도	근내지방도	신뢰도				
KPN301	0.0%	-13.89	0.54	-1.15	0.55	-1.15	0.54	0.74	0.58	0.85	349	5.36	208
KPN302	0.0%	-6.38	0.73	3.78	0.74	-1.13	0.73	-1.29	0.75	-3.52	706	8.79	80
KPN303	0.0%	-5.20	0.71	0.12	0.72	-0.96	0.71	-0.91	0.73	-3.40	698	4.73	241
KPN304	0.0%	1.93	0.57	-0.37	0.58	-0.40	0.57	0.47	0.61	1.57	274	1.13	430
KPN305	0.0%	11.88	0.74	1.85	0.75	-0.54	0.74	0.56	0.76	3.49	122	2.53	354
KPN306	0.0%	-0.62	0.68	1.65	0.69	1.05	0.68	0.12	0.70	0.87	347	-2.87	606
KPN307	0.0%	13.96	0.69	0.32	0.70	2.27	0.69	0.20	0.72	1.95	236	-10.81	751
KPN308	0.0%	-27.08	0.72	-4.77	0.73	-1.06	0.72	-0.09	0.74	-4.21	733	3.33	315
KPN309	0.0%	12.83	0.66	1.06	0.67	-1.99	0.66	-0.75	0.68	-1.01	529	7.77	109
KPN310	0.0%	-17.12	0.75	0.02	0.75	-2.57	0.75	1.44	0.78	3.25	136	12.69	24
KPN311	0.0%	-20.87	0.67	-3.25	0.68	-0.30	0.67	0.32	0.70	-1.83	600	0.77	453
KPN312	0.0%	-9.82	0.61	-1.30	0.62	-1.04	0.61	0.37	0.64	-0.06	447	4.30	264
KPN313	0.0%	3.21	0.66	0.57	0.67	-0.89	0.66	-1.20	0.69	-3.46	703	3.84	291
KPN314	0.0%	-4.64	0.70	0.23	0.71	-0.71	0.70	-0.24	0.72	-1.12	539	3.71	296
KPN315	0.0%	-0.36	0.68	-1.53	0.69	0.01	0.68	0.29	0.70	0.41	402	-1.37	561
KPN316	0.0%	-22.13	0.72	-5.76	0.73	-0.30	0.72	-0.33	0.74	-4.91	752	-1.29	554
KPN317	0.0%	7.12	0.66	3.30	0.67	-0.92	0.66	-0.22	0.68	0.98	341	5.95	171
KPN318	0.0%	-12.69	0.58	-1.68	0.59	-2.01	0.58	-0.91	0.60	-4.65	746	8.38	91
KPN319	0.0%	11.97	0.66	3.57	0.67	-0.20	0.66	-1.19	0.68	-1.70	586	2.64	347
KPN320	0.0%	-3.05	0.70	1.74	0.71	-1.41	0.70	-1.28	0.72	-3.88	720	7.79	107
KPN321	0.0%	-7.65	0.61	0.46	0.62	0.24	0.61	-0.30	0.64	-1.50	573	0.29	482
KPN322	0.0%	-11.07	0.68	-2.01	0.69	-0.70	0.68	-1.38	0.70	-6.15	765	2.41	361
KPN323	0.0%	-11.20	0.68	-0.88	0.69	-1.24	0.68	0.17	0.70	-0.70	499	5.67	189
KPN324	0.0%	-5.24	0.68	3.38	0.68	-1.99	0.68	0.46	0.70	2.18	219	11.90	35
KPN325	0.0%	-4.01	0.70	1.06	0.71	0.79	0.70	-1.34	0.72	-4.40	742	-1.91	575
KPN326	0.0%	-3.05	0.78	-1.46	0.79	0.18	0.78	-0.09	0.82	-1.04	534	-1.69	570
KPN327	0.8%	3.10	0.70	-0.32	0.70	-0.68	0.70	0.55	0.72	1.96	234	2.20	375
KPN328	0.0%	-9.29	0.72	-2.00	0.73	-1.38	0.72	0.48	0.73	0.12	434	5.07	232
KPN329	0.0%	-2.22	0.72	-2.36	0.73	0.50	0.72	-0.39	0.73	-2.25	632	-3.93	641
KPN330	0.0%	4.27	0.69	3.05	0.70	-2.35	0.69	1.48	0.71	6.23	17	12.02	33
KPN331	0.0%	12.45	0.57	0.40	0.58	1.26	0.57	-0.47	0.61	-0.34	474	-6.32	699
KPN332	0.0%	-4.22	0.74	2.63	0.75	-1.38	0.74	-0.06	0.76	0.32	407	8.56	85
KPN333	1.6%	6.75	0.78	3.87	0.79	-0.39	0.78	-0.32	0.81	0.82	353	4.29	266
KPN334	0.0%	-3.06	0.78	0.08	0.79	-1.90	0.78	1.82	0.81	5.74	25	8.34	93
KPN335	0.0%	0.87	0.69	-0.97	0.70	-1.11	0.69	-0.12	0.71	-0.64	495	3.68	299
KPN336	0.0%	-2.88	0.71	3.91	0.72	-1.92	0.71	0.80	0.74	3.68	109	11.80	37
KPN337	0.0%	-10.65	0.66	0.25	0.67	-0.59	0.66	1.42	0.69	3.82	96	3.89	287
KPN338	0.0%	-11.50	0.75	-0.66	0.76	-0.12	0.75	1.13	0.78	2.51	180	1.24	425
KPN339	0.0%	-2.77	0.76	2.10	0.76	-3.00	0.76	-0.13	0.79	0.04	440	14.71	14
KPN340	0.0%	-0.20	0.67	2.00	0.68	-0.26	0.67	1.18	0.71	4.53	62	2.90	333
KPN341	0.0%	10.17	0.67	0.53	0.67	0.16	0.67	-0.26	0.69	0.19	427	-1.35	559
KPN342	0.0%	-2.90	0.71	-3.08	0.72	-2.36	0.71	0.14	0.72	-0.82	511	7.48	117

씨수소	근교계수	육종가								종합선발지수	순위	육량지수	순위
		도체중	신뢰도	등 심 단면적	신뢰도	등지방 두 께	신뢰도	근 내 지방도	신뢰도				
KPN343	0.0%	11.13	0.67	3.58	0.68	-0.65	0.67	-0.40	0.69	0.81	355	4.61	249
KPN344	0.0%	-6.81	0.75	-2.22	0.76	-0.78	0.75	-0.88	0.77	-4.21	734	2.08	382
KPN345	0.0%	-8.56	0.67	-3.68	0.68	-0.06	0.67	-0.29	0.69	-2.89	670	-2.03	582
KPN346	0.0%	10.71	0.64	2.62	0.65	0.61	0.64	-0.12	0.67	1.40	295	-1.48	562
KPN347	0.0%	-14.51	0.61	-4.15	0.62	-2.05	0.61	-0.97	0.63	-5.81	763	6.57	147
KPN348	0.0%	-14.79	0.67	2.95	0.68	-1.76	0.67	0.89	0.70	2.62	170	11.66	41
KPN349	0.0%	-8.04	0.66	0.23	0.67	-0.62	0.66	-0.41	0.69	-1.96	607	3.69	297
KPN350	0.0%	12.08	0.69	1.91	0.69	-0.51	0.69	0.17	0.71	2.21	214	2.45	358
KPN351	0.0%	5.99	0.61	-0.99	0.62	0.40	0.61	0.40	0.64	1.49	284	-3.21	621
KPN352	0.0%	2.86	0.61	0.19	0.62	-0.20	0.61	-0.18	0.64	-0.29	466	0.66	460
KPN353	0.0%	-1.37	0.59	-1.73	0.60	2.14	0.59	-0.31	0.63	-1.71	588	-10.30	746
KPN354	0.0%	5.85	0.74	5.65	0.75	-2.33	0.74	0.80	0.76	5.00	44	14.04	18
KPN355	0.0%	-5.54	0.62	1.33	0.63	-0.79	0.62	-1.11	0.65	-3.69	712	5.12	226
KPN356	0.0%	3.10	0.56	1.21	0.57	-1.05	0.56	1.06	0.58	4.15	76	5.08	231
KPN357	0.0%	6.29	0.69	-0.96	0.70	0.56	0.69	-0.33	0.71	-0.86	514	-3.92	640
KPN358	0.0%	33.97	0.70	1.79	0.71	2.55	0.70	-0.69	0.72	1.25	311	-12.97	761
KPN359	0.0%	-4.64	0.49	-4.03	0.49	0.64	0.49	-0.40	0.51	-3.06	680	-5.69	689
KPN360	0.0%	-0.67	0.62	0.74	0.63	-2.52	0.62	-0.68	0.64	-2.04	612	11.25	46
KPN361	0.0%	-8.93	0.69	-2.82	0.70	0.17	0.69	0.09	0.71	-1.40	558	-2.16	588
KPN362	0.0%	-6.24	0.63	-1.78	0.64	-0.43	0.63	-0.81	0.65	-3.78	718	0.95	440
KPN363	0.0%	3.98	0.62	0.36	0.63	-1.76	0.62	-0.06	0.64	0.27	412	7.21	128
KPN364	0.0%	-2.64	0.66	-3.87	0.67	0.63	0.66	0.81	0.69	1.14	324	-5.76	693
KPN365	0.0%	-10.29	0.72	-1.29	0.73	-2.11	0.72	-1.53	0.73	-6.35	768	8.83	79
KPN366	0.0%	-30.83	0.73	-4.19	0.74	-2.62	0.73	-0.63	0.75	-6.11	764	10.75	51
KPN367	0.0%	-6.53	0.77	0.19	0.78	1.66	0.77	0.42	0.78	0.87	348	-6.00	696
KPN368	0.0%	-13.01	0.71	-1.39	0.72	-0.71	0.71	-0.56	0.73	-3.43	701	3.22	317
KPN369	0.0%	14.29	0.73	3.48	0.74	-0.92	0.73	2.26	0.75	9.81	3	5.29	216
KPN370	0.0%	2.49	0.40	0.72	0.40	-0.88	0.40	-0.69	0.41	-1.82	598	4.03	282
KPN371	0.0%	-0.77	0.61	0.19	0.62	-1.01	0.61	-0.10	0.64	-0.33	473	4.48	254
KPN372	0.0%	-1.84	0.40	-1.86	0.40	-1.00	0.40	-0.21	0.40	-1.48	568	2.76	340
KPN373	0.0%	-1.84	0.40	-1.86	0.40	-1.00	0.40	-0.21	0.40	-1.48	568	2.76	340
KPN374	0.0%	-6.08	0.67	-2.78	0.68	0.40	0.67	0.64	0.70	0.65	372	-3.41	625
KPN375	0.0%	-2.38	0.43	0.79	0.43	-1.27	0.43	0.58	0.43	1.95	237	6.28	160
KPN376	0.0%	1.64	0.42	-1.79	0.42	1.61	0.42	-0.01	0.45	-0.50	485	-8.49	729
KPN377	0.0%	9.60	0.42	3.16	0.43	0.52	0.42	-0.11	0.45	1.52	280	-0.49	514
KPN378	0.0%	18.97	0.53	-0.12	0.54	1.27	0.53	-0.33	0.56	0.52	386	-7.57	717
KPN379	0.0%	7.25	0.65	-3.69	0.66	-1.31	0.65	0.63	0.70	1.48	285	1.37	417
KPN380	0.0%	-5.35	0.42	-0.35	0.43	-1.21	0.42	-0.77	0.42	-3.12	682	5.34	210
KPN381	0.0%	-5.35	0.42	-0.35	0.43	-1.21	0.42	-0.77	0.42	-3.12	682	5.34	210
KPN382	0.0%	18.67	0.58	-1.34	0.59	0.04	0.58	0.03	0.62	1.26	309	-3.47	627
KPN383	0.0%	4.67	0.68	-1.94	0.69	0.84	0.68	0.26	0.70	0.60	376	-5.76	692
KPN384	0.0%	-8.10	0.63	-1.41	0.64	-1.19	0.63	-0.36	0.66	-2.33	639	4.66	248

씨수소	근교계수	육종가								종합선발지수	순위	육량지수	순위
		도체중	신뢰도	등심단면적	신뢰도	등지방두께	신뢰도	근내지방도	신뢰도				
KPN385	0.0%	-2.00	0.69	-3.29	0.69	0.44	0.69	-0.96	0.70	-4.41	743	-4.51	656
KPN386	0.0%	-20.51	0.68	-7.35	0.69	-1.21	0.68	0.03	0.71	-4.08	731	0.90	443
KPN387	0.0%	2.11	0.68	5.95	0.68	-1.51	0.68	0.50	0.70	3.78	100	11.29	45
KPN388	0.0%	19.72	0.66	8.23	0.67	-0.25	0.66	0.39	0.68	5.71	27	6.06	166
KPN389	0.0%	-5.06	0.76	-2.81	0.77	-0.62	0.76	1.31	0.77	2.94	154	0.67	458
KPN390	0.0%	7.58	0.69	-0.78	0.70	-2.16	0.69	0.76	0.73	2.89	156	7.46	119
KPN391	0.0%	0.59	0.64	-3.26	0.65	-0.83	0.64	0.68	0.67	1.20	316	0.50	472
KPN392	0.0%	-5.31	0.71	-0.80	0.72	-0.36	0.71	-0.83	0.73	-3.44	702	1.41	414
KPN393	0.0%	18.67	0.80	6.27	0.80	-1.23	0.80	0.04	0.80	3.80	98	8.54	87
KPN394	0.0%	9.01	0.72	1.84	0.73	-1.10	0.72	-0.48	0.74	-0.21	459	5.17	223
KPN395	0.0%	6.76	0.63	5.15	0.63	3.50	0.63	-0.61	0.65	0.27	414	-10.85	752
KPN396	0.0%	19.40	0.61	2.12	0.62	-1.53	0.61	-0.66	0.64	0.20	425	6.05	168
KPN397	0.0%	-3.54	0.47	0.33	0.47	-0.92	0.47	0.65	0.48	1.94	239	4.53	253
KPN398	0.0%	-9.20	0.65	-1.57	0.66	-1.20	0.65	-0.29	0.67	-2.26	633	4.70	243
KPN399	0.0%	0.32	0.55	0.31	0.56	-1.46	0.55	1.05	0.57	3.58	118	6.35	158
KPN400	0.0%	-2.83	0.60	-0.29	0.61	0.28	0.60	0.64	0.63	1.77	254	-1.11	545
KPN401	0.0%	2.95	0.74	-2.00	0.75	3.05	0.74	0.54	0.79	1.36	302	-14.83	765
KPN402	0.0%	-13.72	0.59	1.50	0.60	1.85	0.59	0.51	0.61	0.99	338	-4.82	665
KPN403	0.0%	-4.34	0.61	0.71	0.62	2.61	0.61	-0.79	0.64	-2.75	661	-9.78	741
KPN404	0.0%	-14.96	0.70	0.10	0.70	1.45	0.70	-0.82	0.72	-3.96	725	-4.24	650
KPN405	0.0%	-20.59	0.58	-1.75	0.59	0.90	0.58	0.10	0.60	-2.01	610	-2.95	609
KPN406	0.0%	-6.85	0.44	0.60	0.45	1.47	0.44	-0.24	0.45	-1.17	542	-4.85	667
KPN407	0.0%	11.06	0.60	5.50	0.61	-0.46	0.60	0.35	0.64	3.91	86	5.49	200
KPN408	0.0%	2.79	0.65	0.98	0.66	-0.93	0.65	0.46	0.67	2.08	226	4.45	255
KPN409	0.0%	-14.07	0.74	-1.12	0.74	-1.50	0.74	-0.06	0.77	-1.79	596	6.89	136
KPN410	0.0%	-1.92	0.71	-1.54	0.72	0.55	0.71	-1.14	0.74	-4.42	745	-3.43	626
KPN411	0.0%	-11.71	0.42	-0.12	0.43	1.60	0.42	-0.41	0.43	-2.40	644	-5.46	683
KPN412	0.0%	-11.17	0.56	-3.11	0.57	-0.30	0.56	-0.39	0.58	-3.26	691	-0.21	503
KPN413	0.0%	11.87	0.73	-0.41	0.74	0.36	0.73	0.73	0.78	3.29	134	-3.22	622
KPN414	0.0%	-11.08	0.56	0.81	0.57	0.52	0.56	-0.52	0.59	-2.39	643	-0.17	502
KPN415	0.0%	0.00	0.46	0.51	0.46	0.27	0.46	-0.21	0.47	-0.52	490	-0.67	524
KPN416	0.0%	2.45	0.54	1.79	0.56	-0.09	0.54	-0.47	0.58	-0.73	501	1.66	402
KPN417	0.0%	-2.95	0.58	-0.31	0.59	-0.95	0.58	0.26	0.61	0.49	392	4.04	281
KPN418	0.0%	-2.19	0.65	-1.05	0.66	1.13	0.65	0.18	0.68	0.04	439	-5.40	681
KPN419	0.0%	-3.05	0.72	-0.33	0.73	-1.24	0.72	0.17	0.74	0.19	426	5.22	218
KPN420	0.0%	-11.84	0.45	-2.77	0.45	-0.40	0.45	0.29	0.46	-0.99	526	0.59	468
KPN421	0.0%	-14.27	0.67	-5.33	0.68	-0.43	0.67	-0.09	0.69	-3.29	692	-1.27	552
KPN422	0.0%	-8.77	0.63	-5.16	0.64	-0.72	0.63	-0.59	0.65	-4.41	744	-0.53	517
KPN423	0.0%	11.69	0.62	2.06	0.63	-0.46	0.62	0.39	0.65	2.95	153	2.40	362
KPN424	0.0%	1.51	0.70	2.93	0.71	2.98	0.70	-0.27	0.72	0.22	421	-10.03	744
KPN425	0.0%	-2.14	0.38	2.74	0.39	-1.78	0.38	-0.47	0.40	-0.82	510	10.08	58
KPN426	0.0%	-16.67	0.63	-0.03	0.64	1.50	0.63	0.05	0.65	-1.28	553	-4.38	652

씨수소	근교계수	육종가								종합선발지수	순위	육량지수	순위
		도체중	신뢰도	등심단면적	신뢰도	등지방두께	신뢰도	근내지방도	신뢰도				
KPN427	0.0%	-29.71	0.75	-3.69	0.76	-0.35	0.75	-0.15	0.77	-4.26	737	1.59	405
KPN428	0.0%	-10.10	0.74	-0.31	0.75	2.74	0.74	0.51	0.75	0.72	363	-10.56	750
KPN429	0.0%	-1.78	0.59	-2.24	0.60	0.34	0.59	-0.74	0.61	-3.31	694	-3.19	619
KPN430	0.0%	5.54	0.70	-0.55	0.71	-2.17	0.70	-0.40	0.73	-1.02	531	7.92	101
KPN431	0.0%	5.70	0.63	1.52	0.64	-0.49	0.63	0.94	0.67	4.07	81	2.75	342
KPN432	0.0%	-3.02	0.60	-0.98	0.61	-0.28	0.60	-0.67	0.63	-2.79	665	0.66	459
KPN433	0.0%	-2.89	0.35	-1.32	0.36	-0.08	0.35	0.08	0.37	-0.44	479	-0.48	513
KPN434	0.0%	-13.66	0.73	-6.94	0.74	-0.13	0.73	0.64	0.75	-1.37	557	-4.03	644
KPN435	0.0%	-30.03	0.64	-7.27	0.65	-0.69	0.64	-1.14	0.68	-8.74	776	-0.09	497
KPN436	0.0%	-16.54	0.61	-3.82	0.61	0.12	0.61	-0.22	0.63	-3.41	699	-1.98	581
KPN437	0.8%	-0.89	0.70	-2.42	0.71	2.01	0.70	-0.64	0.72	-2.97	677	-10.43	748
KPN438	0.0%	3.93	0.65	1.30	0.66	-0.45	0.65	-0.55	0.67	-1.02	532	2.57	351
KPN439	0.0%	-10.71	0.42	-0.48	0.42	1.37	0.42	-0.33	0.43	-2.18	628	-4.91	669
KPN440	0.0%	-1.74	0.48	0.41	0.48	-1.01	0.48	0.33	0.49	1.07	331	4.79	238
KPN441	0.0%	-14.98	0.63	-3.83	0.64	-0.01	0.63	0.14	0.65	-2.10	619	-1.62	567
KPN442	0.0%	-18.83	0.62	-8.10	0.63	-0.90	0.62	-0.36	0.65	-5.48	761	-1.25	551
KPN443	0.0%	-12.13	0.62	-6.49	0.63	0.10	0.62	-0.16	0.65	-3.71	714	-4.76	662
KPN444	0.0%	1.84	0.40	-0.93	0.40	0.75	0.40	-0.39	0.41	-1.43	562	-4.15	648
KPN445	0.0%	-6.99	0.37	-0.02	0.37	-0.13	0.37	0.20	0.38	0.05	438	1.35	420
KPN446	0.0%	0.97	0.37	1.61	0.38	-0.36	0.37	0.39	0.40	1.91	243	2.83	336
KPN447	0.0%	-15.53	0.44	-4.04	0.44	-0.89	0.44	-0.38	0.44	-3.91	723	1.93	388
KPN448	0.0%	8.11	0.75	8.66	0.76	-0.06	0.75	0.40	0.77	4.87	50	6.96	135
KPN449	0.0%	-26.43	0.76	-3.78	0.77	-2.29	0.76	1.55	0.80	1.56	277	9.25	71
KPN450	0.0%	2.45	0.73	2.38	0.74	2.18	0.73	1.20	0.75	4.93	48	-7.28	712
KPN451	0.1%	2.91	0.52	-1.53	0.52	0.87	0.52	1.01	0.54	3.05	148	-5.33	680
KPN452	0.0%	13.29	0.70	4.77	0.71	-1.69	0.70	0.61	0.72	4.72	56	9.75	63
KPN453	0.0%	-14.01	0.67	2.42	0.68	-1.42	0.67	-0.35	0.70	-1.55	575	9.67	65
KPN454	0.0%	-14.73	0.61	-3.64	0.62	-0.70	0.61	-0.03	0.64	-2.58	655	1.41	415
KPN455	0.0%	7.90	0.67	3.48	0.68	-2.47	0.67	-0.78	0.69	-0.74	502	12.49	27
KPN456	0.0%	30.05	0.66	3.49	0.67	2.03	0.66	-0.66	0.69	1.57	275	-8.84	734
KPN457	0.0%	7.02	0.63	5.34	0.64	-2.49	0.63	-0.92	0.68	-0.66	497	14.29	16
KPN458	0.0%	4.36	0.63	6.11	0.64	-1.46	0.63	0.76	0.67	4.89	49	11.00	48
KPN459	0.0%	-6.91	0.75	-10.18	0.76	1.90	0.75	0.93	0.76	-0.91	520	-16.14	768
KPN460	0.0%	28.08	0.67	7.30	0.68	-2.10	0.67	0.08	0.70	5.10	40	12.01	34
KPN461	0.0%	-8.01	0.71	-1.59	0.72	0.37	0.71	-0.66	0.73	-3.37	696	-2.03	583
KPN462	0.0%	-8.01	0.43	-2.53	0.43	-0.66	0.43	0.18	0.44	-0.93	523	1.43	413
KPN463	0.0%	-2.77	0.73	-5.61	0.74	4.23	0.73	-0.29	0.77	-3.05	679	-22.29	776
KPN464	0.0%	5.26	0.70	1.85	0.71	0.31	0.70	0.04	0.73	1.19	319	-0.25	507
KPN465	0.0%	-19.17	0.65	-6.16	0.66	0.54	0.65	-0.03	0.68	-3.77	717	-5.51	684
KPN466	0.0%	-26.81	0.59	-6.19	0.60	-0.37	0.59	-0.21	0.62	-5.04	755	-0.83	529
KPN467	0.0%	0.85	0.31	-0.06	0.32	0.43	0.31	-0.17	0.33	-0.50	486	-1.93	577
KPN468	0.0%	9.82	0.74	1.07	0.75	2.03	0.74	-0.33	0.76	0.13	432	-8.65	731

씨수소	근교계수	육종가								종합선발지수	순위	육량지수	순위
		도체중	신뢰도	등심단면적	신뢰도	등지방두께	신뢰도	근내지방도	신뢰도				
KPN469	0.0%	-0.42	0.71	-3.14	0.72	0.11	0.71	-0.05	0.73	-1.25	550	-3.17	618
KPN470	0.0%	-8.66	0.64	-3.97	0.65	1.71	0.64	-0.05	0.67	-2.22	630	-9.66	740
KPN471	0.4%	7.68	0.69	1.60	0.70	-0.35	0.69	-0.22	0.71	0.47	393	1.98	386
KPN472	0.0%	-1.52	0.71	0.99	0.72	1.44	0.71	0.28	0.73	1.12	326	-4.96	671
KPN473	0.8%	-3.03	0.75	-1.59	0.76	-0.86	0.75	-0.60	0.79	-2.75	662	2.52	356
KPN474	0.0%	-12.61	0.69	1.64	0.70	-0.07	0.69	-0.20	0.72	-1.19	543	3.17	321
KPN475	0.0%	-10.88	0.55	-1.74	0.56	-0.88	0.55	0.13	0.57	-1.10	536	3.41	310
KPN476	0.0%	-17.05	0.74	-6.68	0.75	-1.94	0.74	-1.07	0.76	-7.20	771	4.16	271
KPN477	0.0%	7.52	0.75	0.83	0.75	0.14	0.75	-0.37	0.76	-0.30	467	-0.73	527
KPN478	0.0%	29.59	0.70	2.96	0.71	4.13	0.70	-0.41	0.73	2.19	218	-18.02	772
KPN479	0.0%	8.01	0.71	2.85	0.72	0.90	0.71	0.08	0.73	1.88	247	-2.16	587
KPN480	0.0%	17.61	0.67	7.58	0.68	-0.74	0.67	0.16	0.69	4.54	61	7.77	108
KPN481	0.0%	-16.23	0.70	-3.16	0.71	-1.74	0.70	0.92	0.75	0.58	381	6.32	159
KPN482	0.0%	0.41	0.68	2.79	0.69	-1.01	0.68	0.26	0.70	1.82	252	6.61	145
KPN483	0.0%	-9.52	0.70	-5.00	0.71	1.85	0.70	-0.14	0.72	-2.95	676	-11.04	754
KPN484	0.0%	14.94	0.64	7.00	0.65	-1.48	0.64	0.05	0.66	3.76	102	10.67	52
KPN485	0.0%	23.16	0.72	6.29	0.73	-0.64	0.72	0.28	0.73	5.00	45	5.55	195
KPN486	0.0%	31.59	0.63	7.18	0.64	-1.16	0.63	-0.02	0.66	5.03	43	7.57	116
KPN487	0.0%	15.47	0.76	-1.45	0.77	3.25	0.76	1.59	0.78	6.06	20	-16.60	769
KPN488	0.0%	0.70	0.74	0.58	0.75	2.90	0.74	-1.53	0.79	-4.77	749	-11.69	757
KPN489	0.0%	-4.44	0.79	-3.23	0.80	-0.62	0.79	-0.18	0.83	-2.03	611	0.25	485
KPN490	0.0%	-7.45	0.59	0.07	0.60	-1.07	0.59	0.61	0.63	1.38	297	5.40	206
KPN491	0.0%	-15.53	0.62	-4.51	0.63	-0.59	0.62	-0.12	0.65	-3.23	688	0.26	484
KPN492	0.0%	-1.86	0.72	4.19	0.73	-2.98	0.72	0.20	0.74	1.87	248	16.35	7
KPN493	0.0%	5.31	0.72	3.26	0.73	-1.42	0.72	1.17	0.77	5.37	35	8.20	96
KPN494	0.0%	19.67	0.69	8.13	0.70	-0.44	0.69	0.41	0.71	5.73	26	6.75	139
KPN495	6.3%	-31.46	0.76	-9.04	0.77	1.46	0.76	-0.60	0.80	-7.67	772	-10.48	749
KPN496	0.0%	21.18	0.72	3.87	0.73	-1.74	0.72	-0.14	0.74	2.64	167	8.27	95
KPN497	0.0%	12.80	0.73	8.91	0.74	-3.32	0.73	1.58	0.78	9.22	5	20.27	2
KPN498	0.0%	-5.14	0.75	0.47	0.76	-0.18	0.75	1.66	0.80	5.15	36	1.74	397
KPN499	0.1%	7.47	0.69	-1.02	0.70	0.99	0.69	-0.03	0.74	0.20	424	-5.88	695
KPN500	0.0%	21.12	0.78	6.13	0.79	3.20	0.78	-0.06	0.82	3.63	112	-10.37	747
KPN501	0.0%	4.82	0.65	4.84	0.67	-0.20	0.65	-0.51	0.71	0.33	406	4.56	252
KPN502	0.0%	0.94	0.68	0.79	0.69	0.87	0.68	-0.03	0.70	0.25	419	-3.04	613
KPN503	0.0%	-9.73	0.70	1.04	0.71	-3.25	0.70	-0.74	0.75	-2.91	671	15.59	10
KPN504	0.0%	7.58	0.70	4.09	0.70	-2.30	0.70	-0.03	0.72	1.90	245	12.32	29
KPN505	0.0%	7.24	0.70	1.60	0.71	-1.32	0.70	1.76	0.76	6.95	11	6.09	165
KPN506	0.0%	47.18	0.79	7.53	0.80	-1.73	0.79	-0.28	0.83	5.64	29	8.49	89
KPN507	0.0%	13.93	0.73	6.48	0.74	-0.33	0.73	1.28	0.78	7.55	7	5.49	201
KPN508	0.0%	-3.49	0.45	-0.92	0.45	1.18	0.45	0.00	0.46	-0.59	493	-5.32	679
KPN509	0.0%	-11.14	0.53	1.20	0.53	-1.91	0.53	0.74	0.55	1.86	249	10.30	54
KPN510	0.0%	-6.51	0.31	-2.37	0.31	0.57	0.31	-0.49	0.33	-2.94	675	-3.74	633

씨수소	근교계수	육종가								종합선발지수	순위	육량지수	순위
		도체중	신뢰도	등심단면적	신뢰도	등지방두께	신뢰도	근내지방도	신뢰도				
KPN511	0.0%	27.75	0.79	5.74	0.80	1.17	0.79	-0.79	0.80	1.68	261	-2.98	611
KPN512	0.0%	-4.88	0.67	-4.29	0.68	0.83	0.67	0.07	0.70	-1.60	579	-6.71	706
KPN513	0.0%	-24.29	0.64	-3.93	0.65	-0.53	0.64	-0.16	0.67	-3.93	724	1.54	408
KPN514	0.0%	4.03	0.50	0.25	0.51	0.55	0.50	0.22	0.53	1.14	323	-2.52	596
KPN515	0.0%	16.77	0.71	1.03	0.72	-0.78	0.71	-0.46	0.73	0.26	418	2.23	372
KPN516	0.0%	9.13	0.75	1.31	0.76	-1.19	0.75	-0.48	0.77	-0.35	475	5.10	227
KPN517	0.0%	0.59	0.70	1.50	0.71	1.27	0.70	0.55	0.75	2.35	197	-4.06	646
KPN518	3.1%	13.90	0.63	-3.01	0.64	-0.27	0.63	-0.51	0.66	-1.47	565	-3.12	614
KPN519	0.0%	1.05	0.70	-1.18	0.71	1.67	0.70	-0.34	0.73	-1.42	561	-8.12	720
KPN520	0.0%	7.51	0.38	2.75	0.39	-0.60	0.38	0.34	0.40	2.67	165	4.07	279
KPN521	0.0%	20.39	0.76	3.21	0.77	1.98	0.76	0.32	0.78	3.86	92	-7.77	718
KPN522	0.0%	18.78	0.78	2.31	0.79	1.95	0.78	-0.49	0.83	0.76	358	-8.26	721
KPN523	0.0%	-12.21	0.69	-0.80	0.70	2.80	0.69	-2.04	0.74	-8.01	775	-11.00	753
KPN524	0.0%	9.89	0.68	1.11	0.69	-0.93	0.68	-0.41	0.73	-0.15	453	3.72	295
KPN525	0.0%	21.82	0.77	3.00	0.78	1.34	0.77	-0.38	0.82	1.62	268	-5.43	682
KPN526	0.0%	-12.46	0.70	-1.21	0.71	0.55	0.70	-0.44	0.75	-2.92	673	-1.94	579
KPN527	0.0%	28.99	0.73	1.31	0.74	2.32	0.73	-0.18	0.78	2.33	198	-11.84	758
KPN528	0.0%	-2.29	0.37	1.07	0.38	-0.43	0.37	0.08	0.40	0.41	399	2.99	328
KPN529	0.0%	-21.23	0.67	-4.36	0.68	0.75	0.67	-0.50	0.73	-4.92	754	-4.57	659
KPN530	0.0%	12.96	0.65	5.05	0.66	-0.70	0.65	0.00	0.71	2.79	160	5.88	176
KPN531	0.0%	28.81	0.72	0.41	0.73	0.01	0.72	0.72	0.78	4.97	47	-2.97	610
KPN532	0.0%	-6.28	0.76	-0.76	0.77	-0.18	0.76	-0.57	0.81	-2.68	658	0.81	449
KPN533	0.0%	11.82	0.48	5.61	0.48	-0.68	0.48	0.48	0.51	4.45	66	6.44	153
KPN534	0.0%	-18.50	0.76	3.11	0.77	-1.72	0.76	-1.74	0.81	-6.29	767	12.06	32
KPN535	0.4%	15.42	0.49	2.10	0.49	1.90	0.49	-0.31	0.50	1.01	335	-7.85	719
KPN536	0.0%	22.30	0.67	0.24	0.68	2.93	0.67	-0.30	0.72	0.99	337	-14.55	764
KPN537	0.0%	23.45	0.66	2.47	0.67	2.76	0.66	-0.02	0.71	2.75	162	-12.04	759
KPN538	0.0%	26.93	0.74	4.14	0.75	1.10	0.74	2.16	0.78	10.77	2	-4.03	645
KPN539	0.0%	-11.56	0.75	-4.28	0.75	0.07	0.75	-1.61	0.79	-7.68	773	-2.75	603
KPN540	0.0%	-6.69	0.42	-0.01	0.42	-0.19	0.42	-0.09	0.43	-0.89	516	1.56	407
KPN541	0.0%	6.17	0.40	0.19	0.40	0.15	0.40	-0.01	0.42	0.56	383	-1.16	548
KPN542	0.0%	2.24	0.67	-0.04	0.68	0.58	0.67	1.27	0.72	4.35	72	-2.73	602
KPN543	0.0%	4.84	0.66	-5.10	0.67	0.86	0.66	0.13	0.72	-0.85	513	-8.65	732
KPN544	0.0%	3.85	0.75	4.18	0.76	4.38	0.75	0.28	0.80	2.63	168	-15.04	766
KPN545	0.0%	2.52	0.43	-0.86	0.43	0.94	0.43	0.01	0.44	-0.04	445	-4.96	672
KPN546	0.0%	7.63	0.72	-1.24	0.73	0.37	0.72	0.97	0.77	3.43	128	-3.50	629
KPN547	0.0%	-13.81	0.43	-3.17	0.44	0.59	0.43	0.01	0.45	-2.21	629	-3.67	632
KPN548	1.6%	5.43	0.72	5.76	0.73	-1.71	0.72	-0.54	0.77	0.59	379	11.61	43
KPN549	0.0%	-17.05	0.69	0.75	0.70	-1.71	0.69	0.95	0.74	1.91	242	9.77	62
KPN550	1.6%	-0.66	0.69	0.61	0.70	-1.26	0.69	1.68	0.74	5.65	28	5.86	178
KPN551	0.0%	0.21	0.45	2.60	0.45	-1.34	0.45	-0.36	0.47	-0.32	470	7.87	103
KPN552	0.0%	6.54	0.40	0.82	0.41	0.60	0.40	0.05	0.42	1.00	336	-2.54	597

씨수소	근교 계수	육종가								종합 선발 지수	순위	육량 지수	순위
		도체중	신뢰도	등 심 단면적	신뢰도	등지방 두 께	신뢰도	근 내 지방도	신뢰도				
KPN553	0.0%	-7.70	0.74	-1.47	0.75	-0.16	0.74	-1.08	0.79	-4.71	748	0.24	486
KPN554	0.0%	-5.05	0.34	-1.85	0.34	0.59	0.34	-0.57	0.37	-2.93	674	-3.50	628
KPN555	0.0%	10.20	0.40	-1.30	0.40	-0.46	0.40	-0.29	0.42	-0.52	489	-0.38	510
KPN556	0.0%	-7.34	0.70	1.70	0.71	-1.79	0.70	0.69	0.75	2.20	216	9.80	60
KPN557	0.0%	6.96	0.71	5.77	0.72	-0.26	0.71	0.60	0.76	4.49	63	5.37	207
KPN558	0.0%	4.69	0.78	-2.25	0.79	-2.78	0.78	-0.15	0.82	-0.84	512	9.07	73
KPN559	0.0%	6.79	0.74	3.19	0.75	-1.85	0.74	0.30	0.78	2.61	171	9.78	61
KPN560	0.0%	-1.36	0.44	1.79	0.44	-0.98	0.44	0.60	0.47	2.43	188	5.84	181
KPN561	0.0%	12.11	0.76	0.64	0.76	0.20	0.76	-1.70	0.81	-4.34	740	-1.67	569
KPN562	0.0%	-5.01	0.74	0.48	0.75	1.91	0.74	2.23	0.79	7.06	9	-7.00	709
KPN563	3.1%	-14.72	0.75	-5.52	0.76	0.89	0.75	0.84	0.80	-0.33	472	-6.89	707
KPN564	1.6%	-3.16	0.50	-1.71	0.51	1.47	0.50	1.01	0.51	2.48	185	-7.29	713
KPN565	0.4%	3.54	0.74	5.22	0.75	-0.67	0.74	0.73	0.79	4.42	70	7.01	133
KPN566	0.0%	31.34	0.70	4.23	0.71	-0.24	0.70	-0.49	0.75	2.48	184	1.13	431
KPN567	0.0%	-9.40	0.46	-0.81	0.47	1.16	0.46	-0.12	0.49	-1.48	570	-4.46	655
KPN568	0.0%	-5.77	0.70	-2.37	0.71	-2.17	0.70	-0.05	0.76	-1.46	563	7.64	113
KPN569	0.0%	8.42	0.69	1.15	0.70	-0.19	0.69	-0.56	0.75	-0.72	500	0.83	448
KPN570	0.0%	4.94	0.41	2.31	0.41	-0.63	0.41	0.09	0.42	1.50	283	4.11	274
KPN571	0.0%	-14.72	0.71	4.06	0.72	-2.36	0.71	1.43	0.76	4.76	54	15.14	12
KPN572	0.0%	-4.33	0.69	4.78	0.70	-3.30	0.69	0.81	0.74	3.87	91	18.49	3
KPN573	0.0%	0.89	0.74	-1.13	0.74	-0.89	0.74	-0.45	0.79	-1.76	593	2.63	348
KPN574	0.0%	-18.47	0.69	6.02	0.70	-2.11	0.69	-0.40	0.75	-0.92	521	16.24	8
KPN575	0.0%	0.90	0.49	-1.46	0.49	1.65	0.49	-0.53	0.50	-2.14	626	-8.28	722
KPN576	0.0%	-5.33	0.70	-0.31	0.71	-2.73	0.70	0.26	0.76	0.28	410	11.75	38
KPN577	0.0%	0.86	0.42	-1.95	0.42	0.75	0.42	0.20	0.44	0.09	436	-4.93	670
KPN578	0.0%	-12.61	0.44	-4.14	0.45	0.15	0.44	0.10	0.45	-2.12	624	-2.84	605
KPN579	0.0%	-5.28	0.47	-0.57	0.47	0.54	0.47	-0.18	0.48	-1.25	549	-2.13	586
KPN580	0.0%	-13.00	0.48	-2.28	0.48	0.13	0.48	-0.30	0.49	-2.86	667	-1.06	541
KPN581	0.0%	-9.30	0.67	-5.07	0.68	1.21	0.67	-0.37	0.73	-3.69	713	-8.46	728
KPN582	0.0%	2.30	0.74	1.09	0.75	-0.45	0.74	-0.17	0.79	-0.01	444	2.57	352
KPN583	0.0%	-3.55	0.71	-3.06	0.72	0.66	0.71	1.69	0.77	4.22	75	-5.03	675
KPN584	0.0%	11.11	0.71	1.71	0.72	0.28	0.71	0.57	0.76	3.40	129	-0.95	534
KPN585	0.0%	17.37	0.70	0.05	0.71	1.29	0.70	-0.85	0.75	-1.27	552	-7.34	714
KPN586	0.0%	1.17	0.49	-0.59	0.49	0.98	0.49	1.38	0.50	4.43	69	-4.75	660
KPN587	0.0%	-4.04	0.66	-2.24	0.67	1.34	0.66	0.69	0.71	1.19	320	-7.12	711
KPN588	0.0%	10.41	0.73	3.52	0.74	-1.40	0.73	0.92	0.78	5.09	41	7.74	110
KPN589	0.0%	2.38	0.69	-3.33	0.70	-1.26	0.69	-0.21	0.75	-1.58	578	2.07	383
KPN590	0.0%	-7.56	0.70	3.38	0.71	-1.12	0.70	-0.03	0.76	0.36	405	8.54	88
KPN591	0.0%	-5.86	0.69	-5.39	0.70	3.73	0.69	0.74	0.74	0.15	430	-19.65	774
KPN592	0.0%	-0.47	0.71	2.35	0.72	-2.55	0.71	-0.51	0.76	-0.94	524	12.78	23
KPN593	0.0%	10.09	0.71	1.71	0.72	-0.86	0.71	1.93	0.76	7.78	6	3.93	286
KPN594	0.0%	6.64	0.72	1.06	0.73	-3.45	0.72	-1.03	0.77	-2.47	649	14.58	15

씨수소	근교계수	육종가								종합선발지수	순위	육량지수	순위
		도체중	신뢰도	등심단면적	신뢰도	등지방두께	신뢰도	근내지방도	신뢰도				
KPN595	0.0%	-9.54	0.65	1.64	0.66	-2.93	0.65	0.70	0.71	2.03	230	14.76	13
KPN596	0.0%	13.37	0.77	-0.19	0.78	3.99	0.77	-0.29	0.81	0.13	431	-18.37	773
KPN597	0.0%	-11.40	0.40	-0.30	0.40	-1.33	0.40	0.80	0.41	1.56	278	6.59	146
KPN598	0.0%	-15.84	0.72	0.00	0.73	-1.84	0.72	-0.19	0.77	-1.98	608	9.48	69
KPN599	0.0%	-12.60	0.71	-2.18	0.72	-0.78	0.71	-0.09	0.76	-2.11	621	2.78	339
KPN600	0.0%	21.10	0.74	0.72	0.75	4.59	0.74	-0.47	0.79	0.52	385	-20.93	775
KPN601	0.0%	-10.80	0.73	-7.55	0.74	-1.06	0.73	0.51	0.78	-1.76	594	-0.99	536
KPN602	1.6%	-1.62	0.46	0.70	0.47	-0.19	0.46	0.04	0.48	0.21	422	1.59	404
KPN603	0.0%	-6.70	0.69	3.32	0.70	-1.95	0.69	-0.25	0.75	-0.29	465	11.82	36
KPN604	0.0%	14.25	0.74	1.59	0.75	-2.31	0.74	-2.08	0.79	-5.08	756	9.42	70
KPN605	0.0%	29.08	0.69	9.43	0.70	-0.56	0.69	-1.04	0.74	2.19	217	7.33	122
KPN606	0.0%	-8.68	0.65	1.47	0.66	1.55	0.65	1.94	0.71	6.10	19	-4.16	649
KPN607	2.3%	1.62	0.41	-0.05	0.41	-0.36	0.41	0.04	0.42	0.26	417	1.26	424
KPN608	1.2%	12.42	0.71	1.14	0.72	-0.73	0.71	0.72	0.76	3.82	94	2.62	349
KPN609	0.8%	-0.94	0.71	-2.59	0.72	1.24	0.71	0.37	0.76	0.27	413	-7.34	715
KPN610	0.0%	6.47	0.70	2.65	0.71	-0.13	0.70	0.71	0.76	3.75	103	2.13	380
KPN611	0.0%	8.44	0.48	3.23	0.49	-2.05	0.48	1.17	0.49	5.64	30	10.44	53
KPN612	0.0%	18.44	0.62	2.65	0.63	-2.63	0.62	0.20	0.68	3.13	140	11.23	47
KPN613	0.0%	-21.97	0.74	-3.17	0.74	2.22	0.74	0.18	0.78	-2.34	640	-9.54	739
KPN614	0.0%	13.63	0.69	5.03	0.70	-3.11	0.69	0.60	0.75	4.80	53	15.87	9
KPN615	0.4%	-1.78	0.40	1.73	0.40	-0.94	0.40	0.38	0.41	1.66	264	5.65	191
KPN616	0.4%	-3.11	0.74	4.20	0.75	-2.06	0.74	-0.49	0.79	-0.47	482	12.65	26
KPN617	0.0%	18.41	0.44	3.46	0.45	0.05	0.44	-0.21	0.46	2.04	229	0.72	456
KPN618	0.0%	8.99	0.71	3.69	0.72	2.90	0.71	0.34	0.76	3.12	142	-9.88	742
KPN619	0.0%	-15.06	0.69	2.70	0.70	-2.97	0.69	0.56	0.74	1.42	289	16.49	6
KPN620	0.0%	-21.14	0.73	-4.92	0.74	-1.33	0.73	0.87	0.78	-0.59	494	3.65	303
KPN621	0.0%	-1.47	0.72	-0.36	0.73	0.42	0.72	-0.44	0.77	-1.70	587	-1.92	576
KPN622	0.0%	13.25	0.75	5.07	0.76	-0.32	0.75	0.70	0.80	5.11	39	4.27	267
KPN623	0.0%	2.57	0.69	-0.88	0.70	3.76	0.69	0.03	0.74	0.04	441	-16.78	770
KPN624	0.0%	-24.55	0.73	-4.40	0.74	-3.35	0.73	0.43	0.78	-2.14	625	12.93	21
KPN625	0.0%	13.02	0.76	-0.37	0.77	3.70	0.76	-1.53	0.81	-4.05	728	-17.27	771
KPN626	0.0%	14.84	0.77	11.11	0.78	-4.63	0.77	2.35	0.81	12.66	1	27.42	1
KPN627	0.0%	4.66	0.40	-2.58	0.41	0.67	0.40	-0.09	0.42	-0.75	503	-5.59	686
KPN628	1.6%	4.09	0.45	1.61	0.46	0.25	0.45	-0.04	0.47	0.74	359	-0.10	498
KPN629	0.0%	-4.97	0.43	0.75	0.44	-0.43	0.43	0.52	0.45	1.53	279	3.04	325
KPN630	0.0%	13.92	0.43	3.03	0.44	1.86	0.43	0.10	0.45	2.51	179	-6.70	705
KPN631	0.0%	-3.04	0.42	1.92	0.42	-0.99	0.42	0.27	0.43	1.26	310	6.17	162
KPN632	0.0%	0.59	0.42	0.23	0.43	-0.23	0.42	0.58	0.44	2.02	231	1.11	433
KPN633	0.4%	-6.90	0.42	0.37	0.42	-0.31	0.42	0.58	0.44	1.44	287	2.40	363
KPN634	0.0%	-4.96	0.41	-0.21	0.41	-0.06	0.41	0.55	0.43	1.31	305	0.62	466
KPN635	0.0%	16.49	0.44	1.96	0.44	-0.74	0.44	0.07	0.47	2.28	207	2.94	332
KPN636	0.0%	7.09	0.43	2.09	0.44	0.09	0.43	-0.06	0.45	1.10	328	0.66	461

씨수소	근교계수	육종가								종합선발지수	순위	육량지수	순위
		도체중	신뢰도	등 심 단면적	신뢰도	등지방 두 께	신뢰도	근 내 지방도	신뢰도				
KPN637	0.0%	-0.80	0.43	-0.60	0.44	-0.53	0.43	0.84	0.45	2.49	183	1.77	395
KPN638	0.0%	16.53	0.43	1.77	0.44	1.47	0.43	-0.03	0.45	1.91	241	-6.47	701
KPN639	0.0%	-6.71	0.42	-0.67	0.43	-1.23	0.42	0.79	0.44	1.81	253	5.33	212
KPN640	0.2%	-2.61	0.40	1.45	0.41	-1.69	0.40	0.15	0.42	0.73	361	8.63	83
KPN641	0.0%	5.43	0.40	3.73	0.41	-1.81	0.40	0.67	0.41	3.91	87	10.23	56
KPN642	0.0%	13.81	0.44	0.21	0.44	-0.21	0.44	-0.31	0.46	0.23	420	-0.53	518
KPN643	0.0%	-4.26	0.42	1.91	0.43	-1.95	0.42	0.51	0.44	1.93	240	10.30	55
KPN644	0.5%	-2.61	0.39	2.36	0.40	-0.57	0.39	0.53	0.41	2.30	206	4.75	240
KPN645	0.0%	-1.40	0.42	1.24	0.43	-0.90	0.42	0.11	0.44	0.64	373	5.02	233
KPN646	0.0%	1.50	0.38	0.35	0.39	-0.79	0.38	-0.38	0.39	-1.01	530	3.41	309
KPN647	0.0%	-4.83	0.42	0.57	0.42	0.14	0.42	0.61	0.44	1.77	255	0.47	473
KPN648	0.0%	-6.20	0.42	-2.00	0.42	-0.01	0.42	0.31	0.44	-0.19	456	-1.01	539
KPN649	0.0%	2.94	0.39	2.23	0.40	-0.62	0.39	0.34	0.41	2.09	224	4.23	269
KPN650	0.0%	-3.88	0.41	3.52	0.41	-0.58	0.41	0.08	0.42	1.09	329	5.96	170
KPN651	0.0%	5.85	0.43	1.84	0.43	0.08	0.43	-0.39	0.45	-0.16	455	0.63	465
KPN652	0.0%	-7.83	0.41	0.06	0.41	-0.53	0.41	0.80	0.43	1.97	233	3.15	322
KPN653	0.0%	10.45	0.46	2.71	0.47	-1.17	0.46	0.39	0.47	3.08	145	6.09	164
KPN654	0.0%	9.59	0.42	1.08	0.43	-0.06	0.42	-0.27	0.44	0.28	411	0.10	491
KPN655	1.6%	4.76	0.43	1.62	0.44	-0.27	0.43	-0.14	0.45	0.49	390	2.00	384
KPN656	0.0%	3.71	0.43	1.33	0.44	-0.33	0.43	-0.47	0.45	-0.78	506	2.13	379
KPN657	0.0%	2.38	0.43	0.48	0.43	-0.15	0.43	-0.10	0.44	0.03	443	0.80	452
KPN658	0.0%	9.02	0.40	2.53	0.40	-1.46	0.40	0.45	0.41	3.08	146	7.30	123
KPN659	0.0%	2.19	0.44	2.46	0.45	-0.94	0.44	0.12	0.46	1.41	292	5.86	179
KPN660	0.0%	-6.90	0.42	-1.38	0.43	-0.43	0.42	0.52	0.44	0.67	370	1.35	419
KPN661	0.0%	0.85	0.40	2.62	0.40	-2.05	0.40	1.07	0.41	4.47	65	10.75	50
KPN662	0.0%	-2.38	0.44	0.72	0.44	0.69	0.44	0.10	0.45	0.38	404	-1.97	580
KPN663	0.0%	-1.41	0.40	1.40	0.41	-0.41	0.40	0.19	0.42	0.96	343	3.11	323
KPN664	0.0%	-10.91	0.39	0.07	0.40	-0.99	0.39	0.59	0.41	1.02	334	5.46	202
KPN665	0.0%	-1.96	0.43	0.78	0.43	-1.34	0.43	1.07	0.44	3.61	114	6.52	152
KPN666	0.0%	1.74	0.42	3.95	0.42	-2.00	0.42	0.72	0.43	3.81	97	11.62	42
KPN667	0.0%	1.97	0.37	1.16	0.37	-1.05	0.37	0.55	0.38	2.37	195	5.19	222
KPN668	0.0%	-0.25	0.38	-0.11	0.39	-0.81	0.38	0.42	0.40	1.31	306	3.31	316
KPN669	0.0%	14.84	0.44	0.94	0.44	0.22	0.44	0.31	0.45	2.60	172	-1.77	573

찾아보기

(ㄱ)

가계선발 45
개량 56
개체선발 45
공배양 178
공태기간 133
교배 60, 97
교양물질 229
근교계수 54, 55, 64
근내지방도 23, 27, 29
근친교배 21, 28, 54
글리세롤 183, 189
기형정자 230

(ㄴ)

난관 68, 69, 70, 72, 73, 74, 83, 84, 86, 240
난관누두부 241
난관채 72
난구 242
난세포막 71
난소 68, 69, 70, 72, 80, 90, 129, 139, 240, 258
난소간막 106
난소낭종 91
난자 70, 72, 73, 83, 84, 86, 87, 241
난포 71, 80, 129, 135, 139, 140, 241
난포강 71
난포자극호르몬 80, 198
난황 185
난황막 84, 185
난황희석액 185, 190
뇌하수체 80

(ㄷ)

다정자침입 241
단태동물 241
당대검정 4, 29
대립유전자 54
도체 58, 215
도태 43
동결정액 13
동해방지제 189, 191
동형접합체 54
돼지인공수정 206

(ㄹ)

렙토스피라병 100, 115

(ㅁ)

마사지법 177
메틸렌블루용액 177
메틸렌블루환원시간 234
뮐러관 92

(ㅂ)

발기 227

발정 80, 82, 85, 132, 133, 135, 136, 138-141, 144, 196, 226, 265
발정기 75, 83, 97, 196, 239
발정동기화 133, 135, 136, 137, 138, 139, 142, 246, 261
발정동기화법 140
발정발견 132, 133, 134
발정주기 70, 72, 80, 82, 97, 132, 133, 134, 136, 139, 140, 263
발정주기 동기화 150
발정징후 83, 97, 196
발정행동 93
발정후기 86, 197
발정휴지기 197, 242
방사관층 242
배란 70, 71, 80, 83, 86, 134, 135, 139, 140, 198, 240
배양액 176, 178, 259
번식성적 23
번식효율 246
보정계수 51
보존액 235
부생식선 77, 160
분광광도계 170
분만 132, 133
분만관리 225
분열자궁 74
브루셀라 96, 98, 116
빙정형성 189

(ㅅ)

사정 227
사정중추 227
사출량 227
산자수 215
생사염색법 234
생식결절 68
생식기관 160, 240
선발 47
선발강도 46, 47
선발차 46, 47
선형심사 58
섬모운동 242
성비 247
성선 68, 91
성선자극호르몬 80, 90
성호르몬 68
수정 56, 72, 82, 84, 86, 87, 97, 139, 150
수정능력 83, 84, 169, 175, 230
수정능파괴인자 242
수정능획득 242
수정란 98
수정란이식 134, 247, 257, 258, 264
수정율 174
수정적기 220
수질 68, 71
수태 83, 132, 133, 134, 139
수태율 27, 98, 174, 219
스트로 방법 310
슬라이드 가온장치 231
승가 226
시상하부 80
쌍각자궁 74, 241

(ㅇ)

에스트로겐 91, 103, 139
영구황체 91, 94, 124
오제스키병 117
옥시토신 70, 105
온도충격 181
외음부 91, 100, 129, 200, 239
외자궁구 74
요도 75
요도구선 77
원시생식세포 68
유방 129
유전능력 50
유전능력평가 3
유전력 45, 47
유전상관 46
유전적변이 45, 47
유즙의 유하(流下) 312
육양막 75
육종가 29, 32, 48, 61, 62
융해 237
음경 68, 69, 75, 78, 79, 81, 100, 227
음고 75
음낭 68, 76, 79, 125
음순 68
음핵 68, 75
의빈대(擬牝始) 226
이용빈 206
이형접합체 54
인공수정 83-86, 132, 133, 150, 158, 186, 252

(ㅈ)

자궁 68, 69, 70, 72, 73, 83, 85, 87, 90, 129, 139, 240, 260
자궁각 70, 72, 73, 140, 202, 246
자궁경 70, 169, 186, 240
자궁경관 83, 84, 85, 87, 92, 106, 140, 227
자궁근층 73
자궁내막 106, 139
자궁내막염 102, 125
자궁소구 74
자궁체 73, 74, 140, 202
자연교미 83, 84, 85, 134, 150, 158, 218
잠복정소 75
잡종강세 45
잡종교배 28
저온충격 175, 186, 191, 234
전립선 69, 77, 229
전진운동 231
정관 68, 69, 77
정관팽대부 166
정낭선 68, 69, 77, 161, 163, 166, 229
정소 68, 69, 75, 76, 81, 160, 229
정소상체 68, 69, 77, 125, 173
정소상체 미부 229
정액 17, 23, 97, 132, 133, 160, 163, 166, 177
정액성상 검사판 231
정액주입기 224
정액채취 227
정자 72, 81, 83-87, 125, 160, 176
정자 농도 213
정자수 85

정자활력 169
정장 229
종부 242
중복자궁 74, 92
중신관 68
직장검사 106, 197
직장검사법 141
직장질법 200
진자운동 174
질 68, 69, 75, 135, 227
질검사 106
질원개 74
질전정 68, 69, 75

(ㅊ)

체외배양 260
체외수정 258
축사소독 225

(ㅋ)

카테타 224
커버글라스 171

(ㅌ)

태반 74
테스토스테론 161
투명대 84, 178, 242
트리스 185
트리코모나스병 96

(ㅍ)

팽대부 241
펠렛(정제화) 방법 310
포피 100, 227
프로게스테론 93
프로스타글란딘 139, 162, 198
피질 68, 71

(ㅎ)

하절기 불임 312
항생물질 185
해당작용 232
혈구계산기 170
혈구계산판 170, 233
혈구희석용 피펫 171
혈연계수 45
협부 241
호르몬제(Oxytocin) 246
환경변이 45
황체 70, 71, 98, 129, 135, 139, 140, 141, 241
황체기 97, 261
황체형성호르몬 80, 198
황체호르몬 98
후대검정 3, 4, 14, 29
희석액 175, 182, 183, 189
희석충격 181, 308

저자 소개

■ **김시동**(1, 2, 4장) goldstar@rda.go.kr
국립 축산과학원 가축개량평가과 농학박사

■ **조광현**(3 장) ckh1219@rda.go.kr
국립 축산과학원 가축개량평가과 농학박사

■ **류일선**(5, 7, 8장) lriisryu@rda.go.kr
국립 축산과학원 기술지원과 수의연구관

■ **손동수**(6, 11장) sonds@rda.go.kr
국립 축산과학원 가축유전자원시험장 수의연구관 수의학박사

■ **박영식**(9 장) yspark@knu.ac.kr
경북대학교 농업생명공학대 동물공학전공 교수

■ **김인철**(10장) kickic@rda.go.kr
국립 축산과학원 양돈과 농업연구관 농학박사